U0242160

高等职业教育食品生物技术专业教材

酿造酒生产技术

主 编
孙清荣 郭建东

中国轻工业出版社

图书在版编目(CIP)数据

酿造酒生产技术/孙清荣,郭建东主编.—北京:中国轻工业出版社,2024.8

高等职业教育"十三五"规划教材

ISBN 978-7-5184-2025-4

Ⅰ.①酿… Ⅱ.①孙… ②郭… Ⅲ.①酿酒—高等职业教育—教材
Ⅳ.①TS261.4

中国版本图书馆 CIP 数据核字(2018)第 148245 号

责任编辑:张 靓　　责任终审:张乃柬　　整体设计:锋尚设计
策划编辑:张 靓　　责任校对:晋 洁　　责任监印:张 可

出版发行:中国轻工业出版社(北京鲁谷东街 5 号,邮编:100040)
印　　刷:三河市万龙印装有限公司
经　　销:各地新华书店
版　　次:2024 年 8 月第 1 版第 4 次印刷
开　　本:720×1000　1/16　印张:19.75
字　　数:440 千字
书　　号:ISBN 978-7-5184-2025-4　定价:48.00 元
邮购电话:010-85119873
发行电话:010-85119832　010-85119912
网　　址:http://www.chlip.com.cn
Email:club@chlip.com.cn

241357J2C104ZBQ

本书编委会

主　　编　孙清荣（山东科技职业学院）

郭建东（山东科技职业学院）

副 主 编　沈　奕（山东科技职业学院）

庄晓辉（山东科技职业学院）

李平凡（广东轻工职业技术学院）

参编人员　李　晖（山东科技职业学院）

高　凤（山东科技职业学院）

丁　振（日照职业技术学院）

袁文蛟（天津现代职业技术学院）

前　言

酿造酒生产技术是食品类、生物技术类专业，尤其是食品相关专业的重要课程。为适应现代高职教育的要求，培养学生食品加工相关岗位群的工作能力，实现教学与工作零距离，我们依据情境教学法、模块教学法的教研成果，本着“培养学生工作能力为主，理论够用适用为度”的原则，编写了本教材。我们根据酿造酒的分类，把蒸馏酒、葡萄酒、黄酒、啤酒四个部分的内容进行优化整合，将基础知识和专业技能融合进去，突出应用性、实用性、适用性，重点培养学生的实际工作能力。

为了在教学中创造全真的工作环境，让学生能与实际工作零距离，本教材划分为“蒸馏酒生产技术”、“葡萄酒生产技术”、“黄酒生产技术”、“啤酒生产技术”四个教学情境，涵盖了不同种类酿造酒生产技术的主要内容，以工作任务为载体，培养学生正确解读和运用有关标准，以及分析、解决问题的能力。本教材适用于边学边练，“教、学、做”一体的教学形式。

本教材由山东科技职业学院主持，多所高职院校的教师共同合作编写。其中孙清荣和郭建东担任主编，沈奕、庄晓辉、李平凡担任副主编。

本教材适用于高职高专院校的生物技术、食品加工技术、食品营养与检测等相关专业，同时可以供相关企业的职工培训使用。毕业后的学生在工作中还可以作为工具书使用。

由于编者水平所限，教材中难免有疏漏、错误之处，希望广大读者批评指正，以助我们水平的提高。

编者

目 录 CONTENTS

教学情境一　白酒生产技术 …………………………………………… 1

学习单元 1　白酒生产原辅料 …………………………………………… 1

学习单元 2　糖化发酵剂生产工艺 ………………………………………… 9

学习单元 3　白酒生产工艺 …………………………………………… 30

学习单元 4　白酒的贮存和老熟 ……………………………………… 61

学习单元 5　白酒的勾兑与调味 ……………………………………… 66

教学情境二　葡萄酒生产技术 ……………………………………… 72

学习单元 1　葡萄酒生产原辅料 ……………………………………… 73

学习单元 2　葡萄酒发酵前的准备 …………………………………… 89

学习单元 3　葡萄酒的酿造 ………………………………………… 105

学习单元 4　葡萄酒的贮存及管理 ………………………………… 133

教学情境三　黄酒生产技术 ……………………………………… 150

学习单元 1　黄酒生产原料及处理 ………………………………… 150

学习单元 2　糖化发酵剂的生产 …………………………………… 159

学习单元 3　糖化发酵工艺 ………………………………………… 176

学习单元 4　压滤、澄清、煎酒和包装、贮存 ……………………… 188

教学情境四　啤酒生产技术 ……………………………………… 197

学习单元 1　啤酒生产原辅料 ……………………………………… 197

学习单元 2　麦芽制备 ……………………………………………… 210

学习单元 3　麦芽汁的制备 ………………………………………… 229

学习单元 4　啤酒发酵工艺 ………………………………………… 266

学习单元 5　啤酒过滤与灌装 ……………………………………… 281

参考文献 …………………………………………………………… 304

教学情境一

白酒生产技术

酿酒在我国有悠久的历史，用曲酿酒是我国劳动人民的伟大创造。中国白酒是世界上独有的一种蒸馏酒。白酒工业在国民经济发展中起着重要的作用，与人民生活有着密切的关系。世界技术发展史上公认的蒸馏酒起源地有三个：中国、印度和阿拉伯国家。中国白酒比较著名的有茅台、五粮液、泸州老窖、汾酒等。在本教学情境中，我们将根据白酒的生产工艺过程，从白酒生产原辅料、糖化发酵剂生产工艺、白酒生产工艺、白酒的贮存和老熟、白酒的勾兑与调味五个环节学习白酒生产技术。

学习单元1

白酒生产原辅料

【教学目标】

知识目标

1. 了解白酒的起源与发展，白酒工业在国民经济中的地位及发展概况，酒的分类。

2. 掌握白酒生产对原料的要求，原料选择的原则；常用原料的化学组成及对白酒生产的影响。

3. 掌握白酒生产的主要原料有哪些；辅助原料有哪些以及辅助原料的作用。

4. 掌握白酒生产用水的处理。

技能目标

1. 能够分辨白酒生产所需主要原料以及不同白酒所需辅助材料。
2. 能够区分不同香型白酒。

从生产工艺的角度看，凡是含有可发酵性糖或可变为发酵糖的物料，都可以作为白酒生产的原料。但是对于大规模工业生产，所用的原料不仅要满足工艺要求，还要考虑经济效益、产品质量、消费者心理及生产管理的方便等因素。

一、白酒生产对原料的要求

从生产工艺的角度看，凡是含有可发酵性糖或可变为发酵糖的物料，都可以作为白酒生产的原料。

1. 制曲原料的选择

用于白酒生产的曲有很多种，不同种类的曲有不同的制曲工艺，使用的原料也不同。选用原料，一是要考虑培菌过程中满足微生物的营养需要，二是要考虑传统特点和原料特性。一般选用含营养物质丰富，能满足微生物生长繁殖需要，并对形成白酒香味有益的物质作原料。制大曲常用小麦、大麦、豌豆、蚕豆等；小曲以麦麸、大米或米糠为原料；麸曲以麸皮为原料。制曲原料的感官要求是：颗粒饱满，新鲜，无虫蛀、无霉变，干燥适宜，无异杂味，无泥沙及其他杂物。

制曲原料具体的选择标准归纳如下。

（1）应适合于有用菌生长繁殖，不含有抑制有用菌生长的成分。

（2）应利于积累大量的各种酶，以满足发酵生产对酶活力的要求。

（3）不含对酒质有不良影响的物质。

（4）应符合食品卫生法规的规定，不含对人体有害的物质。

（5）必须新鲜，颗粒饱满，无虫蛀。

制曲原料的理化成分见表1－1。

表1－1　制曲原料的理化成分　　单位:%

原料	水分	粗淀粉	粗蛋白质	粗脂肪	粗纤维	灰分
小麦	12.8	61～65	7.2～9.8	2.5～2.9	1.2～1.6	1.66～2.9
大麦	11.5～12	61～62.5	11.2～12.5	1.69～2.8	7.2～7.9	3.44～4.22
豌豆	10～12	41.15～51.5	25.5～27.5	3.9～4.0	1.3～1.6	3.0～3.1
大米	11.5	61～62.5	11.2～12.5	1.89～2.8	7.2～7.9	3.44～4.22

续表

原料	水分	粗淀粉	粗蛋白质	粗脂肪	粗纤维	灰分
米糠	13.5	37.5	14.8	18.2	9.0	9.4
麸皮	12	15.2	2.68	4.5		5.26

2. 制酒原料的选择

酿酒的原料有粮谷类、以薯干为主的薯类、代用原料，生产中主要是用前两类原料，代用原料较少。由于白酒的品种不同，使用的原料也各异。酿酒原料的不同和原料的质量优劣，与产出的酒的质量和风格有极密切的关系，因此，在生产中要严格选料。

粮谷原料的感官要求：颗粒均匀饱满、新鲜、无虫蛀、无霉变、干燥适宜、无泥沙、无异杂味、无其他杂物。

以薯干为主的薯类原料的感官要求：新鲜、干燥、无虫蛀、无霉变、无异杂物、无异味、无泥沙、无病害。

制酒原料具体的选择标准归纳如下。

（1）原料中可发酵性物质含量高，这样出酒率高。蛋白质含量适中，适合酿酒微生物生长繁殖的需要。

（2）来源丰富，易收集，供应量大。

（3）易贮存，新鲜原料含水分多，易霉变、腐烂，经干燥加工或含水量极少的原料有利于贮存。

（4）不含对人体有害的成分，最好也不含影响酿酒微生物生长繁殖的成分。

（5）价格低，加工方便，产地离工厂近，便于运输。

制酒原料的理化成分见表1－2。

表1－2　制酒原料的理化成分　单位：%

名称	水分	淀粉	粗蛋白质	粗脂肪	粗纤维	灰分	单宁
高粱	12~14	61~63	8.2~10.5	2~4.3	1.6~2	1.7~2.7	0.17~0.29
大米	12~13.5	72~74	7~9	0.1~0.3	1.5~1.8	0.4~1.2	
糯米	13.1~15.3	68~73	5~8	1.4~2.5	0.4~0.6	0.8~0.9	
小麦	12.8~13	61~65	7.2~9.8	2.5~2.9	1.2~1.6	1.66~2.9	
玉米	11~11.9	62~70	8~16	2.7~5.3	1.5~3.5	1.5~2.6	
薯干	10.1~10.9	68~70	2.3~6	0.6~2.3			
马铃薯干	12.96	63.48	3.78	0.4			
木薯干	14.71	72.1	2.64	0.826			

二、 主要原料

1. 谷物原料

（1）高粱　果皮里面是种皮，含有色素和单宁物质，其衍生物酚元化合物可赋予白酒特有的芳香。

按黏度不同分为粳、糯两类，北方多产粳高粱，南方多产糯高粱。

高粱的淀粉主要集中在胚乳中。胚乳占干重的80%，胚乳外面包一层由蛋白质和脂肪组成的胶粒层。胚占干重的8%，富含脂肪和无机盐。

糯高粱几乎全含支链淀粉，结构较疏松，能适于根霉生长，以小曲制高粱酒时，淀粉出酒率较高。粳高粱含有一定量的直链淀粉，结构较紧密，蛋白质含量高于糯高粱。

（2）玉米　含植酸多，在发酵中可水解为环己六醇及磷酸，前者呈甜味，后者可促进甘油的生成，因而玉米酒较醇甜。

玉米胚乳部分主要是淀粉，脂肪。集中在胚芽中，应先脱胚后使用。半纤维素含量高于高粱，但出酒率不及高粱，蒸煮后不黏不糊，但因其淀粉结构紧密，质地坚硬，故难以蒸煮。

（3）大米　淀粉含量高，蛋白质及脂肪含量较少，利于低温缓慢发酵，成品酒酒质较纯，带有特殊的大米香。

若蒸煮不当会太黏，使发酵过程不易控制。大米有粳籼米和糯米，相对来说糯米的淀粉、脂肪含量高，蛋白质含量低些。

（4）大麦　大麦粒包括谷皮和胚乳三部分。大麦中的淀粉主要集中在糊粉层内，直链淀粉占大麦淀粉的17%～24%。纤维素占大麦干重的3.5%～7.0%，主要集中在谷皮中。

大麦黏结性能差，皮壳较多。若单独制曲，则品温速升骤降。与豌豆共用，则成曲有良好的曲香味和清香味。

（5）小麦　小麦不但是制曲的主要原料，而且还是酿酒的原料之一。小麦是世界上分布最广、栽培面积最大的粮食作物之一。含淀粉量高，富含面筋等营养成分，黏着力强。小麦蛋白质中以麦胶蛋白质和麦谷蛋白质为主。小麦的黏着力强，营养丰富，在发酵中产热量较大，所以生产中单独使用应慎重。

（6）糯米　糯米是酿酒的优质原料，淀粉含量比大米高，几乎百分之百为直链淀粉，经蒸煮后，质软性黏可糊烂，单独使用容易导致发酵不正常，必须与其他原料配合使用。糯米酿出的酒甜。

2. 薯类原料

（1）甘薯　薯干含淀粉65%～68%，含果胶质比其他原料都高。含脂肪及蛋白质较少，发酵中升酸幅度小，因而淀粉出酒率高于其他原料。含果胶质较多，影响蒸煮的黏度。蒸煮过程中，果胶质受热分解成果胶酸，进一步分解生成甲醇，使成品酒甲醇含量较高，所以使用薯干作酿酒原料时，应注意排除杂质，尽量降低白酒中的甲醇含量。淀粉颗粒较大，组织不紧密，吸水能力强，易糊化，糊化温度为53～64℃。出酒率普遍高于其他原料，但成品酒中带有不愉快的薯干味，采用固态法酿制的白酒比液态法酿制的白酒其薯干气味更重。

（2）木薯　淀粉纯度高，含氢氰酸配糖体，被带入酒内，有时含量高达25～30mg/L，果胶质含量也较多。木薯经烘晒成片，用大量水浸泡和清蒸，可将氢氰酸配糖体除去，基本上不影响白酒质量。注意蒸煮排杂，防止酒中甲醇、氰化物等有害成分的含量超过国家食品卫生标准。

（3）马铃薯　马铃薯是富含淀粉的酿酒原料，鲜薯含粗淀粉25%～28%，薯干片含粗淀粉70%。马铃薯的淀粉颗粒大，结构疏松，容易蒸煮糊化。用马铃薯酿酒，没有用红薯酿酒所特有的薯干酒味，可积极推广。但发芽的马铃薯产生龙葵素，影响发酵．因此要注意保存。

3. 糖质原料

糖厂的废蜜、伊拉克枣及其他野生果实，含有丰富的糖分，都可作为酿酒的原料。糖厂的废蜜含糖量很高，甘蔗糖蜜含总糖49%～53%，其中蔗糖占32%～33%，还原糖占17%～19%；甜菜糖蜜含总糖45%左右，其中主要是蔗糖，还有少量棉子糖。用含糖原料酿酒时，要选用发酵蔗糖能力强的酵母。这些原料价格低廉，又不需要进行蒸煮糖化，只要稀释处理，因此，生产工艺及设备均简单，生产周期短。甘蔗糖蜜酸，甜菜糖蜜微咸，甘蔗糖蜜含氮少，大约0.5%，甜菜糖蜜含氮2%左右，但只有15%左右可被利用。生产中应适当添加氮源。

4. 代用原料

酿酒常用的代用原料，包括农副产品的下脚料，野生植物或野生植物的果实等，如高粱糠、玉米皮、淀粉渣、柿子、金刚头、蕨根、葛根等。用代用原料酿酒应注意原料的处理，除去过量的单宁、果胶、氰化物等有害物质。温水可除去水溶性单宁；高温可消除大部分的氢氰酸。一切代用原料都应注意蒸煮排杂，保证成品酒的卫生指标合格。凡产甲醇、氰化物等超过规定指标的代用原料，应严禁作饮料酒原料。

三、 辅助原料

1. 辅助原料的作用

辅助原料又称为填充料，在生产过程中的主要作用是：调整酒醅的淀粉浓度，冲淡酸度，吸收酒精，保持浆水，使酒醅有一定的疏松度和含氧量，并增加界面作用，使蒸煮、糖化发酵和蒸馏能顺利进行；辅料能增加酒醅的透气性，有利于酒醅发酵的升温。从白酒产品质量和饲料价值来说，谷糠和稻壳为最好。

2. 常用的辅助原料

（1）麸皮　具有营养种类全面的特点，本身有一定的糖化能力且是酶的良好载体，因此，麸皮既是制酒的辅料，又可作制酒和制曲的原料。

麸皮淀粉含量平均为15%～20%，比其他谷物原料少，当曲霉和根霉菌繁殖时可以迅速地消耗麸皮中的糖类，不致形成有机酸或其他中间产物，保证曲霉和根霉菌生长迅速和一致。

（2）稻壳　稻壳具有质地疏松，吸水性强，用量少而使发酵界面增大的特点。稻壳中含有多缩戊糖和果胶质，在酿酒过程中生成糠醛和甲醇等物质。使用前必须清蒸20～30min，以除去异杂味和减少在酿酒中可能产生的有害物质。稻壳是酿制大曲酒的主要辅料，也是麸曲酒的上等辅料，是一种优良的填充剂，生产中用量的多少和质量的优劣，对产品的产量、质量影响很大。一般要求2～4瓣的粗壳，不用细壳。

（3）谷糠　谷糠是指小米或黍米的外壳，酿酒中用的是粗谷糠。粗谷糠的疏松度和吸水性均较好，用作酿酒的辅料比其他辅料用量少，疏松酒醅的性能好，发酵界面大；在小米产区酿制的优质白酒多选用谷糠为辅料。用清蒸的谷糠酿酒，能赋予白酒特有的醇香和糟香。普通麸曲酒用谷糠做辅料，产出的酒较纯净。细谷糠中含有小米的外壳较多，脂肪含量高，不适于酿制优质白酒。

（4）高粱壳　高粱壳质地疏松，仅次于稻壳，吸水性差，入窖水分不宜过大。高粱壳中的单宁含量较高，会给酒带来涩味。

四、水

白酒生产用水，包括制曲、酒母、发酵、勾兑、包装用水等。古代对酿酒用水就有严格的要求，有“水甜而酒洌”、水是“酿酒的血液”等说法。生产用水质量的优劣，直接关系到糖化发酵是否能顺利进行和成品酒质。

1. 生产用水的要求

（1）工艺用水的标准　酿酒生产用水应符合生活用水标准、要求，具体如下所述。

外观：无色透明，无悬浮物，无沉淀。

口味：将水加热至20～30℃，口尝时应具有清爽气味、味净微甘，为水质良好。

硬度：白酒酿造水一般在硬水以下的硬度均可使用。但勾兑用水的硬度在8°dH以下。

碱度：白酒生产用水以pH6～8（中性）为好。

（2）降度用水的要求　白酒酿造用水的硬度一般在硬水以下都可以。但降度用水最好用天然软水。因为水中钙、镁盐较多时，不但会引起沉淀，而且产生苦味。

铁离子浓度为0.5～20mg/L以及铜离子和锌离子的含量分别为5～10mg/L及20mg/L时，具有苦味。产生苦味的还有硫酸铝等。过多的铁盐会呈涩味甚至铁腥味。

氯离子浓度在400～1400mg/L呈咸味。含氯量较多的自来水有漂白粉味，不宜直接用于降度。

在用硬度较高的水稀释白酒后，应保证有充分澄清的时间，一般在30d以上。待贮酒容器底部析出白色沉淀物后，再进行过滤、装瓶。或在高度原酒入库后立即加水，以避免瓶装低度白酒出现白色沉淀现象。硬度过高的水一定要经软化后才能作降度用水。

2. 生产用水的处理

（1）砂滤、炭滤、曝气法　该法适用于处理浑浊及有机物含量较高的原水，作为进一步处理水的前处理。

（2）凝集法　利用沉淀剂产生沉淀可进行液相中的物质分离，还可使“旧”沉淀转化产生新沉淀。往原水中加入多氯化铝或硫酸铝，使水中的胶质及细微物质被吸着成凝集体。该法一般与过滤器联用。

（3）煮沸法　将暂时硬度较高的原水常压煮沸几十分钟后，可形成碳酸钙沉淀。再采用倾析法得处理水。在煮沸过程中不断搅拌或通入压缩空气，则效果更好。若原水中含重碳酸镁较多，则由于煮沸时生成的碳酸镁沉淀速度很慢，且溶解度随水温下降而增高。因此必须在煮沸后立即过滤，或加凝聚剂一并过滤。

（4）砂滤棒过滤　该过滤器用于自来水或有压力装置的深井水的过滤，能有效地阻菌和除去水中悬浮物质，不需烧煮即可取得符合国家饮用水规程的水质。

（5）活性炭吸附处理　吸附原理及操作：活性炭表面及内部布满平均孔径为2～5nm的微孔，能将水或酒中的细微胶体粒子等杂质吸附。

由于原料和制法的不同，其孔径分布不同，一般分为：碳分子筛，孔径在10×10^{-10}m以下；活性焦炭，孔径在20×10^{-10}m以下；活性炭，孔径在50×10^{-10}m以下。

活性炭对水中溶解性的有机物有很强的吸附能力，对去除水中绝大部分有机污染物质都有效果，如酚和苯类化合物、石油以及其他许多的人工合成的有机物。水中有些有机污染物质难于用生化或氧化法去除，但易被活性炭吸附。

【酒文化】

白酒的起源

一、酿酒的传说

世界技术发展史公认的蒸馏酒起源地有三个：中国、印度和阿拉伯国家。

酒起源于人类有文字记载的文明以前。旧石器时代已有果实酒和奶酒，新石器时代已开始有谷物酿酒。在我国，由谷物粮食酿造的酒一直处于优势地位，而果酒所占的份额很小，因此，探讨酿酒的起源主要是探讨谷物酿酒的起源。

在古代，往往将酿酒的起源归于某某人的发明，把这些人说成是酿酒的祖宗，由于影响非常大，以至成了被人们普遍接受的观点。对于这些观点，宋代《酒谱》曾提出过质疑，认为“皆不足以考据，而多其赘说也”。这虽然不足于考据，但作为一种文化认同现象，不妨借鉴于下。主要有仪狄酿酒、杜康酿酒、酿酒始于黄帝时期等几种传说。

这些传说尽管各不相同，大致说明酿酒早在夏朝或者夏朝以前就存在了，这是可信的，而这一点已被考古学家所证实。夏朝距今约四千多年，而目前已经出土距今五千多年的酿酒器具（《新民晚报》1987 年 8 月 23 日“中国最古老的文字在山东莒县发现，”副标题为“同时发现五千年前的酿酒器具”）。这一发现表明：我国酿酒起码在五千年前已经开始，而酿酒之起源当然还在此之前。在远古时代，人们可能先接触到某些天然发酵的酒，然后加以仿制。这个过程可能需要一个相当长的时期，酿酒的起源应不晚于距今五千年。

二、我国蒸馏酒的起源

关于蒸馏酒起源有多种观点。有“元代起源说”、“宋代起源说”、“唐代初创蒸馏酒”、“蒸馏酒起源于东汉等”。现在我国许多古代技术史的学者均认同“东汉说”。

三、国外蒸馏酒的起源

国外已有证据表明大约在 12 世纪，人们第一次制成了蒸馏酒。据说当时蒸馏得到的烈性酒并不是饮用的，而是作为引起燃烧的东西，或作为溶剂，后来又用于药品。从时间上来看，公元 12 世纪正相当于我国南宋初期，与金世宗时期几乎同时。我国的烧酒和国外的烈性酒的出现时间又是一个偶然的巧合吗？

蒸馏酒起源于 1 世纪或更早一些，但蒸馏酒广泛流行，成为大众饮用酒之一，其历史可能只有五六百年。

思考题

一、填空题

1. 中国白酒制曲的主要原料是（　）。
2. 中国白酒生产的主要原料是（　）。
3. 白酒生产常用的辅助原料有（　）、（　）、（　）和（　）。
4. 白酒生产的谷物原料主要有（　）、（　）、（　）、（　）、（　）、（　）、（　）。

5. 白酒生产的薯类原料主要有（　）、（　）。

6. 原料不同，成品酒风味差别较大，俗话说“高粱（　），玉米（　），大麦（　），大米（　）”。

二、设计题

请画出水处理的基本工艺流程。

三、简答题

1. 制酒原料选择应符合哪些要求？

2. 制曲原料应符合哪些要求？

学习单元2

糖化发酵剂生产工艺

【教学目标】

知识目标

1. 了解酒曲的定义。
2. 掌握大曲的特点和类型。
3. 掌握大曲的生产工艺，尤其是中温大曲生产工艺和中高温大曲生产工艺。
4. 了解大曲制备中的微生物消长与分布。
5. 掌握大曲的质量检验方法：大曲的感官鉴定；大曲的化学成分及生化性能。
6. 掌握大曲的病害及其处理方法。
7. 了解单一药小曲的生产、广东酒曲饼的生产工艺、纯种根霉曲的生产工艺。

技能目标

1. 能够根据不同大曲的特点，掌握大曲生产过程中微生物的种类和作用。
2. 能够完成大曲的制备。
3. 能够根据感官检验指标，判断大曲的质量。

子学习单元1 酒曲的本质

纵观世界各国用谷物原料酿酒的历史，可发现有两大类：一类是以谷物发芽的方式，利用谷物发芽时产生的酶将原料本身糖化成糖分，再用酵母菌将糖分转变成酒精；另一类是用谷物制成酒曲，用酒曲中所含的酶将谷物原料糖化发酵成酒。从有文字记载以来，白酒绝大多数是用酒曲酿造的，而且酒曲法酿酒对于周边国家，如日本、越南和泰国等都有较大的影响。

一、 酒曲中的微生物

与酿酒有关的主要是酵母菌、细菌和霉菌，它们在白酒生产中对酒的质量、产量起到重要的作用。

1. 霉菌

（1）霉菌　霉菌在固体培养基上形成绒毛状、絮状或蜘蛛状的菌丝体。

（2）白酒生产常见的霉菌菌种　曲霉、根霉、青霉、念珠霉、链孢霉。

①曲霉：曲霉是酿酒业所用的糖化菌种，是与制酒关系最密切的一类菌。菌种的好坏与出酒率和产品的质量关系密切。白酒生产中常见的曲霉有：黑曲霉、黄曲霉、米曲霉、红曲霉。

②根霉：根霉是小曲酒的糖化发酵（酒化酶）菌。

③青霉：是白酒生产中的大敌。青霉菌的孢子耐热性强，它的繁殖温度较低，是制麸曲和大曲时常见的杂菌。

④念珠霉：是踩大曲“穿衣”的主要菌种，也是小曲挂白粉的主要菌种。

⑤链孢霉：常生长在鲜玉米蕊和酒糟上，一旦侵入曲房不但造成危害而且很难清除。

2. 酵母菌

（1）酵母菌　酵母菌是一类有真核细胞所组成的单细胞微生物。由于发酵后可形成多种代谢产物及自身内含有丰富的蛋白质、维生素和酶，可以广泛用于医药、食品及化工等生产方面，从而在发酵工程中占有重要的地位。

（2）白酒生产中常见的酵母菌菌种（白酒生产中参与发酵的酵母菌）　酒精酵母、产酯酵母、假丝酵母和白地霉等。其中酒精酵母是产酒精能力强的酒精酵母。产酯酵母具有产酯能力，它能使酒醅中含酯量增加，并呈独特的香气，也称为生香酵母。

3. 细菌

（1）细菌　细菌是一类由原核细胞所组成的单细胞生物。所谓原核细胞是其核无核膜与核仁。细菌在自然界里分布最广、数量最大，白酒生产中存在的醋酸菌、丁酸菌和己酸菌等就属于这一类。

（2）细菌的个体形态与大小　由于细菌的种类随环境不同其变化形态很大。其基本形态有球状、杆状与螺旋状，除此以外还有一些难以区分的过渡类型。

（3）细菌细胞的结构　细菌细胞一般有细胞壁、细胞质膜、细胞质、核及内含物质等构成。有些细胞还有荚膜、鞭毛等。

（4）白酒生产中常见的细菌菌种　乳酸菌、醋酸菌、丁酸菌、己酸菌。不同菌种介绍如下。

①乳酸菌：自然界中数量最多的菌种之一。大曲和酒醅中都存在乳酸菌。乳酸菌能使发酵糖类产生乳酸，它在酒醅内产生大量的乳酸，乳酸通过酯化产生乳酸乙酯。乳酸乙酯使白酒具有独特的香味，因此白酒生产需要适量的乳酸菌。但乳酸过量会使酒醅酸度过大，影响出酒率和酒质，酒中含乳酸乙酯过多，会使酒带闷。

②醋酸菌：白酒生产中不可避免的菌类。醋酸是白酒主要香味成分之一。但醋酸含量过多会使白酒呈刺激性酸味。

③丁酸菌、己酸菌：是一种梭状芽孢杆菌，生长在浓香型大曲生产使用的窖泥中，它利用酒醅浸润到窖泥中的营养物质产生丁酸和己酸。正是这些窖泥中的功能菌的作用，才产生出了窖香浓郁、回味悠长的曲酒。

二、酒曲的种类

原始的酒曲是发霉或发芽的谷物，人们加以改良，就制成了适于酿酒的酒曲。

（一）酒曲的分类体系

1. 按制曲原料来分

主要有麦曲和米曲。用稻米制的曲，种类也不同，如用米粉制成的很多小曲，用蒸熟的米饭制成的红曲或乌衣红曲，米曲（米曲霉）。

2. 按原料是否熟化处理来分

分为生麦曲和熟麦曲。

3. 按曲中的添加物来分

有很多种类，如加入中草药的称为药曲，加入豆类原料的称为豆曲（豌豆，绿豆等）。

4. 按曲的形体来分

可分为大曲（草包曲、砖曲、挂曲）、小曲（饼曲）和散曲。

5. 按酒曲中微生物的来源来分

为传统酒曲（微生物的天然接种）和纯种酒曲（如米曲霉接种的米曲，根霉菌接种的根霉曲，黑曲霉接种的酒曲）。

（二）酒曲的分类

1. 麦曲

主要用于白酒的酿造。

2. 小曲

主要用于黄酒和小曲白酒的酿造。

3. 红曲

主要用于红曲酒的酿造。

4. 大曲

用于蒸馏酒的酿造。

5. 麸曲

这是现代才发展起来的，用纯种霉菌接种以麸皮为原料的培养物。可用于代替部分大曲或小曲。目前麸曲法白酒是我国白酒生产的主要操作法之一。其白酒产量占总产量的70%以上。

【酒文化】

蒸馏酒与中国白酒的分类

一、蒸馏酒的分类

凡是水果、乳类、糖类、谷物等原料，经过酵母菌发酵后，蒸馏得到无色、透明的液体，再经陈酿和调配，制成透明的、含酒精浓度大于20%的酒精性饮料。

按最新的国家标准，将蒸馏酒分为中国白酒和其他蒸馏酒。

白酒的定义是：以曲类、酒母为糖化发酵剂，以淀粉质为原料，经发酵、勾兑而成的各类白酒。

其他蒸馏酒的定义是：以谷物、薯类、葡萄及其他水果为原料，经发酵、蒸馏而制成的高酒精度（酒精含量18%～40%）的酒。按所用的原料不同，又有白兰地、威士忌、俄得克和其他蒸馏酒（如朗姆酒）。

二、中国白酒的分类

1. 按糖化发酵剂分类

（1）大曲酒　用大曲作糖化发酵剂，贮存期长，产品质量好；但成本较高，出酒率较低。

（2）小曲酒　使用小曲为糖化发酵剂，又可分为固态发酵和半固态发酵两种。

（3）麸曲酒母白酒　使用麸曲为糖化剂，另以纯种酵母培养制成酒母作发酵剂，此法的优点是发酵期短，出酒率高，北方各省多数采用此法。

2. 按发酵特点分类

（1）固态发酵法　包括大曲酒、小曲酒、麸曲酒，还有混曲法白酒和其他糖化、发酵法白酒。

混曲法白酒主要是大曲和小曲混用所酿成的酒。

其他糖化、发酵法白酒是以糖化酶为糖化剂，加酿酒活性干酵母（或生香酵母）发酵酿制而成的白酒。

（2）半固态发酵法　包括半固、半液发酵法白酒、串香白酒、勾兑白酒，具体如下。

①半固、半液发酵法白酒：是以大米为原料，小曲为糖化发酵剂，先在固态条件下糖化，再于半固态、半液态下发酵，而后蒸馏制成的白酒，其典型代表是桂林三花酒。

②串香白酒：是采用串香工艺制成，其代表有四川沱牌酒等。还有一种香精串蒸法白酒，此酒在香醅中加入香精后串蒸而得。

③勾兑白酒：是将固态法白酒（不少于10%）与液态法白酒或食用酒精按适当比例进行勾兑而成的白酒。

（3）液态发酵法　又称“一步法”白酒，生产工艺类似于酒精生产，但在工艺上吸取了白酒的一些传统工艺，酒质一般较为淡泊；有的工艺采用生香酵母加以弥补。

3. 按原料分类

（1）粮食酒　以粮食为原料酿制的白酒，如：高粱酒、杂粮酒、米烧酒、糟烧酒等。

（2）薯类酒　以甘薯、木薯、马铃薯等为原料酿制的白酒，成为薯类酒。

（3）代用原料酒　以糖蜜等代用原料生产的白酒，称为代用原料酒。

思考题

一、填空题

1. 酒曲中的微生物主要有：（　）、（　）、（　）。

2. 白酒生产常见的霉菌菌种有：（　）、（　）、（　）、（　）、（　）。

3. 白酒生产中常见的酵母菌菌种有：（　）、（　）、（　）。

4. 白酒生产中常见的细菌菌种有：（　）、（　）、（　）、（　）。

二、简答题

1. 酒曲是如何分类的？

2. 你认为酒曲的本质是什么？

子学习单元2 大曲的生产工艺

曲是一种糖化发酵剂，是酿酒发酵的原动力，要酿酒先得制曲，要酿好酒必须用好曲。制曲本质上就是扩大培养酿酒微生物的过程。一般先用粉碎的谷物为原料来富集微生物制成酒曲，再用曲促使更多的谷物经糖化发酵酿成酒。

一、 大曲的特点和类型

1. 大曲的特点

①用生料制曲。

②自然接种。

③大曲是糖化剂，也是酿酒原料的一部分。

④强调使用陈曲。

2. 大曲的类型

（1） 高温大曲　培养制曲的最高温度达60℃以上。酱香型白酒多用高温大曲，浓香型白酒有部分也用高温大曲。

（2） 中高温大曲　或称偏高温大曲（也称为浓香型中温大曲），培养温度在50～59℃。

（3） 中温大曲（也称为清香型中温大曲）　培养温度为45～50℃，制曲工艺着重于“排列”，操作严谨，保温、保潮、保温各阶段环环相扣，控制品温最高不超过50℃。

二、 中温大曲的生产工艺

汾酒大曲是中温大曲的典型代表，它所酿成的酒，具有无色透明、清香醇厚、绵柔回甜、饮后余香、回味悠长的特点。汾酒大曲分为清茬、后火、红心三种类型，它们的制曲工艺步骤相同，但在制曲过程中控制的品温不同。在酿制汾酒时，这三种类型的大曲按一定比例配合使用。

（一） 工艺流程

60%大麦＋40%豌豆→混合粉碎→加水搅拌→踩曲→曲坯→入曲房排列→长（上）霉阶段→晾霉阶段→起潮火阶段→大火阶段→后火阶段→养曲阶段→出曲房→贮存→成品曲。

（二） 流程说明

1. 配料粉碎

将大麦60%与豌豆40%按质量配好混合粉碎。要求通过20目筛的细粉冬季占

20%，夏季占30%，通不过的粗粉冬季占80%，夏季占70%。

2. 踩曲（压曲）

将曲料粉加水40%～45%拌匀，装入曲模压成曲坯，曲坯含水分在38%左右，每块重3.2～3.5kg。拌料用的水，应根据季节气温变化进行调整，夏季以凉水（14～16℃）为宜，春秋季以25～30℃的温水为宜，冬季以30～35℃的温水为宜。踩好的曲坯，要求外形平整，四角饱满无缺，厚薄一致。

3. 曲室培养

以清茬曲为例，工艺操作如下所述。

（1）入房排列　曲坯入房前应调节曲室温度在15～20℃，夏季越低越好。

曲房地面铺上稻皮，将曲坯搬置其上，排列成行（侧放），曲坯间隔2～3cm，冬近夏远，行距为3～4cm。每层曲上放置苇秆或竹竿，上面再放一层曲坯，共放三层，使成"品"字形，便于空气流通。

（2）长霉（上霉）　入室的曲坯稍风干后，即在曲坯上面及四周盖席子或麻袋保温，夏季蒸发快，可在上面洒些凉水，然后将曲室门窗封闭，温度逐渐上升，一般经一天左右，即开始"生衣"，即曲坯表面有白色霉菌菌丝斑点出现。夏季约经36h，冬季约72h，即可升温至38～39℃。应控制品温缓升，使上霉良好，此时曲坯表面出现根霉菌丝和孢霉的粉状霉点，还有小点状的乳白色或乳黄色的酵母菌落。如品温已上升到指定温度，而曲坯面长霉良好，可揭开部分席片散热，但应注意保潮，可延长数小时，使长霉良好。

（3）晾霉　曲坯品温升高至38～39℃，这时必须打开曲室的门窗，以排除潮气和降低室温。并应把曲胚上层覆盖的保温材料揭去，将上下层曲坯翻倒一次，拉开曲坯间排列的间距，以降低曲坯的水分和温度，达到控制曲胚表面微生物的生长的目的，勿使菌丛过厚，令其表面干燥，使曲块固定成形，在制曲操作上称为晾霉。

晾霉要及时，晾霉太迟，菌丛太厚，曲皮起皱，会使曲胚内部水分水易挥发。晾霉过早，菌丛过少，影响曲胚微生物进一步繁殖，曲不发松。晾霉开始温度28～32℃，不允许有大的对流风，以防曲皮干裂。晾霉期为2～3d，每天翻曲一次，第一次翻曲，由三层增到四层，第二次增至五层。

（4）起潮火　在晾霉2～3d后，曲坯表面不粘手时，即封闭门窗而进入潮火阶段。入房后第5～6d起曲坯开始升温，品温上升到36～38℃后，进行翻曲，抽去苇秆，曲坯由五层增到六层，曲坯排列成"人"字形，每1～2d翻曲一次，此时每日放潮两次，昼夜窗户两封两启，品温两起两落，曲坯品温由38℃渐升到45～46℃，这大约需要4～5d，此后即进入大火阶段，这时曲坯已增高至七层。

（5）大火阶段　这阶段微生物的生长仍然旺盛，菌丝由曲坯表面向里生长，水分及热量由里向外散发，通过开闭门窗来调节曲坯品温，使保持在44～46℃高温（大火）条件下7～8d，不许超过48℃，不能低于28～30℃。在大火阶段每天翻曲一次。大火阶段结束时，基本上有50%～70%的曲块已成熟。

（6）后火阶段　这阶段曲坯日渐干燥，品温逐渐下降，由44～46℃逐渐下降到32～33℃，直至曲块不热为止，进入后火阶段。后火期3～5d，曲心水分会继续蒸发干燥。

（7）养曲阶段　后火期后，还有10%～20%曲胚的曲心部位尚有余水，宜用微温来蒸发，这时曲胚本身已不能发热，采用外温保持32℃，品温28～30℃，把曲心仅有的残余水分蒸发干净。待品温下降至20～25℃时，即可出房。

（8）出房　培养成熟的曲块，叠放成堆，进行贮存。培曲时间约需一个月左右，出房时，每块曲质量为1.8～1.9kg，即每1kg原料可制得大曲0.75kg。出曲率为75%。制成的曲块长26～27cm，宽16～17cm，高4.8～5.8cm。

（三）三种汾酒中温曲的特点

汾酒酿造时，清茬、后火，红心三种大曲按比例混合使用，这三种曲的制曲工艺阶段相同，但在品温控制上有所区别，区别说明如下所述。

1. 清茬曲

热曲最高温度为44～46℃，晾曲降温极限为28～30℃，属于小热大晾。

外观光滑，断面清白，略带黄色，气味清香者为正品。成曲中正品率应占60%～80%。

2. 后火曲

由起潮火到大火阶段，最高曲温达47～48℃，在高温阶段维持5～7天，晾曲降温极限为30～32℃，属于大热中晾。

曲块断面内外呈浅青黄色，具有酱香或炒豌豆味者为正品。成曲正品率应占80%～95%。

3. 红心曲

在曲的培养上，采用边晾霉边关窗起潮火，无明显的晾霉阶段，升温较快，很快升到38℃，无昼夜升温两起两落，无昼夜窗户两启两封，依靠平时调节窗户启、封来控制曲坯品温。由起潮火到大火阶段，最高曲温为45～47℃，晾曲降温极限为34～38℃，属于中热小晾。

曲块断面周边青白，中心红色者为正品。成曲的正品率应占85%～95%。

由于制曲时温度等方面略有区别，这三种成品曲的特点也不同。这三种大曲的化学成分和生化特性也有区别。

三、偏高温大曲的生产工艺

浓香型中高温大曲通常不加母曲，有的要加5%左右的母曲，因厂而异。典型的中温曲制曲最高温度在50℃以下，而典型的高温曲制曲最高温度达60℃以上。曲的种类影响着酒的风味。在酿制浓香型曲酒时，为了提高酒的香味，从20世纪

60年代中期开始调整制曲最高温度在50～60℃之间，这类曲为偏高温曲或中偏高温曲，有些酒厂将中温曲和高温曲分别制作，配合使用，对改善酒质也收到良好的效果。以某厂（YH）大曲制造工艺为例加以说明。

（一）工艺流程

原料→ 配料 → 粉碎 → 踩曲 → 入房培养 → 前发酵 → 放门排潮 → 潮火阶段 → 干火阶段 → 后火阶段 → 成品曲出房 → 贮存 →使用陈曲

（二）流程说明

1. 配料

以小麦、大麦、豌豆为原料，其配比为7∶2∶1或6∶3∶1或5∶4∶1，根据具体情况作适当调整，这种配比既保证曲坯黏结适度，营养丰富，又能增强曲香味。

2. 粉碎拌料

通过40目筛的细粉占50%左右。保证曲坯具有一定的黏性，适于微生物的繁殖生长。

3. 加水拌料

加水过多曲坯不易成型入房，会变形，且不利于微生物向曲块内部生长，曲块表面易生毛霉、黑曲霉等微生物；同时曲坯培养时升温快，易引起酸败，降低曲的质量。若加水过少，曲坯不易黏结，缺水同样妨碍微生物生长繁殖，影响大曲质量。加水量为曲料质量的40%～43%，并要求拌均匀。

4. 踩曲成型

拌匀后的曲料送入曲模，踩成（或压成）块状，尺寸为300mm×185mm×60mm，每块质量2.75kg。待略干后，送入曲房培养。

5. 入房排列

曲房要求具备保温、通风、排潮的条件，每1m^{2}面积约容纳150kg曲粮的曲块。地坪上铺3～5cm的稻壳，再铺柴席，曲坯侧立放置，间距5～10mm，俗称似靠非靠，排两层高。然后在四周及曲坯上面盖上潮湿的稻草或麻袋，曲块全部入房后，封闭门窗，保温培菌。

6. 前发酵

在适宜的温度、湿度下，霉菌、酵母、细菌等微生物很快繁殖起来，第一天曲块表面开始出现白色斑点和菌丝体，白色菌丝已布满80%～90%的曲块，此时曲块温度上升很快，可高达50℃以上，此阶段冬季需4～5d。要求曲块曲皮为棕色，有白斑和菌丝，断面呈棕黄色，无生面，略带酸味。当温度达到55℃时，可放门降温排潮，将上下层曲块翻倒一次，把二层加高成三层，并适当加大曲块间距，揭去湿草换上干草。目的是降低发酵温度，排除部分水气，换取新鲜空气，控制微生物生长速度。及时放门翻曲是制好大曲的关键，翻曲太早曲块发酵不透，翻曲太迟温度太高，曲皮起皱，曲块内部水分不易挥发出来，后期微生物难以生长。同时要注意品温不能下降过于厉害，一般要在27～30℃以上，否则影响后阶段的潮火、发酵，还应注意水分不能排得过早，否则曲块外皮干硬影响中后期的培养。

7. 潮火阶段

在放门换草后的5～7d阶段温度应控制在30～55℃之间而定，视温度情况而定，每天或隔天翻曲一次，翻曲时要使曲块底转上，上转底，里调外，外调里，并由三层改为四层。此时水分挥发以每天每块曲坯失重100g左右为宜。此阶段的特点是由于微生物大量繁殖，并且由表面逐渐深入内部生长，呼吸和代谢都极为强烈，产生大量热量，使曲块水分蒸发加快，曲房空气潮湿。

8. 干火阶段

后12d左右开始进入干火阶段，此阶段一般维持8～10d左右，品温一般控制在35～50℃之间。由于微生物在曲块内部生长，曲块外部水分散失，很容易发生烧曲现象，所以应特别注意品温变化情况，每天或隔天翻曲一次，加高至4～5层，还应采用开闭门窗来调节温度。

9. 后火阶段

干火阶段过后，品温逐渐下降，此时须将曲块间距缩小，进行拢火，使曲块温度再次回升，让曲块内部水分排出最后水气量达到15%以下。若后期温度控制过低，曲块内部水分挥发不出，由于曲块外壳坚硬会使同块断面中心出现包水、黑圈或生心等现象。后火阶段一般控制温度在30～15℃之间，隔一天或两天翻曲一次。此阶段主要靠保温，使曲温缓慢下降到常温，把曲心部分的余水充分蒸发干净。

10. 贮存

将成品曲运到阴凉通风的贮曲室，贮存2～6个月，最好控制在3个月左右为佳，成为陈曲再投入使用。

11. 成品曲质量

大曲质量鉴定主要以感官为主，一般要求表面多带白色斑点和菌丝，断面茬口整齐，菌丝生长良好、均匀，呈白色或淡黄色，无生心、霉心现象，曲香味要浓。

四、 高温大曲的生产工艺

高温曲的典型代表是茅台大曲，其特点之一是制曲温度高达60～65℃；二是酿酒过程中大曲用量比例大，常与酿酒原料高粱之比为1∶1左右，如折算成制曲原料小麦计算，小麦用量超过高粱，所以实际上大曲在酿酒时也充当了酿酒原粮之一；三是成品曲的香气成为茅台酒酱香的主要来源之一，直接影响着曲酒的特点。其他一些泸型酒也有使用高温曲的但它们的制曲方法不尽相同。以茅台大曲为例介绍高温大曲的制造工艺。

1. 生产（工艺）流程

小麦100%→润料→破碎→粗麦粉→拌曲料（曲母水）→踩曲→曲坯→堆积培养→成品曲→出房→贮存

2. 生产工艺说明

（1）小麦磨碎　茅香型高温大曲采用纯小麦制曲，对原料的品种无特殊要求，但要求颗粒整齐，无霉变，无异常气味和无农药污染，并保持干燥状态。原料在粉碎前要经过除杂处理，并加入10%～15%的水拌匀，润料3～4h，让小麦粒吸收一定量的水分，而后再用钢磨粉碎使麦皮压成薄片（俗称梅花瓣）在制曲时起到疏松作用，而麦心不形成细粉使整个麦粒破碎成无大颗粒的粗麦粉。经过粉碎，通过20目筛的细粉占40%～50%。未通过20目筛的粗粒及麦粒占50%～60%。

对采用小麦、大麦、豌豆等多种原料混合制曲时，已考虑到曲块的疏松问题，只要按一定比例均匀配料后，进行粉碎。不必进行润料。对不同原料配比的粉碎要求是不同的，总的来讲粉碎过粗，制出的曲坯黏性小、成型困难、空隙大、水分易于蒸发、热量易于散失，可能会使曲坯过早的干涸和裂口，影响微生物繁殖。若粉碎过细，制成的曲块过于黏结、不易透气、水分和热量不易散失，容易引起酸败和烧曲。按传统的制曲要求是将麦子磨成烂心不烂皮的梅花瓣，即小麦的皮片状，心子磨成粉状。

（2）加水和曲料　将粗麦运送到压曲房（踩曲室）通过定量供水器，按一定比例将曲料曲母和水连续进入搅拌机，搅匀后送入压曲设备进行压制成型。加水混料在制曲工艺上是个关键，加水量过多，曲坯不容易成型，入房后会发生变形，曲坯容易被压得过紧，不利于有益微生物向曲坯内部生长，而表面易于长毛霉，黑曲霉等微生物。培曲时曲坯升温过快，降温困难曲胚处于高温阶段的时间会延长易引起酸败细菌的大量繁殖使原料损失加大，还降低成品曲的质量。若加水量过少，曲坯不易黏合，造成散落过多，增加碎曲数量。培曲时曲坯失水降温较快致使有益微生物不能得到充分的繁殖同样会影响成品曲的质量。一般来讲，总之，曲坯含水量过多（但水分偏低的曲）培曲过程中升温高而快，高温持续时间也延长，降温速度较慢；而水分过少则相反，曲的酶活力较高。

加水量的多少依据制曲季节原料的品种和原料本身的含水量来调整，一般高温纯小麦制曲的加水应为粗麦粉重量的37%～40%左右。小麦、大麦、豌豆三种原料混合制曲时，加水量一般控制在40%～45%，如洋河大曲加水量为40%～43%。另外，加水量的多少还和原料粉碎细度、原料含水量，制曲季节，曲室条件有关，一般夏季大于春、秋季。制曲加水时还应考虑水质和水温，要求水质清洁，为了保证曲料温度适中，冬季应预先将水调温到30～35℃再用来拌料，其他季节可直接用自然温度的水拌料。

为了加速有益微生物在培曲时的生长繁殖，保证成品曲的质量，高温曲在和曲料时，常接入一定量的曲母，曲母的使用量夏季为原料粉的4%～5%，冬季为5%～8%，曲母应从上年生产的含菌种类和数量较多的白色曲中挑选为好，虫蛀的曲块不可使用。

曲料拌和均匀与否是至关重要的。直接影响到曲块的水分营养物质和透气的均匀性。和曲料时，要求拌和均匀，无灰色疙瘩，用手捏成团状而不粘手为度。拌好的麦粉要立即使用，不要堆积过久。防止酸败变质。

（3）踩曲成型　曲料混合均匀后，通过人工踩制或进入踩曲机（压曲机）压成砖块形状成为曲坯。若人工踩曲先把拌和的曲料迅速装入曲模（或称曲箱、曲盒），踩曲者马上用足掌先在曲模心踩一遍，再用足掌沿四边踩两遍，要求踩紧、踩光，特别四角定要踩紧，不得缺边掉角，中间可略松。曲坯一个面踩好后翻过来再踩另一面，每块曲坯质量不得相差0.2kg。踩好后的曲坯排列在踩曲场上，刚一收汗即运入曲房，否则曲坯排水分逐渐蒸发，入房后容易起厚皮，培曲时不挂衣（曲坯表面微生物难以长出）。

踩曲用的曲模大小，也直接影响曲的质量，曲坯太小，不易保温，操作费工、费时；曲坯太大、太厚，制曲微生物不易生长透彻均匀，也不便操作运输。

踩曲时要注意曲坯强度，以便制出的黄色曲块多，曲香也浓郁。曲坯过硬，曲块往往会产生裂纹，容易引起杂菌的生长，制成的曲块颜色不正曲心还会有异味。另外，由于曲块过硬，包含的水分减少，在后期培菌过程中会发生水分不足的现象。曲块若太松，容易撒抛，造成浪费，操作困难。硬度不同曲坯的透气性也不一样，它相关到微生物种类和数量，微生物种类和数量又会影响到形成的代谢产物的种类和数量。曲坯硬度应以挤而不散手，拿曲块不裂不散为准。并要求曲坯四面线棱角饱满，面平光滑，含水均匀，软硬一致。这样制成的黄色曲块较多香，也浓郁。

（4）堆积培养　高温堆曲是茅型大曲制备中的重要环节，它可以分为堆曲、盖草洒水、翻曲、拆曲四步。

①堆曲：压制好的曲坯应放置2～3h，待表面略干，并由于面筋黏结而使曲坯变硬后，即移入曲室培养。曲块移入曲室前，应先在靠墙的地面上铺一层稻草，厚约15cm，以起保温作用，然后将曲坯三横三竖相间排列，坯之间约留2cm距离，并用草隔开，促进霉衣生长。排满一层后，在曲坯上再铺一层稻草，厚约7cm，但横竖排列应与下层错开，以便空气流通。一直排到四至五层为止，再排第二行，最后留一或两行空位置，作为以后翻曲时转移曲坯位置的场所。

②盖草及洒水：曲坯堆好后，即用乱草盖上，进行保温、保湿。为了保持湿度，常采用对盖草层洒水，洒水量夏季较冬多些，但应以洒水不流入曲堆为准。

③翻曲：曲堆经盖草及洒水后，立即关闭门窗，微生物即开始在表面繁殖，品温逐渐上升，夏季经5～6d，冬季经7～9d，曲坯堆内温度可达63℃左右。室内

温度接近或达到饱和点。至此曲坯表面霉衣已长出。此后即可进行第一次翻曲。再过一周左右，翻第二次，这样可使曲块干得快些。

翻曲的目的是调节温、湿度，使每块曲坯均匀成熟。翻曲时应尽量把曲坯间湿草取出，地面与曲坯间应垫以干草。为了使空气易于流通，促进曲块的成熟与干燥，可将曲坯间的行距增大，并竖直堆积。大部分的曲块都在翻曲后，菌丝体才从外皮向内部生长，曲的干燥过程就是霉菌菌丝体向内生长的过程，在这期间，如果曲坯水分过高将会延缓霉菌生长速度。

根据多年来的生产经验，认为翻曲过早，曲坯的最高品温会偏低，这样制成的大曲中白色曲多；翻曲过迟，黑色曲会增多。生产上要求黄色曲多，所以翻曲时间要很好掌握。目前主要依据曲坯温度及口味来决定翻曲时间，即当曲坯中层品温达60℃左右（通过指示温度计观察），并以口尝曲坯具有甜香味时（类似于一种糯米发酵蒸熟的食品所特有的香味），即可进行翻曲。

④拆曲：翻曲后，一般品温会下降至7～12℃。大约在翻曲后6～7d，温度又会渐渐回升到最高点，以后又逐渐降低，同时曲块逐渐干燥，在翻曲后15d左右，可打开门窗，进行换气。到40d以后（冬季要50d），曲温会降到接近室温时，曲块大部分也已经干燥，即可拆曲出房。出房时，如发现下层有含水量高而过重的曲块（水分超过15%），应另行放置于通风良好的地方或曲仓，以促使干燥。

（5）陈曲　制成的高温曲，分黄、白、黑三种颜色，以金黄色、具菊花心、红心的金黄取色曲为最好，这种曲具有浓郁的酱香味；白曲虽然糖化力强，但不适于茅台酒生产的需要，应贮存3～4个月，称为陈曲，然后投入使用。

在传统生产上非常强调使用陈曲，其特点是制曲时潜入的大量产酸细菌，在生长比较干燥的条件下会大部分死掉或失去繁殖能力，所以陈曲相对讲是比较纯的，用来酿酒时酸度会比较低。另外大曲经贮藏后，其酶活力会降低，酵母数也能减少，所以在用适当贮存的陈曲酿酒时，发酵温度上升会比较缓慢，酿制出的酒香味较好。

五、大曲中微生物的分布情况

无论在哪一种培养基上，曲皮部位的菌数都明显高于曲心部分。一般曲皮部分生长的都是一些好气菌及少量的兼性嫌气菌，霉菌含量较高，如梨头霉、黄曲霉、根霉等。曲心部分生长着一些兼性厌氧菌，细菌含量最高，而细菌中球菌的数量又较杆菌的数量为多，也含有相当数量的红曲霉等。曲皮与曲心之间则生长的多是兼性厌氧菌，以酵母含量较多，以假丝酵母最多。各种类型大曲其微生物群差别是很大的。

随着大曲培养的开始，各种微生物首先在大曲表面开始繁殖，在30～35℃时微生物的数量可达最高峰，这时的霉菌、酵母比例较大。但随着温度的进一步升高，大曲水分的蒸发，曲中含氧气量的相对减少，当温度达55～60℃时，大部分的菌类为高温所淘汰，微生物菌数大幅度地降低。这时大曲中霉菌和细菌中的少数耐热种、株逐步形成优势，酵母菌衰亡相对最大，特别是高温大曲中，酵母几乎为零。

随着水分的蒸发，微生物的繁殖向最后水分较高的曲心发展，由于曲心氧气量不足，导致一些好气微生物被淘汰，随着培养温度的下降，一些兼性嫌气菌如酵母和一些细菌，在大曲内部又开始繁殖。到大曲生产的后期，水分大量散失，导致曲心部分空气的通透性有所增加，又由于曲心部分水分散失相对少一些，为后期曲心部分其他菌类的生长创造了条件。

六、 大曲的质量

1. 大曲的感官鉴别

（1）香味　曲块折断后用鼻嗅之，应有纯正的固有的曲香，无酸臭味和其他异味。

（2）外表颜色　曲的外表应由灰白色的斑点或菌丝均匀分布，不应光滑无衣或有成絮状的灰黑色菌丝。光滑无衣是因为曲料拌和时加水不足或踩曲场上放置过久，入房后水分散失太快，未成衣前，曲坯表面已经干涸，微生物不能生长繁殖所致；絮状的灰黑色菌丝，是曲坯靠拢，水分不易蒸发和水分过多，翻曲又不及时造成的。

（3）曲皮厚度　曲皮越薄越好。曲皮过厚是由于入室后升温过猛，水分蒸发太快；或踩好后的曲块在室外搁置过久，是表面水分蒸发过多等原因致使微生物不能正常繁殖。

（4）断面颜色　曲的断面要有较密集的菌丝生长。断面结构均匀，颜色基本一致（似猪油白），有其他颜色掺杂在内，都是质量不好的曲。

2. 大曲的理化指标

一般有水分、酸度、pH、还原糖、淀粉、液化力、糖化力、发酵力及蛋白质分解力等几个指标。其中几个指标具体如下。

①糖化力（液化力）：大块曲为每1h 180～250mg葡萄糖（淀粉）/g曲；

②发酵力：每48h 0.2～0.5g CO_2/g曲；

③蛋白质分解力：达0.4～0.5（在pH3～3.5，用0.1N NaoH溶液滴定量）。

3. 大曲的等级划分

不同的厂、地区制曲的工艺及检验标准也不尽相同，各有特点，以下以某厂（WLY）对成品曲的等级划分要求为例，具体见表1－3。

表1－3　某厂（WLY）对成品曲的等级划分要求

等级	感官指标	理化指标		
		糖化力	发酵力	水分
一级曲	曲香纯正、气味浓郁、断面整齐、结构基本一致，皮薄心厚，一片猪油白色，间有浅黄色，兼少量（≤8%）黑色、异色	≥700	≥200	≤15%
二级曲	曲香较纯正、气味较浓郁、无厚皮生心，猪油白色在55%以上，浅灰色、淡黄色等异色≤20%	≥600	≥150	≤15%
三级曲	有异香、异臭气味，皮厚生心，风火圈占断面2/3以上	≥600	≥150	≤15%

【酒文化】

中国白酒的香型

（1）浓香型白酒　以泸州老窖特曲、五粮液、洋河大曲等酒为代表，以浓香甘爽为特点，采用以高粱为主的多种原料、陈年老窖（也有人工培养的老窖）、混蒸续渣工艺。在名优酒中，浓香型白酒的产量最大。四川，江苏等地的酒厂所产的酒均是这种类型。主体香气为已酸乙酯。

（2）酱香型白酒　也称为茅香型白酒，以茅台酒为代表。酱香柔润为其主要特点。发酵工艺最为复杂。所用的大曲多为超高温酒曲。

（3）清香型白酒　也称为汾香型白酒，以汾酒为代表，其特点是清香纯正，采用清蒸清楂发酵工艺，发酵采用地缸。主体香气为乙酸乙酯和乳酸乙酯。

（4）米香型白酒　以桂林三花酒为代表，特点是米香纯正，以大米为原料，小曲为糖化剂。也称蜜香型，主体香气为β－苯乙醇，乙酸乙酯和乳酸乙酯。

（5）其他香型白酒　这类酒的主要代表有西凤酒、董酒、白沙液等，香型各有特征，这些酒的酿造工艺采用浓香型、酱香型或汾香型白酒的一些工艺，有的酒的蒸馏工艺也采用串香法。

思考题

一、填空题

1. 大曲按制曲温度分为（　）大曲、（　）大曲和（　）大曲。
2. 大曲酒生产分为（　）和（　）两种方法。
3. 根据生产中原料蒸煮和酒醅蒸馏时的配料不同，大曲酒又可分为（　）、（　）和（　）工艺。

二、设计题

1. 请画出高温大曲的生产工艺流程。

2. 请画出中高温大曲的生产工艺流程。

3. 请画出中温大曲的生产工艺流程。

三、简答题

1. 大曲的化学成分及生化性能有哪些指标?

2. 如何对大曲进行感官鉴别?

3. 在大曲培养过程中，常见的病害是什么?如何处理?

4. 在制曲过程中，何为“前火不可过大，后火不可过小”?

子学习单元3 小曲的生产工艺

小曲是生产半固态发酵法白酒的糖化发酵剂，具有糖化与发酵的双重作用。它是用米粉或米糠为原料，添加中草药并接种曲种培养而成。小曲的制造为我国劳动人民创造性利用微生物独特发酵工艺的具体体现。

小曲中所含的微生物，主要有根霉、毛霉和酵母等。就微生物的培养来说，是一种自然选育培养。在原料的处理和配用中草药料上，能给有效微生物提供有利的繁殖条件，且一般采用经过长期自然培养的种曲进行接种。近来还有纯粹培养根霉和酵母菌种进行接种，更能保证有效微生物的大量繁殖。

一、 小曲的特点和种类

1. 小曲

小曲是用米粉或米糠为原料，添加中草药，接入少量曲种培养而成的，因其体积小，所以习惯称之为小曲。

2. 小曲的特点

(1) 采用自然培养或纯种培养。

(2) 用米粉、米糠及少量中草药为原料。

(3) 制曲周期短，一般7~15d；制曲温度比大曲低，一般为25~30℃。

(4) 曲块外形尺寸比大曲小，有圆球形、圆饼形、长方形或正方形。

(5) 品种多，根据原料、产地、用途等可将小曲分为很多品种。

3. 小曲的种类

①按添加中草药：可分为药小曲和无药小曲。

②药小曲按添加中草药的种类：可分为单一药小曲和多药小曲。

③按制曲原料：可分为粮曲与糠曲（粮曲是全部为大米粉，糠曲是全部为米

糠或多量米糠、少量米粉）。

④按形状：可分为酒曲丸、酒曲饼及散曲。

⑤按用途：可分为甜酒曲与白酒曲。

二、 小曲微生物及其酶系

小曲中的主要微生物由于培养方式不同而异。纯种培养制成的小曲中主要是根霉和纯种酵母；自然培养制成的小曲中主要有霉菌、酵母菌和细菌三大类。

1. 小曲中的霉菌

小曲中的霉菌一般有根霉、毛霉、黄曲霉和黑曲霉等，其中主要是根霉。小曲中常见的根霉有河内根霉、米根霉、爪哇根霉、白曲根霉、中国根霉和黑根霉等。

2. 小曲中的酵母菌和细菌

传统小曲（自然培养）中，含有的酵母种类很多，有酒精酵母、假丝酵母、产香酵母和耐较高温酵母。它们与霉菌、细菌一起共同作用，赋予传统小曲白酒特殊的风味。

传统小曲中，含有大量的细菌，主要是醋酸菌、丁酸菌及乳酸菌等。在小曲白酒生产中，只要工艺操作良好，这些细菌不但不会影响成品酒的产量和质量，反而会增加酒的香味物质。但是若工艺操作不当（如温度过高），就会使出酒率降低。

3. 小曲中酶系的特征

根霉中既含有丰富的淀粉酶，又含有酒化酶，具有糖化和发酵的双重作用，这就是根霉酶系的特征，也可以说是小曲中酶系的特征。根霉具有一定的酒化酶，能边糖化边发酵，这一特性也是其他霉菌所没有的。由于根霉具有一定的酒化酶，可使小曲酒生产中的整个发酵过程自始至终地边糖化边发酵，所以发酵作用较彻底，淀粉出酒率进一步得到提高。

根霉菌缺少蛋白酶，它对氮源的要求比较严格，而且喜欢有机氮。氮源不足将严重影响根霉菌丝的生长和酶活力的提高。

有些根霉如河内根霉和中国根霉还具有产生乳酸等有机酸的酶系，这与构成小曲酒主体香物质的乳酸乙酯有重要的关系。

三、 单一药小曲的生产工艺

桂林酒曲丸是一种单一药小曲，它是用生米粉为原料，只添加一种香药草粉，接种曲母培养制成的。

1. 工艺流程

桂林酒曲丸的生产工艺流程如图 1－1 所示。

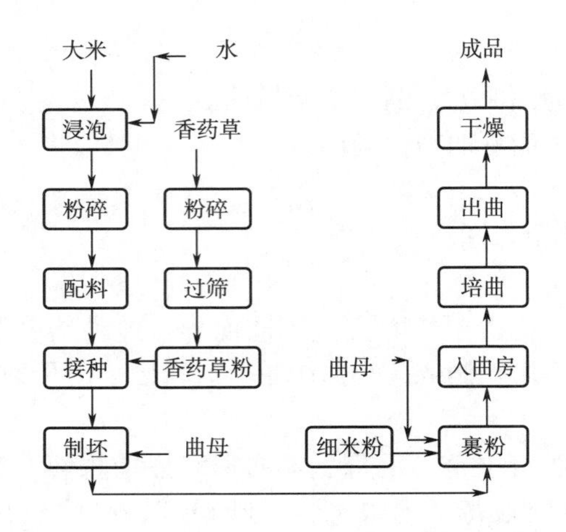

图 1－1　桂林酒曲丸的生产工艺流程图

2. 原料配比（每批次制曲用量）

（1）大米粉　总用量 20kg，其中酒药坯用 15kg，裹粉用细米粉 5kg。

（2）香药草粉　用量占酒药坯米粉质量的 13%。

（3）曲母　用量为酒坯质量计量的为裹粉的 4%（对米粉）。

（4）水　用量约为坯粉质量的 60%。

3. 生产工艺说明

（1）浸米　大米加水浸泡，夏天 2～3h，冬天 6h 左右。沥干后备用。

（2）粉碎　浸米沥干后，用粉碎机粉碎成粉状，取其中 1/4 用 180 目筛筛出 5kg 细粉作裹粉用。

（3）制坯　按原料配比进行配料，混合均匀，制成饼团，放在饼架上压平，用刀切成 2cm 见方的粒状，用竹筛筛圆成药坯。

（4）裹粉　将细米粉和曲母粉混合均匀作为裹粉。先撒少部分于簸箕中，并洒第一次水于酒药坯上后倒入簸箕中，用振动筛筛圆、裹粉、成形，再洒水、裹粉，直到裹粉全部裹光，然后将药坯分装于小竹筛中摊平，入曲房培养。入曲房前酒药坯含水量约为 46%。

（5）培曲　根据小曲中微生物生长过程，分为 3 个阶段。

①前期：酒药坯入房后，经 24h 左右，室温保持在 28～31℃，品温为 33～34℃，最高不得超过 37℃。当霉菌繁殖旺盛，有菌丝倒下，坯表面起白泡时，将药坯上盖的覆盖物掀开。

②中期：培养 24h 后，酵母开始大量繁殖，室温控制在 28～30℃，品温不超过 35℃，保持 24h。

③后期：培养 48h 后，品温逐渐下降，曲子成熟，即可出曲。

（6）出曲　出房后于 40～50℃ 的烘房内烘干或晒干，贮存备用。从入房培养至成品烘干共需 5d 左右。

4. 质量要求

（1）感官鉴定　外观带白色或淡黄色，要求无黑色、质松，具有酒药特殊芳香。

（2）化验指标

水分：12% ~14%。

总酸：≤0.6g/100g。

发酵力：用小型试验测定，体积分数为58%的桂林三花酒出酒率在60%以上。

四、 广东酒曲饼的生产工艺

小曲在广东又称酒饼，广东酒饼是用米、饼叶（大叶、小叶）或饼草、药材、酒饼种、饼泥（酸性白土）等原料制成的，最大的特点是在曲中加有白泥。

1. 酒饼种的制造

（1）工艺流程　广东酒饼种的生产工艺流程如图1-2所示。

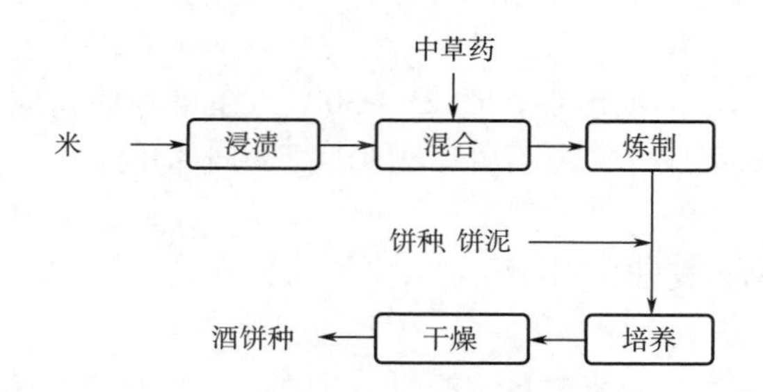

图1-2　广东酒饼种的生产工艺流程图

（2）制作工艺

①原料配比：因地而异。例：米50kg、饼叶5~7.5kg，饼草1~1.5kg，饼种2~3kg，药材1.5~3kg。

②原料的处理：

a. 米：将大米在水缸中浸泡30min左右，捞起用清水冲洗净、沥干，然后用粉碎机粉碎。

b. 酒饼草与酒饼叶，在太阳下晒干，粉碎后筛去粗粉。

c. 中药材：粉碎后过筛备用。

d. 酸性白土：按1∶4的比例加入清水，去脚渣并倾去上清液，干燥备用。

③制曲种：将处理好的原料倒入拌料盒中，加入粉碎的酒饼种和40% ~50%的水，拌匀。再将其倒入木板上的方格中，压成饼。然后用刀切成小方块，在滚角筛中筛成圆形，放在竹匾中，置于曲室中的竹（木）架上培养。曲室的温度保持在25~30℃，经48~50h，取出晒干，即制得酒饼种。

2. 酒饼的制造

广东酒曲饼的制造工艺流程如图1－3所示。

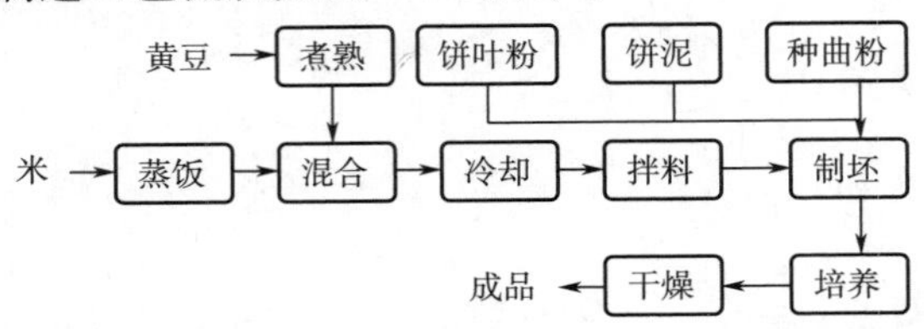

图1－3　广东酒曲饼的制造工艺流程图

（1）原料处理

①米浸泡3～4h后冲洗、沥干，置甑中蒸熟。

②黄豆加水蒸熟，取出后与米饭混合，冷却备用。

③其他原料处理参见酒饼种。

（2）制坯与接种　将冷却后的米饭和黄豆置于拌料盆中，加入饼叶粉混合后，搓揉均匀。然后倒入成形盒中，踏实，用刀切成四方形的曲块。再用竹筛筛圆，置于曲室培养。

（3）培养　培养室的温度保持在25～30℃，在培养期间应注意品温变化并加以控制，经6～8d即可成熟，然后置于太阳底下晒干备用。

五、纯种根霉酵母散曲的生产

根霉酵母混合曲是指先将根霉、酵母分别培养，然后混合成一种疏松的散曲。

1. 工艺流程

纯种根霉酵母散曲的生产流程如图1－4所示。

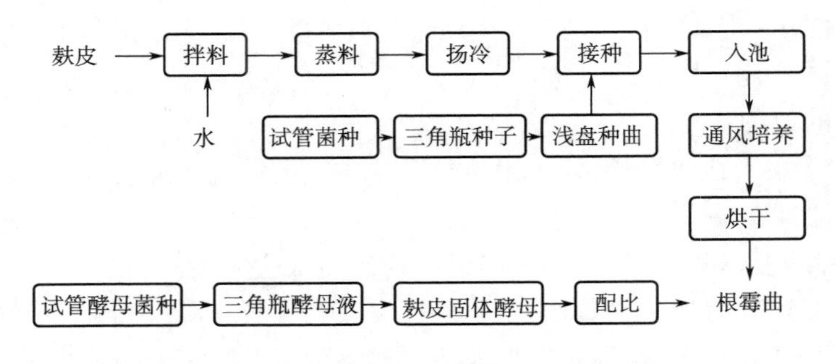

图1－4　纯种根霉酵母散曲的生产流程图

2. 工艺操作说明

（1）试管菌种培养　固体斜面培养基采用黄曲霉糖化制成的米曲汁培养基或麸皮培养基。

（2）根霉三角瓶种子培养　用麸皮作培养基，蒸汽灭菌，趁热打散、冷却，无菌接种根霉菌种子于麸皮培养基。

（3）曲盘制曲

（4）通风制曲

（5）麸皮固体酵母培养

（6）根霉酵母混合曲的配比

【酒文化】

我国名优白酒简介

1. 茅台酒

茅台酒驰名中外，产于贵州省仁怀县茅台镇。茅台酒以“清亮透明，特殊芳香，醇和浓郁，味长回甜”为特点，尤以酱香为其典型。含酒精 52 ~ 53 度。相传建厂于 1704 年，早在 1915 年巴拿马赛会上评为世界名酒，荣获优胜金质奖章。

2. 五粮液酒

四川宜宾五粮液采用五种粮食（高粱、大米、糯米、小麦、玉米）为原料酿制而成，故称“五粮液”。因使用多种粮食，特殊制曲（包包曲）和老窖发酵（70 ~ 90d），给五粮液带来了复杂的香味和独特的风味，其特点是：“香气悠久，喷香浓郁，味醇厚，入口甘美，入喉清爽，各味协调，恰到好处。”酒精体积分数为 60%（出口产品 52%）。

3. 泸州老窖大曲酒

泸州老窖中以“温永盛”“天成生”最为有名。

温永盛创设于 1729 年（清雍正七年），但最老的窖相传已有 370 余年历史。此酒产于四川省泸州市。

泸州老窖大曲酒根据其质量可分为特曲、头曲、二曲和三曲。以泸州特曲酒为优，其产品具有“浓香、醇和、味甜、回味长”的四大特色，其浓香为泸型酒一类风格的典型。

4. 汾酒

汾酒因产于山西汾阳县杏花村而得名。其酿酒历史非常悠久，据该厂记载，唐朝已盛名于世。在 1915 年巴拿马赛会上评为世界名酒，据分析汾酒以乙酸乙酯和乳酸乙酯为主体香味物质，并含有多元醇、双乙酰等极其复杂的芳香和口味成分，相对调和匀称。其产品质量特点是“无色透明、清香、厚、绵柔、回甜、饮后余香，回味悠长”，酒精体积分数为 65%。

思考题

一、填空题

1. 按添加中草药与否，小曲可分为（　）小曲和（　）小曲。
2. 药小曲按添加中草药的种类可分为（　）药小曲和（　）药小曲。
3. 按制曲原料分，小曲可分为（　）曲和（　）曲。
4. 按用途分，小曲可分为（　）曲和（　）曲。
5. 小曲微生物主要有（　）菌和（　）菌。

二、设计题

1. 请画出单一药小曲的生产工艺流程。
2. 请画出酒饼种的生产工艺流程。

三、简答题

1. 小曲的特点是什么？
2. 影响小曲酒质量和出酒率的因素是什么？
3. 如何对小曲进行感官检验？

学习单元3
白酒生产工艺

【教学目标】

知识目标

1. 了解大曲白酒生产工艺的主要特点和类型，大曲白酒生产工艺的主要特点；大曲白酒的生产类型。

2. 了解泸香型大曲白酒生产工艺及汾香型大曲白酒生产工艺。

3. 掌握大曲发酵酒醅微生物的构成及消长。

4. 了解人工老窖中窖泥主要微生物及其分布，掌握人工老窖泥的制作过程以及窖泥的退化、保养和强化。

5. 了解大曲白酒的固态蒸馏的基本原理，掌握接酒过程中馏分的物质变化及蒸馏操作过程，掌握提高大曲酒质量的工艺措施。

6. 掌握半固态发酵法生产小曲白酒及固态发酵法生产小曲白酒的工艺。

7. 了解麸曲白酒生产工艺流程，生料酿酒的工艺流程。

8. 了解液态发酵白酒生产工艺，液态法白酒与固态法白酒的区别，固－液结合法白酒生产工艺。

9. 了解新型白酒生产特点；新型白酒生产类型。

10. 掌握新型白酒生产的主要原料，了解新型白酒的生产工艺。

11. 了解白酒降度的意义，掌握白酒降度后浑浊的原因。

12. 了解低度白酒的生产工艺以及低度白酒的除浊方法。

技能目标

1. 能够熟识大曲酒、小曲酒、麸曲酒、新型白酒的生产工艺过程，能根据相关知识提出提高大曲酒质量方法。

2. 能够运用相关知识解决白酒酿造过程中的常见问题。

子学习单元1 大曲酒生产工艺

我国的大曲酒与国外其他蒸馏酒相比，工艺独特，形成了大曲酒的典型风格。又由于生产类型和操作工艺不同，形成了不同香型的大曲酒。

一、 大曲白酒生产工艺的主要特点和类型

（一）大曲白酒生产工艺的主要特点

1. 采用固态配醅发酵

在整个大曲白酒的发酵过程中，发酵物料（酒醅）的含水量较低，常控制在55%～65%左右，游离水分基本上被包含在酒醅的颗粒之中，整个物料呈固体状态。

2. 在较低温度下边糖化边发酵

大曲既是糖化剂，又是发酵剂，窖内酒醅同时进行着糖化和发酵的作用。在生产中，必须控制较低的入窖温度。

3. 多种微生物的混合发酵

各种微生物均能通过多种渠道进入酒醅，协调进行发酵作用，产生出各自的代谢产物。

4. 固态甑桶蒸馏

酒醅不仅起到填料的作用，而且它本身还含有被蒸馏的成分。

（二）大曲白酒的生产类型

大曲酒生产分为清糙和续糙两种方法。清香型酒大多采用清糙法，而浓香型酒、酱香型酒则采用续糙法。

根据生产中原料蒸煮和酒醅蒸馏时的配料不同，又可分为清蒸清糙、清蒸续糙、混蒸混糙等工艺，这些工艺方法的选用，则要根据自己所生产产品的香型和风

格来决定。

1. 清蒸清楂

突出“清”字，一清到底。在操作上要求做到楂子清，醅子清，楂子和醅子要严格分开，不能混杂。原料和辅料清蒸，清楂发酵，清楂蒸馏，严格清洁卫生。

2. 混蒸混楂

就是将发酵成熟的酒醅，与粉碎的新料按比例混合，然后在甑桶内同时蒸粮蒸酒，这一操作也叫做“混蒸混烧”。

3. 清蒸续楂

是原料的蒸煮和酒醅的蒸馏分开进行，然后混合进行发酵。

二、 汾香型大曲白酒生产工艺

汾香型大曲白酒以山西杏花村汾酒厂生产的汾酒为曲型代表。它清香醇厚、绵柔回甜、尾净爽口、回味悠长。酒的主体香气成分是乙酸乙酯和乳酸乙酯。

（一）汾香型大曲白酒的特点

（1）在整个生产过程中突出一个“清”字，即“清蒸清楂、清蒸流酒、清洁卫生”，所用原、辅料在生产过程中要单独清蒸，排除原、辅料中的杂味，以免杂味带入成品酒中去。

（2）所用的糖化发酵剂是专门用来酿制汾香型曲酒的中温大曲（现在也有称它低温大曲的），它以大麦和豌豆为原料。制曲最高温度不超过48℃，成品大曲具有较高的糖化、发酵力和幽雅的清香味。

（3）汾香型使用地缸发酵，石板封口。也有采用陶瓷砖窖或水泥窖的，但水泥窖壁必须磨光并打上蜡。场地、晾堂使用砖地或水泥地。这些都为了便于刷洗干净，保证酿造出口味纯净的成品酒。

（4）一般酿造汾香型酒，原料只经过两次发酵蒸酒，就作为扔糟排除，保证了酒味的清香而不夹带其他杂味。

（二）汾香型大曲白酒的生产工艺

汾酒采用传统的“清蒸二次清”，地缸、固态、分离发酵法，所用高粱和辅料都经过清蒸处理，将经蒸煮后的高粱拌曲放入陶瓷缸，缸埋土中，发酵28d，取出蒸馏。蒸馏后的醅不再配入新料，只加曲进行第二次发酵，仍发酵28d，糟不打回而直接丢糟。两次蒸馏得酒，经勾兑成汾酒。由此可见，原料和酒醅都是单独蒸，酒醅不再加入新料，与续楂法工艺是显著不同，汾酒操作在名酒生产上独具一格。

1. 清蒸清糁二次清工艺流程如图 1－5 所示。

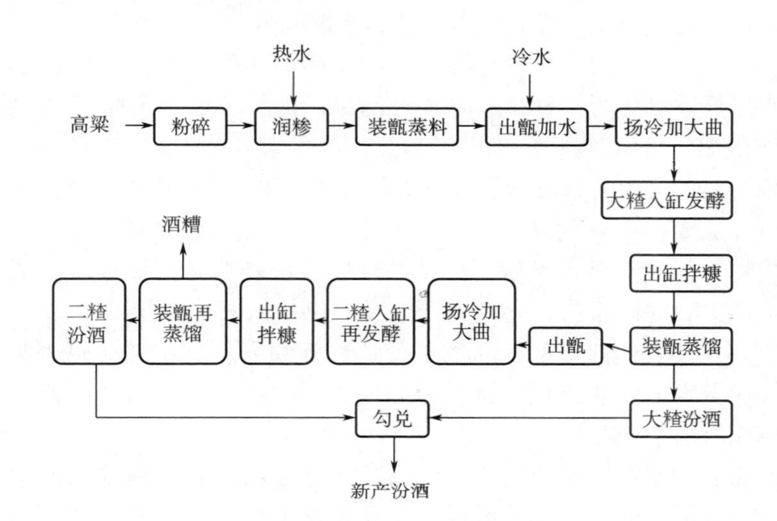

图 1－5　清蒸清糁二次清工艺流程图

2. 工艺说明

(1) 原料粉碎　原料主要是高粱和大曲。传统使用晋中平原出产的"一把抓"高粱。要求其籽粒饱满，皮薄壳少。新收获的高粱要先贮存三个月以上方可投产使用。

高粱需经过辊式粉碎机破碎后方能投入生产，粉碎细，有利于蒸煮糊化和微生物酶对原料的作用。一般要求每颗高粱破碎成 4 ~ 8 瓣即可，其中能通过 1.2mm 筛孔的细粉占 25% ~35%，粗粉占 65% ~75%，整粒高粱不超过 0.3%；同时要根据气候变化调节粉碎度，冬季可稍细，夏季可稍粗，以利于控制发酵升温。

所用大曲有清茬、红心和后火三种中温大曲，按比例混合使用。一般混合比例为清茬∶红心∶后火 =30%∶30%∶40%。要注意大曲的糖化力、液化力和发酵力等生化特性，还要注意大曲的外观质量，清茬曲要求断面茬口为青灰色或灰黄色，无其他颜色掺杂在内，气味清香。后火曲断面呈灰黄色，有单耳、双耳，红心曲呈五花茬口，具有曲香或炒豌豆香。红心曲断面中间呈一道红，点心的高粱呈糁红色，无异圈、杂色，具有曲香味。

(2) 润糁　粉碎后的高粱原料称为红糁。蒸料前要用较高温度的热水润料，称作高温润糁。润糁的目的是让原料预先吸收部分水分，利于蒸煮糊化。而原料的吸水量和吸水速度常与原料的粉碎度和所用水的温度高低有关。在粉碎度一定时，原料的吸水能力随着水温的升高而增大。采用较高温度的水来润，可以增加原料的吸水量，使原料蒸煮时加速糊化；同时使所吸收的水分能渗透到淀粉颗粒内部，发酵时不易凝浆，升温也较缓慢，酒的口味较为绵甜。另外，高温润糁还能促进高粱所含的少量果胶质进行分解形成甲醇，在蒸料时先排除或降低成品酒中的甲醇含量。高温润糁是提高曲酒质量的有效措施。

润糁操作是将粉碎后的高粱红糁在场地上围成一圈，加入原料量55% ~65%的热水。水温夏季可达75 ~80℃，冬季控制80 ~90℃。要多次翻拌，使吸水均匀，拌匀后，堆积20 ~24h，料堆积温会上升，冬季可达到42 ~45℃，夏季可47 ~52℃。堆积初期，可用苇席或麻袋等覆盖料堆，每隔5 ~6h翻拌一次。如发现糁皮干燥，及时补加2% ~3%的热水。堆积过程中，浸入原料的野生菌（主要为一些好气性微生物）能进行繁殖发酵，使某些芳香成分和口味物质逐步形成并有所积累，有利于增进酒的回甜感。

（3）蒸料　蒸料也叫蒸糁。目的是使原料淀粉颗粒细胞壁受热破裂，淀粉糊化，便于大曲微生物和酶糖化发酵，产酒成香。同进，杀死原料所带的一切微生物，挥发掉原料的杂味。

汾香型曲酒的原料均采用清蒸，目的是不让原料气味带入成品酒中，保证酒质的清香纯正。蒸料前，先煮沸底锅水，在甑箅上撒一层稻壳或谷壳，然后装料上甑，要求见汽撒料，装平上匀。待圆汽后，在料面上泼上60℃的热水，称为“加闷头浆”。整个蒸煮时间约需80min左右，初期品温在98 ~99℃，以后加大蒸汽，品温会逐渐上升，出甑时可达105℃左右。红糁经过蒸煮后，要求达到“熟而不黏，内无生心，有高粱香味，无杂异味”。

（4）加水、扬凉、加曲

蒸后的红糁应趁热出甑并摊成长方形，泼入原料量30%左右的冷水（最好为18 ~20℃的井水），使原料颗粒分散，进一步吸水。随后翻拌，通风凉糙，一般冬季降温至比入缸温度低2 ~3℃即可，其余季节散热到与入缸温度一样就可下曲。

根据生产经验，加曲温度一般控制如下：春季20 ~22℃，夏季20 ~25℃，秋季23 ~25℃，冬季25 ~28℃。

加曲量一般为原料的9% ~11%左右，可根据季节、发酵周期等加以调节。

（5）大楂入缸发酵　典型的汾香型曲酒是采用地缸发酵，大楂入缸前，应先清洗缸身和缸盖，用0.4%的花椒水洗刷缸的内壁，使缸内留下一种愉快的香气。

大楂入缸时，主要控制入缸温度和入缸水分，而淀粉浓度和酸度等都比较稳定。要坚持低温入缸、缓慢发酵，入缸温度常控制在11 ~18℃之间，比其他香型的曲酒入窖温度要低，以保持它酿出的酒“清香纯正”。

入缸温度也应根据气温变化而加以调整，在山西地区，一般9 ~10月份的入缸温度以11 ~14℃为宜；11月份以9 ~12℃为宜；寒冷季节，发酵室温约为2℃左右，地温6 ~8℃，入缸温度可提高到13 ~15℃；3 ~4月份气温均已回升，入缸温度可降到8 ~12℃；5 ~6月份开始进入热季，入缸温度应尽量降低，最好比自然气温低1 ~2℃。

大粒入缸水分含量以53%～54%为好，最高不超过54.5%。水分过少，醅子发干，发酵困难；水分过大，产酒较多，但因材料过湿、难以疏松，影响流酒，且酒味寡淡。

大粒入缸后，缸顶要用石板盖子盖严，再用清蒸过的小米壳封口，还可用稻壳保温。

汾香型大曲酒的发酵周期一般为21～28d（3～4周）个别也有长达30余天的。发酵周期的长短是由大曲的性能、原料粉碎度等情况决定的，应该通过生产试验确定。

在边糖化边发酵的过程中，应着重控制发酵温度的变化，使之符合“前缓、中挺、后缓落”的规律。

“前缓”要根据季节气温的变化，掌握好入缸的温度要求“适时顶火”，入缸后6～7d能达到最高发酵温度，季节不同，时间也会有所差异，夏季需要5～6d，冬季需9～10d。发酵品温维持在25～30℃。一般入缸后3～4d，酒醅出现甜味是属于正常的，若7d后酒醅由甜变微苦，最后为苦涩味，这是发酵良好的标志，酒醅色泽发暗，呈紫红色，发硬、发糊都属于不正常现象。

“中挺”，是指酒醅发酵到达“顶火温度”能保持3d左右，这样可使醅子发酵完全。要求做到“适温顶火”，大粒为28～32℃，一般夏季不应超过32℃，冬季为26～27℃最好。整个主发酵阶段是曲酒发酵的旺盛时期，约从入缸后第7～8d延续至第17～18d，在这10d左右的时间内，微生物的生长繁殖和发酵作用均极旺盛，淀粉含量下降较快，酒精含量明显增加，80%的酒精量在这时形成，主发酵阶段酒精浓度最高可达12%左右。酸度增加缓慢。

“后缓落”指主发酵阶段结束到出缸前的阶段，即后发酵时期，此时，要求酒醅温度缓慢降低，每天醅温下降0.5℃以内为好，整个后发酵阶段约11～12d，在此阶段，糖化发酵变得微弱，主要是酯化产香，待到出缸蒸酒时，醅温在23～24℃左右。

要做到“前缓、中挺、后缓落”，除了严格掌握入缸温度和入缸水分外，还要做好发酵容器的保温和降温，冬季可在缸盖上加稻皮进行保温，夏季可减少保温材料，甚至在缸周围土地上扎眼灌凉水，逼使缸中酒醅降温。

在28d的发酵过程中，须隔天检查一次发酵情况，一般在入缸后1～12d内更要加强检查。发酵良好时，会出现苹果似的芳香，醅子也会逐渐下沉，下沉越多，产酒越好，一般约下沉1/4醅层高度。

随着大粒的糖化和发酵，水分会有所增加，入缸时水分为52%左右，到发酵结束，水分达72.2%。淀粉由于糖化酶的作用，由入缸时的31%，下降到14.8%，其中的发酵7d左右时下降最快。由于曲酒是边糖化边发酵工艺，因此还原糖分的变化不大，酒精含量随着发酵的进行而逐步变高，入缸发酵15d左右，酒精含量达到最高，此后，可能由于酯化作用及挥发损失，酒精含量略有下降。醅的酸度入缸时只有0.2左右，由于发酵代谢和细菌的作用，酸度逐渐升高，到发酵终了，酸度可达2.2左右。发酵温度虽然开始较低，但由于发酵过程中产生热量，当发酵到7~8d时，醅温可高达30℃左右，后期由于发酵变弱，醅温逐渐下降，到出缸时，降到24℃左右。

如这阶段品温下降过快，酵母发酵过早停止，将会不利于酯化反应。如品温不下降，则酒精含量挥发损失过多，且有害杂菌继续繁殖生酸，便会造成产生各种有害物质，故后发酵期应做到控制温度缓落。

（6）出缸、蒸大楂酒　把发酵成熟的大楂酒醅从缸中挖出，拌入18%~20%的填充料疏松。由于大楂酒醅黏湿，又用网蒸操作，不添加新料，故上甑时要严格做到“轻、松、薄、匀、缓”，保证酒醅在甑桶内保持疏松、均匀、不压汽，不跑汽。上甑采用“材料两干一湿”的操作，即铺甑箅的辅料可适当多点，上甑到中间可少用点辅料，将要收甑口时，又可多上点辅料，也可采用“蒸汽两小一大”，开始装甑时进汽要小，中间因醅子较湿，阴力较大，可适当开大汽量，装甑结束时，甑内醅子汽路已通，可关小进汽，进行缓汽蒸酒，避免杂质因大火蒸馏而进入成品内影响酒的质量。酒流速度保持在3~4kg/min。

开始的馏出液为酒头，酒精度在75%（体积分数）以上，含有较多的低沸点物质，口味较冲辣，应单独接取存放，可回醅子重新发酵，摘取量为每甑1~2kg，酒头摘取要适量，接取太多会使酒的口味平淡，接取太少，会使酒的口味暴辣。接完酒头后，流出的为大楂酒，馏分的酸、酯含量都较高，香味浓郁，是需要的成品酒。当馏出液的酒精度低于48.5%（体积分数）时，开始接取酒尾，酒尾可下次回馏复蒸，因酒尾中含有大量高沸点的香味成分和口若悬河味物质，故复蒸时可将其尽量蒸出。在蒸尾酒时，可以加大蒸汽量，追尽酒醅中的尾酒。在流酒结束后，敞口排酸10min左右。蒸出来的大楂酒，酒精含量入库时应高于勾兑的基础酒1~2度，汾酒入库酒多控制在67%（体积分数）。

（7）二楂发酵　为了充分利用原料中的淀粉，蒸完酒的大楂酒醅需继续发酵一次，这称为二楂发酵。二楂发酵的操作大体上类同于大楂发酵，它是纯糟发酵，不加新料，发酵完了再蒸出二楂酒，酒糟作为扔糟排出。

当大楂酒醅蒸完酒后，视醅子的干湿情况，趁热泼加大楂投料量2%~4%的温水于醅子中，水温控制在35~40℃，这称为“蒙头浆”。随后挖出醅子，扬冷到30~38℃，加投料量9%~10%的大曲粉，翻拌均匀，待品温降到22~28℃（春、秋、冬三季）或18~23℃（夏季）入缸进行二楂发酵。

二楂发酵主要控制入缸淀粉含量、酸度、水分和温度等四个因素。二楂入缸淀粉浓度主要取决于大楂发酵的情况，一般多在14%~20%左右；二楂入缸酸度比大楂时高，多在1.1~1.4左右，以不超过1.5为宜；二楂入缸水分多控制在60%~62%左右，其加水量应视大楂酒醅流酒多少而定，流酒多，底醅酸度不高，可适当多加新水，有利于二楂产酒。但加水过多，会造成水分流入缸底，浸泡酒醅，导致醅子过湿发黏，蒸酒时酒稍子会拉长，流酒反而减少。

由于二楂醅子的淀粉含量比大楂低，糠含量大，酒醅比较疏松，入缸时会带入大量空气，对曲酒发酵不利，因此，二楂入缸时必须将醅子适度压紧，并喷洒少量尾酒，进行回缸发酵。二楂的发酵期为21～28d。

二楂发酵结束后，出缸拌入少量小米壳，即可上甑蒸酒得到二楂酒，酒糟作扔糟。如发酵不好，残余淀粉偏高，可进行三楂发酵，或加糖化酶，酒出进行发酵，使残余淀粉得到进一步利用。

成熟二楂酒醅的理化成分含量如表1－4所示。

表1－4　成熟二楂酒醅的理化成分含量

水分/%	酒精度/%（体积分数）	淀粉/%	酸度/°	糖分/%
58.50～67.20	5.20～5.80	8.85～11.03	1.92～2.85	0.31～0.34

在清楂法发酵中，还常对发酵酒醅进行感官检查，判断发酵情况如何，一般在大楂酒醅发酵旺盛阶段进行（入缸发酵的第7d和第15d进行）。入缸第7d，揭开缸盖，缸盖的塑料薄上应有水珠，表示发酵良好；如无水珠，说明发酵温度偏低。若取出酒醅口尝，酸甜适宜，醅子软熟无生饭味，属发酵正常；如果酸大时，取出醅子口尝如呈苦涩微酸，无明显甜味，为发酵正常；如果甜味大酸味小，无苦涩感，可能发酵温度偏低，若呈苦涩尖酸，大多是发酵温度过高造成。发酵成熟的大楂酒醅表面应呈暗褐色，中间紫鲜亮，无刺激性酸味，为发酵良好；表面出现白色，大多是假丝酵母污染；酒醅呈甜味，且酸涩味小，多为醅子偏冷所致；醅子酸味大，则为生酸过多造成。随着发酵时间的延长，醅子会下沉，下沉越多，表明发酵越良好，产酒多且酒质好。

对二楂酒醅的检查，可以在入缸发酵第5d和第13d进行。发酵5d的酒醅颜色应呈黄褐色，闻有酱香，酒精味浓，发酵温度在32℃以上，表示良好。如果发现酒味不浓，热气较大，表示发酵温度过高。对入缸发酵13d的酒醅，品温在27～28℃，酒味较浓香，为发酵良好；酒醅黏湿，酒味不大，则发酵温度偏低，应加强保温；如果酒醅发湿，颜色发黄、鲜亮，且酸度较大，表示发酵温度偏高。

为了提高曲酒的质量，在汾型曲酒发酵中也可采取回香醅重新发酵或回糟发酵，回醅里和回糟量分别为5%，这样可以提高成品酒的总酸、总酯含量，优质品率可以提高25%～40%。

（8）贮存勾兑　汾酒在入库后，分别班组，由质量检验部门逐组品尝，按照大楂、二楂，合格酒和优质酒分别存放在耐酸搪瓷罐中，一般定存放三年，在出厂时按大楂、二楂比例，混合优质酒和合格酒，勾兑小样，送质量部门核准后，再勾兑大样，品评出厂。

三、 浓香型大曲酒的生产工艺

浓香型大曲酒采用典型的混蒸续糙工艺进行酿造，酒的香气主要来源于优质窖泥和“万年糟”，浓香型大曲酒生产的工艺操作主要有两种形式，一是以洋河大曲、古井贡酒为代表的老五甑操作法，二是以泸州老窖为代表的万年糟红粮续糙法。

1. 浓香型大曲酒的生产流程

浓香型大曲酒的生产流程如图 1－6 所示。

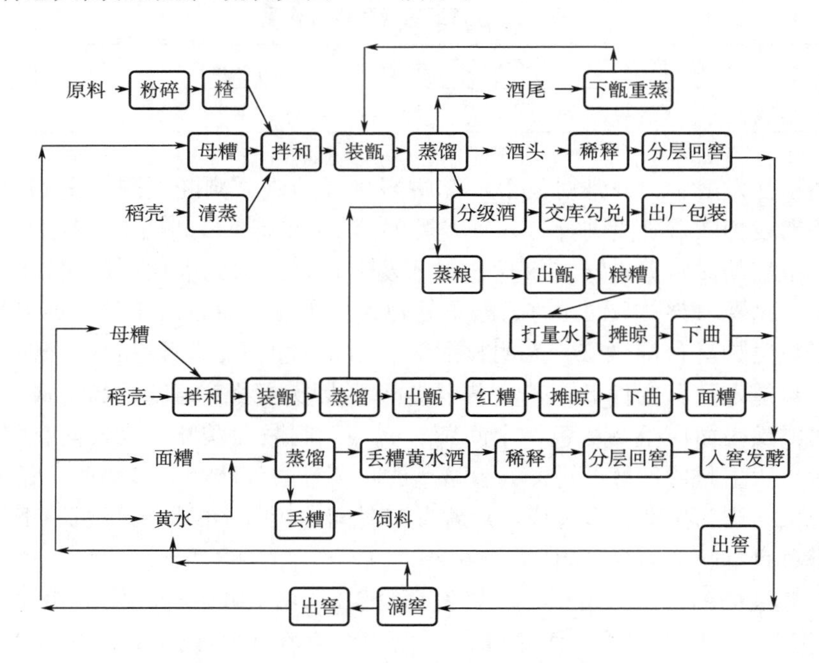

图 1－6　浓香型大曲酒的生产流程图

2. 工艺流程说明

（1）原料处理　泸型酒生产所使用的原料主要是高粱，以使用糯种高粱为好。大曲常使用偏高温曲，曲块要求质硬内部干燥并富有浓郁的曲香味，不带任何霉臭味和酸臭味，曲块断面整齐，边皮很薄，内呈灰白浅褐色，不带其他颜色。

酿制大曲酒的原料，要先进行粉碎，目的是增加原料的受热面积，有利于淀粉颗粒吸水膨胀和蒸煮糊化，糖化时增加与酶的接触，为糖化发酵创造良好条件。但原料粉碎要适中，粉碎度均匀，无整粒粗细交杂，每粒高粱破碎成 4～6 瓣即可，一般能通过 40 目的筛孔，其中粗粉粒占 50% 左右。

在固体发酵中稻壳是优良的填充剂和疏松剂，一般要求稻壳新鲜干燥，呈金黄色，不带霉味。为了驱除稻壳中的异味和有害物质，要求需先把稻壳清蒸30～40min，至蒸汽中无怪味为止，然后出甑晾干，直至熟糠含水量在13%以下，备用。

（2）出窖　南方酒厂把酒醅及酒糟统称为糟。泸型酒厂均采用经多次循环发酵的酒醅进行配料，人们把这种糟称为万年糟，其历来就有“千年老窖万年糟”之说。充分说明了泸型曲酒与万年糟的密切关系。

泸型酒厂正常生产时，每个窖中一般有六甑物料，最上面一甑（面糟），下面五甑粮糟。不少厂也常采用老五甑操作法，窖内存放四甑物料。

在起糟出窖时，先除去窖皮泥，起出面糟，再起粮糟（母糟）。面糟单独蒸馏，后作丢糟排除出，蒸得的“丢糟酒”，常回窖发酵。再把五甑粮糟，配入高粱粉，做成五甑粮糟和一甑红（面）糟，分别蒸酒，重新回入窖池发酵。

在出窖时，首先要对酒醅的发酵情况进行规定检查，及时决定是否要调整下一排的工艺条件（主要是下排配料和入窖条件），这对保证酒的产量和质量是十分重要的。

开窖鉴定主要是对母糟和黄水进行感官检查，常会出现以下几种情况。

①母糟柔熟不腻，疏松不糙，肉实有骨力，颗头大，呈深猪肝色，鼻嗅有酒香和酯香。黄水透亮，悬丝长，口尝酸味小，涩味大，说明本排发酵正常，产量、质量都好。

②母糟疏松泡气，有骨力，呈猪肝色，鼻嗅有酒香，黄水透明清亮，悬丝长，呈金黄色，口尝有酸涩味。这种母糟产的酒，香气较弱，有回味，酒质稍差，但出酒率较高。说明上排量水用量偏大，黄水增多，下排应适当减少，以便提高酒香味。

③母糟显软，没有骨力，酒香也差。黄水黏性大，呈黄白色，有甜味，酸涩味少，这种黄水一般不易滴出，说明本排发酵欠佳，产酒低，质量差。这由于连续几排配料，稻壳用量少。量水多，造成入窖糖化发酵不正常，残余淀粉偏高，由于黄水中含淀粉、糊精、果胶等物质，致使黄水白黏显浓，不易滴出，母糟没有骨力，下排应加糠减水，使母糟疏松，并注意调整入窖温度，要通过连续几排恢复，才能转入正常。

④母糟显腻，没有骨力，颗粒小，黄水浑浊不清，黏性大，这是由于连续几排配料不当，糠少水大造成的，可以在下排配料时加糠减水，恢复母糟骨力，使发酵达到正常。

在开窖时，通过鉴定母糟和黄水的情况，判断发酵的好坏优劣，是一个快速、简便、有效的方法，在生产实践中起着重要的指导作用。

当出窖起糟，到一定的深度，会出现黄水，应停止出窖，可在窖内剩余的母糟中央挖一个直径0.7m且深至窖底的黄水坑，也可将粮糟移到窖底部较高的一端，让黄水滴出；或者把粮糟移到窖外堆糟坝上，滴出黄水。有的酒厂在建窖时，预先在窖底埋入一缸，使黄水滴出流入缸中，出窖时，将黄水舀尽，以上操作称作“滴窖降酸”。

黄水是窖内酒醅向下层渗漏的黄色淋浆水，其中含有1% ~2%的残余淀粉，0.3% ~0.7%的残糖，4% ~5%的酒精含量（体积分数）以及醋酸、腐殖质和酵母菌体自溶物等，黄水酸度最高可达5度，而且还含有一些经过驯化的己酸菌和白酒香味的前体物质，它是用来建造人工老窖的好材料，也可集中起来蒸馏，得到黄水酒，但此种酒含有难以除掉的黄色物质，酒味也较差。滴出的黄水要勤舀，一般每窖需舀5~6次，从开始滴窖到起完母糟，一般要求在12h以上完成。滴窖的目的是为了防止母糟酸度过高，酒醅水分太多，造成稻壳用量过大，影响酒质量，滴窖后的酒醅，含水量一般控制在60%左右。

（3）配料、拌和　配料在固态曲酒生产中是一个重要操作环节。配料主要是控制粮醅比和粮糠比，蒸料后控制粮曲比，配料首先要以甑和窖池的容积为依据，同时要根据季节变化适当进行调整。老窖大曲酒，每甑体积为1.25m^3，投入新高粱粉120~130kg，粮醅比控制1∶4~1∶5，另加稻壳量为高粱粉的17% ~22%，原则是冬少夏多。又如另一浓香型名酒厂，其甑的容积为2.45m^3，以老五甑操作配料。

配料时要加入较多的母糟（酒醅），其作用主要是调节酸度和淀粉浓度，使酸度控制在1.2~1.7，淀粉浓度在16% ~22%左右，为酒醅的糖化发酵创造适宜的条件，另外可以增加母糟的发酵轮次，使其中的残余淀粉得到充分利用，并使酒醅有更多的机会与窖泥接触，尽量产生出所需的香味物质，提高成品酒中的酸、酯含量，使酒香浓郁，所以在配料时，常采用大回醅的方法，粮醅比一般为1∶4~1∶6左右。

加入稻壳主要疏松酒醅，能稀释淀粉，冲淡酸度，吸收酒精成分保持浆水，有利于发酵和蒸馏。稻壳应尽量少用，常为原料的20% ~22%，用量过多会影响酒质，尽量通过“滴窖降水”、“滴窖降酸”和“增醅减糠（稻壳）”来达到生产所需要的要求。

配料，要做到“稳、准、细、净”，对原料用量、配醅加糠的数量比例，要严格控制，并根据原料性质、气温等条件进行适当调节，尽量保证发酵稳定，同时为了提高酒的纯净度，可将粉碎成4~6瓣的高粱清洗，进行清蒸处理，即在配料前用原料量的18% ~20%的40℃热水进行润料，以适量冷水拌匀，上甑，待圆汽后蒸10min左右，立即出甑扬冷，再行配料，使原料中的杂味得以挥发。

多种原料酿酒，不仅可以充分利用各种粮食资源，而且能供给酿酒微生物全面的营养成分，产生更多的香味、口味物质，使酒味更协调丰富。

为了便于“以窖养醅”，“以醅养窖”，可采用“原出原入”的操作，即某一个窖的酒醅取出配料进行蒸粮蒸酒后，仍返回到原窖进行发酵，这样可使泸型酒的风格更为突出。

酒醅出窖，要进行“润料”。即在蒸粮蒸馏前1h左右，将所投的高粱粉和酒醅拌匀、堆积，可在表面撒上一层清蒸的稻壳，减少酒精成分的挥发损失，这一过程称为“润料”。目的是使生料预先吸收一定的水分和酸度，使淀粉膨化，便于蒸粮糊化。拌和时应低翻快拌，时间不要过长，以免酒精成分损耗，不能先把稻壳与原料粉拌和，以免粮粉进入稻壳内，难以拌匀，不易糊化，造成糖化发酵不彻底。

润料时间的长短与淀粉糊化率有一定的关系，例如，酒醅水分含量在60%时，润料时间约在40～60min，出甑粮糟糊化率即可达到正常的要求。

（4）蒸酒蒸粮　“生香靠发酵，提香靠蒸馏”，说明白酒蒸馏相当重要。蒸馏之目的，一方面要使成熟酒醅中的酒精成分，香味物质等挥发、浓缩、提取出来。同时，通过蒸馏把杂质排除掉，得到所需的成品酒。

典型的泸型酒的蒸馏操作是混蒸混烧，即原料的蒸煮和酒的蒸馏都是在甑内进行的，安排时，一般先蒸面糟，后蒸粮糟。

（5）打量水、摊晾、撒曲　粮糟蒸馏后，立即加入85℃以上的热水，这一操作称为“打量水”，也叫热水泼浆或热浆泼量。打量水后，使入窖水分在53%～55%之间。打量水有的打平水，也有的打梯度水。

摊晾也称扬冷，使出甑的粮糟迅速降低品温，挥发部分酸分和表面水分，吸入新鲜空气，为入窖发酵创造条件。

扬冷后的粮糟应加入原料量18%～20%的大曲粉。大曲的化学成分及生化性能如表1-5所示。

表1-5　大曲的化学成分及生化性能

大曲来源	水分含量/%	淀粉含量/%	酸度/%	液化力	糖化力	发酵力	酵母细胞数/(10^6个/mL)	大曲原料配比
温永盛	13.53	58.87	0.83	0.31	0.785	19.20	58.4	小麦：高粱=9：1
	13.33	59.78	0.87	1.33	1.229	27.36	60.8	纯小麦曲

注：液化力以g（淀粉）/g（曲）×h表示；糖化力以mg（葡萄糖）/g（曲）×h表示；发酵力以g（酒精）/100g曲表示。

（6）入窖　糟醅入窖前先将窖池清扫干净，撒上1～1.5kg的曲粉。糟醅入窖后要踩窖，然后找五个测温点（四角和中间），插上温度计，检查后做好记录。入窖温度标准是：地温在20℃以下时，为16～20℃；地温为20℃以上时，与地温持平。窖池按规定装满粮糟后必须踩紧拍光，放上竹篾，再做一甑红糟覆盖在粮糟上并踩紧拍光，将粮糟封盖好。

（7）封窖发酵

①封窖：封窖泥是用优质黄泥和老的窖皮泥踩柔和熟而成的，将泥抹平，抹光，厚度在12～15cm，厚薄要均匀。

必须每天清窖。封窖后15d内每天清窖一次，出现裂缝，应及时抹严，直到定型不裂为止，再在泥上盖层塑料薄膜，膜上覆泥沙，以便隔热保温，并防止窖泥干裂。15d后1~2d清窖一次，保持窖帽表面清洁，无杂物、避免裂口。窖帽上出现裂口必须及时清理，避免透气、跑香、烂糟。

②发酵管理：大曲酒发酵要求其温度变化呈有规律性进行，即前缓、中挺、后缓落。

窖内品温最高点：热季需5~8d，每天以0.5~4℃的速度升至36~40℃达到最高点；冷季需要7~9d，每天以0.5~3℃的速度上升至32~36℃达到最高点。实际生产中每当发酵1%的淀粉升温为1.3~1.5℃。

升温幅度：热季8~12℃（多数为10℃）；冷季为10~16℃（多数为13~14℃）。

窖内最高温度稳定期：一般为4d左右。

窖内降温情况：稳定期后，每天以0.25~1℃之间缓慢下降。下降期间随时又出现稳定期，但长短不一，根据情况一般为2~8d。发酵期到30~40d，已经降至最低温；冷季22~25℃，热季27~30℃，就不会再降了，一直稳定到70d开窖。发酵规律可以用“前缓、中挺、后缓落”概括。

酒精含量：酒精含量在窖池中随升温上升，一般在稳定期后，酒精含量达到最高点，随着发酵期延长，窖内酸、酯等物质的增加，酒精含量略有下降。

四、 白酒的蒸馏

大曲白酒生产的特点是采用固态法，边糖化，边发酵工艺，酒醅具有较多的气-固界面关系，又有种类繁多的微生物参与发酵作用，从而形成大曲白酒的独特风格。“成香靠发酵，提香靠蒸馏”，在白酒发酵过程中会形成许多风味物质，正是这些风味物质，决定着白酒的色、香、味。再经过蒸馏，把这些物质提取出来。

（一）曲酒发酵期间风味物质的形成

1. 醇类

醇是酒体的基本组分，又是酒的醇甜和助香物质。由醇类还能转化生成酯等香味物质。大曲酒所含的醇类，主要以一元醇为主，同时还有少量的多元醇和芳香醇。

（1）甲醇　原料中的果胶质，是半乳糖醛酸甲酯的缩合物，在微生物的果胶酯酶或热能的作用下，能分解成果胶酸和甲醇。

$$[R.COOCH_3]_n + nH_2O \longrightarrow nRCOOH + nCH_3OH$$

甲醇是酒内对人体有害的物质，尤其对视神经危害最大，应严格控制。各类酒的甲醇含量保证在0.4g/L以下。

（2）高级醇　影响高级醇产生的因素有酒醅中蛋白质含量、酵母菌种、酵母接种量、发酵温度和含氧量。高级醇的作用是白酒的助香成分，口味上弊多利少，含量过多，会导致酒的苦、涩、辣味增大。除此之外，还有甘油和2,3－丁二醇等。

2. 酸类

（1）作用　酸类是形成白酒香味的主要物质，酒中缺乏酸，会使酒显得不柔和、不协调。酸类又是形成酯类的前体物质，酸还可以构成其他香味成分。含酸量少的酒，酒味寡淡，香味短，使酒缺乏白酒固有风格；如含酸量大，则酒粗糙，邪杂味重，降低了酒的质量。适量的酸在酒中能起到缓冲作用，可消除饮酒后上头和口味的不协调，还能促进酒的甜味感。

发酵过程中产生的酸类物质有甲酸、乙酸、丁酸、己酸、乳酸等。

（2）乙酸　在发酵过程中，由于歧化作用，酒精和乙酸是同时形成的，当糖分发酵一半时，乙酸含量最高；在发酵后期，酒精较多时，乙酸含量较少。一般对酵母提供的条件越差，则产生的乙酸越多。

3. 酯类

酯类是白酒的主要呈香物质，一般名优酒的酯含量均较高，其中乙酸乙酯、己酸乙酯和乳酸乙酯是决定白酒质量优劣和香型的三大酯类。乙酸乙酯具有水果香气，是清香型曲酒的主体香气成分。己酸乙酯具有窖香气，是浓香型曲酒的主体香气成分，但过多时会产生臭味和辣味。乳酸乙酯在各种曲酒中含量均较高，适量时能烘托主体香和使酒体完美，对酒体的后味起缓冲作用，过多会造成酒的生涩味，抑制主体香。

酯化反应一般较慢，所以延长发酵时间或贮酒时间，能使酯化作用进行多些，利于增加酒的香气。

4. 醛类

醛类具有香味，低级醛刺激性气味较强，中级醛有果香味，它们对曲酒的香气形成有一定的作用。发酵过程中产生的醛类物质有乙醛、糠醛、缩醛和丙烯醛等。

（1）乙醛　目前认为乙醇氧化是乙醛的主要来源。

在蒸酒时，必须掐头去尾，控制它进入酒液的数量。在贮存过程中，乙醛经挥发、氧化和缩合，含量可以降低。

（2）糠醛　糠醛是原料皮壳和稻壳中的多聚戊糖在蒸煮过程中受热分解或在发酵过程中由微生物生物发酵形成的。

糖醛是酒香的重要物质，不少好酒都含有一定量的糖醛，一般含量为0.002～0.003g/100mL。

（3）缩醛　白酒中的缩醛以乙缩醛为主，其含量几乎与乙醛相等，它由醇、醛缩合而成。

乙缩醛本身具有愉快的清香味，似果香，带甜味，是白酒老熟的重要标志。

（4）丙烯醛　在发酵不正常时，常会出现丙烯醛，冲辣刺眼，并有持续性的苦味，对人体危害极大。

5. α－联酮

在一定数值范围内，α－联酮类物质在酒中含量越多，酒质越好，是构成名优酒进口喷香、醇甜、后味绵长的重要成分。α－联酮类物质主要有双乙酰和醋嗡。增加该类物质的措施有堆集发酵、老窖泥发酵和缓慢发酵。缓慢蒸馏，量质摘酒对收集 α－联酮类物质很重要。

（1）双乙酰　丙酮酸经脱羧后生成活性乙醛，然后与丙酮酸缩合成 α－乙酰乳酸，经非酶氧化生成双乙酰。发酵和贮存过程中，乙醛和醋酸相作用，经过缩合而生成双乙酰。双乙酰在含量较低时，呈类似蜂蜜样的香甜，在名白酒中的含量为20～110mg/100mL，可增强喷香。

（2）醋嗡　又名乙偶姻，有刺激性，在酒中含量适中有增香和调味作用。醋嗡经过酵母的还原作用可以生成2,3－丁二醇。

6. 芳香族化合物

芳香族化合物在名优曲酒中含量虽少，但呈香作用很大，在百万甚至千万分之一时，也能呈现出强烈的香味。芳香族化合物有阿魏酸、4－乙基愈疮木酚、香草醛、丁香酸、酪醇等。

阿魏酸、4－乙基愈疮木酚、香草醛可以使酒体浓稠、柔厚，回味悠长。主要由木质素降解而生成。丁香酸来源于单宁，是一种呈味物质，与香草酸类似并比它们浓，带有愉快的清香味，在酒中还发出芳香的甘味。高粱中含有酚类化合物，其中有较多的阿魏酸和丁香酸。酪醇是酪氨酸经酵母发酵生成的。含量适当可使白酒具有愉快的芳香的气味，含量过高则造成苦味。当曲酒发酵时，加曲量过大，蛋白质分解过多，发酵温度又偏高，会增加酪醇的形成，使酒发苦，而且苦味延续性长。

除以上物质之外还有硫化物等。

（二）大曲白酒的蒸馏

1. 大曲白酒的固态蒸馏设备

大曲白酒的固态蒸馏设备包括甑桶、冷凝器、过汽管。

2. 固态蒸馏的基本原理

（1）甑桶　像一个填料塔，酒醅是一种特殊的填料。

（2）蒸馏时　下层物料中的液态被蒸组分受底锅水的蒸汽加热，由液体汽化成气体，被蒸组分的蒸汽上升，进入上层较冷的料层又被冷凝成液体，从而组分由于挥发性能的不同而得到不同程度的浓缩。

（3）酒醅　成熟酒醅所含的各种组分大致可分为醇水互溶、醇溶水难溶、水溶醇不溶三个大类。

①醇水互溶组分基本符合拉乌尔定律。这类组分酒头 > 酒身 > 酒尾。

②醇溶不难溶的组分如高碳链的高级醇、乙酸乙酯、己酸乙酯、丁酸乙酯、油酸和亚油酸、棕榈酸乙酯等，在馏分中的含量为酒头 > 酒身 > 酒尾。

③水溶醇难溶组分在水中呈离子状态。另外，一些高沸点，难挥发的水溶性有机酸等，在蒸馏中主要受到水蒸气和雾沫夹带作用，尤其在大汽追尾时，水蒸气对它们的拖带作用更为突出。在馏分中含量为酒尾 > 酒身 > 酒头。

（4）白酒蒸馏　没有稳定的回流比，被蒸馏组分在液相和汽相中的浓度随蒸馏进行而不断变化，因此，组分的挥发系数也在不停地改变。

3. 蒸馏操作的基本过程

蒸馏操作的基本过程包括上甑、接酒、拉尾、出糟。

（1）上甑要点　装甑前的准备：底锅水要每天清换，底锅水温度高，可用虹吸管或手摇泵吸出。如果底锅水中有悬浮物，或溶解较多的蛋白质等成分，蒸馏时就会产生大量泡沫，串入酒醅内造成“淤锅”而影响出酒率及酒质。

底锅水位应与帘子保持50～60cm的距离，若距离太近，也易产生“淤锅”现象。铺好底锅帘子后，撒上一薄层谷壳，再接上流酒管，放置接酒容器，并将冷却水调整好。

装甑前应将粮楂、酒醅、填充料拌和均匀，使材料疏松；装甑操作要求以“松、轻、准、薄、匀、平”六字为原则。如果在装甑过程中偶尔造成物料不平而上汽不匀时，可在不上汽的部位扒成一个坑，待上汽后，再用辅料填平。甑内醅料要干湿配合，做到“两干一湿”。装甑不应过满，以装平甑口为宜。

装甑操作：为了使水蒸气与酒醅充分接触，装甑桶内的酒醅必须疏松，加热用汽要缓，要探汽装甑，轻倒匀撒，不压汽，不跑汽，四周压紧。装太慢，低沸点物损失，太快，压紧，高沸点物少。装甑时间大约35～45min。

（2）蒸馏用汽　汽量的掌握：蒸馏时开汽的原则为“缓汽蒸馏，大汽追尾”。即馏酒过程中用汽要缓，不宜开大汽；待馏出的酒液酒度较低时，可开大汽门，以追尽酒尾。待酒尾流尽后，可敞盖用大汽将醅中的不良气味驱散。当然，在装甑过程的中间阶段，开汽量也应较大，否则会造成压汽而无谓地增加装甑时间，但两头的开汽量宜小，最好在甑上安装水压柱，以观察蒸馏是否平稳。整个操作，汽压稳定，以免破坏甑桶各层气、液相平衡。

（3）流酒温度和流酒速度　接酒温度不宜太高或太低，以30℃左右为宜。因为接酒温度较高时，虽然可挥发掉硫化氢及乙醛等杂质，但同时也会散失所需的香味成分。

在装甑过程中，下层酒醅中的酒精不断蒸发，同时又不断被新装入的酒醅冷凝，当物料快满甑时，下层的酒醅中酒分已很少了，酒精集积于上层酒醅中。因此，上盖后，酒气会很快冲出，如果冷凝器的效能不足，会产生憋气现象。因此，应保证足够的冷却面积，并合理控制冷却的温度。

一般认为流酒温度控制在25～30℃，酱香型酒流酒温度较高，多控制在35℃以上。流酒速度控制在1.5～3kg/min为宜。

（4）量质接酒、掐头去尾　流酒开始去0.5kg左右酒头，馏出酒液的酒度，主要以经验观察，即所谓看花取酒。让馏出的酒流入一个小的承器内，激起的泡沫称为酒花。开始馏出的酒泡沫较多、较大、持久，称为“大清花”；酒度略低时，泡沫较小，逐渐细碎，但仍较持久，称为“二清花”；再往后称为“小清花”或“绒花”，各地叫法不统一。在“小清花”以后的一瞬间就没有酒花，称为“过花”。此后所摘的酒均为酒尾。“过花”以后的酒尾，先呈现大泡沫的“水花”，酒精体积分数约为28%～35%。若装甑效果好，则“大清花”和“小清花”较明显，“过花”酒液的酒度也较低，并很快出现“小水花”，或称第二次“绒花”，这时仍有5%～8%的酒精含量（体积分数），直至看不到泡沫而酒表面布满油珠，即可停止摘酒。名酒厂还采取“量质接酒”工艺。

量质接酒，是指在蒸馏过程中，先掐头去尾，取酒身的前半部，约1/3～1/2的馏分，边接边尝，取合乎本品标准的特优酒，单独入库，分级贮存，勾兑出厂。其余酒分别作次等白酒。

（5）蒸馏时间　蒸馏从流酒开始算一般60～70min，蒸完酒（断尾）后，用大火来蒸，加大蒸汽。

4. 上甑过程中酒精及其他成分的变化

随着酒醅层的增高，不断进行传热、传质过程，酒精和其他香味成分得到不同程度的浓缩，到满甑时，最高层酒醅的汽相酒精体积分数已达75%左右，乙酸乙酯、己酸乙酯的含量达到原来的2倍多，丁酸乙酯含量是原来的4倍，乳酸乙酯的含量增加较少，水分变化不大，酸度是随着醅层的增高而逐渐降低。

5. 接酒过程中馏分的物质变化

在酒头中，主要是一些比酒精更易挥发的低沸点物质，如乙醛、乙酸乙酯、甲酸乙酯（甲醇）等。但杂醇油等高级醇也存在于酒头，主要由于酒精浓度低时，杂醇油（异戊醇、异丁醇、异丙醇等）挥发系数大，蒸到了酒醅上层，气化后进入过气管，冷凝后流出，故新酒头邪味大（高级醇多），长期贮存后，香气大增，可勾酒，杂醇油香味之一，杂醇油过多会引起头痛，异戊醇30～60mg/mL。酒尾有大量香味物质，乳酸已酯，白酒中不可缺少，又不可太多，40～200mg/100mL，过多会使酒味发涩。酒尾可用于勾兑法白酒。亚油酸乙酯、油酸乙酯、棕榈酸乙酯等高级脂肪酸酯类，它们的分子量量大，不溶和难溶于水，在酒中的溶解度随酒度升高而升高。这些高级脂肪酸乙酯和乳酸乙酯构成了酒尾的主要酯类，是呈口味极好的物质。所以，蒸馏时必须正确掌握好去头去尾操作，避免去尾过早，大量香味物质损失。

（1）酯类物质在馏分中的变化　乙酸乙酯、丁酸乙酯、己酸乙酯都随着馏分酒度的下降而含量降低。

乙酸乙酯、丁酸乙酯、己酸乙酯难溶于水，易溶于酒精，它随着乙醇的馏出而馏出，它们的馏出量与酒精浓度成正比。

在流酒过程中，己酸乙酯与乳酸乙酯的比值也是衡量浓香型白酒的质量指标之一。上甑时不同高度醅层的物质浓度如表 1－6 所示。

表 1－6　上甑时不同高度醅层的物质浓度

层高	水分含量/%	酒精度/%（体积分数）	酸度	乙酸乙酯	丁酸乙酯	乳酸乙酯	己酸乙酯
0	61.5	53.0	3.15	34.21	1.88	123.20	32.97
0.2	60.5	62.8	3.91	35.18	1.44	144.17	35.85
0.4	63.0	67.7	3.80	38.14	1.55	177.00	39.63
0.6	64.5	71.4	3.60	37.70	3.22	170.40	51.49
0.8	66.0	74.6	3.50	67.40	3.94	176.40	63.41
1.0	64.5	75.6	2.85	75.00	7.67	183.36	65.10

注：乙酸乙酯、丁酸乙酯、乳酸乙酯、己酸乙酯含量单位为 mg/100g 醅；酒精度为上甑时不同高度醅层酒气－液平衡时的气相浓度。

（2）酸类物质在馏分中的变化　在蒸馏过程中，乙酸、己酸、丁酸、乳酸、戊酸等有机酸在馏分中的含量变化情况如下所述。

流酒的开始一段时间，随酒精度的改变而渐降，以后又渐增，断花前后增速加快。

己酸在酒精度 60% vol 以后陡然增高；

乙酸增长较慢；

丁酸在酒精度 55% vol 以后才开始增加；

乳酸开始快速上升；

戊酸含量低、变化小；

在酒液中，己酸、乳酸含量较高，其他酸的含量较低。

（3）高级醇的变化　高级醇在馏酒过程中，其含量变化类似于酒精含量的变化，随酒精含量的升高而升高，以后又随酒精含量的降低而降低。

【酒文化】

史前时期酒具

船形彩陶壶，陶壶如图 1－7 所示。

中文名称：船形彩陶壶。

尺寸：口径 4.5cm、宽 24.9cm、通高 15.6cm。

图 1－7　船形彩陶壶

年代：新石器时代半坡文化（Banpo Culture of the Neolithic Age）。

质地类型：陶器。

功用类型：酒具。

收藏地：中国历史博物馆（the Historical Museum of China）。

1. 最早的船形酒器

该器为 1958 年陕西省宝鸡北首岭遗址出土的泥质红陶，口部呈杯状，器身横置，上部两端突尖，颇像一只小船。在两侧的腹部，各用黑彩绘出一张鱼网状的图案，鱼网挂在船边，似正撒网捕鱼，又像小船刚刚捕鱼回来，在晾晒鱼网。陶壶上端两肩上，横置两个桥形小耳，既便于提拿，又可穿绳背负，随身携带。

2. 爱酒及酒具

人们喜欢美酒，当然希望能拥有永远喝不完的佳酿，而船是永远飘浮在水中的，用船形壶装酒，人们会觉得酒就像船下的水一样永远饮之不尽。可见，当时人不仅喜欢喝酒，而且对装酒的器具还特别重视。

3. 酒船——海量者的向往

酒船是容量较大的一种酒器，用酒船来饮酒，说明饮酒者酒量之大非常人可比。作为酒器的酒船，较多的是玉船和瓷船，如现藏广州市文物商店的景德镇窑青花瓷船就是此类酒器。苏轼的“明当罚二子，已洗两玉舟”，就是反映有以酒船罚酒的情景。

思考题

一、填空题

1. 大曲酒生产分为（　）和（　）两种方法。
2. 根据生产中原料蒸煮和酒醅蒸馏时的配料不同，大曲酒又可分为（　）、（　）和（　）工艺。
3. 浓香型大曲酒采用典型的（　）工艺进行酿造。
4. 浓香型大曲酒生产工艺操作主要有两种形式，一是（　）操作法，二是（　）操作法。
5. 在浓香型白酒生产过程中，发酵好的粮醅称为（　）。
6. 浓香型大曲酒生产所有发酵设备都是（　）。
7. 蒸馏过程中，原则上要做到缓汽蒸馏，（　）。
8. 流酒温度过高，对排醛及排出一些（　）臭味物质有利。

9. 馏出酒液的酒度，主要以经验观察，即所谓（ ）。
10. 让馏出的酒流入一个小的承接器内，激起的泡沫为（ ）。
11. 在浓香型大曲白酒入窖时，要严格控制入窖条件，包括（ ）、（ ）、（ ）、（ ）。
12. 大楂入缸时，主要控制（ ）和（ ）。
13. 清香型白酒酿酒设备为（ ）。
14. （ ）可以增加酒的醇甜味，使酒体丰满。
15. 酯类是白酒的主要呈香物质，其中（ ）、（ ）和（ ）是决定白酒质量优劣和香型的三大酯类。
16. （ ）是白酒老熟的重要标志。
17. （ ）类物质在酒中含量越多，酒质越好，是构成名优白酒进口喷香、醇甜、后味绵长的重要成分。
18. （ ）是将这一窖的酒醅经配料蒸粮后装入另一窖池，一窖撵一窖地进行生产。
19. （ ）是原料的蒸煮和酒醅的蒸馏分开进行，然后混合发酵。这种工艺既保留了清香型酒清香纯正的质量特色，又保持了续糙法酒香浓郁，口味醇厚的优点。
20. （ ）是采用大曲作为糖化、发酵剂，以含淀粉物质为原料，经固态发酵和蒸馏而成的一种饮料酒。

二、设计题

1. 请画出清香型大曲酒的生产工艺流程。
2. 请画出浓香型大曲酒的生产工艺流程。
3. 请画出酱香型大曲酒的生产工艺流程。

三、简答题

1. 大曲酒的特点有哪些？
2. 为什么白酒蒸馏时要“截头去尾”？
3. 在白酒蒸馏操作中，装甑操作有何要求？
4. 混蒸续糙法的工艺特点是什么？
5. 加速新老窖老熟的措施是什么？
6. 如何防止人工老窖退化？
7. 老五甑操作法的优点是什么？
8. 大曲酒发酵过程中，高级醇的形成与哪些因素有关系？
9. 酸在大曲白酒中的作用是什么？
10. 在曲酒生产上，如何提高 α－联酮的含量？
11. 窖泥的退化，主要由于哪些原因造成的？
12. 生产工艺对大曲酒质量有何影响？

子学习单元2 小曲、麸曲生产工艺

一、小曲白酒的特点

①适用的原料范围广，除大米、高粱外，玉米、稻谷、小麦、荞麦等原料都能用来酿酒，有利于当地粮食资源的深度加工。

②以小曲为糖化发酵剂，用曲量少，出酒率高，原料出酒率可达60%～68%。

③小曲白酒酒质柔和，质地纯净、清爽，能让国内外消费者普遍接受，桂林三花酒、全州湘山酒、五华长乐烧和豉味玉冰烧等都是著名的小曲酒。

二、半固态发酵法生产小曲白酒

在桂、粤、闽等省较为普遍，以大米为原料，采用小曲固态培菌糖化、半固态发酵、液态蒸馏而成小曲酒。

（一）先培菌糖化后发酵工艺

广西桂林三花酒是这种生产工艺的典型代表。

1. 工艺流程

大米→加水浸泡→淋干→初蒸→泼水续蒸→二次泼水复蒸→摊晾→加曲粉→下缸培菌糖化→加水→入缸发酵→蒸酒

2. 生产工艺

（1）原料　大米、碎米。

（2）蒸饭　原料大米用50～60℃温水浸泡1h，淋干后置入甑内，扒平后盖好盖，进行加热蒸煮。

圆汽后蒸约15～20min，搅松扒平。再盖盖蒸煮，上大汽后蒸约20min，饭粒变色，则开盖搅松，泼第一次水。继续盖好蒸至饭粒熟后，再泼第二次水，搅松均匀，再蒸至饭粒熟透为止。蒸熟后饭粒饱满，含水量为62%～63%。

（3）拌料加曲　蒸熟的饭料，倒入研料机中，将饭团搅散扬凉，再经传送带鼓风摊冷，一般情况在室温22～28℃时，摊冷至品温36～37℃，即加入对原料量0.8%～1.0%的药小曲粉拌匀。

（4）下缸　拌料后及时倒入饭缸内，每缸约15～20kg（原料计），饭的厚度约为10～13cm，中央挖一空洞，以利有足够的空气进行培菌和糖化。

通常待品温下降至32～34℃时，盖好缸盖，使其进行培菌糖化，糖化进行时，温度逐渐上升，约经20～22h，品温达到37～39℃为适宜，应根据气温，做好保温和降温工作，使品温最高不得超过42℃，糖化总时间共约20～24h左右，糖化达70%～80%左右即可。

（5）发酵　糖化约24h后，结合品温和室温情况，加水拌匀，使品温约为36℃左右（夏天在34～35℃，冬天36～37℃），加水量为原料的120%～125%，泡水后醅料的糖分含量应为9%～10%，总酸不超过0.7，酒精含量2%～3%（容量）为正常。

泡水拌匀后转入醅缸，每个饭缸装入两个醅缸，入醅缸房发酵，适当做好保温和降温工作，发酵时间约6～7d。成熟酒醅的残糖分接近于0，酒精含量为11%～12%（体积分数），总酸含量不超过1.5g/100g为正常。

（6）蒸馏　传统蒸馏设备多采用土灶蒸馏锅，目前采用蒸馏釜。间歇蒸馏，掐头去尾。

（7）陈酿　三花酒存放在山洞内的大缸中，经1年以上方能勾兑灌装出厂。

（二）边糖化边发酵工艺

豉味玉冰烧酒是边糖化边发酵的半固态发酵工艺的典型代表，它是广东地方的特产。

1. 工艺流程

大米→蒸饭→摊晾→拌料→入埕发酵→蒸馏→肉埕陈酿→沉淀→压滤→包装→成品

2. 生产工艺

（1）蒸饭　以大米为原料，淀粉含量在75%以上。

蒸饭采用水泥锅，每锅先加清水110～115kg，通蒸汽加热，水沸后装粮100kg，加盖煮沸时即行翻拌，并关蒸汽，待米饭吸水饱满，开小量蒸汽焖20min，便可出饭。

蒸饭要求熟透疏松，无白心，以利于提高出酒率。

（2）摊晾　将熟透的蒸饭，装入松饭机，打松后摊于饭床或用传送带鼓风摊晾冷却，使品温降低，一般要求夏天35℃以下，冬天40℃左右，摊晾时要求品温均匀，尽量使饭粑松，勿使成团。

（3）拌料　晾凉至适温，加曲拌料，酒曲用量为原料大米的18%～22%曲饼粉，拌匀入埕。

（4）入埕发酵　装埕时每埕先注清水6.5～7kg，然后将饭分装入埕，每埕5kg（以大米量计），装埕后封闭埕口，入发酵房进行发酵。

发酵期间要适当控制发酵房温度（26～30℃），注意控制品温的变化，特别是发酵前期3d的品温，一般在30℃以下，不超过40℃为宜，发酵周期夏季为15d，冬季为20d。

（5）蒸馏　发酵完毕，将酒醅取出，进行蒸馏。蒸馏设备为改良式蒸馏甑，用蛇管冷却，蒸馏时每甑投料250kg（以大米量计），截去酒头酒尾，减少高沸点的杂质，保证初馏酒的醇和。

（6）肉埕陈酿　将初馏酒装埕，加入肥猪肉浸泡陈酿，每埕放酒20kg，肥猪肉2kg，浸泡陈酿3个月，使脂肪缓慢溶解，吸附杂质，并起酯化作用，提高老熟度，使酒香醇可口，同时具有独特的豉味。

（7）压滤包装　陈酿后将酒倒入大池或大缸中（酒中肥肉仍存于埕中，再放新酒浸泡陈酿），让其自然沉淀20d以上，待酒澄清，取出酒样，经鉴定，勾兑合格后，除去池面油质及池底沉淀物，用泵将池中间部分澄清的酒液送入压滤机压滤，最后装瓶包装，即为成品。

（8）成品质量　豉味玉冰烧，又称肉水烧，色泽澄清透明，无色或略带黄色，入口醇滑，有豉肉香味，无苦杂味，酒精度30% vol左右。

三、固态发酵法生产小曲白酒

在川黔、滇、鄂等省普遍采用固态发酵法，以高粱、玉米、小麦等为原料，经箱式固态培菌、配醅发酵，固态蒸馏而成小曲酒。固态法生产小曲白酒，因为使用整粒原料生产，它的工艺有独特之处，常在发酵前进行“润、泡、煮、焖、蒸”等操作。

1. 工艺流程

原料（如苞米）→ 浸泡 → 初蒸 → 焖粮 → 复蒸 → 摊晾 → 加曲 → 入箱培菌 → 配糟 → 发酵 → 蒸馏 → 成品

2. 工艺操作

（1）泡粮　泡粮时，热水要淹过其面30～50cm，泡粮水温上下要求一致。粮食吸水要均匀，放水后让其滴干，次日早上以冷水浸透，除去酸水，滴干后即可装甑。水温为90℃，夏季5～6h，春冬泡7～8h。

（2）初蒸　先将甑箅铺好，以少许稻壳堵住空隙，再撮入已泡好的粮食，装甑要求轻倒匀撤，以利穿汽，装完后扒平，安上围边上盖，开大汽进行蒸料，一般干蒸2～2.5h。

（3）煮粮焖水　干蒸完毕去盖，由甑底加入温度40～60℃的烤酒冷却水，水量淹过其面30～50cm，先以小汽把水加热至水呈微沸腾状，待玉米有95%以上裂口，手捏内层已全部透心后，即可把水放出（作下次泡粮水）。

待其滴干以后，将帜内表面粮食扒平，装入2.5～3cm厚的稻壳，以防倒汗水回滴在粮面上，引起大开花。同时除去稻壳的邪杂味，有利于提高酒质。

煮焖粮时，上下要适当地搅动，焖粮时，禁忌大汽大火，防止淀粉流失过多，影响出酒率。冷天粮食宜稍软，热天宜稍硬，透心不粘手。

（4）复蒸　粮食煮好之后，稍停几小时，再装围边，上盖，开小汽把料蒸穿汽，再开大汽，最后快出甑时，用大汽蒸排水。

蒸料时间，一般为 3～4h，蒸好的粮食手捏柔熟、起沙、不粘手，含水约 69%。蒸料时，防止小汽长蒸。否则粮食外皮黏，含水过量，影响培菌与糖化。

（5）出甑、摊凉、下曲　不同季节下曲条件如表 1－7 所示。

表 1－7　不同季节下曲条件表

	第一次下曲温度/℃	第二次下曲温度/℃	培菌温度/℃	用曲量/%	保箱温度/℃
春、冬季	38～40	34～35	30～32	0.35～0.4	30～32
夏、秋季	27～28	25～26	25～26	0.3～0.33	25～26

（6）培菌糖化　在晾楂机上倒入热糟约 6～16cm，扒平吹冷，撒上 2～3cm 厚的谷壳，再将熟粮倒入，扒平吹冷，分两次下曲，拌匀后按要求温度保温培养，保温材料用糟。具体条件如表 1－8 所示。

表 1－8　不同季节培菌糖化条件表

	培菌糖化时间/h	出箱温度/℃	出箱老嫩质量	配糟比例
春季	24	38～39	香甜、颗粒清糊	1∶3～1∶3.5
夏季	22～24	34～35	微甜、微酸	1∶4～1∶4.5

（7）发酵　熟粮经培菌糖化后，即可吹冷配糟。入池（桶）以前池底要扫，下铺 17～20cm 厚的底糟并扒平，再将培菌醅子撮入池内，上部拍紧，夏、秋季可适当踩紧，盖上盖糟，以塑料布盖之，四周以稻壳封边，或用席和泥封之，发酵 7d 左右，即可蒸酒。具体条件如表 1－9 所示。

表 1－9　不同季节发酵条件表

	入桶（池）温度/℃	最高发酵温度/℃	发酵周期/d
春、冬季	30～32	38	7
夏、秋季	25～28	36	7

（8）蒸馏　蒸馏前，发酵醅要滴干黄水，再将醅子拌入一定量的稻壳，边穿汽边装甑，再将黄水从甑边倒入，装完上汽后，即上盖蒸馏。

蒸馏时，先小汽，再中汽，后大汽追尾，接至所需酒度，再接尾酒，尾酒可下次再蒸馏。

盖糟及底糟蒸馏后即丢糟，其余发酵醅蒸馏后作配糟用。

四、麸曲白酒生产工艺

麸曲白酒是以高粱、薯干、玉米及大曲糟等含淀粉物质为原料，采用纯种麸曲酒母代替大曲作糖化发酵剂所生产的蒸馏酒。

1. 生产工艺流程

麸曲白酒的生产工艺流程如图 1－8 所示。

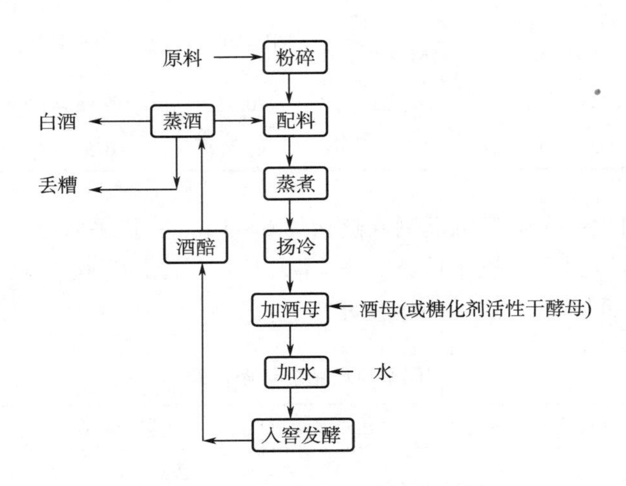

图 1－8　麸曲白酒的工艺流程图

2. 生产工艺

（1）原料粉碎　采用锤式粉碎机，要求粉碎后通过直径为 1.5～2.5mm。

（2）配料　麸曲白酒一般用水泥池，石窖或大缸进行发酵，发酵时难于调节温度，只有通过控制入池淀粉浓度和入池温度来调整。

一般薯干原料，配料淀粉浓度应在 14%～16%为填充料应占原料量的 20%～30%，粮醅比为 1∶(4～6)。

（3）蒸煮　薯类原料蒸煮时间为常压下 35～40min，粮谷原料蒸煮 45～55min。要求达到熟而不黏，内无生心。

（4）晾楂、加曲、酒母、加浆　晾楂可降低料醅温度，又可使水分和杂质得以挥发，还可吸收新鲜浆水和新鲜空气。

料温要求降到下列范围：气温在 5～10℃时，料温降到 30～32℃；气温在10～15℃时，料温降到 25～28℃；气温高时，要求料温降到降不下为止。

然后下曲时拨入。

加曲温度一般在 25～35℃，加曲量为原料量的 6%～10%。如果用糖化酶代替，以每 1g 淀粉加糖化酶 120～160 单位计算加入。

酒母可用活性干酵母代替，用量占投料量的 0.5%～1%，先用 1∶20 比例（酵母量：水）的水将干酵母于38～40℃活化1～2h，活化液为2%的蔗糖溶液，然后下曲时拨入。

加浆量可根据入池水分决定。

（5）入池　麸曲白酒一般用水泥池、石窖和大缸进行发酵。掌握入池温度在15～25℃，入池淀粉浓度为14%～16%，入池pH为4.5～5.0，入池水分为58%～62%。

（6）发酵　麸曲白酒发酵时间较短，一般仅3～5d，酒精度可达5%～6% vol，酒醅淀粉在5%左右，即可出池蒸馏。

（7）蒸馏。

【酒文化】

评酒员

评酒员必须具备以下条件。

（1）评酒人员的身体必须健康，无盲目、色盲、嗅盲、味盲、鼻炎及肠胃等疾病；

（2）评酒人员要有大公无私、实事求是、认真负责、公正不偏的品德；

（3）评酒人员要具有较熟练的尝评能力经验，并有准确性及较高的再现性；

（4）要具有感官检查的识别能力，具有区别微妙差异的能力；

（5）判断基准要有稳定性，对同一酒品的工样虽经反复试验，作出的判断基本上应该一样，而再现能力要强；

（6）判断基准要有可靠性，酒品式样之间，客观上有等级存在，评酒人员的判断，要符合客观实际。

对五味的识别用砂糖、食盐、酒石酸、奎宁和味精等试料，用蒸馏水配成溶液，给与试者评味，在五味中能正确判断三味者为合格。五味的溶液物质和浓度差别如表1－10所示。

表1－10　五味识别表

五味的浓度味别	甜味	咸味	酸味	苦味	鲜味
溶液物质	砂糖	食盐	酒石酸	奎宁	味精
浓度/%	0.5	0.15	0.009	0.00023	0.05

对四味浓度差的辨别用砂糖、食盐、酒石酸和味精等物质组成不同浓度的溶液，给与受试者辨别。如能辨别各种味的强弱顺序，为一次试验合格，其不合格者还可进行第二次辨别。

评酒员需要经常训练，是为了有较好的精确度和可靠性，使评酒符合实际情况，做出正确的决定。

（1）术语训练评酒术语是评酒人员为评酒用的常用语。这些术语不少是概念性的辞汇或比较性的形容词。选用时，除了正确地理解它们的意义外，还要通过自己的实践，深入体会，才能正确地恰如其分地使用它们。

（2）技术训练熟悉各种酒类、酒型特征。熟悉掌握各种酒类品种变化。较熟悉各种酒品生产过程不同的特性。积累感官检查的表达术语，以及使用表达用语是否适当。了解刺激记忆的要领，领会心理的效果，改正自己的感觉。判断感官检查酒品的正确率，其可靠性和再现性的程度。找出判断酒品质量的要点。

思考题

一、填空题

1. 根据所用原料和生产工艺的不同，大致可分为两类：（　）小曲酒生产工艺和（　）小曲酒生产工艺。
2. 根据酒的香型，小曲酒有（　）香型、（　）香型、（　）香型和（　）香型等。
3. 先培菌糖化后发酵工艺的关键是（　）和（　）。
4. 边糖化边发酵的工艺关键是（　）。

二、设计题

1. 请画出固态法小曲的生产工艺流程。
2. 请画出先培菌后糖化发酵的工艺流程。
3. 请画出边糖化边发酵的工艺流程。
4. 请画出生料酿酒的生产工艺流程。

三、简答题

1. 小曲酒具有哪些特点？
2. 影响小曲酒质量和出酒率的因素是什么？

子学习单元3　低度白酒的生产工艺

21 世纪随着人们对健康的追求，对白酒也提出了“营养、卫生、保健、安全”的新要求，因此低度白酒的生产，也是白酒行业的发展方向，同时为中国白酒与国外蒸馏酒接轨打下了基础。

一、白酒降度的意义

近年来，在国家政策及市场导向下，白酒正向着低度、优质、多样化的趋势发展，尤其是优质低度白酒的面世，不但满足了21世纪消费者对白酒“营养、卫生、保健、安全”的新要求，且十分有利于开拓国际市场，为中国白酒走向世界打下坚实的基础。不同类型酒类酒精含量范围如表1－11所示。

表1－11　　国内外不同类型酒类酒精含量范围表

酒名	酒精体积分数范围/%	常见酒精体积分数范围/%
中国白酒	52～70	53～65
白兰地	30～55	38～45
威士忌	40～50	43±3
朗姆酒	40～50	43～48
俄得克	32.5～55	40～46
金酒	40～55	42～45

二、白酒降度后出现的一些问题

（1）和原酒的风味、风格有明显变化。
（2）出现浑浊（白浊）乃至沉淀。
（3）有调和，有水味。

表1－12　　不同香型白酒降度后变化

清香型	酒精体积分数/%（体积分数）	65	60	55	50	45
	外观	无色透明	无色透明	+	++	+++
	品尝特点	清香醇正	清香醇正	口味变淡	淡	寡淡
浓香型	酒精体积分数/%	55	50	45	40	35
	外观	无色透明	+	+++	++++	++++
	品尝特点	郁浓、醇正	郁浓、醇正	浓回甜	香回甜	淡薄、水味
茅香型	酒精体积分数/%	55	50	45	40	35
	外观	无色透明	+	+++	++++	++++
	品尝特点	茅香突出味长	茅香突出味长	茅香较好味短	茅香较好味淡水味	略有茅香味淡水味

续表

<table>
<tr><td rowspan="3">液态白酒</td><td>酒精体积分数/%</td><td>60</td><td>55</td><td>50</td><td>45</td><td>35</td></tr>
<tr><td>外观</td><td>无色透明</td><td>无色透明</td><td>无色透明</td><td>无色透明</td><td>+</td></tr>
<tr><td>品尝特点</td><td>酒精香味冲辣</td><td>酒精香味冲辣</td><td>酒精香味冲辣</td><td>酒精味小味淡</td><td>酒精味小味淡水味</td></tr>
</table>

注：“+”代表体积比。

三、白酒降度浑浊的原因

1. 高级脂肪酸乙酯的影响

据检测，白色浑浊物主要是棕榈酸乙酯、油酸乙酯和亚油酸乙酯。这些酯均溶于乙醇而不溶于水，因而白酒降度后其溶解度降低易析出，3 种乙酯在白酒中的溶解度还与温度有关，温度越高越易溶。所以在冬季白酒易呈白色浑浊状。

2. 杂醇油的影响

杂醇油的成分因生成途径和方式的差异，其品种和数量也是不同的，并且在不同的酒度下杂醇油的溶解度不同，在低度酒的白酒中易呈乳白色浑浊状。

3. 水质的影响

无论是称为“量水”或“浆水”的生产高度白酒的配料用水，调整白酒用水，以及生产低度白酒的降度用水，都起码要求达到饮水标准，特别是降度的用水的要求更高，因为它直接进入成品低度酒中。若水中含钙，镁盐过多则会给低度白酒带来产生新的浑浊及沉淀的可能性。

4. 油脂成分及金属离子的影响

有学者研究了蒸馏酒中的絮状物的组分及成因：

①絮状物由 90% 的油脂成分及约 5% 的金属离子组成。油脂成分中 85% 是脂肪酸乙酯，它能与金属通过静电作用凝集成胶状物。

②蒸馏酒中的金属离子及油性成分的种类和含量，以及白酒的 pH 对上述凝集作用有很大影响。

③在含油性成分的蒸馏中，添加相应的金属离子，则两者可形成凝集物而被除去。

四、低度白酒的生产工艺

1. 低度白酒的生产工艺

选择酒基 → 加水稀释 → 处理浑浊 → 调香调味 → 静置贮存 → 低度白酒

2. 选择酒基

合格酒的质量应该是以香气正、味净为基础。

香气正、尾子净、窖香浓；香气正、味净、香气长；香气正、味净、风格突出。

3. 降度用水

降度用水，水中溶解各种无机离子，会多少影响酒中电介质平衡。水的改良方法有离子交换法、电渗析法、超滤、反渗透等。

4. 低度白酒除浊

（1）冷冻除浊法　将基础酒稀释至酒精含量为8%～40%（体积分数），冷冻至－16～12℃，保持一段时间后，进行过滤可得清澈的低度白酒。冷冻过滤低度白酒宜采用硅藻土过滤机和纸板过滤机。

（2）淀粉吸附法　植物淀粉的葡萄糖分子通过氢键卷曲成螺旋状的结构，聚合成淀粉颗粒，膨胀后颗粒表面形成许多微孔，可吸附低度白酒中的浑浊物，然后通过机械过滤的方法除去。

（3）活性炭吸附法　一般选用粉末性活性炭，添加量为0.1%～0.15%，搅拌后，经8～24h放置沉降处理，过滤后得澄清酒液。

活性炭在除浊的同时，还有一定的催陈老熟的作用，减少新酒的辛辣感，使口味变柔和，主要是因为其比表面积大，内部含有较多含氧的功能团和微量金属离子，促进了酒的氧化作用。

（4）离子交换法　应选择吸附性树脂而非强酯、强碱型树脂，否则将改变酒的酸、碱度。

（5）分子筛法　常用于有机物的分离，它能将大小不等的分子分开，白酒中高级脂肪酸乙酯相对分子质量为300左右，而四大酯相对分子质量为小于150。常用的有氧化铝筛，分子碳筛，凝胶等。

（6）超滤法　利用超滤膜的分离过程，其孔径为5～100nm，采用高分子膜将低度白酒以泵压滤，是一项较新的技术，所使用的膜孔径合适且均一，则可除去酒中细小微粒。目前已有专用于精制低度白酒的超过滤膜及装置投放市场。其原理是按照物质的分子的大小进行分离，滤材不需要更换。

（7）重蒸法　虽可除去高级脂肪酸酯，但其他香气成分损失也较多。

（8）海藻酸钠吸附　海藻酸钠作为高分子化合物，是一种优良的食品添加剂，采用它处理低度白酒，不会影响酒的风味，口感较好；同时澄清速度快，用量较少；并且海藻酸钠具有保健作用。

（9）加热过滤　加热可以加速低度白酒的分子运动，其中的脂肪酸乙酯将浮于酒体表面形成一层无色液体，它极易吸附在植物纤维上，从而使酒体澄清；同时，低度白酒通过加热促进了水－酒精分子的缔合，达到了酒体老熟的效果。

方法是将酒基装入不锈钢罐内降度后，在密闭状态下利用罐内的两层盘管通入热水或蒸汽进行加热，在3h后，经普通棉布过滤即可分离。加热过滤后的低度白酒酯含量将上升，但总醛含量也略有增加。

5. 低度白酒调味

（1）调味原理　添加作用；化学反应；平衡工作。

（2）调味方法

①调味的先决方法：确定基础酒的优缺点；选用调味酒。

②小型调味试验。

③调味方法：逐一调味法；多种调味法；综合调味法。

（3）调味需注意的问题　注意各种因素的变化；准确认识、鉴定基础酒；计量必须要准确；调味后，放置一段时间，无问题后再出厂；选好、制好调味酒。

【酒文化】

最古老的中山王酒

1977 年，在河南省平山县地区发掘战国时中山王的墓。在整理出土文物时，发现有两个装有液体的铜壶，这两个铜壶分别藏于墓穴东、西两个库中。外形为一扁一圆。东库藏的扁形壶，西库藏的圆形壶。两个壶都有子母口及咬合很紧的铜盖。该墓地势较高，室内干燥，没有积水痕迹。发掘人员当场将这两个壶生锈的密封盖打开，发现壶中有液体，一种青翠透明似现在的竹叶青；另一种呈黛绿色。出土时，两壶都锈封的很严密，启封时，酒香扑鼻。这两种古酒竟能贮存两千多年，至今不坏，证明了战国时期（公元前 475 年至 221 年），我国的酿酒技术已发展到了一个很高的水平。

故宫博物院于 1978 年 10 月委托北京市发酵工业研究所对壶中的液体进行鉴定。11 月，北京市发酵工业研究所派人去故宫博物院取样鉴定。从外部观察，两个壶整体完好，并不渗漏。首先将东库的扁形壶打开，开盖时有特殊气味，其壶内液体未满至壶口，壶壁没有液体下降的痕迹，液体呈浅翡翠绿色，透明，有很多像泥土状的棕色沉淀物。壶底有少量的铜锈块。壶中有一块直径大约 5cm 呈扁椭圆形鸭蛋状的固状物；将西库圆壶打开，开盖时也有特殊气味，壶内液体也未至壶口，但壶壁上有液体下降 5cm 的痕迹。液体呈黛绿色，发暗，不太透明。壶底有很多沉淀物。

鉴定人员用虹吸法将两壶内的液体分别转移到玻璃瓶内，并用广口瓶提取部分样品到化验室进行查验。12 月完成鉴定，综合分析：

①两壶液体均含有乙醇。

②液体的沉淀物很多，不是蒸馏酒。

③不含有酒石酸盐，故不是水果酒。

④含氮量较高，含有乳酸、丁酸。确定氮是属于动物性或植物性蛋白物质。

根据化验结果，判定该液体为奶汁或谷物酿造的酒。有些专家认为是一种配制酒，因壶中鸭蛋形固状物是人为加进去的，作为药材或香源在酒中进行浸渍泡制。

总之，无论中山王酒是奶汁酒、谷物酒还是配制酒，它是我国也是世界现存最古老的酒。距今已有2200余年之久。

思考题

一、填空题

1. （　）是指以优质酒精为基础酒，经调配而成的各种白酒。
2. （　）称老酒，将蒸得的优良合格酒贮存3～5年，使酒味醇厚、柔和、香浓，突出陈酒风味和醇厚感。
3. （　）用双轮底酒浸泡优质窖泥，使窖泥中的丁酸、己酸以及它们的酯类和其他香味物质溶出，增加酒的香味，取密封浸泡一年左右的上清液做成的调味酒。

二、简答题

1. 新型白酒的特点是什么？
2. 新型白酒的生产方法有哪些？
3. 新型白酒的勾兑方法有哪些？
4. 新型白酒调香的香源有哪些？
5. 新型白酒净化器是如何对白酒进行处理的？

学习单元4

白酒的贮存和老熟

【教学目标】

知识目标

1. 了解白酒老熟的原理及其在贮存期的变化过程，掌握白酒的贮存及管理方法。

2. 了解常见的贮酒容器。

3. 掌握白酒的人工陈酿方法。

技能目标

1. 能完成白酒的贮存，具有酒库管理的能力。

2. 能选择合适的方式进行白酒的人工陈酿。

新蒸馏出来的酒只能算半成品，具有辛辣味和冲味，饮后感到燥而不醇和，必须经过一定时间的贮存才能作为成品。经过贮存的酒，它的香气和味道都比新酒有明显的醇厚感，此贮存过程在白酒生产工艺上称为白酒的“老熟”或“陈酿”。名酒规定贮存期一般为3年。而一般大曲酒亦应贮存半年以上，这样对提高酒的质量是有很大好处。

一、 酒的贮存及管理

1. 贮存的目的

(1) 陈酿　新酒经过一个时期的贮存，酒的燥辣味减少，刺激性小，酒味柔和，香味增加，口味变得更加协调，这个变化过程一般称作老熟，也叫陈酿。

(2) 贮存年限　一般情况下，名优白酒的贮存期为3年，优质白酒的贮存期为1年，普通白酒时间更短；酱香型名优酒的贮存期为3年，浓香型白酒为1年左右，清香型白酒在1年以上。

(3) 影响贮存的因素　容器、容量、室温、贮存条件。

2. 酒库管理

(1) 新酒入库时，要先经质检部门或专门的尝评小组初步评定等级后，分级入库。要分别建立新酒和老酒的评酒方法和制度。

(2) 每个贮酒容器上，要挂上登记卡片，详细建立库存档案，注明坛号、生产日期、窖号、糟别（粮糟酒、红糟酒、丢糟黄水酒等）、生产车间和班组、数量、酒精度、等级以及酒的色、香、味、风格特点等。

(3) 各种不同风味的酒，要避免不分好坏，任意合并，否则，无法保量。

(4) 调味酒要单独贮存，不能任意合并，最好有单独地方贮存。

(5) 分别贮存后，还需定期尝评复查，根据结果，调整级别，换发卡片，做好记录。

(6) 酒坛装酒前，要检查酒坛是否渗漏，同时要保证酒坛干净，没有异杂味。

(7) 酒坛装酒时，上部要留有一定空间，不要装得太满，装好后，要做好密封工作，防止酒精成分以及其他香味成分的挥发。

(8) 平时要搞好酒库的清洁卫生，勤扫，勤擦，门窗要经常打开通风，避免霉臭味和青霉生长。

(9) 勾兑员和酒库管理员应密切配合，勾兑员和酒库管理员对库存酒要做到心中有数。

二、 白酒老熟机理

1. 挥发作用

新酒因含有某些刺激性大，挥发性强的化学成分，如硫化氢、硫醇、二乙基硫等挥发性的硫化物，以及丙烯醛、丙烯醇、丁烯醛等刺激性较强的物质，它们在贮存过程中能自然挥发，因而使酒味大为改观，经一年贮存，这些物质基本上挥发干净。

2. 氢键缔合作用

酒精－水分子间的缔合，大大改变了它们的物理性质如折射率、黏度等，当混合水和酒精时，其体积缩小，并放出热量。

在饮酒时，在口味上只有自由酒精分子才和味觉、嗅觉器官发生作用，在白酒中存在自由酒精分子越多，刺激性就越大。

随着白酒贮存时间的增长，酒精与水分子通过缔合作用构成大分子结合群数量就增加，更多的酒精分子受到束缚，这样自由酒精分子数量就会减少，就必然缩小了对味觉和嗅觉器官的刺激作用，在饮酒时就感到柔和，这就是白酒在贮存过程所发生的物理变化。

3. 化学反应

白酒在贮存过程，所起的缓慢化学变化主要有氧化、酯化和还原等作用，使酒中的醇、醛、酯等成分达到新的平衡。

通过以上反应，生成了香味物质和助香物质，使酒味好转。

三、 贮酒容器

1. 陶质容器

陶质容器是我国传统贮酒容器之一。通常是以小口为坛，大口为缸。此类容器的透气性较好，所含多种金属氧化物在贮酒过程中溶于酒中，对酒的老熟有一定的促进作用。此外，生产成本较低。

但陶质容器容量较小，占地面积大，易破损、机械强度和防震力较弱，容易产生一些内在裂纹。但这贮酒容器至今仍广泛用来贮存优质白酒。

2. 血料容器

在用荆条或竹篾编成的筐，木箱或水泥池的内壁糊以猪血料纸作为贮酒容器，统称血料容器。所谓血料就是用猪血和石灰（加少量植物油）调制成的一种可塑性的蛋白质胶质盐，遇酒精即形成半渗透的薄膜。其特性是水能渗透而酒精不能渗透。实践证明，对酒精含量为30%以上的酒有良好的防漏作用。这类贮酒容器造价较低，就地取材，不易损坏，其容量大小不等。

3. 金属容器

（1）铝制容器　铝制容器只能用来贮存酸度低、贮存期较短的普通白酒，或作为勾兑容器。

（2）不锈钢容器　用不锈钢制作的大容器贮存罐可避免铝罐贮存所出现的质量问题，但其造价较高，而且经不锈钢贮存后的优质白酒与传统陶坛贮存的酒对比，口味不及陶坛醇厚。

（3）碳钢内加涂料　用碳钢罐内涂环氧树脂或过氯乙烯涂料作贮酒容器，但要防止内壁有涂料起泡、脱落的现象发生，以免铁质大量溶于酒中，造成变色和沉淀质量事故。

4. 水泥池容器

水泥池用来贮酒，必须是经过加工的，即在水泥表面贴上一层不易被腐蚀的材料，使酒不与水泥接触。目前已采用的材质有猪血桑皮纸贴面、内衬陶瓷板、瓷砖或玻璃贴面、氯乙烯或环氧树脂涂料。

四、人工老熟

所谓人工老熟，就是以自然老熟原理为基础，人为地采用物理或化学方法促进酒的老熟以缩短贮存时间。具体几个促进酒的老熟的方法如下。

1. 氧化处理

在室温下，将装在氧气瓶中的工业用氧气直接通入酒中，密闭存放3～6d，目的是促进氧化作用。

2. 紫外线处理

在紫外线的作用下，可产生少量的初生态氧，促进一些成分的氧化过程。初步认为以16℃处理5min效果较好。

3. 超声波处理

在超声波的高频振荡下，强有力地增加了酒中各种反应的概率，还可能具有改变酒中分子结构的作用。

4. 磁场处理

酒中的极性分子在强磁场的作用下，极性键能减弱，而且分子定向排列，使各种分子运动易于进行。同时产生微量的过氧化氢，促进了酒中物质的氧化。

除此之外，还有微波处理、激光处理、钴－60γ射线处理、加土陶片（瓦片）催熟、加热催熟等人工老熟的方法。

【酒文化】

酒德和酒礼

历史上，儒家的学说被奉为治国安邦的正统观点，酒的习俗同样也受儒家酒文化观点的影响。儒家讲究“酒德”两字。

酒德两字，最早见于《尚书》和《诗经》，其含义是说饮酒者要有德行，不能像夏纣王那样，“颠覆厥德，荒湛于酒”，《尚书·酒诰》中集中体现了儒家的酒德，这就是："饮惟祀"（只有在祭祀时才能饮酒）；"无彝酒"（不要经常饮酒，平常少饮酒，以节约粮食，只有在有病时才宜饮酒）；"执群饮"（禁止民众聚众饮酒）；"禁沉湎"（禁止饮酒过度）。儒家并不反对饮酒，用酒祭祀敬神，养老奉宾，都是德行。

饮酒作为一种食的文化，在远古时代就形成了一种大家必须遵守的礼节。有时这种礼节还非常繁琐。但如果在一些重要的场合下不遵守，就有犯上作乱的嫌疑。又因为饮酒过量，便不能自制，容易生乱，制定饮酒礼节就很重要。明代的袁宏道，看到酒徒在饮酒时不遵守酒礼，深感长辈有责任，于是从古代的书籍中采集了大量的资料，专门写了一篇《觞政》。这虽然是为饮酒行令者写的，但对于一般的饮酒者也有一定的意义。我国古代饮酒有以下一些礼节。

主人和宾客一起饮酒时，要相互跪拜。晚辈在长辈面前饮酒，叫侍饮，通常要先行跪拜礼，然后坐入次席。长辈命晚辈饮酒，晚辈才可举杯；长辈酒杯中的酒尚未饮完，晚辈也不能先饮尽。

古代饮酒的礼仪约有四步：拜、祭、啐、卒爵。就是先作出拜的动作，表示敬意，接着把酒倒出一点在地上，祭谢大地生养之德；然后尝尝酒味，并加以赞扬令主人高兴；最后仰杯而尽。

在酒宴上，主人要向客人敬酒（叫酬），客人要回敬主人（叫酢），敬酒时还有说上几句敬酒辞。客人之间相互也可敬酒（叫旅酬）。有时还要依次向人敬酒（叫行酒）。敬酒时，敬酒的人和被敬酒的人都要"避席"，起立。普通敬酒以三杯为度。

思考题

综述题

1. 白酒老熟的机理是什么？
2. 人工老熟的方法有哪些？
3. 白酒的风味特性主要包括哪些部分？
4. 白酒甜味物质主要来源是什么？
5. 如何降低白酒中的辣味？

学习单元5

白酒的勾兑与调味

【教学目标】

知识目标

1. 了解白酒的风味物质及其呈香呈味作用。

2. 掌握白酒香味成分的特征以及酯类物质，醇类物质，酸类物质，羰基化合物等对酒质的影响。

3. 掌握白酒中的异杂气味及其产生原因。

4. 了解白酒勾兑的原理，勾兑的意义和作用。

5. 掌握勾兑的方法及勾兑过程中要注意的问题。

6. 掌握调味的作用与方法。

7. 掌握低度白酒的勾兑方法及注意的问题。

8. 掌握固液勾兑法及调香法生产液态白酒。

技能目标

1. 能判断辨别影响白酒风味的主要物质成分及其量比关系。

2. 能对大曲白酒进行勾兑与调味。

3. 能对低度白酒进行勾兑。

一、 白酒的勾兑与调味

每一种酒都有它自己的特点，特别是各种名酒，在色、香、味、体方面都独具一格。为了取长补短，弥补缺陷，发扬优点，保持名酒独特风格，稳定地提高产品质量，必须在出厂前，把生产出的各具不同特点的酒，按一定的标准（参照标准酒样），对其色、香、味作适当的调兑平衡，重新调整酒内不同物质的组合和结构，使稍次的或微带某些缺点的酒转变为好酒，从而保证出厂的产品具有一致性，并具有某一名酒的风格和特色。这就是所谓勾兑。

1. 勾兑酒的作用

主要是使酒中各种微量成分配比适当，达到该种白酒标准要求或理想的香味感觉、风格特点。勾兑的做法就是把生产车间的酒逐一品尝，分析各自的长处和短处，将它们互相掺和，使各种微量成分按比例配合，酒体更加协调。

比如茅台酒，须经八次发酵，七次蒸酒，各轮次酒都各有其不同的特点，即使是同一次的酒，也还分酱香、醇甜、窖底香三种典型体，各坛酒的酒度也不相同。因此，为了保持其出厂成品的一致性特殊风格，就必须将各轮次、各种香型、不同酒度的酒，按适当比例掺和，这就是常说的精心勾兑。其他名酒虽没有茅台这么复杂，但生产出来的酒，风格特点也很不一致，各有所长，各有所短，因此都必须进行勾兑。

2. 白酒的调味

调味酒又称精华酒，是采用特殊少量的调味酒来弥补基础酒的不足，加强基础酒的香味，突出其风格，使基础酒在某一点或某一方面有较明显改进，质量有较明显提高。

白酒调味的作用可归纳为三种：添加作用、化学反应作用和平衡作用。调味前对基础酒必须有明确了解，要选择好调味酒，调味后的酒还须再贮存 7～15d，然后品尝，确认合格后才能包装、出厂。

案例：茅台酒的调兑：茅台酒一般以 2～6 轮酒调兑基础酒。用窖底香、酱香、醇甜三种香型酒调香，用第一、第七轮酒调味，根据基础酒的缺陷，按比例分别加入。窖底香型酒在勾兑中主要应使酒进口放香，也能调节酒的后味，勾入量多少，要视基础酒和它的质量要求而定。酱香型酒，在勾兑中主要是使酒的风格突出，香浓味长。醇甜型酒，作基础酒用，勾兑后使酒有醇甜之感。各种酒在勾兑中都起着特殊作用，它们取长补短，构成了茅台酒的特殊风格。

清香型酒的调兑：一般是用酒头、按不同比例与各种典型酒勾兑，借以收到以香抑邪，以酸助香，以甜压苦的效果。

3. 白酒勾兑的步骤

（1）分别取 100mL 酒精、酒基于 100mL 量筒中，测其酒精度。

（2）具体计算步骤如下。

①折算率 = 原酒酒度的质量（%）/标准度的质量（%）×100%。

②将高度酒调整为低度酒。

加水数 =（原酒数量 × 各该原酒酒度的折算率）－原酒数量 =（各该原酒的折算率－1）×原酒数量。

③将低度酒调整为高度酒的公式为

标准量 = 各种原酒酒度的折算率 × 原酒数量

（3）调香

①浓香型白酒勾兑

a. 取浓香大曲酒和食用酒精，用酿造水降度到所要求酒度。大曲酒作为基础酒加量 20%。降完度食用酒精加 80%。然后用香精进行调整酒的口味。

b. 取食用酒精，用酿造水降度到所要求酒度。降完度食用酒精加 100%。后用香精进行调整酒的口味。

②清香型白酒勾兑：取清香大曲酒和食用酒精，用酿造水降度到所要求酒度。清香大曲酒作为基础酒加量20%。降完度食用酒精加80%。然后用香精进行调整酒的口味。

③酱香型白酒勾兑：取酱香大曲酒或麸曲酱原酒和食用酒精，用酿造水降度到所要求酒度。酱香型白酒作为基础酒加量20%。降完度食用酒精加80%。进行混合。然后用香精进行调整酒的口味。

二、 白酒的特性

蒸馏酒属于嗜好食品，食品的内在质量包括：食品的卫生、营养、风味、新鲜度及保质期等。对于嗜好性食品的质量，首要的是卫生质量，而风味是评价质量的最重要标志。

（一）白酒的感官特性

白酒的风味特性分为色、香、味、体四部分。

1. 外观

（1）色　是色调。蒸馏酒基本是无色的。但由于贮存及调色，可能造成蒸馏酒具有一定的色泽。大多数曲酒及俄得克是无色的；茅台极淡的黄色；威士忌、白兰地、朗姆酒淡棕黄色。

（2）形　是指肉眼观察到的透明度和流动性。优良的蒸馏酒具有清澈、透明如晶体一样纯净的特征。蒸馏酒如失光、浑浊、有沉淀，均是明显的缺点和病态。

2. 香味

白酒的香，除了用鼻子闻外，主要通过口尝或饮用时，有气味物质的在中挥发，进入鼻咽喉与呼吸气体一起通过两个“鼻喉孔”进入鼻腔，甚至酒进入胃中，挥发性组分随着胃部产生气体，通过食道、喉管进入口腔再进入鼻腔。所以蒸馏酒的香称“香味”。

（1）香味物质的阈值和强度

阈值：人们能感受或辨别的最低含量（mg/L）。

强度：无香味、能嗅出、能识别、稍强、颇强、极强。

香味强度：FV = 酒中某香味物质的含量/某香味物质的阈值。

（2）香味和心理学关系　易疲劳、易适应和习惯；嗅盲；人群差，个人差；阈值的变动。

3. 口味

（1）味觉分类

①心理味觉：是由食品的形状、色泽、光泽、外形而引起的心理反应。

②物理味觉：软硬程度、黏稠性、冷热、湿润性、亲水性和对口腔刺激引起

的心理反应。

③化学味觉：甜味、咸味、酸味、苦味、(鲜味)。

(2) 呈味物质和味觉、心理学之间的关系

①对比效应和消杀效应；②变调效应；③阻塞效应；④相乘效应。

在蒸馏酒中，通常把“柔绵、辛辣、涩、麻、油腻、金属味”列入口味中。

4. 体

蒸馏酒的体，即是酒的风格，是一个抽象的综合。

(二) 白酒的口味物质

1. 白酒的甜味物质

(1) 来源　凡化合物分子中有氢供基(AH)和氢受基(B)，两者的距离在0.25～0.40mm，此化合物易和人类味蕾BHA(0.3nm)之间形成氢键结合，此物质就呈甜味。甜味强弱取决于氢键数和氢键强度及有无疏水基隔断。

(2) 特点　绝大多数蒸馏酒均呈甜味，主要来自于醇类。醇类的甜味随羟基数增加而加强，甜味程度即：乙醇 < 乙二醇 < 丙三醇 < 丁四醇。蒸馏酒中醋嗡、双乙酰也是主要呈甜物质。D－氨基酸，大多有强的甜味。蒸馏酒的甜味和糖形成的甜味无差别，属甘甜兼有醇厚感和绵柔感，在品尝时常常在呈味感中来得比较迟，称“回甜”。蒸馏酒经过长时间贮藏后熟，一般甜味要比新酒甜。

2. 白酒的酸味物质

(1) 来源　蒸馏酒中酸类大多数来自于酿造过程中，由微生物的一系列生化反应产生。酸中有脂肪酸的甲酸、乙酸、丙酸、丁酸、戊酸、己酸、庚酸、辛酸等；三羧酸循环中的草酸、柠檬酸、乳酸、琥珀酸、丁香酸等有机酸。

在间歇式蒸馏中，酸含量一般酒尾 > 酒身 > 酒头。

(2) 特点　蒸馏酒在后熟和贮藏过程中，通过醛、酮氧化酸含水量增加，通过酯化酸含量减少，长期贮藏酸含量呈减少趋势。中国曲酒中总滴定酸在0.8～2.0g/L之间；一般在pH3.0～3.5之间。香味物质愈高，酸类也愈多；香味物质含量少，总酸也低。

3. 白酒的苦味物质

(1) 来源　中国白酒愉快的苦主要来自于麦曲中的酚类及其衍生物。

原料不好，制曲控制不严，发酵温度太高是不愉快苦的来源。

酒精发酵副产物中，异丁醇极苦；正丁醇较苦；正丙醇和异戊醇微甜带苦；β－苯乙醇苦中带涩。这些副产物过多是苦味不愉快的原因。

(2) 特点　饮用时，酒在口腔中停留时呈愉快的苦，咽下后，苦味应立即消失(瞬间)，不残留苦味；若下咽后，持续残留在口腔中和舌根下(即后苦)，是酒的缺点，导致酒感粗糙、不柔和。

4. 白酒中咸味物质

(1) 来源　形成咸味的物质为碱金属中性盐类，尤以钠为最强；卤族元素的

负离子均呈咸味，尤以氯离子最强；碱土金属镁、钙的中性盐也有咸味。蒸馏酒中无机离子的来源有：蒸馏时由水蒸气雾沫夹带而带入酒中；酒类后熟贮存容器溶解；调配成品时，勾兑水中带入。

（2）特点　蒸馏酒若能感受到明显咸味，会导致酒味不协调、粗糙。微量呈咸味盐类存在（ <0.4g/L）能使味觉活泼，它也是酒必需的口味物质。

5. 白酒的其他口味物质

（1）涩味　蒸馏酒中涩味主要来自于酚类化合物；发酵温度过高形成酪醇；过多的乙醛、糠醛、乳酸。阿魏酸、香草酸、丁香酸、丁香醛虽然呈良好的香味，但也呈微涩味。

（2）辣味　蒸馏酒中的辣味由醇类、醛类、酚类化合物引起的刺激感。原料清蒸、蒸馏时截头去尾、长期贮存，冲辣感会降低。

【酒文化】

酒后不宜饮茶

有人喜欢酒后饮茶，认为有利解酒，从中医阴阳学来看，酒味辛，先入肺，肺主皮毛，与大肠相表里。饮酒应取其升阳发散之性，使阳气上升，促进血液循环。茶素味苦，属阴，主降。若酒后饮茶必将酒性驱肾，肾主水，水生温，于是形成寒滞则导致小便频浊、阳痿、大便燥结等症状。李时珍在《本草纲目》中就做较详细的记载："酒后饮茶伤肾脏，腰腿坠重，膀胱冷痛，兼患痰饮水肿"。

现代医学研究表明，酒中含有酒精成分，对心血管的刺激性很大，而浓茶同样具有兴奋心脏的作用。两者合而为一，双管齐下，更增加了对心脏的刺激。这对于心脏功能欠佳的人来说，其后果是可想而知的。

醉酒后饮浓茶，对肾脏也是不利的。因为酒精的绝大部分，均已在肝脏中转化为乙醛之后再变成乙酸，乙酸又可分解成二氧化碳和水，经肾脏排出体外。浓茶中的茶碱，可以迅速地对肾脏发挥利尿作用。这就会促进尚未分解的乙醛过早地进入肾脏。由于乙醛对肾脏有较大的刺激性，从而对肾功能造成损害。严重者可危及生命。

因此，酒后不宜饮茶，尤其是浓茶。为了解酒，可进食些柑橘、梨、苹果之类的水果，有西瓜汁更好。如无水果，冲杯果汁或糖水喝都有助于解酒。中药则可用葛花煎水代茶饮，或以葛根加绿豆熬汁喝，也可解酒。对于酒醉后出现昏睡、呼吸缓慢、脉搏细弱、皮肤湿冷等症状的人，可能有生命危险，则应尽早送医院抢救。

思考题

一、填空题

1. 每一种酒都有它自己的特点，特别是各种名酒，在（　）、（　）、（　）、（　）方面都独具一格。
2. 为了取长补短，弥补缺陷，发扬优点，保持名酒独特风格，稳定地提高产品质量，必须在出厂前，把生产出的各具不同特点的酒，按一定的标准（参照标准酒样），对其色、香、味作适当的调兑平衡，重新调整酒内不同物质的组合和结构，使稍次的或微带某些缺点的酒转变为好酒，从而保证出厂的产品具有一致性，并具有某一名酒的风格和特色。这就是所谓（　）。
3. 白酒调味的作用可归纳为三种：（　）、（　）和（　）。

二、简答题

1. 酒的勾兑要注意几个方面？
2. 白酒的口味物质有哪几类？
3. 列举三个能使酒产生香味的化学基团？

三、实践题

若有兴趣，可以对几种超市中常见的白酒进行感官评价。

教学情境二

葡萄酒生产技术

葡萄酒的发展历程

1. 欧洲葡萄酒的发展

据考证，古希腊爱琴海盆地有十分发达的农业，人们以种植小麦、大麦、油橄榄和葡萄为主。大部分葡萄果实用于做酒，剩余的制干。几乎每个希腊人都有饮用葡萄酒的习惯。在美锡人时期（公元前 1600 ~ 1100 年），希腊的葡萄种植已经很兴盛，葡萄酒的贸易范围到达埃及、叙利亚、黑海地区、西西里和意大利南部地区。

葡萄酒是罗马文化中不可分割的一部分，曾为罗马帝国的经济做出了巨大的贡献。但后来，罗马帝国的农业逐渐没落，葡萄园也跟着衰落。四世纪初罗马皇帝君士坦丁正式公开承认基督教，在弥撒典礼中需要用到葡萄酒，助长了葡萄树的栽种。葡萄酒在中世纪的发展得益于基督教会。《圣经》中 521 次提及葡萄酒。耶稣在最后的晚餐上说“面包是我的肉，葡萄酒是我的血”，所以基督教把葡萄酒视为圣血，教会人员也把葡萄种植和葡萄酒酿造作为工作。葡萄酒随传教士的足迹传遍世界。

17 ~ 18 世纪前后，法国便开始雄霸了整个葡萄酒王国，波尔多和勃艮第两大产区的葡萄酒始终是两大梁柱，代表了两个主要不同类型的高级葡萄酒：波尔多的厚实和勃艮第的优雅，并成为酿制葡萄酒的基本准绳。然而这两大产区，产量有限，并不能满足全世界所需。于是在第二次世界大战后的六七十年代开始，一些酒厂和酿酒师便开始在全世界找寻适合的土壤、相似的气候来种植优质的葡萄品种，研发及改进酿造技术，使整个世界葡萄酒事业兴旺起来。

2. 新世界国家葡萄酒的发展

新世界国家的葡萄栽培和葡萄酒酿造技术基本都是在15、16世纪才开始的。由于新世界国家最初都是欧洲各国的殖民地或是欧洲移民，所以，新世界国家在葡萄栽培和葡萄酒酿造方面是继承于旧世界的技术。但是新世界葡萄酒国家打破了传统的人工的方式，将工业化带入葡萄酒的生产中。开始实行大规模、机械化的葡萄种植和葡萄酒生产。

新世界国家的葡萄酒行业的发展基本都经历了悲惨萧条的“禁酒期”。虽然各国的“禁酒期”不同，但对于葡萄酒行业的打击几乎都是毁灭性的。但在这之后，特别是经历过根瘤蚜及嫁接技术的出现，不仅新世界葡萄酒得到了大力的发展，旧世界葡萄酒行业也得到了很好的发展。

3. 中国葡萄酒的发展

在汉朝时期，张骞出使西域就带回了葡萄和酿制葡萄酒的工匠，那时，中国就开始了葡萄栽培和葡萄酒的酿造。但是由于战争、朝代更替等历史原因，虽然葡萄栽培与葡萄酒酿造在唐代和元代时曾取得过比较辉煌的成绩，但是，在近两千年的时间里，中国的葡萄栽培与葡萄酒酿造历史几乎是空白的，直到1892年，爱国华侨张弼士在烟台创办了张裕。然而，由于战乱，中国的葡萄酒行业依然没有得到发展。直到新中国成立以后，中国才开始有了比较好的发展葡萄栽培和葡萄酒酿造的环境，中国的葡萄酒行业也才开始了真正意义上的发展。

学习单元1

葡萄酒生产原辅料

【教学目标】

知识目标

1. 了解酿造白葡萄酒，红葡萄酒的优良品种，并熟悉它们生理特性和生长条件，了解酿造桃红葡萄酒的优良品种，了解调色品种。

2. 了解酵母菌的来源，了解其作用；优良葡萄酒酵母的标准。

3. 掌握影响酒精发酵的因素。

4. 了解MLF的定义、来源及用途，了解MLF的作用机理。

5. 掌握MLF对葡萄酒质量的影响；熟悉MLF的影响因素，掌握MLF适用的酒种。

6. 掌握常用添加剂的分类，了解其用途及贮存方式。

7. 掌握常用气体的分类，了解其用途及贮存方式。

8. 掌握二氧化硫的作用及添加量。
9. 掌握常用助滤剂及吸附剂的分类，了解其用途及贮存方式。

技能目标

1. 能正确进行葡萄酒酵母的扩大培养。
2. 能正确添加二氧化硫。
3. 能根据不同的生产原料对酒精的发酵过程进行一定的控制。

子学习单元1 关于酿酒用的葡萄

一、酿酒用葡萄品种

葡萄是一种营养价值很高、用途很广的浆果植物，具有高产、结果早、适应性强、寿命长的特点，因此世界上栽种范围很广。我国也有大面积栽培。如今，随着人民生活水平的提高和酿酒工业的发展，葡萄的栽培得到了快速发展。

在所有水果中，葡萄最适于酿酒，其主要原因如下所述。

①葡萄汁的糖分含量，最适合酵母的生长繁殖；

②葡萄皮上带有天然葡萄酒酵母；

③葡萄汁里含有酵母生长所需的所有营养成分，满足了酵母的生长繁殖条件；

④葡萄汁酸度较高，能抑制细菌生长，但其酸度仍在酵母的适宜生长范围内；

⑤由于葡萄汁的糖度高，发酵得到的酒精度也高，再加上酸度高，从而保证了酒的生物稳定性；

⑥葡萄有美丽的颜色，或浓郁或清雅的香味，酿成酒后，色、香、味俱佳，是“帝王也为之垂涎的美酒”。

酿酒葡萄按其用途可分为三类，即酿造白葡萄酒品种、酿造红葡萄酒品种和酿造调色调香葡萄酒品种。

酿造白葡萄酒的优良葡萄品种有：贵人香、霞多丽、白诗南、龙眼、赛美蓉等。其中我国主栽品种是贵人香和龙眼。尤其龙眼，是我国古老的栽培品种，现在从黄土高原到山东均有广泛栽培，其中河北怀涿盆地栽培面积最大。屡次在国际上获奖，被誉为“东方美酒”的长城干白，就是以龙眼葡萄作为原料，成酒品质极佳，呈淡黄色，酒香纯正，具果香，酒体细致，柔和爽口，回味延绵。20世纪80年代大量从法国引进的赛美蓉，现河北、山东、陕西和新疆均有栽培。

酿造红葡萄酒的优良品种有赤霞珠、品丽珠、梅鹿辄、佳丽酿、黑品乐、法国蓝、宝石解百纳等。这些品种大都是1892年由欧洲传入我国的，有的品种20世纪80年代后又经多次引入。其中法国蓝适应性强，早熟高产，成酒呈宝石红色，味醇厚，是我国酿造红葡萄酒的主要良种之一。赤霞珠是法国波尔多地区酿造干红葡萄酒的传统名贵品种之一，具有“解百纳”的典型性，成酒酒质优，随着近几年“干红热”的流行，已成为我国红葡萄酒的重要原料品种。

酿造调（染）色调香葡萄酒的优良品种有烟74、晚红蜜、红汁露、巴柯等。其中烟74原产于中国，1966年张裕公司用紫北塞和汉堡麝香杂交育成，现胶东半岛栽培较多。烟74是目前最优良的调色品种，颜色深且鲜艳，长期陈酿后不易沉淀。红汁露也是原产于中国，系用梅鹿辄和味儿多杂交育成。成酒呈深宝石红色，味醇厚纯正，陈酿后色素不易沉淀，后味正，特别适于作调色品种。

二、 葡萄的成分

葡萄果实的组成可以分成果梗、果皮、果肉、葡萄籽等四个部分。每一部分的成分对于酒的品质产生极大影响，而且葡萄的成分常常变化，不但因品种而不同，即使同一品种亦常因土壤气候、施肥方法、栽培方法等而改变其成分。白葡萄酒是将葡萄汁榨出发酵，主要与果汁的成分有关，红葡萄酒连同果皮、果核等一起发酵，因此除果汁外，果皮等的成分也影响到成品的色香味。

（一）果梗

果梗占4%～6%，是支撑浆果的骨架，其主要成分见表2－1。

表2－1　果梗的主要成分

成分	含量/%	成分	含量/%
水分	75～80	无机盐（主要是钙盐）	1.5～2.5
木质素	6～7		
单宁	1～3	有机酸	0.3～1.2
树脂	1～2	糖分	0.3～0.5

果梗中的单宁具有粗糙的涩味，这种单宁是不应在葡萄酒中出现的。果梗中的树脂具有苦味，会使酒产生过重的涩味。果梗含糖分很少，但其含水量却高于果肉的含水量，如果发酵时果梗不除去，则果梗中的一部分水进入具有高渗透压的果汁中，而果汁发酵所形成的酒精渗入果梗。因此对于同一浆果，不去梗发酵比去梗发酵所得的酒的酒精度要低。此外，发酵时果梗的存在，会由于部分花色苷固定在果梗上，而对红葡萄酒的色泽不利。因此，在葡萄浆果破碎的同时要进行除梗。

（二）果粒

果粒即葡萄浆果，包括三个部分：果皮、葡萄籽、果肉（浆）。其比例为：果皮6%～12%，葡萄籽2%～5%，果肉（浆）83%～92%。

1. 果皮

葡萄的果皮由表皮和皮层构成，在表皮上面有一层蜡液，可使表皮不被湿润。皮层由一层细胞构成。在果粒发育成长时，果皮的质量增加很少。果粒长大后，果皮成为有弹性的薄膜，能使空气渗入，而阻止微生物的进入，保护了果实。

果皮中含有单宁和花色苷，这两种成分对酿造红葡萄酒极其重要，是葡萄和葡萄酒中的主要色素物质。

（1）单宁　果皮的单宁含量因葡萄品种不同而异，一般在0.5%～2%。葡萄单宁是一种复杂的有机化合物，味苦而涩，与铁盐作用时生成蓝色反应，能和动物胶或其他蛋白质溶液生成不溶性的复合沉淀。葡萄单宁与醛类化合物生成不溶性的缩合产物，随着葡萄酒的老熟而被氧化。

此外，果实成熟时的气候条件对此有影响，栽培条件也有影响。提高产量的同时，果汁浓度降低，其首先是果实颜色和单宁含量的降低。

（2）花色素　除少数果皮与果肉都含色素的有色葡萄品种，例如紫北塞、烟73、烟74以外，大多数葡萄的色素只存在于果皮中。因此可以用红色葡萄去皮后酿造白葡萄酒或桃红葡萄酒。葡萄随品种不同而有各种各样的颜色，白葡萄有白青、黄、青白、淡黄、金黄等颜色；红葡萄有淡红、鲜红、深红、红黄、褐色、浓褐色、赤褐色等；黑葡萄有淡紫、紫红、紫黑、黑色等颜色。葡萄的红色来源于花色素，所以花色素主要存在于红色品种（包括黑葡萄）中。

（3）芳香物质　果皮中所含的芳香成分赋予果实一种特有的果实香味，不同的葡萄品种，这种香味也是特定的，它决定于它们所含有的芳香物质的种类及其比例。但香味的浓度却受气候、土壤、栽培条件和果实成熟度的影响。葡萄的香味物质种类很多，主要有醇类及其脂、芳香醛、萜烯类物质等。例如玫瑰香型葡萄的果香主要是由萜烯类引起的，其中主要含里哪醇（沉香醇）、橙花醇，以及苏品醇。在玫瑰香中，已鉴定出60多种芳香物质。在雷司令中有50多种。有少数品种，如玫瑰香品种系中，也有较多香味物质存在于果肉中。

2. 葡萄籽

一般葡萄有四个籽，有的葡萄由于发育不全而缺少几个籽，有些葡萄无籽，如新疆无核白葡萄。有核（籽）葡萄经处理也可变为无核葡萄。葡萄籽含有对葡萄酒有害的物质，例如脂肪和单宁。葡萄籽中的单宁与果皮中的单宁结构不一样，这反映在两者的酒精指数和高聚指数的不同上。葡萄籽中所含单宁具有较高的收敛性。因此在破碎、压榨时要避免葡萄籽被压碎，而使油脂和单宁进入葡萄酒。

3. 果肉

果肉是葡萄的主要部分（83%～92%）。果肉由细胞壁很薄的大细胞构成，每个大细胞中都有一个很大的液泡，其中含有糖、酸及其他物质。酿酒用葡萄的果肉柔软多汁，且种核外不包肉质，而食用品种则显得组织紧密而耐嚼。果肉成分如表 2-2 所示。

表 2-2　果肉的主要成分　单位：%

成分	含量	成分	含量
水分	65~80	酒石酸	0.2~1.0
还原糖	15~30	单宁	痕量
矿物质	0.2~0.3	果胶物质	0.05~0.1
苹果酸	0.1~1.5		

果肉中的主要成分是还原糖、有机酸、果胶、含氮物质及无机盐等物质。其中还原糖是果糖和葡萄糖，中部果肉的含糖量最高；酸度主要来自酒石酸和苹果酸；无机盐含量从发育到成熟期逐渐增加，主要有钾、钠、钙、铁、镁等。

【酒文化】

葡萄酒的分类与特征

一、葡萄酒

按照国际葡萄酒组织的规定，葡萄酒只能是破碎或未破碎的新鲜葡萄果实或汁完全或部分酒精发酵后获得的饮料，其酒精度一般在 8.5°到 16.2°之间。

以颜色来说，可分为红葡萄酒、白葡萄酒及粉红葡萄酒三类。而红葡萄酒又可细分为干红葡萄酒、半干红葡萄酒、半甜红葡萄酒和甜红葡萄酒。白葡萄酒则细分为干白葡萄酒、半干白葡萄酒、半甜白葡萄酒和甜白葡萄酒。

二、分类方法

（一）按葡萄类型分类

1. 山葡萄酒（野葡萄酒）

以野生葡萄为原料酿成的葡萄酒。

2. 葡萄酒

以人工培植的酿酒品种葡萄为原料酿成的葡萄酒。

（二）按色泽分类

1. 白葡萄酒

选择白葡萄或浅红色果皮的酿酒葡萄，经过皮汁分离，取其果汁进行发酵酿制而成的葡萄酒。这类酒的色泽应近似无色，浅黄带绿、浅黄或禾秆黄，颜色过深不符合白葡萄酒色泽要求。

2. 红葡萄酒

选择皮红肉白或皮肉皆红的酿酒葡萄，采用皮汁混合发酵，然后进行分离陈酿而成的葡萄酒。这类酒的色泽应成自然宝石红色、紫红色或石榴红色等，失去自然感的红色不符合红葡萄酒的色泽要求。

3. 桃红葡萄酒

此酒是介于红、白葡萄酒之间，选用皮红肉白的酿酒葡萄，进行皮汁短期混合发酵，达到色泽要求后进行皮渣分离，继续发酵，陈酿成为桃红葡萄酒。这类酒的色泽是桃红色、玫瑰红或淡红色。

（三）按含糖量分类

1. 干葡萄酒

含糖（以葡萄糖计）小于或等于4.0g/L。或者当总糖与总酸（以酒石酸计）的差值小于或等于2.0g/L时，含糖最高为9.0g/L的葡萄酒。

2. 半干葡萄酒

含糖大于干葡萄酒，最高为12.0g/L。或者当总糖与总酸（以酒石酸计）的差值小于或等于2.0g/L时，含糖最高为18.0g/L的葡萄酒。

3. 半甜葡萄酒

含糖大于半干葡萄酒，最高为45.0g/L的葡萄酒。

4. 甜葡萄酒

含糖大于45.0g/L的葡萄酒。

（四）按是否含二氧化碳分类

1. 静止葡萄酒

在20℃时，二氧化碳压力小于0.05MPa的葡萄酒。

2. 起泡葡萄酒

在20℃时，二氧化碳压力等于或大于0.05MPa的葡萄酒。

思考题

一、填空题

1. 葡萄酒世界里，有很多很有代表性的葡萄品种，例如法国波尔多代表性的葡萄品种（　）、法国勃艮第代表性的葡萄品种（　）、澳大利亚代表性的葡萄品种（　）、智利代表性的葡萄品种（　）、阿根廷代表性的葡萄品种（　）。
2. 用来酿酒的葡萄品种很多，和日常食用的葡萄有较大区别。专门酿制葡萄酒的葡萄品种有（　），（　），（　），（　），基本不适合日常食用。

二、简答题

1. 列举出四种最常见的红葡萄品种和白葡萄品种。
2. 请任意列举出法国的5个著名葡萄酒产区。

子学习单元2 菌种

葡萄加工前应准备的微生物菌种主要是酵母菌和乳酸菌两种。

酵母

酿酒酵母（*Saccharomycescerevisiae*），又称面包酵母或出芽酵母。酿酒酵母是与人类关系最广泛的一种酵母，不仅因为传统上它用于制作面包和馒头等食品及酿酒，在现代分子和细胞生物学中用作真核模式的生物，其作用相当于原核模式的生物大肠杆菌。酿酒酵母是发酵中最常用的生物种类。酿酒酵母的细胞为球形或者卵形，直径5～10μm。其繁殖的方法为出芽生殖。

（一）酿酒酵母的来源

酿造葡萄酒的酵母一般可采用商品干酵母、商品液体酵母、自己扩大培养的液体酵母和野生酵母。具体这四种酿酒酵母的特征比较如表2－3所示。

表2－3　　四种酿酒酵母的特征比较

<table>
<tr><th>序号</th><th>特征</th><th>商品干酵母</th><th>商品液体酵母</th><th>自己培养酵母</th><th>野生酵母</th></tr>
<tr><td>1</td><td>群体活力</td><td>200亿左右/g</td><td>10亿左右/mL</td><td>10亿左右/mL</td><td rowspan="6">野生酵母的主要来源是葡萄，很难酿出质量上乘的酒</td></tr>
<tr><td rowspan="2">2</td><td rowspan="2">贮存期间的活性损失情况</td><td>4℃每年损失5%</td><td colspan="2">4℃贮存3周损失80%</td></tr>
<tr><td>20℃每年损失20%</td><td colspan="2">20℃贮存1周损失50%</td></tr>
<tr><td>3</td><td>污染情况</td><td>在制造中可以保证</td><td>在培养中受外界条件的影响</td><td>依赖于制作技术</td></tr>
<tr><td>4</td><td>使用情况</td><td>使用方便，用买来的罐头桶或其他包装可以在酒厂内贮存，直接用即可</td><td>需在24～48h内使用</td><td>培养好后要立即使用</td></tr>
<tr><td>5</td><td>贮存</td><td>最好10℃</td><td>冷藏</td><td>冷藏</td></tr>
</table>

（二）酒精发酵的过程

酵母的酒精发酵过程是一个非常复杂的生物化学过程：葡萄汁中的葡萄糖或者果糖，在酵母分泌的一系列酶（还原酶、脱羧酶和转化酶）的作用下，经过30多步生物化学反应，最终生成酒精和CO_2，是酿造葡萄酒最重要的过程。在这一过程中，葡萄酒酵母是最良好的发酵菌种。

酒精发酵并不仅仅是将95%的糖分解为酒精和二氧化碳，而且还将剩余的5%的糖转化生成其他副产物：甘油、琥珀酸及其他芳香物质。这些产物对葡萄酒的口味和香味具有重要的影响，比如，甘油具有甜味，可使葡萄酒的口味圆润。也正是在酒精发酵这一阶段，才使葡萄汁具有了葡萄酒的气味。一般认为，葡萄酒芳香物质的含量为其形成的酒精量的1%左右。所以，生产中经常采取一些措施来促进这些芳香物质的形成，并且防止它们由于CO_2的释放而带来的损失。

用于葡萄酒酿造中最重要的糖类是葡萄糖、果糖和蔗糖。葡萄糖、果糖是成熟浆果里积累的，酵母菌能直接利用它们，生成酒精和CO_2。但是，实际生产中，往往因为葡萄本身含糖度低，发酵后的酒精含量达不到人们的要求，所以要人为地添加蔗糖。

（三）影响酒精发酵的因素与控制

酵母菌生长发育和繁殖所需的条件也正是酒精发酵所需的条件。因为，只有在适合酵母菌出芽、繁殖的条件下，酒精发酵才能顺利进行，而发酵停止就是酵母菌停止生长和死亡的信号。

1. 温度的影响与控制

温度是酵母生长的重要条件，酵母繁殖的最适温度是25℃左右。温度太高或者太低，对酵母菌的生长与繁殖都不利。

温度低于10～12℃时，会推迟葡萄酒醪进行发酵，此时，必须尽快提高发酵温度，促使发酵，以便防止因霉菌和产膜酵母繁殖引起的醪液变质。

温度超过35℃时，也不能顺利进行发酵。这是因为酵母菌繁殖速度会迅速下降，呈疲劳状态，酵母会很快丧失活力而死亡（只要40～45℃，保持1～1.5h或60～65℃保持10～15min就可杀死酵母），此时，酒精发酵就有停止的危险。

温度达到20℃时，酵母菌的繁殖速度加快，每升高1℃，发酵速度就可提高10%。因此发酵速度（即糖的转化速度）也随着温度的提高而加快，在30℃时达到最大值。但是，发酵速度越快，停止发酵越早，生成的酒精浓度也就越低，因为在这种情况下，酵母菌的疲劳现象出现较早。因此，在实际生产中要想获得高酒精浓度的发酵醪液，就必须控制较低的发酵温度。

根据国内外生产葡萄酒的经验总结发酵规律如下。

（1）白葡萄酒的最佳发酵温度在14～18℃范围内，温度过低，发酵困难，加重浆液的氧化；温度过高，发酵速度太快，损失部分果香，降低了葡萄酒的感官质量。但是在酒精发酵过程产生的热量，每发酵生成1%酒精所产生的热量，能使其醪液的温度升高1.3℃，所以在白葡萄酒的发酵过程中要采取有力的冷却措施，才能有效地控制发酵温度。目前常用的冷却方法有：罐外冷却，即在罐体外面加冷却带或者米洛板；罐内冷却，即在罐的里面安装冷插板。

（2）红葡萄酒发酵最适宜的温度范围在26～30℃，最低不低于25℃，最高不高于32℃。温度过低，红葡萄皮中的单宁、色素不能充分浸渍到酒里，影响成品酒的颜色和口味。发酵温度过高，使葡萄的果香遭受损失，影响成品酒香气。红葡萄酒的发酵罐，最好也能有冷却带或安冷插板，这样能够有效地控制发酵品温。

2. 通气的影响与控制

酵母菌繁殖需要氧气，在完全无氧的条件下，酵母菌只能繁殖几代，然后就停止生长。这时只要给予少量的空气，它们又能出芽繁殖。如果缺氧时间过长，多数酵母菌细胞就会死亡。所以要维持酵母长时间的发酵，必须供给足够的氧气。在进行酒精发酵以前，对葡萄的处理（破碎、除梗、泵送以及对白葡萄汁的澄清等）保证了部分氧的溶解。在发酵过程中，氧越多，发酵就越快、越彻底。但是如果完全暴露在空气中，酵母大量繁殖却会明显降低产酒率。因此，在生产中常用倒罐的方式来保证酵母菌对氧的需要。

3. SO_2的影响与控制

SO_2具有很好的选择性杀菌和抑菌能力，还能够防止葡萄酒的氧化。葡萄酒酵母耐受SO_2的能力比野生酵母及其他杂菌强。因此，在长期的葡萄酒生产中，人们利用微生物的这种特性，在发酵时添加适量的SO_2，就可以有效地控制野生酵母和杂菌的繁殖，从而发挥葡萄酒酵母的酿酒优势。

4. 酸度的影响与控制

酵母菌在中性或微酸性条件下，发酵能力最强。如在pH4.0的条件下，其发酵能力比在pH3.0时更强，在pH很低的条件下，酵母菌活动生成挥发酸或停止活动。因此，酸度高并不利于酵母菌的活动，但却能抑制其他微生物（如细菌）的繁殖。

5. 酵母代谢产物的影响与控制

在发酵过程中，酵母菌本身可以分泌一些抑制其自身活性，进一步抑制发酵进行的物质。这些物质大多是酒精发酵的一些中间产物，主要是脂肪酸。生产中常采用活性炭吸附以除去这些脂肪酸，从而促进酒精发酵，防止发酵中止。但是，在葡萄酒中加入活性炭后又很难将之除去。现在有研究表明，利用酵母菌皮（高温杀死酵母菌而获得）同样具有这种吸附特性，且能解决上述除去活性炭的难题。发酵前加入0.2~1g/L的酵母菌皮，可大大加速发酵，使发酵更为彻底。而且，酵母菌皮除可用于防止发酵中止外，还可用于发酵停止的葡萄酒重新发酵。

（四）优良葡萄酒酵母的选育

为了保证发酵的正常顺利进行，获得质量优等的葡萄酒，往往要从天然酵母中选育出优良的纯种酵母。一般来说，优良葡萄酒酵母菌株应具有以下发酵特性。

①产酒风味好，除具有葡萄本身的果香外，酵母菌也产生良好的果香与酒香。

②发酵能力强，发酵的残糖低（残糖达到4g/L以下），这是葡萄酒酵母最基本的要求。

③耐亚硫酸的能力强，具有较高的对二氧化硫的抵抗力。

④具有较高的耐酒精能力，一般可使酒精含量达到16%（体积分数）以上。

⑤有较好的凝集力和较快的沉降速度，便于从酒中分离。

⑥耐低温，能在低温（15℃）下发酵，以保持果香和新鲜清爽的口味。

为了确保正常顺利的发酵，获得质量上乘且稳定一致的葡萄酒产品，往往选择优良葡萄酒酵母菌种培养成酒母添加到发酵醪液中进行发酵。另外，为达到分解苹果酸、消除残糖、产生香气、生产特种葡萄酒等目的，也可采用有特殊性能的酵母添加到发酵液中进行发酵。

（五）葡萄酒酵母的扩大培养

实际生产中葡萄酒酵母扩大培养一般有三种方法：

1. 天然酵母的扩大培养

即在葡萄采摘的前1周，摘取熟透的、含糖高的健全葡萄，其量为酿酒批量的3%～5%，破碎、榨汁并添加亚硫酸（100mg/L），混合均匀，在温暖处任其自然发酵，待发酵进入高潮期，酿酒酵母占优势时，就可作为首次发酵的种母使用。

2. 纯酵母菌种的扩大培养

从将保藏（酒厂实验室或科研所）的斜面试管菌种到生产使用的酒母，需经过数次扩大培养，每次扩大倍数为10～20倍。具体流程和操作如下。

（1）工艺流程

原菌种（活化）→ 麦汁斜面试管培养（扩培10倍）→ 液体试管培养（扩培12.5倍）→ 三角瓶培养（扩培12倍）→ 玻璃瓶（卡氏罐）（扩培20倍）→ 酒母罐（桶）培养 → 酒母

（2）培养工艺

①斜面试管菌种：斜面试管菌种由于长时间保藏于低温下，细胞已处于衰老状态，需转接于5°Bé麦汁制成的新鲜斜面培养基上，25～28℃培养3～4d，使其活化。

②液体试管培养：取灭过菌的新鲜澄清葡萄汁，分装入经过干热灭菌的10mL试管中，用0.1MPa（1kgf/cm^2）的蒸汽灭菌20min，放冷备用。在无菌条件下接入斜面试管活化培养的酵母，每支斜面试管可接种10支液体试管，摇匀使酵母分布均匀，置于25～28℃，恒温培养24～28h，发酵旺盛时转接入三角瓶培养。

③三角瓶培养：向经干热灭菌的500mL三角瓶中注入新鲜澄清的葡萄汁250mL，用1MPa的蒸汽灭菌20min，冷却后接入两支液体培养试管，摇匀，25℃恒温箱中培养24～30h，发酵旺盛时转接入玻璃瓶培养。

④玻璃瓶（卡氏罐）培养：向洗净的10L细口玻璃瓶（或容量稍大的卡氏罐）中加入新鲜澄清的葡萄汁6L，常压蒸煮（100℃）1h以上，冷却后加入亚硫酸，使其二氧化硫含量达80mL/L，经4～8h后接入两个发酵旺盛的三角瓶培养酒母，摇匀后换上发酵栓（用棉栓也可），于20～25℃室温下培养2～3d，其间需摇瓶数次，至发酵旺盛时接入酒母培养罐（桶）。

⑤酒母罐（桶）培养：一些小厂可用两只200～300L带盖的木桶（或不锈钢罐）培养酒母。木桶洗净并经硫黄烟熏杀菌，过4h后向一桶中注入新鲜成熟的葡萄汁至80%的容量，加入100～150mg/L的亚硫酸，搅匀，静置过夜。吸取上层清液至另一桶中，随即添加1～2个玻璃瓶培养酵母，25℃培养，每天用酒精消毒过的木把搅动1～2次，使葡萄汁接触空气，加速酵母的生长繁殖，经2～3d至发酵旺盛时即可使用。每次取培养量的2/3，留1/3，然后再放入处理好的澄清葡萄汁继续培养。若卫生管理严格，可连续分割培养多次。有条件的酒厂，可用各种形式的酒母培养罐进行通风培养，酵母不仅繁殖快，而且质量好。

⑥酒母的使用：培养好的酒母一般应在葡萄醪中添加SO_2后经4～8h发酵再加入，目的是减少游离SO_2对酵母生长和发酵的影响。酒母的用量为1%～10%，具体添加量要视情况而定。一般来讲，在酿酒初期为3%～5%；至中期，因发酵容器上已附着有大量的酵母，酒母的用量可减少为1%～2%；如果葡萄有病害或运输中有破碎污染，则酵母接种量应增加到5%以上。

3. 活性干酵母的应用

酵母生产企业根据酵母的不同种类及品种，进行规模化生产（生产、培养工业用酵母等），然后在保护剂共存下，低温真空脱水干燥，在惰性气体保护下包装成商品出售。这种酵母具有潜在的活性，故称为活性干酵母。活性干酵母使用简便、易贮存。图2－1所示为葡萄酒酿造过程中添加催化剂的过程。

图2－1　添加催化剂

【酒文化】

酵母简介

一、生存形态

酵母的细胞有两种生活形态，单倍体和二倍体。单倍体的生活史较简单，通过有丝分裂繁殖。在环境压力较大时通常则死亡。二倍体细胞（酵母的优势形态）也通过简单的有丝分裂繁殖，但在外界条件不佳时能进入减数分裂，生成一系列单倍体的孢子。单倍体可以交配，重新形成二倍体。酵母有两种交配类型，是一种原始的性别分化，因此很有研究价值。

二、应用

（一）酒用酵母

酒用酵母是指含有大量能将糖类转化为酒精的酵母等人工培养液，它与酵母的概念有所区别，酵母是指个体的微生物酵母菌。

用于酿造酒用的酵母，多为酿酒酵母（Sac - charomycescerevisiae）的不同品种。

酒类生产之所以使用酵母，特别是人工培养的酵母，其目的是为了调高出酒率。汉斯（E. C. Hanse）（1883）开始分离培养酵母并将它用于酿造啤酒。丹麦嘉士伯（Carlsberg）酿造研究所的下面酵母是有名的。其他著名的啤酒酵母有德国的萨兹（Saaz）型下面酵母，英、日等国的上面酵母。细胞形态与其他培养酵母相同，为近球形的椭圆体，与野生酵母不同，啤酒酵母是啤酒生产上常用的典型上面发酵酵母。

啤酒酵母在麦芽汁琼脂培养基上菌落为乳白色，有光泽，平坦，边缘整齐。无性繁殖以芽殖为主。能发酵葡萄糖、麦芽糖、半乳糖和蔗糖，不能发酵乳糖和蜜二糖。

（二）其他

除用于酿造啤酒、酒精及其他的饮料酒外，还可发酵面包。菌体维生素、蛋白质含量高，可作食用、药用和饲料酵母，还可以从其中提取细胞色素 C、核酸、谷胱甘肽、凝血质、辅酶 A 和三磷酸腺苷等。在维生素的微生物测定中，常用啤酒酵母测定生物素、泛酸、硫胺素、吡哆醇和肌醇等。

三、主要的酵母菌种

（一）真酵母

1. 酿酒酵母（Saccharomycesserevisiae）

酿酒酵母细胞为椭圆形，8 ~ 9μm，产酒精能力（即可产生的最大酒精度）强（17%）；转化体积分数 1% 的酒精需 17 ~ 18g/L 糖，抗 SO_2 能力强（250mg/L）。酿酒酵母在葡萄酒酿造过程中占有重要的地位，它可将葡萄汁中绝大部分的糖转化为酒精。

2. 贝酵母（S. bayanus）

贝酵母和葡萄酒酵母的形状和大小相似，它的产酒精能力更强，在酒精发酵后期，主要是贝酵母把葡萄汁中的糖转化为酒精。它抗 SO_2 的能力也强（250g/L）。但贝酵母可引起瓶内发酵。

3. 戴尔有孢圆酵母（Torulasporadebrueckii）

戴尔有孢圆酵母细胞小，近圆形（6.5μm × 5.5μm），产酒精能力为 8% ~ 14%，它的主要特点是能缓慢地发酵大量的糖。

（二）非产孢酵母

1. 柠檬形克勒克氏酵母（Kloecheraaniculata）

柠檬形克勒克氏酵母大量存在于葡萄汁中，它与酿酒酵母一起占葡萄汁中酵母总量的80%~90%。它的主要特征是产酒精能力低（4%~5%），产酒精效率低（1%的酒精需糖21~22g/L），形成的挥发酸多。但它对SO_2极为敏感，故可用SO_2处理的方式将它除去。

2. 星形假丝酵母（Candidastellata）

星形假丝酵母细胞小，椭圆形，产酒精能力为10%~11%，主要存在于感灰腐病的葡萄汁中。

思考题

一、填空题

1. 酵母菌在有氧和无氧的条件下，都能把（ ）分解，其中酵母菌在无氧的条件下能把葡萄糖分解成（ ）、（ ）和（ ）。
2. 家庭自制葡萄酒时需要（ ）菌种。
3. 葡萄酒发酵过程中酵母的来源有（ ）、（ ）、（ ）、（ ）。
4. 葡萄酒酿造过程中需要的糖有（ ）、（ ）、（ ）。

二、简答题

1. 如何进行优良葡萄酒酵母的选育?
2. 葡萄酒发酵过程中酵母的来源有哪几个?
3. 葡萄酒的发酵过程中仅仅发生了酒精发酵一个化学过程吗?
4. 葡萄酒酿造过程中产生的糖有哪几种?
5. 影响酒精发酵的因素?
6. 如何选取优良的葡萄酒酵母菌株?
7. MLF的作用?

子学习单元3 酿葡萄酒用的其他原料

一、常用的添加剂

酿酒过程中会加入一些添加剂，具体相关的用途和贮存方法如表2-4所示。

表 2-4　酿酒常用添加剂用途及贮存

	添加剂名称	用途	贮存方法
1	食用酒精	容器、管路灭菌。原酒封口及调整酒度	易燃，应在密封的容器中贮存
2	磷酸氢二铵	酵母营养剂	密封保存
3	抗坏血酸	葡萄果汁及发酵酒的抗氧、防氧和酵母营养剂	密封保存
4	砂糖	发酵时调整原汁糖度	密封保存
5	柠檬酸	清洗设备、管路，发酵时调整原酒酸度，防止铁破败	密封保存
6	偏酒石酸	阻止瓶内酒石沉淀	密封保存
7	酒石酸	发酵时调整原酒酸度	密封保存
8	乳酸	调整原酒酸度	置玻璃瓶内，密封保存
9	碳酸钙	葡萄原汁或原酒的降酸	密封保存
10	酒石酸钾	用于酒的降酸	密封保存
11	硫化钠	在还原条件下，可与铜离子形成胶体，再通过下胶除去	密封保存
12	碳酸氢钾	用于酒的降酸	防潮，密封保存
13	亚硫酸	用于原汁及酒的防氧、抗氧	贮存于玻璃瓶或食用塑料桶内
14	偏重亚硫酸钾	用于原汁及酒的防氧、抗氧	贮存于玻璃瓶内或食用塑料包装袋。防潮，密封保存
15	硫酸铜	除去酒中的硫化氢气味	贮存于玻璃瓶内。防潮，密封保存
16	果胶酶	果汁澄清	在较低温度下处贮存
17	亚铁氰化钾	用于有铁破败病危险的白葡萄酒和红葡萄酒除铁	危险品，单独存放
18	植酸钙	常用于有铁破败病的葡萄酒除铁	密封保存

二、常用的气体

葡萄酒发酵时常用的主要气体为氮气、二氧化碳、二氧化硫和压缩空气，其用途及贮存方法如表 2-5 所示。

表 2－5　几种常用的气体用途及贮存

序号	气体名称	用途	贮存方法
1	氮气	发酵前、后原汁及原酒的隔氧	贮存于耐压钢瓶中
2	二氧化碳	发酵前、后原汁及原酒的隔氧	贮存于耐压钢瓶中
3	二氧化硫	用于原汁和原酒中防氧、抗氧	贮存于耐压钢瓶中
4	压缩空气	培养酵母	直接使用。其来源于空气压缩机

在葡萄酒酿造中，二氧化硫有着重要的作用：选择性杀菌或抑菌作用；澄清作用；促使果皮成分溶出、增酸和抗氧化等作用。

1. 添加量

各国法律都规定了葡萄酒中二氧化硫的添加量。

二氧化硫的具体添加量与葡萄品种、葡萄汁成分、温度、存在的微生物及其活力、酿酒工艺及时期有关。

葡萄汁（浆）在自然发酵时二氧化硫的一般参考添加量如表 2－6 所示。

表 2－6　二氧化硫的参考用量

葡萄状况	红葡萄酒/（mg/L）	白葡萄酒/（mg/L）
清洁、无病、酸度偏高	40～80	80～120
清洁、无病、酸度适中（0.6%～0.8%）	50～100	100～150
果子破裂、有霉病	120～180	180～220

2. 添加方式

（1）直接燃烧硫黄生成二氧化硫，这是一种最古老的方法，目前有些葡萄酒厂用此法来对贮酒室、发酵和贮酒容器进行杀菌，一般仅用于发酵桶的消毒，使用时需在专门燃烧器具内进行，现在已很少使用。

（2）将气体二氧化硫在加压或冷冻下形成液体，贮存于钢瓶中，可以直接使用；或间接将之溶于水中成亚硫酸后再使用，一般市售亚硫酸试剂使用浓度为 5%～6%，使用方便而准确。

（3）使用偏重亚硫酸钾（$K_2S_2O_5$）固体。偏重亚硫酸钾为白色结晶，加入酒中产生二氧化硫，理论上含二氧化硫 57.6%（实际按 50% 计算），需保存在干燥处。这种药剂目前在国内葡萄酒厂普遍使用。

三、 常用的助滤剂及吸附剂

表 2-7　常用助滤剂及吸附剂用途及贮存

序号	名称	用途	贮存方法
1	硅藻土	发酵前、后原汁和原酒的过滤	密封保存
2	皂土	除去原汁或原酒中的蛋白质	密封保存
3	活性炭	除去白葡萄酒中过量的苦味及当酒的颜色变褐或出现粉红色时的脱色	密封保存
4	聚乙烯、聚吡咯烷酮（简称 PVPP）	除去酒中的酚类化合物	密封保存
5	酪蛋白、酪朊酸钠、脱脂乳	除去由葡萄酒或谐丽酒在贮存时过深的颜色	密封保存
6	明胶、鱼胶、蛋清、单宁、血粉	酒的下胶	密封，在干燥处保存。启封后不宜久贮

【酒文化】

葡萄酒的添加剂

在葡萄酒酿造过程中，科学合理地加入添加剂往往都是有利无害的，因为这些葡萄酒添加剂的使用可以提升酒液的感官品质（风味、香气等）、稳定性以及陈年潜力。列举一些典型的葡萄酒添加剂如下所述。

（1）亚硫酸盐　有益的。主要是为了保护葡萄酒免受细菌和氧气的影响。甜葡萄酒、白葡萄酒或桃红葡萄酒中亚硫酸盐的添加量最高。

（2）乳酸菌　有益的。乳酸菌可以中和葡萄酒中尖锐的苹果酸——这就是葡萄酒酿造过程中的苹果酸-乳酸发酵（Malolactic Fermentation）工序。几乎所有的红葡萄酒以及一些酒体饱满的白葡萄酒都会经过此工序。

（3）鱼胶/鱼鳔　对于非素食主义者来说这是个很好的添加剂。鱼胶可作为澄清剂加入白葡萄酒中，使白葡萄酒清澈透亮。

（4）糖　有争议性。在寒冷气候产区，当葡萄中的糖分不足以支撑酒精发酵时，就需要人工加糖来辅助发酵。有人认为人工加糖具有欺骗性，也有人认为对于特定葡萄品种来说人工加糖有其存在必要性。

（5）酒石酸　有争议性。在炎热气候产区，当葡萄过度成熟，自然酸度不足时，有些酒商会在酿酒过程中加入酒石酸。虽然说在最合适的时间采摘葡萄以保证葡萄的各方面品质很重要，但是，也有一些不可控的因素会影响到葡萄的品质，这时少量的酒石酸能起到很大的作用。

（6）注水　有争议性。当葡萄中的糖分太高时，酒商会在酿酒过程中加水，这在一定程度上会稀释葡萄酒的风味。

（7）高温瞬间灭菌法　不利的。高温瞬间灭菌将葡萄酒快速地加热，快速地冷却，这样虽然可以消灭细菌，但也会影响葡萄酒的香气。

（8）硫酸铜　不利的。一些葡萄酒在酿造过程中出现的小失误会导致酒液散发臭鸡蛋般的味道。这时酒商可能会在葡萄酒中加入极小含量的铜，使其与酒液中的硫化氢产生化学反应，去除这股令人不愉悦的气味。

葡萄酒中的添加剂大致分为常用添加剂和纠正性添加剂。当一款葡萄酒中使用了纠正性添加剂，这一定程度上表明酿酒葡萄的质量或者酿酒技术出现了问题。然而不管是哪种葡萄酒，世界上的顶级酿酒师通常都认为葡萄酒中的添加剂含量应该控制在非常低的范围内。

思考题

一、填空题

1. 作为葡萄酒的添加剂亚硫酸的作用有（　）、（　）。
2. 葡萄酒酿造过程中，需要加入的气体有（　）、（　）、（　）、（　）。
3. 硅藻土的主要化学成分是（　）。
4. 活性炭的吸附原理是（　）。

二、简答题

1. 二氧化硫的添加方式有哪几种？
2. 举例说明葡萄酒中的添加剂有哪几种？举一例说明其用法。

学习单元2

葡萄酒发酵前的准备

【教学目标】

知识目标

1. 掌握葡萄酒的类型与葡萄浆果成熟度的关系。
2. 掌握酿酒葡萄的几种运输设备，并熟悉其操作方法及适用范围。

3. 了解葡萄破碎的要求；掌握除梗破碎的工艺流程，除梗破碎的设备的分类，除梗破碎设备工作过程。

4. 了解葡萄汁改良的目的。

5. 了解不同橡木桶的规格，了解橡木桶的检漏方法与检测容积的方法。

6. 了解不锈钢罐的处理方法，普通碳钢罐的处理方法。

7. 了解需要准备的酿酒工具的分类。

技能目标

1. 能计算与测定葡萄的成熟系数。

2. 能根据不同的情况选择采收和运输葡萄的方法及设备。

3. 能根据不同的样品选择合适的除梗破碎设备。

4. 能选择合适的压榨和榨汁设备。

5. 能正确进行加糖操作。

6. 能正确进行酸度的调整。

7. 能正确进行新木桶的处理。

子学习单元1 原料的准备

一、 酿酒葡萄的采收

过早采摘的葡萄含糖量低，酿成的酒酒梢度低，不易保存，酒味清淡，酒体薄弱，酸度过高，有生青味，使葡萄酒的质量降低。当葡萄成熟时，酸度会下降，但糖分、颜色和单宁酸含量会上升。葡萄酒既需要酸度，又需葡萄成熟后的醇香，两者必须协调兼顾。科学地确定采收期，不但能提高葡萄的产量，而且最重要的是能提高葡萄酒的质量。

（一）成熟系数（M）

在葡萄成熟过程中，含糖量增加，含酸量降低，而糖与酸的含量与葡萄酒的质量密切相关。因此有人提出，可以用含糖量与含酸量之比值表示为浆果的成熟度，称作成熟系数。

$$M = S/A \tag{2-1}$$

式中 S——含糖量，g/L；

A——含酸量，g/L；

M——成熟系数。

不同品种，在完熟时的 M 值不同，但一般认为，要获得优质葡萄酒，M 值必须≥20。

（二）M 值的测定

测定 M 值时，首先要取样。一般在浆果完熟前 4 周开始，前 2 周每周取样一次，以后每周取两次样。在同一葡萄园中，均匀分散地选取 250 棵植株，在每棵植株上随机地取一粒葡萄，但应注意在不同植株上，更换所取葡萄粒在果穗的着生方向和上下位置。每次取样应在相同植株上进行。

每次取样后，应马上进行分析，把 250 粒葡萄压汁，应注意压干、混匀。然后从中取样分析含糖量和含酸量。在室内用手持糖度计测定其可溶性固形物（可换算成含糖量），或用比重计或裴林氏液滴定法测定其含糖量，而总酸的测定多采用氢氧化钠滴定法测定。把分析结果绘于坐标纸上，测定日期为横坐标，含糖量、含酸量及 M 值为纵坐标。这样绘出的曲线，能够代表品种，地区及年份的特点，以帮助确定最佳采收期。

酿造干白葡萄酒时糖分在 16 ~ 18°Bé，酿造干红葡萄酒的糖度在 18 ~ 20°Bé，酸含量均在 6.5 ~ 8.0g/L 较合适。

（三）葡萄酒类型对葡萄浆果成熟度的要求

要酿造优质葡萄酒，首先就要根据酒的类型，选择适当的葡萄品种，并在接近成熟期时采收。具体不同酒种的适宜采收期如表 2 - 8 所示。

表 2 - 8　　不同酒种的适宜采收期

成熟时期	特征	适宜的酒种
成熟始期	浆果开始变色，果肉变软，种子开始变硬	
成熟期	浆果呈现原有品种色泽，果肉软，种子变硬、变色，酸不再下降，糖也不再迅速增加	佐餐干白、起泡葡萄酒和白兰地
生理成熟期	浆果呈现原有品种的标准色泽，果皮增厚，糖不再增加，种子坚硬，变色呈棕红色，穗柄木质化	佐餐干红、桃红、甜葡萄酒
过熟期	果皮干缩，水分减少，糖分相对增加，穗柄干硬	浓甜葡萄酒、特种葡萄酒

①对于酿造果香味清雅的干白葡萄酒和起泡葡萄酒，应在葡萄即将完全成熟，葡萄浆果中的芳香物质含量接近最高时采收。

②对于红葡萄酒，应在葡萄完全成熟时，即色素物质含量最高，但酸又不过低时采收。

③对于要求酒精度高的或甜葡萄酒，则应在过熟期采收，尽量增加葡萄汁的糖度。

（四）影响采收期确定的其他因素

除了要考虑在质量上对葡萄浆果的要求，还应兼顾葡萄的产量，以得到最大经济效益为目的。除此而外，还需要防止病害和自然灾害给葡萄带来损失，对于容易发生病害和自然灾害的地区，可提早采收。还要考虑本厂的运输能力、劳力安排以及发酵能力等。

（五）采收和运输

在正常天气情况下，应在气温凉爽、湿度较小时采收为好，如早上露水干后，午间高温来临之前，以及午后凉爽时最适合，采前5d停止灌溉。若遇雨天则应待雨后1～2d，浆果糖分恢复至原含糖量时再采收。尽量避免在高温、高湿（阴雨雾天）的条件下采摘。

葡萄的采收方式可分为成片采摘和挑选采摘，但不管哪种方式都应根据确定采收期的原则，确定采摘的每一果穗，不符合要求的暂时不采。好坏分开，分别酿造。

剪葡萄最好使用剪枝剪子，这样不会动摇枝蔓而使葡萄掉在地上。小心地剪下葡萄穗使蜡质不被抹去。剪下的葡萄穗放在筐内或木箱里，并做好品种名称和质量等级的标记。一般每筐果不超过15kg，以往多用枝条（柳条等）编的筐或木箱，近年来已多采用塑料专用周转箱，装筐时必须装紧，但不可装得过满，以免装车上垛时压挤。浆果的容器及运输车辆必须在使用前、后冲洗干净，以降低对浆果的污染而影响产品质量。人工采摘时多采用塑料桶，采收工人每人一个塑料桶将剪下的果穗放入桶内，每桶约10kg左右，装满后运到行头将其倒入大塑料桶内，然后将大塑料桶装上运输车，或倒入专用的运输槽车的槽内，然后立即运到加工厂进行破碎。

在运输过程中，为了防止葡萄受尘土污染，应用包装纸盖好。使用卡车运输要满载，以免过于颠簸，而且要用绳子把箱子捆牢，防止箱子跳动而造成葡萄破损。车顶部要有覆盖物，以防葡萄受日晒和雨淋。采收后的葡萄应迅速运走。

二、葡萄的输送设备

葡萄的输送有采用筐装、翻斗车、螺旋输送机和带式输送机等几种。

（一）筐装

筐装一般采用木头或竹条制成，另外还有塑料筐。容量为20kg左右。

（二）螺旋输送机

1. 性能

主要用于输送各种粉状、粒状和不太坚硬的小块状物料，不宜输送黏性大的、易结块的大块物料。

2. 结构

螺旋输送机的内视图如图2－2所示。

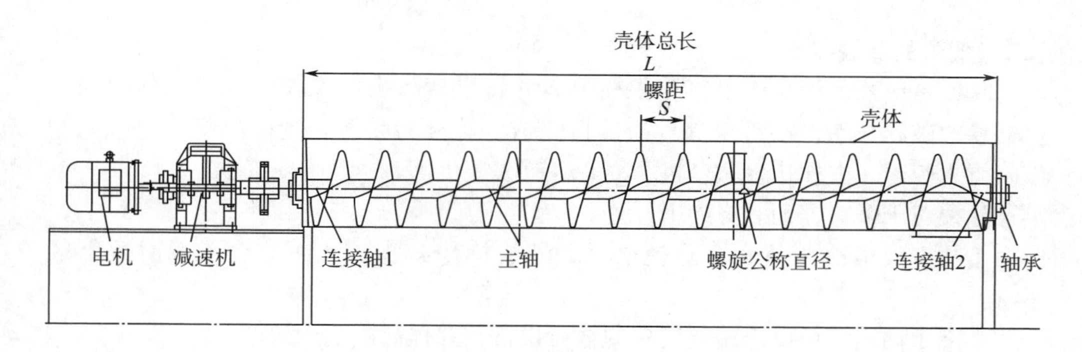

图 2－2　螺旋输送机的内视结构示意图

（三）带式输送机

1. 性能

带式输送机即用皮带进行物料输送，适应于输送细散的物料，也可输送块状物、成件、成箱的物品，适应范围比螺旋输送机较为广泛。带式输送机的内视结构图如图 2－3 所示。

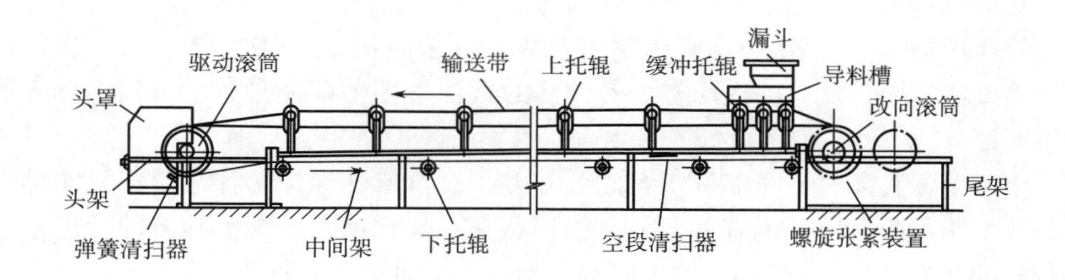

图 2－3　带式输送机的结构示意图

2. 类型

带式输送机可根据需要分水平输送机、倾斜输送机、带凸弧曲线输送机、带凹弧曲线输送机、带凹弧及凸弧曲线输送机。

水平输送机的安装形式有四种，分别是槽型托辊、平形托辊、平形调芯托辊、槽形调芯托辊。

三、葡萄的破碎与除梗

（一）破碎的技术要求

（1）每粒葡萄都要破碎。

（2）籽实不能压破，果梗不能压碎。

（3）破碎过程中，葡萄及汁不得与铁、铜等金属接触。

（二）葡萄的除梗破碎

除梗是使葡萄果粒或果浆与果梗分离并将果梗除去的操作。现代化的酿酒企业葡萄的破碎与除梗都是由除梗破碎机完成的，分为卧式除梗破碎机、立式除梗破碎机、破碎－去梗送浆联合机、离心破碎去梗机等。

除梗对于酿造葡萄酒有如下好处。

①减少发酵醪液体积。除梗以后，醪液体积减少，从而减少了发酵容器的用量。

②便于输送。可以选用较简单的输送设备，并提高了输送效率。

③改良了葡萄酒的味感。由于防止了果梗中草味和苦涩物质的溶出，更为柔和。

④防止了因果梗固定色素所造成的色素损失。

酿制红葡萄酒，应完全除梗，而且除梗率越高越好。

（三）压榨和渣汁的分离

压榨是将果渣中的果汁通过压力分离出来的操作过程。葡萄汁分为自流汁和压榨汁。

在破碎过程中自流出来的葡萄汁叫自流汁。与此相区别，加压之后流出来的葡萄汁叫压榨汁。为了增加出汁率，在压榨时一般采用2～3次压榨。第一次压榨后，将残渣疏松，再作二次压榨。各种汁的得汁率因葡萄品种、设备及操作方法的不同而异。

由于葡萄浆果的不同部位所含成分有差别，自流汁和压榨汁来源于果实的不同部分，所以所含成分也有些不同。压榨达到一定程度后，继续榨取的汁成分会有较大的变化。当发现压榨汁的口味明显变劣时，此为压榨终点。

用自流汁酿制的葡萄酒，酒体柔和，口味圆润、爽口。一次压榨汁酿制的葡萄酒虽也爽口，但酒体已较厚实，一般可以将这两种汁分开发酵，用于不同用途，有时也合并发酵。但二次压榨汁酿的酒一般酒体粗糙，酿造白葡萄酒是不适合的，可用于生产白兰地。

（四）国际上几种常见的除梗破碎机

1. 卧式除梗破碎机

如图2－4所示，为卧式除梗破碎机的内视结构图，这种除梗破碎机是先除梗后破碎葡萄果实。葡萄除梗破碎机外观图如图2－5所示。

葡萄穗从受料斗落入，整穗葡萄由螺旋输送器输入除梗装置内，由除梗器打落或打碎的葡萄粒，从筛筒上孔眼落入破碎辊中，葡萄梗从机尾部排出，排出的葡萄梗用鼓风机吹送至堆场，葡萄破碎后，用泵经出汁口输出。目前，这种设备处理能力有20～35t/h几种。

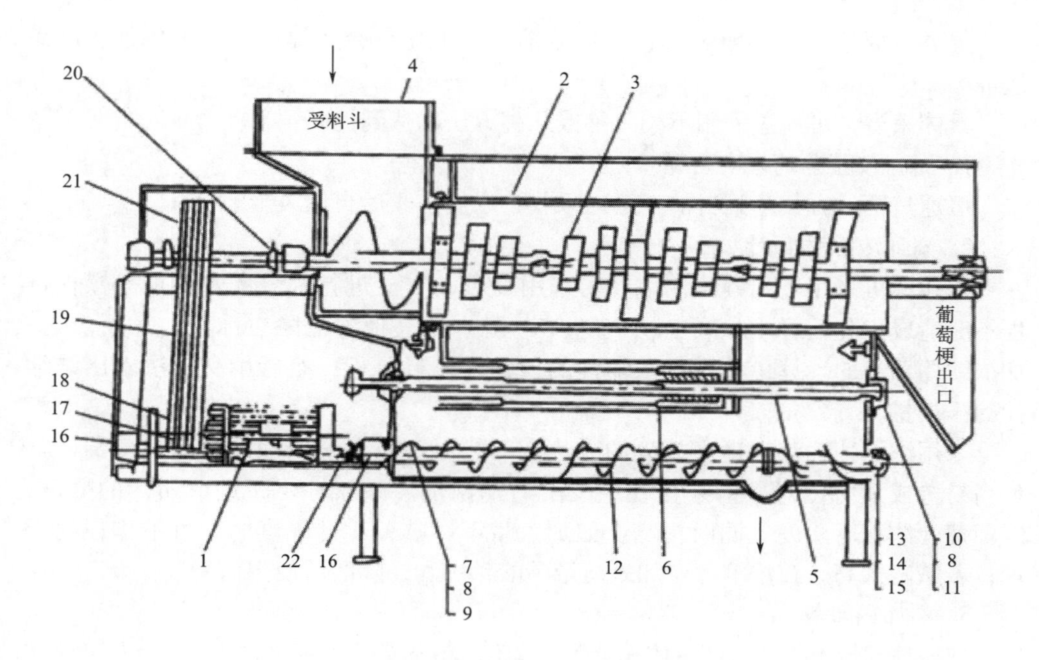

图2－4　卧式除梗破碎机内视结构示意图

1—电动机　2—筛筒　3—除梗器　4—螺旋输送器　5—破碎辊轴　6—破碎辊

7、8、9、10、11、13、14、15—轴承　12—旋片　16—减速器

17、18、19、21—皮带传动　20—输送轴　22—联轴器

2. 立式除梗破碎机

机身为立式圆筒形，立式除梗破碎机基本构件有螺旋输送机、机体、除梗器、传动装置、筛筒、破碎装置等。葡萄浆则由筛孔流出，未击碎的葡萄粒则落入下部的破碎辊中进行破碎，葡萄汁从上部排出。

图2－5　葡萄除梗破碎机外观图

四、 葡萄汁的改良

克服由于葡萄浆果成熟度不够和浆果含酸量过低带来的缺陷，使酿成的酒成分接近，便于管理，防止发酵不正常，最终使酿成的酒质量较好。

一般从以下三个方面进行改良：

（一） 浆果成熟度不够

特点：糖偏低，酸偏高。

改良方法：提高含糖量，降低含酸量。

提高含糖量的方法有：加糖、加浓缩汁、干化、冷冻提取、人工拣选、反渗透等。

具体来讲，可通过采用下列一种或几种方法以达到提高葡萄汁含糖量的目的。

1. 提高收获葡萄果实含糖量

可通过两种方式达到目的：延迟采收；果实采收后自然风干。

2. 添加浓缩葡萄汁

浓缩汁可采用下列方法制取：①采用许可的方法进行部分脱水。这一操作过程不应造成焦化现象。②冷冻并通过结冰脱水或其他方法除去冰渣。③反渗透。加浓缩葡萄汁的计算：首先对浓缩汁的含糖量进行分析，然后用交叉法求出浓缩汁的添加量。

采用浓缩葡萄汁来提高糖分的方法，一般不在主发酵前期加入，因葡萄汁含量高易造成发酵困难。都采用在主发酵后期添加。添加时要注意浓缩汁的酸度，因葡萄汁浓缩后酸度也同时提高。如加入量不影响葡萄汁酸度时，可不作任何处理；若酸度太高，在浓缩汁中加入适量碳酸钙中和，降酸后使用。

3. 添加白砂糖

白砂糖加量不得超过产生体积分数为2%酒精的量。一般来说，加糖17～18g/L能产生体积分数为1%的酒精。

用于提高潜在酒精含量的糖必须是蔗糖，常用98.0%～99.5%的结晶白砂糖。

加糖过程中的操作要点为：加糖前应量出较准确的葡萄汁体积，一般每200L加一次糖（视容器而定）；加糖时先将糖用葡萄汁溶解制成糖浆；用冷汁溶解，不要加热，更不要先用水将糖溶成糖浆；加糖后要充分搅拌，使其完全溶解；溶解后的体积要有记录，作为发酵开始的体积；加糖的时间最好在酒精发酵刚开始的时候。

（二）浆果含酸量的调整

葡萄汁在发酵前一般酸度调整到6g/L左右，pH3.3～3.5。

1. 降酸

可采用以下方法达到降酸的目的：物理法降酸；化学法降酸；通过与低酸葡萄汁混合；进行苹果酸-乳酸发酵。

（1）物理法降酸　为了制取口味协调的葡萄酒，可通过物理的方法来降低滴定酸。

在进行过程中，经处理的葡萄汁或葡萄酒中的酒石酸氢钾和酒石酸钙要尽可能稳定。物理法降酸可按照下述方式实现：葡萄汁或葡萄酒在低温下贮存时自然进行降酸。将葡萄汁或葡萄酒在人工低温下进行处理达到降酸的目的。

常用的有两种方法：冷冻降酸和离子交换法降酸。

经过化学降酸产生的酒石，其析出量与酒精含量、温度、贮存时间有关。酒精含量高、温度低，酒石的溶解度降低，析出速度加快。当葡萄酒的温度降到0℃

以下时，酒石析出速度加快，因此，冷冻处理可使酒石充分析出，从而达到降酸的目的。目前，冷处理技术用于葡萄酒的降酸已被在生产中广泛采用。

葡萄汁经过化学降酸往往会在葡萄汁中产生过量的钙离子，葡萄酒厂常采用苯乙烯碳酸型强酸性阳离子交换树脂除去钙离子，该方法对酒的 pH 影响甚微，用阴离子交换树脂（强碱性）也可以直接除去酒中过高的酸。

（2）化学法降酸　通过加入中性的酒石酸钾、碳酸钾或碳酸钙，降低滴定酸。

使用过程中的相关规定有：由降酸葡萄汁或葡萄酒所得到的葡萄酒中酒石酸含量应大于或等于 1g/L（加香葡萄酒除外）；形成复盐（苹果酸和酒石酸的中性钙盐）的方法可用于含有很浓的苹果酸的葡萄酒中（仅用酒石酸钾沉淀法来降低酒石酸是不会得到足够降酸效果的）；化学降酸处理时不得采用加调味品等方法；对于同一种葡萄汁或葡萄酒化学增酸与化学降酸不得同时进行；使用降酸物质应参照《国际葡萄酿酒药典》的规定。

化学降酸最好在酒精发酵结束时进行。对于红葡萄酒，可结合倒罐添加降酸盐；对于白葡萄酒，可先在部分葡萄汁中溶解降酸剂，待起泡结束后，泵入发酵罐，并进行一次封闭式倒罐，以使降酸盐分布均匀。

化学降酸有几个注意事项如下所述。

①化学降酸只能除去酒石酸，并有可能使葡萄酒中最后含酸量过低（诱发苹果酸－乳酸发酵），因此，必须慎重使用。

②如果葡萄汁含酸量很高，并且不希望进行苹果酸－乳酸发酵，可用碳酸氢钾进行降酸，其用量最好不要超过 2g/L。与碳酸钙相比，碳酸氢钾不增加钙离子的含量，而后者是葡萄酒不稳定因素之一。如果要使用碳酸钙，其用量不要超过 1.52g/L。

③多数情况下化学降酸的目的只是提高发酵汁的 pH，以触发苹果酸－乳酸发酵，因此，必须根据所需要的 pH 和葡萄汁中酒石酸的含量计算使用的碳酸钙量。一般在葡萄汁中加入 0.5g/L 的碳酸钙，pH 可提高 0.15，这一添加量足以诱发苹果酸－乳酸发酵。

（3）生物降酸　生物降酸是利用微生物分解苹果酸，从而达到降酸的目的。可用于生物降酸的微生物有苹果酸－乳酸细菌和裂殖酵母。一些裂殖酵母将苹果酸分解为酒精和二氧化碳，它们在葡萄汁中的数量非常大，而且受到其他酵母的强烈抑制。因此，如果要利用它们的降酸作用，就必须添加活性强的裂殖酵母。此外，为了防止其他酵母的竞争性抑制，在添加裂殖酵母以前，必须通过澄清处理，最大限度地降低葡萄汁中的内源酵母群体。这种方法特别适用于苹果酸含量高的葡萄汁的降酸处理。

2. 增酸

如果浆果含酸量过低，则需要增酸操作，分为直接增酸和间接增酸。

（1）直接增酸　国际葡萄与葡萄酒组织规定，对葡萄汁的直接增酸只能用酒石酸，其用量最多不能超过 1.50g/L。一般认为，当葡萄汁含酸量低于 4g H_2SO_4/L和 pH 大于 3.6 时可以直接增酸。在实际操作中，一般每 1KL 葡萄汁中添加 1000g 酒石酸。直接增酸时，必须在酒精发酵开始时添加酒石酸。因为葡萄酒酸度过低，pH 就高，则游离二氧化硫的比例较低，葡萄易受细菌侵害和被氧化。

直接增酸时，先用少量葡萄汁将酸溶解，然后均匀地将其加进发酵汁，并充分搅拌。应在木质、玻璃或瓷器中溶解，避免使用金属容器。在葡萄酒中，还可加入柠檬酸以提高酸度和防止铁破败病。由于葡萄酒中柠檬酸的总量不得超过 1.0g/L，其添加量最好不要超过 0.5g/L。因为柠檬酸在苹果酸－乳酸发酵过程中容易被乳酸菌分解，致使挥发酸含量升高，因此，应谨慎使用。

按规定，在通常年份，增幅酸度不得高于 1.5g/L；特殊年份，幅度可增加到 3.0g/L。

（2）间接增酸

①添加未成熟葡萄浆果：未成熟葡萄浆果中有机酸含量很高（20～25gH_2SO_4/L），并且其中的有机酸盐在二氧化硫的作用下溶解，进一步提高酸度。但这一方法有很大的局限性，主要原因是用量大，至少加入 40kg 酸葡萄/KL，才能使酸度提高 0.5g H_2SO_4/L。

加酸时，先用少量葡萄汁与酸混合，缓慢均匀地加入葡萄汁中，需搅拌均匀，操作中不可用铁质容器。

②正确使用二氧化硫：对葡萄浆果正确进行二氧化硫处理，也可间接提高酸度。二氧化硫的主要作用：抑制细菌等微生物对酸的分解，从而保持葡萄汁中已有的酸度；溶解浆果固体部分中的有机酸，从而提高酸度。

③与高酸葡萄汁或葡萄酒混合：用于增酸的葡萄汁或葡萄酒必须是同类型的。在制取了葡萄浆或葡萄汁以后，一般即可进行酒精发酵。但为了使葡萄的潜在质量在葡萄酒中完全表现出来，从而酿造更加细腻柔和、醇正清雅的葡萄酒，近些年来有许多新的技术在进步，其中很大一部分是把葡萄浆或葡萄汁进行一番处理后再进行酒精发酵。

一般情况下不需要降低酸度，因为酸度稍高对发酵有好处。在贮存过程中，酸度会自然降低约 30%～40%，主要以酒石酸盐析出。但酸度过高，必须降酸。方法有生物法苹果酸－乳酸发酵和化学法添加碳酸钙降酸。

（三）变质原料

特点有：固体比例高；色素被分解；果胶、低聚糖高；酶、杂菌的存在；泥沙等。

【酒文化】

葡萄的采收

金秋九月，在北半球的不少产区，葡萄采收已经陆续拉开了帷幕，葡萄园里到处可见酒农们忙碌的身影，一串串葡萄被采摘下来，运往酒庄铸成佳酿。在葡萄酒诞生的整个历程中，采收其实扮演着非常关键的角色，对成酒的品质影响重大。本节将从以下三个角度，带你认识酿酒葡萄的采收。

一、北半球 vs 南半球

由于南北半球存在季节差异，因而葡萄生长周期也截然不同。就采收而言，北半球的葡萄采收时间一般是 9 ~ 10 月份，用于酿造晚采收（LateHarvest）葡萄酒和冰酒（IceWine）的葡萄时间稍晚，而南半球的采收时间则是在 3 ~ 4 月份。在北半球葡萄丰收之时，南半球正值春季，葡萄树处于发芽期。

二、采收注意事项

（一）采收时间

这里说的采收时间有两层含义。一是较大范围的采收时期，二是采收在一天当中的时间点。

采收时期对于葡萄品质而言非常关键。具体而言，过早采收会造成色泽不良，含糖量低，成熟度不够，酿造出来的葡萄酒酒精度低，带有青椒等生青味，品种的风味特征无法得以表达。而采收过晚则会造成酸度不足，酒精含量偏高，酿造出来的葡萄酒缺乏活力，平衡性不佳。因此，酿酒师会通过仪器精确测量或者反复品尝的方式来确定最终的采收日期。

采收在一天当中的时间也相当重要。一般而言，酒农们会选择在早晨露珠干了之后或下午 3 点之后采收，避免果实过于潮湿或由于高温失水。当然，在气候温暖或炎热的地区，夜晚采摘的方式也很常见。首先，夜晚温度较低，氧化的速度有所下降。其次，低温有助于保留葡萄的香气和风味，且能够减少葡萄被杂菌侵染的可能性。此外，白葡萄酒所需的发酵温度一般较低，夜晚采收还可减少降温能耗。而一些红葡萄酒在发酵前会经过冷浸渍（Cold Maceration）工序，因而利用低温的夜晚采收也是有利的。

（二）人工采收葡萄注意事项

人工采收葡萄是一项劳动密集型的工作，需要长时间劳动，体力消耗不小，相当辛苦。但每年到了葡萄采收季，还是有不少学生和休假的上班族加入兼职采收葡萄的行列，体验一番收获的乐趣。葡萄采收有什么注意事项如下所述。

（1）做好采收准备工作。葡萄采收前要把握天气情况，如果采收之日恰逢大雨，果实会被灌满水分，风味浓郁度大打折扣。除此之外还要准备好专业的采收工具和设备，如采收剪、采收篮筐和装运果实的车等。

（2）葡萄采收讲究快、准、轻、稳。“快”即讲究效率，保证在最快的时间内采收完毕，防止天气突变，同时保证葡萄的新鲜度；“准”是指下手的部位要准，用剪刀把葡萄的柄剪下来，注意不能损害枝叶，同时要去除感染病菌以及成熟度不够的果实；“轻”即轻拿轻放，要避免弄掉果实表皮上的果粉及损坏果实，注意采摘时用一只手托住葡萄的底部，避免果实掉落破碎；“稳”是指果串拿在手中一定要稳，装箱时也要放稳。

（3）若是夜晚作业要小心夜行性动物，如蛇、蝙蝠和狼等。

（4）采收后的装箱和运输工作一定要迅速，以最大程度地防止氧化，保证果实的新鲜度。白葡萄品种比红葡萄品种更容易氧化，这是因为红葡萄品种果皮中的单宁和花青素使其具有一定的抗氧化性。

思考题

一、填空题

1. 对于要求酒精度高的或甜葡萄酒，则应在（ ）期采收，尽量增加葡萄汁的（ ）度。
2. 葡萄的采收方式可分为（ ）和（ ）。
3. 葡萄汁根据是否压榨分为（ ）和（ ）。
4. 克服由于（ ）和（ ）带来的缺陷，使酿成的酒成分接近，便于管理，防止发酵不正常，最终使酿成的酒质量较好。
5. 化学降酸可以选用的物质（ ）、（ ），以降低滴定酸。
6. 可用于生物降酸的微生物有（ ）和（ ）。
7. 在贮存过程中，酸度会自然降低约30%~40%，主要以（ ）析出。

二、简答题

1. 酿酒葡萄的采摘标准？
2. 不同的葡萄酒类型对采收期要求相同吗？为什么？
3. 葡萄的采收需要兼顾的因素有哪几个？
4. 葡萄的输送设备有哪几种？附近企业选取的是哪种？实验中需要的是哪种？为什么？
5. 葡萄破碎的要求？
6. 破碎的同时为什么要除梗？
7. 葡萄经破碎后直接进行发酵吗？还需要什么操作？

子学习单元2 容器和工具的准备

一、 容器的准备

（一）橡木桶

橡木桶在陈酿葡萄酒的过程中，桶内的丹宁、香兰素、橡木内酯、丁子香酚等化合物质会溶解于葡萄酒中，这些物质可以使葡萄酒的颜色更为稳定、口感更为柔和、香味更为协调。此外，橡木桶壁因具备通透性，因而可提高葡萄酒的澄清度。

1. 木桶的规格和型号

橡木桶的规格和型号很多。桶型有波尔多型、勃艮地型、雪利型等、容量则有30L、100L、225L、228L、300L、500L，甚至几千升不等。选择橡木桶型号时主要需要考虑两个因素：一是操作的方便性；二是内比表面积。多数情况下，人们通常选用225L勃艮地型的橡木捅。这种橡木桶不仅有合适的表面积容积比，而且移动操作和清洗等都很方便。

2. 木桶的试验方法

（1）渗漏的检查　检查木桶是否渗漏，可采用灌水法。灌满水的木桶，必须保证在24h以后，来回滚动时不会发生渗漏。

（2）木桶容积的检查　检查木桶的容积升数，可以从桶口通过弯管倒入水进行实测，或者按照以下公式进行计算：

$$V = 3.14 \times \left[\frac{5(2D_1 + d_1)}{3}\right]^2 h \qquad (2-2)$$

式中　V——圆形木桶的桶容积，L；

D_1——桶腰部内径，m；

d_1——桶底部内径，m；

h——桶内高度，m。

为了观察桶内部和检验其内部尺寸，可以取下一个桶底。另外，也可用电子自动流量计来计算桶的容积。

3. 新木桶的处理

新木桶第一种处理方法流程如图2－6所示。

新木桶第二种处理方法流程如图2－7所示。

此外，也有的酒厂为了特殊工艺的需要，要求在短时间内使酒产生较好的橡木香，因此新木桶只用热水进行处理一下即可。

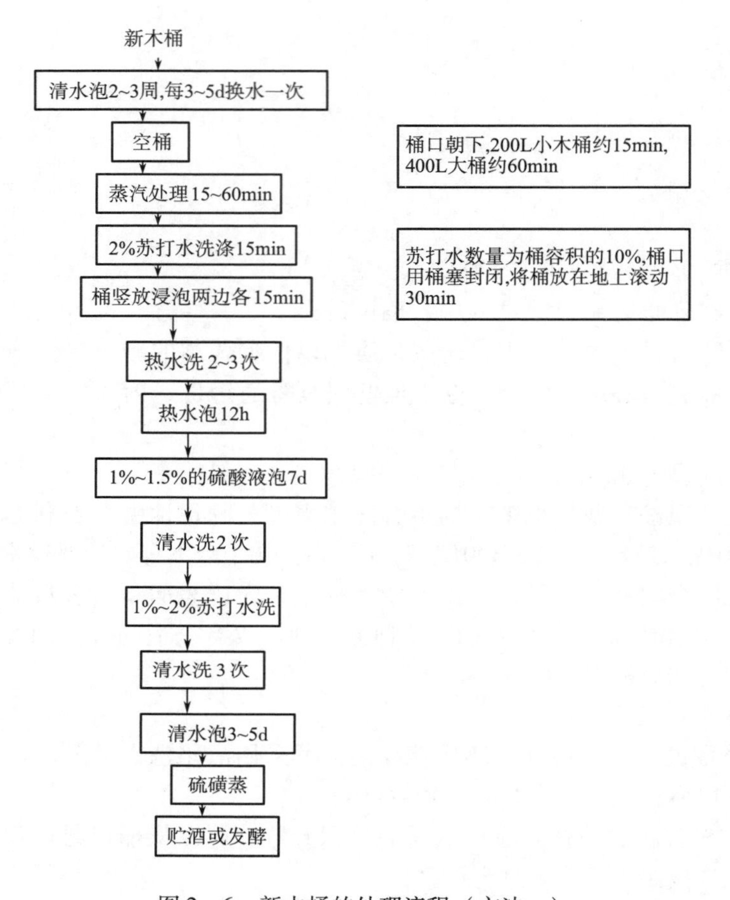

图2－6　新木桶的处理流程（方法一）

（二）金属罐

金属罐包括不锈钢和普通碳钢板制成的两种。

1. 不锈钢罐的处理

新制成的不锈钢容器所有焊口部分应进行钝化，否则焊口发黑，并很易将铁溶入酒中。

钝化方法：可用浓硝酸接触发黑部分，约15min左右，即用清水冲洗，直至将黑色表面洗成不锈钢色为止。另一种大型罐的钝化方法可采用王水（1份浓硝酸，3份浓盐酸混合）加硅藻土拌成浆状物，用塑料或木质的腻刀，涂在焊口发黑处，10min左右用清水冲洗，即可出现与不锈钢原色相同的表面。钝化处理中要注意安全，人要在上风处，使产生的酸烟不伤害操作人员。因为所用物质多具有高腐蚀能力，所以防护设备应事先准备妥当。

2. 普通碳钢罐的处理

普通碳钢制成的罐必须涂料后才可使用，涂料时需注意以下几点。

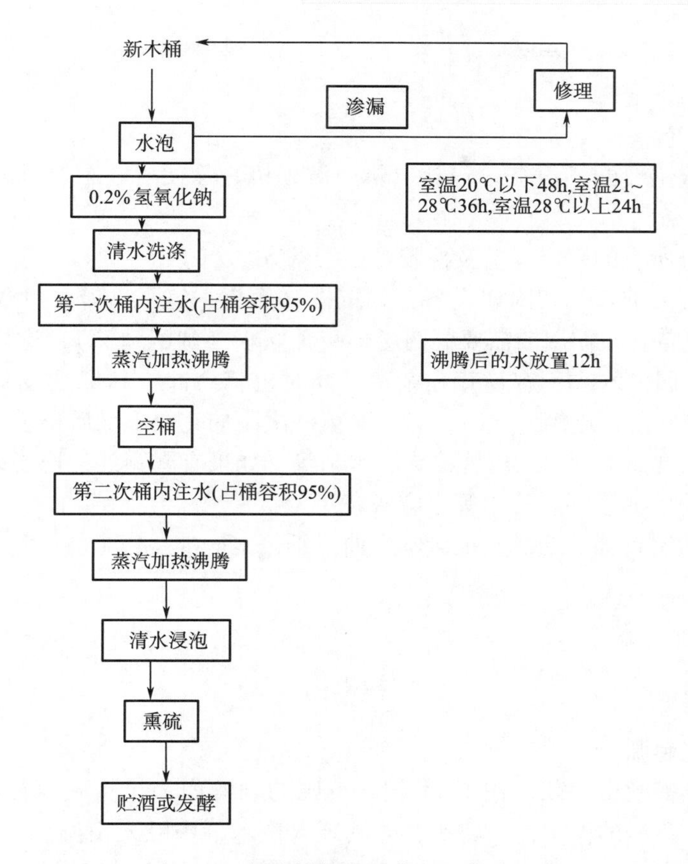

图 2－7　新木桶的处理流程（方法二）

（1）用高速喷射的砂粒将罐内壁彻底除锈。

（2）在罐内涂料时因环氧树脂为易燃物，操作时应注意通风，备好防火设施。

（3）发酵罐自动洗涤装置：用涂料处理完毕的金属罐，在使用之前需对罐进行洗涤。如图 2－8 所示为发酵罐自动洗涤装置，利用洗涤液喷洗的反力，促使喷头旋转，这样能使洗涤液喷射和淋洗到全部罐壁。

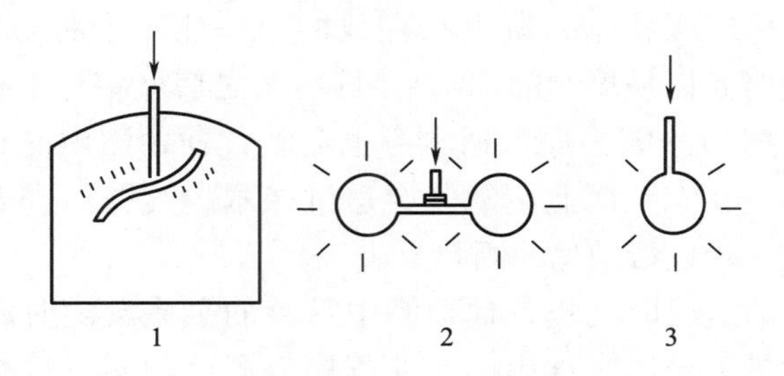

图 2－8　自动洗涤喷头

1—罐径大于 3m 采用的洗涤装置　2、3—罐径小于 3m 采用的洗涤装置

二、 工具的准备

(1) 检查主要酿酒设备，包括电机、破碎机、除梗机、压榨机、输送泵、冷却设备等。

(2) 检查所有的固定管道及橡胶管是否备齐。

(3) 检查并准备一切附属设备，如沉框（压板、箅子）及各种仪表。如是木质和铁质的设备，在使用前需要刷两层耐酸凡立水（酚醛清漆），这样就可以使葡萄汁不接触金属，木纹不容易存在杂菌，同时也容易冲刷和保护设备。刷凡立水时，第一次刷要薄，刷第二次时，必须等第一次刷的完全干燥后再进行。

铜质的工具如木桶、胶皮管接头、水勺等，如果有露铜处，均要镀上纯锡。

(4) 其他的如扳手、管钳等也应备齐。

(5) 实验室仪器、药品及记录本、曲线纸等也应准备齐全。

【酒文化】

橡木桶

一、历史起源

据英格兰酿酒史记载，在17世纪，英国的制酒商为抗拒政府征收的麦芽税，他们制作大小不一的橡木桶，将所有的酒装入橡木桶中贮入山洞里，过了一年后，他们将酒桶取出，奇迹出现了，他们发现酒的颜色变成金黄色，酒的味道异常香醇，并伴随着一种从未有过的芬芳味。人们经过仔细研究才发现原来是橡木桶的奇特功效，因为橡木本身含单宁酸，可快速催酒成熟，短时间内使酒变得更加香醇，更接近琥珀色。于是，橡木贮酒便产生了。

二、木桶特点

一个全新的橡木桶是贮存上等美酒的最佳容器，这是现代科学也无法媲美的。因为橡木能使单宁酸充分扩散，过滤杂质使气味更加自然浓郁。葡萄酒在进行发酵作用的时候会产生二氧化碳，所以在存放的第一年不会将橡木桶的塞子拴紧，以便气体溢出（此时是以玻璃制的塞子来封口），之后就将橡木桶的封口完全拴紧（以软木塞将封口密封）。因为橡木桶本身也会吸收葡萄酒内的有机物质，所以渐渐地使容器变成真空状态，而此刻氧气会透过橡木的气孔而进入，透过这微缓的氧化作用可以更进一步地帮助葡萄酒熟成。

贮存在橡木桶的这段时间里，葡萄酒中悬浮的杂质会随时间渐渐地沉淀。紧接着就是酒窖里的员工会以一连串的作业程序将沉淀的酒糟过滤并完全与葡萄酒隔离，光是这个步骤一年最起码就要进行四次。到了第二年，还会在每一个橡木桶里加入六颗打散的蛋清，再次加速酒糟的沉淀速度。

在葡萄酒存放在橡木桶中的这两年至两年半的时间里，由于长时间橡木吸收、杂质的排除与自然气化的关系，大约会减少原容量的15%。一直到这一自然变化彻底完成后，纯净优质的葡萄酒才算大功告成了。接下来就是最后一道手续——装瓶。装瓶之后即需要放置相当一段时间让葡萄酒进行缓慢的熟成，以便让葡萄的香味和葡萄酒特殊的口感紧密地结合在一起，只有这样才能酿造出拥有最完美风味之特级葡萄酒。

思考题

一、填空题

1. 橡木桶在陈酿葡萄酒的过程中，桶内的（ ）、（ ）、（ ）、（ ）等化合物质会溶解于葡萄酒中。
2. 不锈钢罐的钝化处理可采用的试剂有（ ）、（ ）。

二、简答题

1. 贮酒容器的种类有哪些？
2. 如何对木桶进行检漏？
3. 如何对木桶体积进行检查？
4. 新木桶的处理方法是什么？
5. 不锈钢罐的处理方法是什么？
6. 普通碳钢罐的处理方法是什么？

学习单元3 葡萄酒的酿造

【教学目标】

知识目标

1. 了解红葡萄酒发酵的原理及方法，掌握红葡萄酒的发酵过程、发酵方法、工艺要求和操作要点。

2. 了解白葡萄酒发酵的原理及方法，掌握白葡萄酒的发酵过程、发酵方法、工艺要求和操作要点。

3. 了解桃红葡萄酒的特点，掌握桃红葡萄酒的生产过程和操作要点。

4. 了解山葡萄酒生产工艺，掌握山葡萄酒的发酵过程、发酵方法、工艺要求和操作要点。

5. 了解苹果酸－乳酸的机理，掌握影响苹果酸－乳酸发酵的因素，熟练掌握苹果酸－乳酸对葡萄酒酒质的影响。

技能目标

1. 能处理红葡萄酒发酵过程中出现的问题。
2. 能处理白葡萄酒发酵过程中出现的问题。
3. 能处理桃红葡萄酒发酵过程中出现的问题。
4. 能通过调整苹果酸－乳酸的发酵条件进行正确发酵。

子学习单元1 红葡萄酒的酿造

一、红葡萄酒发酵工艺

红葡萄酒的生产工艺，前加工部分特别重要。即从葡萄破碎加工，到主发酵过程和后发酵过程。发酵过程的顺利进行，就奠定了红葡萄酒的质量基础，进入红葡萄原酒的陈酿贮藏。红葡萄酒的发酵工艺流程如图2－9所示。

二、红葡萄酒的主发酵

葡萄酒主发酵过程，主要完成的生化反应是，酵母菌把葡萄糖和果糖，转化成酒精和二氧化碳的过程。

（一）红葡萄酒传统的酿造工艺

红葡萄酒传统发酵法普遍应用于中、小型企业和老企业。发酵容器多为开放式水泥池。近年来随着葡萄酒的技术进步，红葡萄酒的发酵为了便于控制发酵条件，节省人工，减轻工人劳动强度，提高酒的质量，红葡萄酒的发酵容器——传统的水泥池逐步被新型发酵罐所取代。

（二）红葡萄酒的发酵方式

1. 开放式发酵

将经过破碎、二氧化硫处理、成分调整或不调整的葡萄果浆，用泵送入开口式发酵桶（池）至桶容约4/5，留空位约1/5预防发酵时皮渣冲出桶外，最好在一天内冲齐。加入培养正旺盛的酒母3%～5%乃至10%（按果浆含量计），根据具体情况而定。加酒母的方法：先加酒母后送果浆，也可与果浆同时送入。接种酒母后，控制一定温度待其发酵。

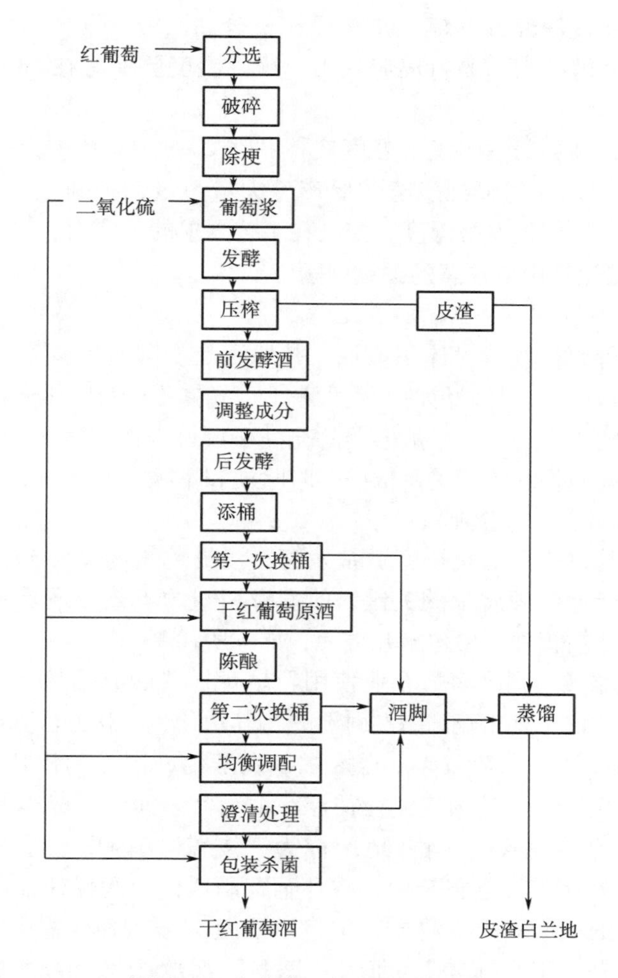

图 2-9 红葡萄酒的发酵工艺流程

2. 密闭式发酵

将制备果浆以及培养酵母送入密闭式发酵桶（罐）至约八成满。安上发酵栓，使发酵产生的二氧化碳经过发酵栓溢出。桶内安有压板，将皮渣压没在果汁中。也可以不安压板，由发酵产生的二氧化碳积存在浮渣的表面，以防止氧化作用生成挥发酸。

密闭发酵的优点是，芳香物质不易挥发，酒精浓度较高，游离酒石酸较多，挥发酸较少。不足之处是散热慢，温度容易升高，但在气温低时有利。

3. 连续发酵

用连续发酵罐进行发酵，投料、出酒能连续化。操作要点为：首次投料时，加入培养酒母 20% ~30%，投料部位达到皮渣分离器的下端。发酵约 4d 即可进行连续发酵。投入的料按 15 ~20g/100L 的量加入 SO_2。连续发酵后，每日定时定量放出发酵酒并投料，投料时打开出酒阀使发酵酒自由流出。在投料和出酒的同时，开动螺旋推进器将皮渣经漏斗流入皮渣压榨机分离酒液。发酵结束后可将出酒阀门关闭，打入已发酵结束的酒将皮渣顶出。罐内温度要保持在28~30℃，以利于发酵正常进行。

按工艺要求，红葡萄酒的发酵温度应控制在20~30℃范围，发酵温度不应超过30℃。众所周知，红葡萄酒发酵时要产生大量热量，特别是大型的发酵容器，必须有降温条件，才能把发酵温度，控制在工艺要求的范围内。

（三）传统发酵法生产中应注意的关键问题

1. 容器充满系数

葡萄汁在进行酒精发酵时体积增加。其原因是发酵时本身产生热量，葡萄醪温度升高使体积增加，二是发酵时产生大量CO_2气体不能及时排出，也导致体积增加。为保证发酵的正常进行，一般容器的充满系数为80%。

葡萄破碎时其质量和体积关系依破碎时除梗和不除梗而变化。

2. 前发酵期间的工艺管理

葡萄酒前发酵主要目的是进行酒精发酵，浸提色素物质和芳香物质。前发酵进行的好坏是决定葡萄酒质量的关键，前发酵期间的工艺管理是否得当关系发酵的成败。前发酵工艺管理主要包括几方面，如下所述。

（1）酵母的添加　国内多数企业使用经培育优选的成品酵母，其特点为使用方便；酵母强壮且耐二氧化硫。添加时要先将其活化，活化方法如前所述。

（2）皮渣的浸渍　葡萄破碎后送入敞口发酵池，因葡萄皮比重较葡萄汁小，再加上发酵时产生CO_2，葡萄皮渣往往浮在葡萄汁表面，形成很厚的盖子，这种盖子有些地区称为“酒盖”，有些地区称为“皮盖”。因皮盖浮在葡萄汁表面与空气直接接触，容易感染有害杂菌，败坏葡萄酒质量。为保证葡萄酒的质量，并充分浸渍皮渣上的色素和香气物质，须将“皮盖”压入葡萄醪中。“压盖”的方法有两种，一种是人工“压盖”，每天“压盖”次数视葡萄醪温度和发酵池容量而定。

人工“压盖”的原始操作，是工人用木棍搅拌，把皮渣压入葡萄汁中。现在大多是用泵将汁液由发酵容器底部的出汁口抽出，喷淋到皮盖上，循环时间视发酵池容量而定。

另一种“压盖”方法是在发酵池四周制成卡口，装上压板，压板的位置恰好使“皮盖”浸于葡萄汁中。

（3）温度的控制　发酵温度是影响红葡萄酒色素物质含量和色度值大小的主要因素。一般讲，发酵温度高，葡萄酒的色素物质含量高，色度值高。

从葡萄酒色素含量和色度值角度讲，发酵温度稍高为好。但是从红葡萄酒的质量，如口味的醇和，酒质的细腻，果香酒香等综合考虑，发酵温度控制低一些为好。红葡萄酒发酵温度一般控制在25~30℃。降温的方法有循环倒池法、安装蛇形冷却管法、外循环冷却法。

（4）葡萄汁的循环　循环是第一天到第三天循环2次，红葡萄酒发酵时进行葡萄汁循环可起以下方面的作用：增加葡萄酒的色素物质含量和色度；可降低葡萄汁温度；开放式循环可使葡萄汁和空气接触，增加酵母的活力；葡萄浆与空气接触可促进酚类物质的氧化，使之与蛋白质结合形成沉淀，加速酒的澄清。

（5）出池与压榨　主发酵结束后即可出池，主发酵结束时醪液的外观及理化指标如表2－9所示，前发酵主要的现象及控制方法如表2－10所示。

表2－9　主发酵结束时葡萄醪液外观和理化指标

指标		要求
外观		发酵液面只有少量CO_2气泡，“皮盖”已经下沉，液面较平静。发酵液品温接近室温，发酵液有明显的酒香
理化指标	相对密度	1.01～1.02
	残糖/（g/L）	3～5

表2－10　前发酵主要的现象及控制

主发酵	开始时间	现象	温度控制	注意事项
发酵初期	发酵开始的第1～2d	液面平静，入池8h后液面有气泡产生，表明酵母已经大量繁殖	品温升高，温度控制在30℃以下，不低于15℃	及时供给氧气，促进酵母繁殖
发酵中期	发酵开始的第3～5d	产生大量的二氧化碳，生成大量的泡沫，皮渣上浮形成一层皮盖。发酵旺盛时，酒液出现翻腾现象，并发出“吱吱”的声音	品温升至最高。不得超过30℃，可以采用循环倒池，池内安装盘管式热交换器或外循环冷却控制品温	同时为了增加色素、单宁及芳香物质的浸提，抑制杂菌侵染，要对“皮盖”进行压盖。压盖可以采用发酵液循环喷淋、压板式或人工搅拌等方法
发酵后期	发酵开始的第6～7d	发酵逐渐变弱，“吱吱”的声音逐渐消失，二氧化碳放出减少，液面趋于平静，皮盖、酵母开始下沉，有明显的酒香	品温下降并接近室温	主发酵已经结束，及时进行酒糙分离

出池时先将自流原酒由排汁口放出，放净后打开入孔清理皮渣进行压榨。自流原酒和压榨原酒成分差异较大。若酿制高档名贵葡萄酒应单独贮存。红葡萄酒前发酵结束后各种物质所占比例为皮渣占11.5%～15.5%，自流原酒占52.9%～64.1%，压榨原酒占10.3%～25.8%，酒脚占8.9%～14.5%。

3. 前发酵容易发生的异常现象的原因及改进措施

前发酵期间常见的异常现象、发生的原因及改进措施如表2－11所示。

表 2-11　　前发酵期间常发生的异常现象、产生原因及改进措施

异常现象	产生原因及改进措施
发酵缓慢，降糖速度慢	①发酵温度低，可提高发酵温度，加热部分果浆至 30~32℃，再行混合，提高温度 ②SO_2添加量过大，抑制酵母代谢，可循环倒汁，接触空气
发酵剧烈，耗糖快	发酵温度高，可采用人工冷却，降低葡萄醪温度
有异味发生	感染杂菌，应增加 SO_2添加量，抑制杂菌
挥发酸含量高	感染醋酸菌，应增加 SO_2的添加量，避免葡萄醪和空气接触，增加“压盖”次数，搞好工艺卫生

三、红葡萄酒的皮糟压榨

当残糖降至 5g/L 以下，发酵液面只有少量二氧化碳气泡，“皮盖”已经下沉，液面较平静，发酵液温度接近室温，并伴有明显的酒香时表明主发酵已经结束，可以出池。一般主发酵时间为 4~6d。

前发酵结束后，应及时出桶，以免渣汁中的不良物质过多渗出，影响酒的风味；立即进行皮渣分离，把自流汁合并到干净的容器里，满罐存贮；分离后的皮渣立即压榨，对压榨汁单独存放。出桶时，若发现浮渣败坏、生霉、变酸，应先将浮渣取出弃去，然后将酒液由排汁口放出，称原酒，用转酒池承接，再泵入消毒的贮酒桶至桶容的 90%~95%，安上发酵栓，以待进行后发酵作用。

浮渣取出用压榨机榨取酒液，开始不加压就流出的酒叫自流酒，可与原酒互相混合，加压后榨出的酒叫压榨酒，品质差，应分别盛装。压后的残渣可供蒸馏酒或酿制果醋。

皮渣的压榨靠使用专用设备压榨机来进行。压榨出的酒进入后发酵，皮渣可蒸馏制作皮渣白兰地，也可另做处理。目前红葡萄酒酿造中应用的压榨设备可分三种，间歇式压榨机、连续式压榨机和气囊式压榨机。

四、红葡萄酒的后发酵

并罐后的自流汁，也就是主发酵生产的葡萄原酒，残糖含量在 5g/L 以下。由于出桶供给了空气，休眠的酵母复苏，再进行发酵作用将剩余糖分发酵完。

（一）后发酵的主要目的

1. 残糖的继续发酵

前发酵结束后，原酒中还残留 3~5g/L 的糖分，这些糖分在酵母的作用下继续转化成酒精和二氧化碳。

2. 澄清作用

前发酵得到的原酒中还残留部分酵母，在后发酵期间发酵残留糖分，后发酵结束后，酵母自溶或随温度降低形成沉淀。残留在原酒中的果肉、果渣随时间的延长自行沉降，形成酒脚。然后即时换桶，分离沉淀，分离出的酒液，装盛于消毒的容器中至满、密封，待其陈酿；沉淀用压滤法取出酒液，也可供做蒸馏酒。

3. 陈酿作用

原酒在后发酵过程中进行缓慢的氧化还原作用，促使醇酸酯化，使酒的口味变得柔和，风味更趋完善。

4. 降酸作用

某些红葡萄酒在压榨分离后，需诱发苹果酸－乳酸发酵，对降酸及改善口味有很大好处。

（二）苹果酸－乳酸发酵

在成熟的葡萄果粒中，自然要残留一部分苹果酸。随着葡萄的加工过程，苹果酸要转移到主发酵完成后的葡萄原酒中。

传统的工艺生产红葡萄酒，苹果酸－乳酸发酵是自然进行的。成熟的葡萄果粒上，不仅附着酵母菌，也附着有乳酸细菌。随着葡萄的加工过程，葡萄皮上的乳酸细菌，转移到葡萄醪中，又转移到主发酵以后的葡萄原酒中。

如果要进行自然地苹果酸－乳酸发酵，需要控制下列的工艺条件：葡萄破碎时加入60mg/L的SO_2；主发酵完成后并桶，保持容器的“添满”状态，严格禁止添加SO_2处理；保持贮藏温度在20～25℃。在上述条件下，经过30d左右，就自然完成了苹果酸－乳酸发酵。

现在红葡萄酒苹果酸－乳酸发酵，大多采用人工添加乳酸细菌的方法，人为地控制苹果酸－乳酸发酵。

当葡萄酒中不再含有糖和苹果酸时，葡萄酒才具有生物稳定性，必须立即除去葡萄酒中所有的微生物。

（三）后发酵的工艺管理

1. 补加SO_2

前发酵结束后压榨得到的原酒需补加SO_2，添加量（以游离SO_2计）为30～50mg/L。

2. 控制温度

原酒进入后发酵容器后，品温一般控制在18～25℃，若品温高于25℃，不利于新酒的澄清，并给杂菌繁殖创造条件。

3. 隔绝空气

后发酵的原酒应避免与空气接触，工艺上常称为隔氧发酵，后发酵的隔氧措施一般在容器上安装水封。

4. 卫生管理

前发酵的原酒中含有糖类物质、氨基酸等营养成分，易感染杂菌，损害酒的质量，搞好卫生是后发酵的重要管理内容。

后发酵期间易发生的异常现象，产生的原因和改进措施如表2－12所示。

表2－12　　后发酵期间易发生的异常现象、产生的原因及改进措施

异常现象	产生原因及改进措施
气泡溢出多，且有“嘶嘶”声音	①前发酵出池时残余糖分过高，应准确化验 ②感染杂菌。应加强卫生的管理，发酵容器、管道应用清水冲洗，有条件的工厂可定期用酒精进行灭菌处理
有臭鸡蛋味	SO_2添加量过大，产生了H_2S，应立即倒桶
挥发酸升高	感染醋酸菌，将原酒中的乙醇进一步氧化成醋酸。应加强卫生管理，并适当增加SO_2的添加量，避免原酒与氧接触，可在原酒液面用高度酒精封面

五、红葡萄原酒的贮藏和陈酿

红葡萄原酒后发酵完成后，要立即添加足够量的SO_2。一方面能杀死乳酸细菌，抑制酵母菌的活动，有利于红原酒的沉淀和澄清。另一方面，SO_2能防止红原酒的氧化，使红原酒进入安全地贮藏渡过陈酿期。

【酒文化】

红酒的好处

在一般人的观念里，生活上的享受似乎总是与身体健康背道而驰的，葡萄酒向我们证明了，只要不过度饮用，享受和健康是可以兼得的。

1. 红酒可增进食欲

葡萄酒鲜艳的颜色，清澈透明的体态，使人赏心悦目；倒入杯中，果香酒香扑鼻；品尝时酒中单宁微带涩味，促进食欲。独特的葡萄酒风味和成分决定了它最适于佐餐，它不但能开胃、消食提高用餐质量，又使人兴奋、放松心情。

2. 红酒有滋补作用

葡萄酒中的天然原料及酿制过程，使它蕴藏有多种氨基酸、矿物质和维生素，这都是人体必须补充和吸收的营养品。它可以不经过预先消化，直接被人体吸收。特别是对体弱者，经常饮用适量葡萄酒，对恢复健康有利。葡萄酒中的酚类物质和奥立多元素（Oligoe Lement），具有氧化剂的功能，可以防止人体代谢过程中产生的反应性氧（Ros）对人体的伤害（如对细胞中的DNA和RNA的伤

害），这些伤害是导致一些退化性疾病，如白内障，心血管病、动脉硬化、老化的因素之一。

3. 红酒有助消化的作用

在胃中，60～100g葡萄酒，可以使正常胃液的产量提高120mL（包括1g游离盐酸）。葡萄酒有利于蛋白质的同化；红葡萄酒的单宁，可以增加肠道肌肉系统中的平滑肌纤维的收缩性。因此，葡萄酒可以调整结肠的功能，对结肠炎有一定的疗效。

4. 红酒有美容抗衰老的作用

葡萄酒独有的含聚酚等有机化合物，使葡萄酒具有降低血脂、抑制坏的胆固醇、软化血管、增强心血管功能和心脏活动。又有美容、防衰老的功效。

5. 红酒有减肥作用

葡萄酒有减轻体重的作用，每1L干葡萄酒中含525cal热量，这些热量只相当人体每天平均需要热量的1/15。饮酒后，葡萄酒能直接被人体吸收、消化，在4h内全部消耗掉而不会使体重增加。所以经常饮用干葡萄酒的人，不仅能补充人体需要的水分和多种营养素，而且有助于减肥。

6. 红酒有利尿作用

一些白葡萄酒中，酒石酸钾、硫酸钾、氧化钾含量较高，具利尿作用，可防止水肿和维持体内酸碱平衡。

7. 红酒杀菌作用

很早以前，人们就认识到葡萄酒的杀菌作用。例如：感冒是一种常见的多发病，葡萄酒中的抗菌物质对流感病毒有抑制作用，传统的方法是喝一杯热葡萄酒或将一杯红葡萄酒加热后，打入一个鸡蛋，搅拌一下，即停止加热，稍凉后饮用。研究表明：葡萄酒的杀菌作用是因为它含有抑菌、杀菌物质。

8. 红酒可预防乳腺癌

最新试验结果显示：以葡萄酒饮料，喂养已诱发得了癌症的老鼠，发现葡萄酒对癌症有强烈的抑制作用。美国科学家从葡萄籽中提取了一种叫做“白藜芦醇”和一种叫做“开马君B”的抗癌物质，能有效降低雌激素的含量，达到预防乳腺癌发生的目的。

9. 红酒能抑制脂肪吸收

日本科学家发现，红葡萄酒能抑制脂肪吸收，有老鼠作试验，老鼠饮用葡萄酒一段时间后发现，其肠道对脂肪的吸收变缓，对人作临床试验，也获得同样的结论。

以上事实说明，葡萄酒被称为是“整个世界历史长河中，使用的最古老饮料和最主要的药物”并不夸张。

思考题

一、填空题

1. 红葡萄酒发酵温度一般控制在（　）℃。
2. 红葡萄酒酿造中应用的压榨设备可分三种，（　）、（　）和（　）压榨机。
3. 红葡萄酒的后发酵残糖含量在（　）以下。
4. 原酒进入后发酵容器后，品温一般控制在（　）℃。
5. 后发酵的隔氧措施一般在容器上安装（　）。
6. 出桶时，原酒用转酒池承盛，再泵入消毒的贮酒桶至桶容的（　），安上发酵栓，以待进行后发酵作用。
7. 将经过破碎、二氧化硫处理、成分调整或不调整的葡萄果浆，用泵送入开口式发酵桶（池）至桶容约（　），留空位约（　）预防发酵时皮渣冲出桶外，最好在一天内冲齐。

二、简答题

1. 干红葡萄酒发酵时的容器充满系数?
2. 红葡萄酒的发酵温度如何控制?
3. 前发酵过程中容易发生的异常现象? 如何处理?
4. 气囊压榨机的工作原理。
5. 后发酵过程中容易发生的异常现象? 如何处理?

子学习单元2　白葡萄酒生产工艺

一、白葡萄酒生产工艺

白葡萄酒既可方便地用白葡萄来酿造，也可用去掉葡萄皮的红葡萄的果汁来酿造，无须经过果汁与葡萄皮的浸渍过程，而是用果汁单独进行发酵。白葡萄酒的酿制过程如图 2－10 所示。

在白葡萄酒的酿制过程中，应严格把握的几个技术环节如表 2－13 所示。

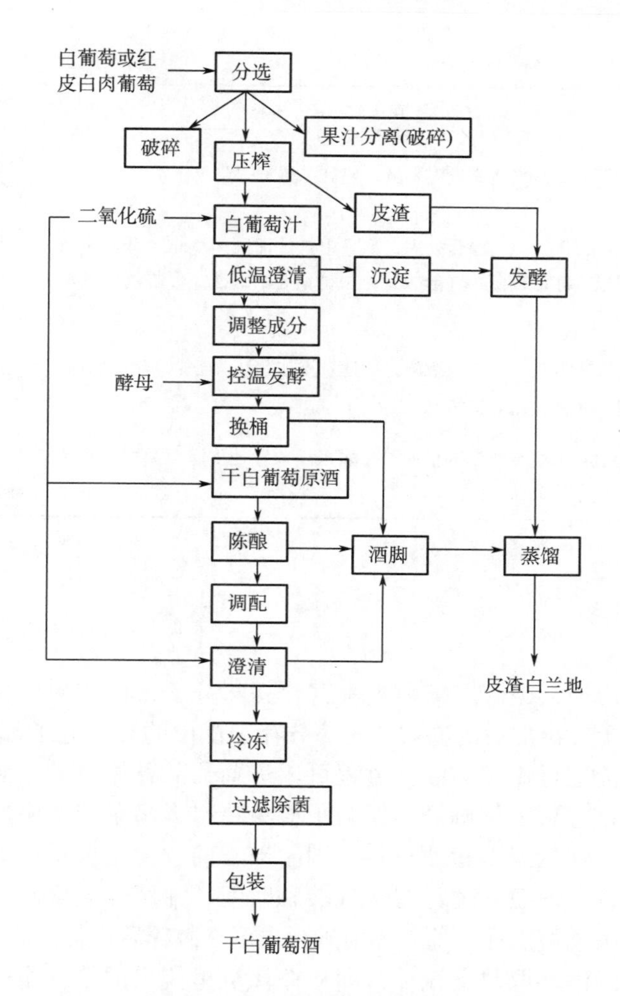

图 2－10　白葡萄酒酿制过程

表 2－13　　白葡萄酒酿制过程中的技术环节

技术环节	优点
选用优良酿酒名种，利用当地的自然条件优势（气候、土壤、水质、栽培方式、施肥、病害防治等），逐步形成葡萄原料基地化、基地良种化、良种区域化	为酿制独具风格的优质白葡萄酒提供基础
提高酿酒专用设备的先进性，保障工艺条件的实施，如在果汁分离方面应用果汁分离机、螺旋式连续压榨机、卧式单压板、双压板压榨机、气囊式压榨机等。机械设备向现代化、自动化方面提高	快速分离皮渣，防止果汁氧化
发酵前，果汁进行低温澄清处理，如二氧化硫静置法、果胶酶分解法、皂土澄清法、机械离心法、低温过滤法	提高酒的质量，口味纯正细腻
发酵工艺中采用低温发酵法。降温方法有多种形式，可将发酵品温控制在 16～18℃	防止氧化，保持果香

续表

技术环节	优点
添加人工酵母或活性干酵母，以适应低温发酵，使其能按工艺要求正常进行	增加酒的芳香，提高酒质
在酒的陈酿或后加工中，进行酒质净化处理，如采用有效辅助剂皂土、硅藻土或其他澄清剂，采用低温冷冻与板框式（或膜式）过滤结合的方法，以提高酒的澄清度（无菌）	增强酒的稳定性
在酒的酿造过程中应采取隔氧防氧有效措施，如适量添加 SO_2、充氮气隔氧贮存、充氮气装瓶隔菌过滤、无菌装瓶等措施	保持原果香和新鲜感
干、半干、半甜型的白葡萄酒装瓶后进行瓶贮，多采用放置地下室恒温贮存 6 个月以上	增加酒香、酒体协调、典型性突出

二、 果汁的分离

葡萄进厂后应当天破碎。葡萄皮中富含香味分子，传统的白葡萄酒酿造会直接榨汁，尽量避免释出皮中的物质，大部分存于皮中的香味分子都无法溶入酒中。近来发现，发酵前进行短暂的浸皮过程可增进葡萄品种原有的新鲜果香，同时还可使白葡萄酒的口感更浓郁圆润。但为了避免释出太多单宁等多酚类物质，浸皮的过程必须在发酵前低温下短暂进行，同时破皮的程度也要适中。果汁分离时应注意分离速度要快，缩短葡萄汁与空气接触时间，并用二氧化硫进行处理以减少葡萄汁的氧化。去梗可以在葡萄破碎前进行也可在破碎后进行。

葡萄破碎后经淋汁取得自流汁，即从榨汁机里流出的第一批葡萄汁，味道最醇美，香气最纯正。再经压榨取得压榨汁，为了提高果汁质量，一般采用二次压榨分级取汁，取汁量如表 2－14 所示。自流汁和压榨汁质量不同，用途也不同，应分别存放。

表 2－14　　不同级别的葡萄汁的取汁量和用途

汁别	按总出汁量 100%	按压榨出汁率为 75%	用途
自流汁	60～70	45～52	酿制高级葡萄酒
一次榨汁	25～35	18～26	单独发酵或自流汁混合
二次榨汁	5～10	4～7	发酵后作调配用

果汁分离是白葡萄酒的重要工艺，其果汁分离设备有如下几种：螺旋式连续压榨机，气囊式压榨机，果汁分离机，双压板（单压板）压榨机各个压榨机分离特点如下所述。

（一）螺旋式连续压榨机

分离果汁时，应尽量避免果籽、皮渣的摩擦。为了提高果汁质量，一般采用分级取汁或二次压榨。由于压榨力和出汁率不同，所得果汁质量也不同。

（二）气囊式压榨机

以气囊缓慢加压，压力分布均匀，而且由里向外垂直或辐射施加压力，可获得最佳质量的果汁。根据果浆情况，可自控压力，出汁率的选择性强。

（三）果汁分离机

将葡萄破碎除梗（或不除梗），果浆直接输入果汁分离机进行果汁分离。

（四）双压板（或单压板）压榨机

将葡萄直接输送（不经破碎）双压板（或单压板）压榨机进行压榨取汁。应用卧式单（双）压板压榨机分离果汁，适宜白葡萄酒生产。

三、果汁的澄清

果汁澄清的目的是在发酵前将果汁中的杂质尽量减少到最低含量，以避免葡萄汁中的杂质因参与发酵而产生不良成分，给酒带来异杂味。尤其是酿制优质干型、半干型的白葡萄酒，从质量上越来越趋向于新鲜、保持天然水果的芳香和滋味。

（一）二氧化硫低温澄清法

1. 二氧化硫的作用

通过适量添加二氧化硫来澄清葡萄汁，其操作简单，效果较好。在澄清过程中二氧化硫主要起以下三个作用。

（1）可加速胶体凝聚，对非微生物、杂质起到助沉作用。

（2）葡萄皮上长有野生酵母、细菌、霉菌等微生物，以及在采收加工过程中可能感染的其他杂菌，使用二氧化硫可以起到抑制杂菌生长的作用。

（3）葡萄汁中的酚类化合物、色素、儿茶酸等易发生氧化反应，使果汁变质，当葡萄汁中有游离二氧化硫存在时，则二氧化硫首先与氧发生氧化反应，可防止葡萄汁被氧化，起到抗氧作用。

2. 低温澄清方法

根据二氧化硫的使用量和果汁总容量，准确计算加入二氧化硫的量（二氧化硫的添加量应为60～120mg/L），控制葡萄汁的温度在8～12℃。搅拌均匀，然后自然静置16～24h，待葡萄汁中的悬浮物全部下沉后，以虹吸法或从澄清罐高位阀门放出清汁。如果有制冷条件可将葡萄汁温度降至15℃以下，不仅加快沉降速度而且澄清效果更佳。

（二）果胶酶澄清法

1. 果胶酶的作用

果胶酶可以软化果肉组织中的果胶质，使之分解生成半乳糖醛酸和果胶酸，使葡萄汁中的黏度下降，原来存在于葡萄汁中的固形物失去依托而沉降下来，增强澄清效果，同时也有加快过滤速度，提高出汁率的作用。

2. 果胶酶使用量的选择

果胶酶的活力受温度、pH、防腐剂的影响。其加入量一般为每1L果汁中加入0.1～0.15g。澄清葡萄汁时，果胶酶只能在常温、常压下进行酶解作用。一般情况下24h左右可使果汁澄清。如果温度低，酶解时间需要延长。根据以上特性，在使用前应做小型实验，找出最佳效果的使用量，以指导于大型生产。

也可使用果胶酶粉剂进行澄清操作。准确称取果胶酶粉剂放入容器中，用4～5倍的温水（40～50℃）稀释均匀，放置1～2h后，加入到葡萄汁中，搅拌均匀，静置数小时后，果汁开始出现絮状物，并逐渐沉于容器底部，取上部澄清果汁即可。

使用果胶酶澄清葡萄汁可保持原果汁的芳香和滋味，降低果汁中总酚和总氮的含量，有利于酒的质量，并且可以提高3%左右果汁的出汁率，提高过滤速度。

（三）皂土澄清法

皂土是白葡萄酒良好的澄清剂。一般用量为1.5g/L左右。

使用时以10～15倍水缓慢加入皂土中，浸润膨胀12h以上，然后补加部分温水，搅拌成浆液后以4～5倍葡萄汁稀释。用酒泵循环1h左右，使其充分与葡萄汁混合均匀。根据澄清情况及时分离。配合明胶使用，效果更佳。

白葡萄汁经皂土处理后，干浸出物含量和总氮含量均有减少，总氮含量的减少有利于避免蛋白质浑浊，干浸出物含量的减少可使葡萄汁变得更加纯净。皂土处理不能重复使用，否则有可能使酒体变得淡薄，降低酒的质量。

（四）机械澄清法

利用离心机高速旋转产生巨大的离心力，葡萄汁与杂质因质量不同而得到分离。离心力越强，澄清效果越好，它不仅使杂质得到分离，也能除去大部分野生酵母，为人工酵母使用提供有利条件。

四、白葡萄酒的发酵

葡萄汁经澄清后，根据具体情况决定是否进行改良处理，之后再进行发酵。

（一）葡萄汁的改良

1. 糖分的调整

糖分调整是为了使生成的酒度接近成品酒标准的要求。测定葡萄汁糖分的方法有三种，斐林氏液滴定法、折光仪测定法、比重计测定法。有两种方法可以进行糖分的调整，添加浓缩葡萄汁、添加白砂糖。

加糖的操作要点有：①加糖前应量出较准确的葡萄汁升数，一般每200L加一次糖；②加糖时先将糖用葡萄汁溶解制成糖浆；③要用冷汁溶解，不要加热，更不要先用水将糖溶成糖浆；④加糖后要充分搅拌，使其完全溶解；⑤溶解后的体积要有记录，作为发酵开始的体积；⑥加糖的时间最好在酒精发酵刚开始的时候，并且一次加完所需的糖。因为这时酵母菌正处于繁殖阶段，能很快将糖转化为酒精。如果加糖太晚，酵母菌的发酵能力降低，常常会发酵不彻底。

2. 酸度的调整

调整酸度有利于酿成后酒的口感，有利于酒贮存时的稳定性，有利于发酵的顺利进行。

（二）白葡萄酒酒母的制备

1. 酵母的选择

白葡萄酒发酵多采用人工培育的优良酵母（或固体活性酵母）进行低温发酵。酵母的选择除对酿酒风味好这一重要条件外，还应能适应低温发酵平稳、有后劲，发酵彻底、不留较多的残糖，抗二氧化硫能力强，以便能抑制野生酵母和其他微生物的生长，发酵结束后，酵母凝聚，能较快地沉入容器底部，使酒易澄清。

2. 酵母扩大培养

见教学情境二学习单元1 子学习单元2 中有详细介绍。

3. 活性干酵母的使用

活性干酵母由于贮存性好，使用方便，现已被广泛应用。

（三）控温发酵

发酵温度对白葡萄酒的质量有很大影响，低温发酵有利于保持葡萄中原有果香的挥发性化合物和芳香物。白葡萄酒发酵温度一般控制在16～22℃为宜，最佳温度18～22℃，主发酵期一般为15d左右。采用这种温度酿制的白葡萄酒果香新鲜、口味细腻。如果超过工艺规定范围，就会造成以下主要危害。

（1）易于氧化，减少原葡萄品种的果香。

（2）低沸点芳香物质易于挥发，降低酒的香气。

（3）酵母菌活力减弱，易感染醋酸菌、乳酸菌等杂菌或造成细菌性病害。

（四）发酵管理

1. 主发酵管理

主发酵管理的管理方法及主发酵结束后白葡萄酒的外观和理化指标如表2－15、表2－16所示。

表2－15　主发酵管理方法

工艺管理	方法
入罐	发酵容器刷洗干净，无异味，用二氧化硫杀菌，将澄清处理、调整成分后的白葡萄汁输入发酵罐内（或池），输入量占容量的80%左右，不可过满，以防发酵外溢
密闭发酵	调整品温18～20℃，加入酵母，装上水封或发酵栓进行密闭发酵。密闭方式多种多样

续表

工艺管理	方法
控制温度	每班定时检测发酵温度（1~2次），将测得的温度变化，如实地记录在发酵卡上并绘出曲线图，根据品温变化情况，及时调整温度介质，确保低温发酵的工艺温度要求
工艺卫生	发酵醪含有糖类物质、氨基酸等营养成分，易感染杂菌，搞好工艺卫生是发酵管理工作中的一项重要内容；经常检查罐口的发酵栓，及时更换，补足水封，以保障与外界空气隔绝；同时，对室内环境、地沟、地面及时清刷，室内定时杀菌；还要注意排风，保持室内空气新鲜

表2-16　主发酵结束后白葡萄酒的外观和理化指标

指标	要求
外观	发酵液面只有少量CO_2气泡，液面较平静，发酵温度较接近室温。酒体呈浅黄色、浅黄带绿或乳白色，浑浊有悬浮的酵母，有明显的果实香、酒香、CO_2气味和酵母味。品尝有刺舌感，酒质纯正
理化	酒精：体积分数为9%~11%（或达到指定的酒精含量）；残糖：5g/L以下；相对密度：1.01~1.02；挥发酸：0.4g/L以下（以醋酸计）；总酸：自然含量

主发酵结束后残糖降低至5g/L以下，即可转入后发酵。在缓慢的后发酵中，葡萄酒香和味的形成更为完善，残糖继续下降至2g/L以下。后发酵约持续一个月左右。

2. 后发酵工艺管理

后发酵工艺管理的具体管理方法如表2-17所示。

表2-17　后酵工艺管理

工艺管理	方法
添罐	主发酵结束后，二氧化碳排出缓慢，发酵罐内酒液减少，为防止氧化，尽量减少原酒与空气的接触面积，做到每周添罐一次，添罐时要以优质的同品种（或同质量）的原酒添补，或补充少量二氧化硫，安装好发酵栓或水封
低贮温存	后发酵温度一般控制在15℃以下，如果温度过高，易使部分酵母自溶，不利于新酒的澄清。抽查原酒的澄清情况和总糖、总酸、挥发酸的变化，做好后发酵管理记录
工艺卫生	发酵醪含有糖类物质、氨基酸等营养成分，易感染杂菌，搞好工艺卫生是发酵管理工作中的一项重要内容；经常检查罐口的发酵栓，及时更换，补足水封，以保障与外界空气隔绝；同时，对室内环境、地沟、地面及时清刷，室内定时杀菌；还要注意排风，保持室内空气新鲜

（五）白葡萄酒的防氧化

白葡萄酒中含有一些酚类化合物，如花色素苷、单宁、芳香物质等，这些物质有较强的嗜氧性，在与空气接触过程中易被氧化生成棕色聚合物，使白葡萄酒的颜色变深，酒的新鲜果香味降低，甚至造成酒的氧化味，从而影响葡萄酒的质量和外观的不良变化。

因此白葡萄酒中的防氧化处理极为重要。白葡萄酒氧化现象存在于生产过程的每一个工序，如何掌握和控制氧化是十分重要的。形成氧化现象需要三个因素：有可以氧化的物质如颜色、芳香物质等；与氧接触；氧化催化剂如氧化酶、铁、铜等的存在。凡能控制这些因素的都是防氧化行之有效的方法，目前国内在白葡萄酒生产中采用的防氧化措施如表2－18所示。

表2－18　防氧化措施

防氧化措施	内容
选择最佳采收期	选择最佳葡萄成熟期进行采收，防止过熟霉变
原料低温处理	葡萄原料先进行低温处理（10℃以下），然后再压榨分离果汁
快速分离	快速压榨分离果汁，减少果汁与空气接触时间
低温澄清处理	将果汁进行低温处理（5～10℃），调入 SO_2，进行低温澄清或采用离心法澄清果汁
控温发酵	果汁转入发酵罐内，将品温控制在16～20℃，进行低温发酵
皂土澄清	应用皂土澄清果汁（或原酒），减少氧化物质和氧化酶的活性
避免与铁、铜等金属物接触	凡与酒（果汁）接触的铁、铜一类的金属工具、设备，容器均需有防腐蚀涂料
添加二氧化硫	在酿造白葡萄酒的全部过程中，适量添加二氧化硫
充加惰性气体	在发酵前后，应充加氮气或二氧化碳气密封容器
添加抗氧化剂	白葡萄酒装瓶前，添加适量抗氧剂，如 SO_2、维生素C等

【酒文化】

白葡萄酒的品尝

一、直观感受

这部分包括味道、酒体和风味。

主要涉及的是用你口中的味觉、触觉和嗅觉来感知葡萄酒的味道、酒体和风味。

1. 味道

在白葡萄酒里通常比较容易出现甜和酸的味道。

白葡萄酒里含有甜味，一般来自于酒中的残糖。主要是由于葡萄发酵时没有把葡萄里的糖分完全转化为酒精造成的。保留的甜度对品尝者来说，有可能很明显，也有可能感觉不到，这主要取决于浓度和每个人对糖的敏感度。关于白葡萄酒中甜味的特点如下。

（1）糖分能够增加口中黏稠、腻的感觉；

（2）酒精能减弱甜的感觉；

（3）成熟的水果香气会带来甜的感觉。

白葡萄酒里含有多种酸，像醋酸、柠檬酸、乳酸和苹果酸。酸能增加清新尖脆的口感；酸也能使酒中的果香感觉更新鲜活跃。

2. 酒体

指的是酒在口中的质量和浓稠感觉。酒的成分组成了酒体，包括酒精、萃取物、糖分和单宁。

我们可以通过对牛奶的形容，使酒体的概念能比较容易地理解。脱脂牛乳在口中的清淡和水感，可以表述为“轻酒体”，全脂牛奶的略微浓稠，可以说是“中等酒体”，奶油的浓郁，可以被认为是“厚重酒体”。

3. 风味

酒的风味通常就是指葡萄酒在口中的香气。有时你可以在口中感觉到的香气种类比鼻子闻的会更多，有时候却要少些。

二、总结

这部分包括收尾，平衡和复杂性。

1. 收尾

指的是葡萄酒风味在咽下后在口中停留的时间。收尾有短暂、中等和长。一般认为收尾越长，酒质越好（当味道是令人愉悦时）。回味指的是在较长收尾时反映出来的风味。

2. 平衡

说一款葡萄酒是平衡，或和谐，指的是这款酒不是某项结构组成（酸度、酒精感、甜度或者单宁感）突显，而是各项均衡。想一想在交响乐中各种乐器的演奏，追求的就是和谐，而不是单一用喇叭或小军鼓突出的吵闹。所以如果一项或是几项（非全部）为主导，这酒就会被描述为“不平衡”“生硬”或“散乱”。在白葡萄酒中，主要的因素是酸、酒精、甜度或果味（甜度反映的是糖在酒中的味道；果味主要是成熟水果的风味）。这些因素的关系如下所述。

（1）酸度是靠酒精、甜度和果味来平衡的；

（2）一款平衡的白葡萄酒应该是在口中感觉清新活跃，而不是太尖酸、太腻，或是来自酒精的热感；

（3）一款酸度过高的白葡萄酒，会让人感觉尖酸甚至酸败；

（4）一款酒精过多的白葡萄酒，会使口中、咽喉有明显热感，就像白兰地或干邑等蒸馏酒在口中的感觉一般；

（5）一款糖分过多的白葡萄酒，会使口中感觉发腻和粗重。

所以可以说，较长的收尾和平衡是葡萄酒优质的一个标志。

3. 复杂性

所有伟大的葡萄酒都是复杂的。复杂特质的葡萄酒有着多种不同的酒香和风味。一款酒如果是特别复杂的话，每次你尝的时候，都会发现不同的风味或微妙的差别；风味在你的杯子里不断发展变化。对应的来说，一款带有很少香气和风味的葡萄酒，我们称为“简单”。当然葡萄酒并不是说一定要复杂才能令人愉悦的，很多简单易饮的葡萄酒也能带给我们不少快乐。

思考题

一、填空题

1. 白葡萄酒发酵温度一般控制在（ ）℃。
2. 红葡萄酒酿造中果汁分离的设备可分四种，（ ）、（ ）、（ ）和（ ）压榨机。
3. 白葡萄酒澄清的方法有（ ）、（ ）、（ ）、（ ）和（ ）。
4. 白葡萄酒发酵过程中使用（ ）可以起到抑制杂菌生长的作用。
5. 果胶酶可以软化果肉组织中的果胶质，使之分解生成（ ）和（ ），使葡萄汁中的黏度下降。
6. 测定葡萄汁糖分的方法有三种，（ ）、（ ）、（ ）。
7. 白葡萄酒的后发酵残糖含量在（ ）以下。
8. 白葡萄酒后发酵温度一般控制在（ ）℃以下。
9. 后发酵的隔氧措施一般在容器上安装（ ）。

二、简答题

1. 二氧化硫、果胶酶、皂土在澄清过程中的作用？具体操作方法？
2. 如何对葡萄汁进行改良？
3. 白葡萄酒的发酵温度如何控制？
4. 前发酵的工艺管理参数有哪些？如何控制？
5. 前发酵结束的判断方法。
6. 后发酵的工艺管理参数有哪些？如何控制？
7. 白葡萄酒的防氧措施。

子学习单元3 桃红葡萄酒和山葡萄酒生产工艺

一、 桃红葡萄酒

（一）桃红葡萄酒的特征

桃红葡萄酒是近年来国际上新发展起来的葡萄酒新类型。

桃红葡萄酒是色泽和风味介于红葡萄酒与白葡萄酒之间的一种酒。一般可分为淡红、桃红、橘红、砖红等。桃红葡萄酒不能仅通过色泽来定义，它的生产工艺既不同于红葡萄酒，又不同于白葡萄酒，确切地说是介于果渣浸提与无浸提之间。

桃红葡萄酒的特征如表2－19所示。

表2－19　桃红葡萄酒的特征

与红葡萄酒相似之处	与白葡萄酒相似之处
①可利用皮红肉白、生产红葡萄酒的葡萄品种为原料	①可利用浅色葡萄生产
②有限浸提	②采用果汁分离、低温发酵
③酒液呈红色	③要求有新鲜悦人的果香
④诱导苹果酸－乳酸发酵	④保持适量的苹果酸

桃红葡萄酒大多是干型酒、半干型或半甜型葡萄酒。

生产桃红葡萄酒的葡萄品种有：玫瑰香（*Muscat Hamburg*）、法国兰（*Blue French*）、黑品乐（*Pinot Noir*）、佳丽酿（*Carignan*）、玛大罗（*Mataro*）。

（二）酿造方法

1. 桃红色葡萄带皮发酵法

桃红葡萄 → 破碎 → 葡萄浆 → 静置4h → 分离 → 果汁 → 发酵 → 倒酒 →

（破碎处加入 ↑ SO_2（100mg/L）；分离处 ↓ 皮渣（弃掉））

原酒 → 贮存 → 后处理 → 成品

佳丽酿葡萄品种适于该种工艺。

2. 红葡萄和白葡萄混合带皮发酵法

红葡萄＋白葡萄 → 破碎 → 果浆 → 静置 → 分离 → 果汁 → 发酵 → 倒酒 →

（↑ SO_2；分离处 ↓ 果渣）

原酒 → 贮存 → 后处理 → 成品

此法一般红葡萄品种与白葡萄品种比例为1∶3。

3. 冷浸法

葡萄 → 破碎 → 果浆 → 静置冷浸 → 分离 → 果汁 → 发酵 → 贮存 → 后处理 → 成品

↑ SO_2（加入果浆） ↓ 果渣（分离排出）

此种方法适用于皮红肉白的葡萄品种的生产；SO_2添加量为50mg/L；冷浸提温度为5℃，浸提时间为24h；冷浸提24h后，进行分离，果汁纯汁进行发酵，发酵温度不高于20℃。

4. 二氧化碳浸渍法

生产工艺与红葡萄酒相同。二氧化碳浸渍温度为15℃，时间为48h。

5. 直接调配法

此种方法适用于玫瑰香或佳丽酿的生产。先分别酿出红葡萄原酒和白葡萄原酒，再将原酒按一定比例调配。以佳丽酿为原料的桃红葡萄酒调配时，干白原酒和干红原酒的比例为1∶1，以玫瑰香为原料时，干白原酒和干红原酒的比例为1∶1.3。

（三）酿制桃红葡萄酒的注意事项

（1）桃红葡萄酒的原料不宜使用染色品种或易氧化的品种葡萄　桃红葡萄酒不能应用“赛比尔”“巴柯”等皮肉带色的品种葡萄，因无法控制其色度。也不适用像“玫瑰香”这样易氧化的品种葡萄，避免因陈酿贮存带来的中药味感，影响桃红葡萄酒的风味。

（2）酿制桃红葡萄酒不宜采用热浸法来提取果皮中的色素　红葡萄酒的发酵往往有应用热浸提法来浸提葡萄皮中的色素。在生产中如果把这种发酵工艺应用于桃红葡萄酒上，温度稍高，时间过长，容易使酒产生熟果味；酒中浸提单宁量过高，容易使口味发涩。最好的工艺还是使用旋转浸渍发酵法。

（3）桃红葡萄酒的陈酿时间不宜过长　桃红葡萄酒为佐餐型葡萄酒，具有良好的新鲜感，清新的果香味与优美的酒香味完全融合形成一体。陈酿时间最适半年至一年为好。如果陈酿时间过长，酒质老化，颜色加深变褐，失去了美丽的桃红色，果香味降低，失去了本身优美的风格。

（4）桃红葡萄酒中始终保持适量的二氧化硫　由于桃红葡萄酒系佐餐型葡萄酒，酒中必须含有适量的二氧化硫，以防止氧化，保持新鲜感。

（5）整个酿造过程品温偏低为好　进行压塞装瓶后，瓶贮进行卧放，防止木塞干裂进入空气氧化。

（6）桃红葡萄酒酿成半干型或半甜型为好　葡萄酒根据含糖量的多少，可以分为干型（含糖量<4g/L）、半干型（含糖量4～12g/L）、半甜型（含糖量12～50g/L）、甜型（含糖量50g/L以上）四种类型，口味风格各异。桃红葡萄酒含有一定的单宁，为0.2～0.4g/L，有一定的涩味。

二、山葡萄酒的生产工艺

山葡萄酒属特种葡萄酒，是世界上只有中国才有的独特葡萄酒种，山葡萄酒历史悠久，其酒质与欧亚种葡萄酒相比有特殊的风格，山葡萄酒具有浓厚的色泽，浓郁宜人的天然果香和陈酿酒香，口感爽净，清淡的苦涩余味令人愉悦舒畅。山葡萄酒富含多种营养成分、氨基酸和维生素，在葡萄酒中独树一帜，深受广大消费者青睐。

（一）山葡萄的特点

1. 山葡萄的产地

山葡萄仅在世界不多的几个地区生长，除了日本、朝鲜、俄罗斯，就只有我国出产。产地有中国黑龙江、吉林、辽宁、河北、山西、山东、安徽（金寨）、浙江（夫目山）。生山坡丛林、沟谷林中或灌丛，海拔200~2100m。模式标本采自黑龙江上游，果可鲜食和酿酒。

2. 山葡萄品种

野生山葡萄是葡萄科葡萄属植物中的一个重要品种，自然分布区域主要为我国东北、朝鲜、俄罗斯远东地区，在我国山葡萄主要分布在长白山脉气温较低的地区，其中以吉林省产量最丰，吉林省吉林市、通化市、延边州出产较多。野生山葡萄具有粒小、皮厚、含糖低、含酸高、有机物含量高的特征。野生山葡萄抗寒性极强，浆果酿酒品质好，以野生山葡萄杂交培育的公酿一号、双优、双红、左优红、北冰红等山葡萄品种，已成为酿制优质山葡萄酒的优良品种。

（二）山葡萄酒酵母的驯化

山葡萄酵母是经驯化的葡萄酒酵母。它适应山葡萄酸高（20g/L）、糖低（100g/L）、鞣酸多的特点。酵母的驯养方法是，取山葡萄汁（置三角瓶中煮沸），加入麦芽汁培养基中，用于培养酵母，并逐渐提高混合培养基中山葡萄汁含量，直至完全用山葡萄汁作培养基，使酵母适应在山葡萄汁中生长。若在山葡萄汁中生长良好，证明酵母能适应山葡萄汁，驯化培养即告成功。经驯养的酵母发酵力强、产酒精量高。

（三）山葡萄酒的发酵

山葡萄酒的酿造工艺与普通红葡萄酒酿造工艺基本相似，但因山葡萄具有皮厚、出汁少、含糖量低、酸度高等特点，在生产中体现出一些特殊的品性，需要在工艺中予以适当调整，工艺流程如下所述。

1. 除梗破碎

由于山葡萄穗小、形散、粒小、籽大、除梗破碎机的螺旋速度需调至最小，以免过多的果梗、青粒带入果浆中，破碎辊间距要适当调整，以免挤破葡萄籽，造成劣质单宁溶出，产生不良味道。

2. 葡萄除梗破碎后入发酵罐，入罐量为发酵罐容积的75%～80%，边入罐边加入SO_2，使加入的总SO_2浓度为50～80mg/L，同时分几次加入果胶酶，一般果胶酶用量为20～40mg/L，入罐结束后循环，使之与葡萄浆混合均匀。

3. 酵母添加

由于山葡萄酸度高，所以要选用耐酸性好的优质活性干酵母，如CR、TTA、BDX等，用量及接种方式可参考生产厂家提供的使用说明。

4. 发酵

活性干酵母接种后12h左右开始启动发酵，发酵温度控制在25～30℃。

5. 喷淋

山葡萄皮厚渣多，发酵期间要加强喷淋工作，一般每日喷淋2次，喷淋量约为发酵液的一半。

6. 补加白砂糖

由于山葡萄总糖较低，在发酵旺盛期需要补加白砂糖，以达到生产工艺要求的酒精度，但要特别注意白砂糖加量不得超过产生2%（体积分数）酒精的量。白砂糖需在部分发酵液中溶解，然后加入发酵罐中，并进行倒灌一次，以使所加的糖均匀分布在发酵液中。

7. 分离

发酵期间每天都要取样化验，待发酵液相对密度降至0.996～0.998时，结合化验结果判断是否分离，分离后并罐，继续消耗残糖，待残糖降至4g/L以下、发酵已终止时，调整游离SO_2至20～40mg/L，全项化验合格后封罐，密封贮存。

（四）山葡萄酒的陈酿与贮存

换桶：主发酵结束后进行换桶，去除酒脚，进入陈酿期。

陈酿：陈酿期的管理工作主要有换桶、添桶。干红山葡萄酒贮存陈酿2～3年，温度8～16℃。山葡萄酒的pH较低，鞣酸含量较高，原酒能抗氧化，贮存期内要有效地隔绝空气、保持满桶、游离二氧化硫控制在10～15mg/L，以防止过度氧化及感染杂菌。

山葡萄酒容易产生苦涩味，引起山葡萄酒苦涩味的原因比较多，主要有劣质单宁类物质含量过多、氧化过重、微生物病菌、果梗或种子中的糖苷进入酒中等因素引起。生产中一般采用缩短醪液与皮渣接触时间、延长陈酿期、下胶脱苦等处理方法来减轻由单宁引起的苦涩味。

【酒文化】

桃红葡萄酒的简介及品尝

桃红葡萄酒历史悠久，公元前600年，腓尼基人将葡萄园的概念引入法国后，桃红葡萄酒开始盛行，17、18世纪桃红葡萄酒成为欧洲帝王最欣赏的美酒。

一、产品简介

桃红葡萄酒，是被所有人都忽视了的葡萄酒的一个小族群。大多数人都已经习惯了红酒的艳丽，甚至用红酒泛指所有的葡萄酒。自然，也有相当的一部分人喜欢白酒的清爽。红的白的，各有所爱，就唯独忽略了介乎于二者之间的桃红酒。不论在餐厅酒吧，还是家庭聚会，选酒时几乎所有人想到的无非是红白葡萄酒，而没有人想到具有可爱颜色的桃红葡萄酒。

桃红葡萄酒世界各地也都有生产，美国加州的 WhiteZinfandel，法国卢瓦河谷的 Rosed’ Anjour，罗纳河谷的 Tavel 都是很有名的产品。但是产量最大而且最有名的还是法国南部的普罗旺斯地区。南法热情的阳光，并没有带给葡萄酒热烈强硬的风格，反而造就了普罗旺斯桃红酒温和慵懒的特性，特意要和蔚蓝的海水与天空，“LaVieenRose”（玫瑰人生）的慵懒曲调搭配起来一样。

桃红葡萄酒口味清爽、色泽亮丽，仅仅从感官上就能给人以时尚、亲切的气息。桃红葡萄酒的生产历史很早，但由于市场推广的原因，在中国一直没有兴起。但作为葡萄酒从颜色划分的三大正宗品类，桃红葡萄酒在葡萄酒成熟国家早已是非常畅销，并且是销量持续上升的酒精类饮料之一。

二、品酒步骤

第一步：酒温

冰镇后桃红葡萄酒味道较涩，传统上，饮用红酒的温度是清凉室温，18～21℃之间，在这温度下，各种年份的红酒都在最佳状态下。一瓶经过冰镇的红酒，比清凉室温下的红酒单宁特性会更为显著，因而味道较涩。

第二步：醒酒

桃红葡萄酒充分氧化后才够香，一瓶佳酿通常是尘封多年的，刚刚打开时会有异味出现，这时就需要“唤醒”这支酒，在将酒倒入精美的醒酒器后稍待10min，酒的异味散去，醒酒器一般要求让酒和空气的接触面最大，红酒充分氧化之后，浓郁的香味就流露出来了。

第三步：观酒

陈年佳酿的酒边呈棕色，红酒的那种红色足以撩人心扉，红酒斟酒时以酒杯横置，酒不溢出为基本要求。在光线充足的情况下将红酒杯横置在白纸上，观看红酒的边缘就能判断出酒的年龄。层次分明者多是新酒，颜色均匀的是有点岁数了，如果微微呈棕色，那有可能碰到了一瓶陈年佳酿。

第四步：饮酒

让它在口腔内多留片刻，在酒入口之前，先深深在酒杯里嗅一下，此时已能领会到红酒的幽香，再吞入一口红酒，让红酒在口腔内多停留片刻，舌头上打两个滚，使感官充分体验红酒，最后全部咽下，一股幽香立即萦绕其中。

第五步：酒序

先尝新酒再尝陈酒，一次品酒聚会通常会品尝两三支以上的红酒，以达到对比的效果。喝酒时应按照新在先陈在后、淡在先浓在后的原则。

思考题

一、填空题

1. 桃红葡萄酒大多是（ ）型酒、（ ）型或（ ）型葡萄酒。
2. 酿制桃红葡萄酒不宜采用（ ）法来提取果皮中的色素。最好的工艺还是使用（ ）法。
3. 由于桃红葡萄酒系佐餐型葡萄酒，酒中必须含有适量的（ ），以防止氧化，保持新鲜感。
4. 进行压塞装瓶后，瓶贮进行（ ）放，防止木塞干裂进入空气氧化。

二、简答题

1. 桃红葡萄酒的感官指标？
2. 根据红、白葡萄酒的发酵，分析桃红葡萄酒的发酵特点。
3. 桃红葡萄酒酿造的方法？

子学习单元4 苹果酸 - 乳酸发酵

一、 苹果酸 - 乳酸发酵的机理

苹果酸 - 乳酸发酵（Malolacticfermentation，MLF）是在葡萄酒酒精发酵结束后，在乳酸菌的作用下，将苹果酸分解为乳酸和 CO_2 的过程，是葡萄酒生产难以控制的二次发酵过程，主要由酒类酒球菌引起。

关于这一反应的合目的性仍然是一个谜。Lonvaud - Funel（1981）认为乳酸菌的这一反应或许仅仅是为了降低基质的酸度，以改变其环境条件。拉德尔（Radler，1958）的研究结果表明，乳酸菌分解 0.1g/L 左右的糖即可保证其分解 5g/L 左右的苹果酸所需群体的生长。因此可以认为，乳酸菌不是通过分解苹果酸本身，而可能是通过分解酒精发酵结束后残留的微量的糖的过程中获得所需能量的。

MLF 对大部分红葡萄酒、一些白葡萄酒和汽酒最终的质量有重要的影响。自发进行的 MLF 结果往往难以预测，甚至引起葡萄酒的腐败。

现代葡萄酒学的研究得出现代葡萄酒酿造的基本原理——要获得优质葡萄酒，首先应该使糖和苹果酸分别只被酵母菌和乳酸菌分解；其次应尽快完成这一分解过程；第三，当葡萄酒中不再含有糖和苹果酸，葡萄酒才算真正生成，应尽快除去微生物。

二、 苹果酸-乳酸发酵的微生物

乳酸菌（lactic acid bacteria，LAB）在自然界广泛存在，可存在于葡萄的果实和叶梗的表面。LAB为原核微生物，革兰氏染色阳性细菌，其生长繁殖需要从生物氧化中获得能量，当某化合物氧化时便失去电子，为平衡代谢某化合物接受电子而被还原。在苹果酸乳酸转化中，苹果酸是电子供体，而乳酸是电子的受体。LAB也能用丙酮酸作为电子受体，并产生乳酸。

三、 影响苹果酸-乳酸发酵的因素

1. pH

影响MLF的最主要的因素是pH，其影响除提供质子梯度外，它决定哪些种类的LAB会出现，影响生长的速率，当pH低至一定程度时就变为微生物的抑制剂。pH也影响微生物的代谢，在pH3.2以下时许多LAB分解苹果酸，在pH3.5时则进行糖的分解。在pH3.8时MLF的速率高于pH3.8以下时的速率，在pH3.2时比在pH3.8时慢10倍。

2. SO_2

LAB对SO_2非常敏感，比酵母敏感得多。所有LAB具有相同的敏感性，酒球菌中没有耐受性菌株。SO_2分子或其游离形式是其抑制剂形式。游离SO_2的出现取决于pH，结合的SO_2也对LAB有抑制作用，但作用较小。酵母产生一定量的SO_2，产生的亚硫酸盐量在20mg/L以上，如果pH条件合适足以抑制LAB的生长。

3. 乙醇

LAB对乙醇的耐受性有一定的限制。一般情况下乙醇浓度为14%时LAB被抑制，但有的比较敏感。如果用晚收的葡萄或高白利糖度果汁进行MLF，需要在乙醇发酵前进行。一般而言，乙醇浓度越高MLF越慢。乙醇对LAB的苹果酸乳酸代谢有强烈的干扰作用，高的乙醇浓度降低LAB的最低生长温度，升高温度则降低乙醇耐受性。

4. 温度

温度对MLF极其重要，LAB生长的最佳温度为20～37℃，15℃以下时生长受到抑制。在允许的范围内，温度越高生长越快，乳酸产生越高。温度影响LAB生长速率和迟滞期的长短，因此也影响LAB的数量。

5. 氧和二氧化碳

分子氧对MLF的作用取决于微生物的种类，其刺激一些LAB的生长机理和酵母相似。葡萄酒生产时，有限的氧化作用似乎刺激MLF，然而，如果氧含量太高，并且如果有专性异型发酵微生物，可能导致产生醋酸。因此，在MLF中应限制进行通风操作以避免不期望的终产物出现。

四、 苹果酸-乳酸发酵对酒质的影响

1. 降酸作用

MLF将氢离子固定在乳酸上可以使滴定酸度下降0.01~0.03g/L（以酒石酸计），pH增加0.3，这一点非常重要，因为如果葡萄酒pH低于3.5，LAB的代谢活性可以升高pH水平，从而使葡萄酒的酸度降低，改善葡萄酒的口感。

2. 提高细菌稳定性

MLF可以提高葡萄酒中细菌的稳定性，MLF发生时由于营养物质的消耗或细菌素的产生，其他微生物的生长受到抑制。MLF发生的时间也很重要，如果发生在葡萄酒装瓶之前，就可预防其在瓶中的生长。LAB在瓶中的生长或可引起葡萄酒浑浊、CO_2产生，产生多糖导致酒体变黏，或pH提高促使其他腐败微生物的生长等。

3. 风味的改善

葡萄酒经LAB发酵之后，不仅产生乳酸，也产生其他代谢产物，对葡萄酒的风味产生影响。在有限通风条件下，酒类酒球菌倾向于产生乳酸和乙醇，欲产生更多乳酸则要求更多的通风。然而，其他LAB在此条件下可能产生醋酸，醋酸本身有刺激性，所产生的醋酸的量非常重要，应避免超出感官检测的阈值。LAB产生的另一个重要的化合物是双乙酰，双乙酰有特征性的奶油风味。双乙酰的形成取决于前体物质的出现，可由乙醛和乙酰CoA反应形成，或丙酮酸和乙醛反应产生五碳的乙酰乳酸，后者进而再形成四碳的双乙酰分子和一分子CO_2。LAB发酵过程中可产生2,3-丁二醇，具有淡淡的苦啤酒的风味，通常在检测阈值以下。它的形成是一个还原的过程。LAB发酵过程中还产生乳酸乙酯、丙烯醛等，对葡萄酒的风味产生影响。在含氮丰富的果汁发酵时，葡萄酒中出现奶酪的风味。赖氨酸是酵母的重要营养，但过量添加会导致出现所谓的鼠臭味。一些植物乳杆菌和短乳杆菌代谢酒石酸为醋酸，产生所谓的败坏病，这些是葡萄酒酿造中不希望看到的。

【酒文化】

苹果酸-乳酸发酵的发展史

苹果酸-乳酸发酵指的是苹果酸在乳酸菌的作用下，被分解成乳酸和二氧化碳的过程。20世纪五六十年代，虽然葡萄酒的二次发酵（即苹果酸-乳酸发酵）依然存在许多未解之谜，但人们已逐渐意识到这一过程与红葡萄酒品质的好坏有着重要的联系。然而，苹果酸-乳酸发酵并不好控制，有时这一过程会自发进行，

有时则不会，有时发酵完成速度很快，有时则慢得不露一丝发酵的痕迹。酿酒师之间有个流传甚广的调侃："你们的酒什么时候开始二次发酵呀？"答曰："装瓶的时候。"

科学界普遍认为首次描述苹果酸-乳酸发酵这个现象的是弗赖赫尔·冯鲍勃(Freiherr von Babo)。在其1837年发表的一部著作中，他描述道："春天，大地回暖，温度上升之时，葡萄酒会出现二次发酵，此时的葡萄酒会释放出二氧化碳，酒液再次变得浑浊。"1866年，著名科学家路易·巴斯德（Louis Pasteur）第一次从葡萄酒中分离出真菌。1891年，赫尔曼·米勒-图高（Hermann Muller-Thurgau）提出了一个假设：葡萄酒中的酸度变得柔和是因为细菌活动。可以说，这个假设是个里程碑式的突破，因为当时人们还普遍认为葡萄酒酸度的改变是因为酒石酸的沉淀。

1939年，著名的法国葡萄酒科学家埃米耶·佩诺（Emile Peynaud）发表了一篇关于波尔多葡萄酒和葡萄汁中的苹果酸的论文。论文中提出苹果酸乳酸的缺失是葡萄酒品质受限的重要因素。埃米耶提出："苹果酸乳酸不仅会使葡萄酒在酸度上发生变化，而且会影响其香气，甚至会让葡萄酒的色度发生一定程度的减弱。可以毫不夸张地说，没有苹果酸-乳酸发酵，就基本没有品质优良的波尔多红葡萄酒"。

虽然苹果酸-乳酸发酵对酿制葡萄酒来说意义重大，但当时并没有人能成功培养出促使苹果酸转化成乳酸的乳酸细菌。因此，人们只能让苹果酸-乳酸发酵自然发生，以柔化葡萄酒的酸度。

1956年，哈泽尔酒庄（Hanzell Vineyards）的新酿酒师布拉德·韦伯（Brad Webb）在尝试了各种方式都无法成功接种乳酸细菌后，向加州大学戴维斯分校的科学家约翰·英格拉哈姆（John Ingraham）求助。在两个人的合作下，他们成功地培养出如今生产应用最为广泛的乳酸菌——ML34，并在1960年宣布了这一成就。

回顾历史是为了推动未来的发展。苹果酸乳酸-发酵和乳酸菌依然需要进一步深入的研究，让我们拭目以待。

思考题

一、填空题

1. 在葡萄酒酒精发酵结束后，在乳酸菌的作用下，将苹果酸分解为（　）和（　）的过程。
2. LAB生长的最佳温度为（　）℃，（　）℃以下时生长受到抑制。

二、简答题

影响苹果酸-乳酸发酵的因素有哪些？

学习单元4
葡萄酒的贮存及管理

知识目标

1. 了解葡萄酒贮存的目的和意义。
2. 掌握使葡萄酒澄清的方法。
3. 掌握提高葡萄酒品质和稳定性的基本方法。
4. 了解影响葡萄酒稳定性的因素。
5. 掌握提高葡萄酒稳定性的方法。
6. 掌握防止葡萄酒病害的技术。

技能目标

1. 能选择合适的方法与条件进行葡萄酒的贮存。
2. 能选择合适的葡萄酒的澄清方法。
3. 能选择合适的方法除去葡萄酒中的酒石酸盐、蛋白质、金属离子。
4. 能正确除去葡萄酒中的生物病害。

子学习单元1 葡萄酒的贮存及管理

一、 葡萄酒的贮存

（一）贮酒室

老式的葡萄酒厂贮存陈酿过程，是在传统的地下酒窖中进行。随着近代冷却技术的发展，广泛采用人工快速老熟新技术，有效地加快了葡萄酒的陈酿过程，缩短了葡萄酒的酒龄，提高了设备利用率和工厂的经济效益，所以近代葡萄酒陈酿已向半地下、地上和露天贮存方式发展，而逐步取代了那些造价昂贵、施工技术复杂的地下酒窖。

贮存方式的选择，应根据产品的工艺和质量的要求，结合当地气候、土壤、地下水位及材料来源等因素决定。北方应考虑防冻，南方应注意过高气温的影响，所以除东北以外，一般多采取地上贮存或露天大罐贮存方式。

当然，地下酒窖可以防止温度急剧变化，使酒有一个稳定的陈酿环境，酒质经过陈酿而更加细腻；获得雅致的风味，尤其对一些低度酒的贮存更为有利。而近代广泛采用的地上贮酒室陈酿，虽受季节气候变化的影响，温度变化大，影响陈酿效果。但如采取一定措施，运用冷却技术，来调节贮酒室的温度和湿度，同样可以达到如期的陈酿目的。

现代化贮酒室，应注意以下4个技术要求，如表2-20所示。

表2-20　贮酒室技术要求

	技术要求
温度	一般以8～18℃为佳，干酒10～15℃，白葡萄酒8～11℃，红葡萄酒12～15℃，甜葡萄酒16～18℃，山葡萄酒8～15℃。贮存温度低于15℃，酒的氧化过程迟缓，成熟慢，但酒质细致。在20℃以上高温贮存，酒的氧化过程加速，成熟快，酒体粗糙；同时酒受热膨胀而溢出，增加酒挥发，损失香气，易染菌
湿度	以饱和状态（85%～90%）为宜。室内空气干燥，加剧酒的氧化，酒易挥发损失。空气潮湿，易引起霉菌繁殖，产生霉味，影响酒质
通风	室内有通风设施，能定期地更换空气，保持室内空气清洁、新鲜。地下酒窖，通风系统由抽气（或送风）、通气机、空气冷却器组成。通风机应装在通风管道向酒窖的入口处，便于人工控制空气输送。地上贮酒室可安装冷却装置和空气调节系统，可调节室内温度、湿度，以达到恒温陈酿目的
卫生	（1）地面铺设钢砖，墙壁贴白瓷砖1.5～2.0m处，墙和地面应平整光滑，有合理的排水沟和一定的坡度。减少死角，便于清洗、消毒，保持洁净 （2）室内每年用石灰浆加10%～15%硫酸铜喷刷一次。每周硫熏一次（硫黄用量30g/m^3，1kg硫黄生成2kg SO_2），池门或桶箍应涂石蜡或清漆等防止SO_2腐蚀

（二）贮酒容器

当今葡萄酒贮酒容器主要有三大类，即橡木桶、水泥池和金属罐（包括碳钢或不锈钢）。

新酒在木桶中陈酿，成熟快，酒质好；而在水泥池、金属罐中成熟慢，酒质欠佳。但经过长期陈酿（2年以上）后，口味反而更好。

当然，橡木桶是陈酿葡萄酒的传统典型容器，是酿造某些特产名酒或高档红葡萄酒必不可少的特殊容器。而酿制优质白葡萄酒，用不锈钢罐最佳。国内近几年来一些酒厂已从国外引进或加工这种不锈钢贮酒罐。

（三）葡萄酒在贮存过程中的变化

新酿制的葡萄酒，口味粗糙，极不稳定，必须经过一个时期贮存陈酿，发生一系列物理学、化学和生物学变化，以保持产品的果香味和酒体醇厚完整，并提高酒的稳定性，达到成品葡萄酒的全部质量标准。贮存过程变化情况如表2-21所示。

表 2-21 葡萄酒贮存过程中的变化

	变化情况
物理变化	葡萄酒中果胶、蛋白质等杂质沉淀。酒石酸盐析出，酒液澄清透明。酒精分子和水分子聚合，使口感柔和
化学变化	葡萄酒中有机酸和醇产生酯化作用，增加香气，使新酒醇厚适口
生物变化	由于杂菌污染，酒质低劣。若污染醋酸菌，挥发酸升高，酒味带有醋酸味。酵母菌、霉菌或细菌污染，导致酒二次发酵，酒质败坏

（四）葡萄酒贮存管理

1. 隔氧贮存（低温密闭贮存）

葡萄酒传统的贮存工艺，只强调长期恒温贮存，自然澄清。酒在陈酿过程中易接触空气而过度氧化，降低酒的风格。随着技术进步，采取隔氧贮存新技术，使酒保持在还原状态下陈酿，可有效地防止因氧化而降低酒的品质，常采取以下隔氧措施。

（1）充氮赶氧　贮存容器应为密闭式，并安装有压力表和安全阀（当压为超过时 CO_2 能自动排除）。当原酒进入贮存罐时，应迅速充气赶氧，用 CO_2 或 N_2 气封罐（压力为 10～20kPa），避免酒与空气中的氧接触，防止氧化和需氧细菌繁殖。二氧化碳溶解系数高，易能较久的留在酒中，可以防止酒氧化（含 CO_2 0.2～0.3g/L 就足以防氧化），对葡萄酒起到特有的保护作用。而氮气由于不溶于水，不能使葡萄酒产生泡沫，故不会影响葡萄酒的口感，同样有防氧作用。一般在巴氏消毒和装瓶时用氮气较为合适。

（2）二氧化硫　在贮存过程中，用于保护葡萄酒，达到防止氧化、防腐，保持葡萄酒原有芳香的目的。

发酵结束后残留的 SO_2 当然可以达到上述目的。但葡萄酒中的 SO_2 大部分已化合，只有游离 SO_2 才有防腐、消毒作用，所以必须经常补充 SO_2。

2. 倒酒

（1）定义　在贮存过程中，酒中胶体物质、酒石酸盐等自然澄清，定期将桶（池）中上层清酒泵入另一桶（池）中，除去酒脚的操作称倒酒，也称倒桶、换桶。

（2）倒酒目的

①起通气作用，可使酒接触空气溶解适量氧（约 1L 酒溶解 2～3mL 氧），促进酵母最终发酵结束。

②新酒被 CO_2 饱和，倒酒可使过量的挥发性物质挥发逸出。

③分离酒脚，使桶（池）中澄清的酒和池底部酵母，酒石等沉淀物分离，除去酒脚。并使桶（池）中酒质混合均一。

④亚硫酸化，加亚硫酸溶液来调节 SO_2 含量。

（3）倒酒方式和方法

①倒酒方式：开放式倒酒：一般发酵结束后，新酒很快进行第一次倒酒。接触大量空气，促进后发酵完成。同时氧化单宁、色素和其他物质，加速酒的氧化，以利成熟。

密闭式倒酒：在第二年和以后倒酒时，应采取密闭式，避免酒与空气相接触。

②倒酒方法：倒酒最好采取分层取汁法。取上、中、下层分别贮入各桶（池）中。抽酒管头应横向侧面吸汁。距离池底40cm以上。

倒酒满池后按规定补充二氧化硫或加醇调度，密闭贮存。

3. 添酒

（1）定义　葡萄酒在贮存过程中，因挥发等因素影响，使桶（池）里形成空隙，应及时用同品种、同酒龄的酒加满容器，这一操作称为添酒，也称满桶。

（2）添酒的目的　新酿制的葡萄原酒，进入贮存阶段，由于以下诸因素影响，酒的体积减少，桶（池）口和葡萄酒表面形成空间，酒易氧化或发生醋酸化污染，必须及时进行添酒，保持满桶（池）状态，避免葡萄酒与空气接触而造成氧化和污染。

目的：溶解在新酒内的 CO_2 逐渐排出，使酒体积减少；酒在桶内自然蒸发，导致贮存损失；受气候影响，酒品温降低或升高，酒产生收缩或膨胀，所以在低温季节要添酒，高温季节要从桶（池）内抽出部分酒，防止酒体积膨胀而溢流，甚至把桶胀坏。

（3）添酒的要求　添酒的葡萄酒，应选择同品种、同酒龄、同质量健康的酒。若无同质量的酒添酒时，只能用老酒添往新酒。添酒后调整二氧化硫，并在葡萄酒液面上，按产品等级要求分别加入皮渣白兰地，或食用酒精再封池。

（4）添酒次数　第一次倒酒后，一般冬季每周添酒1次，高温时每周添酒2次。第二次倒酒后，每月添酒1～2次。在卧式大桶可半年添1次。贮存浓甜葡萄酒，酒度体积分数在16%以上，可以避免微生物在葡萄酒液面上繁殖，因此不必添酒。这样不满桶贮存，反而促进葡萄酒某些成分氧化，形成特殊风味。但在体积分数在16%以下的甜酒，仍需要添桶。贮存山葡萄酒，新酒第一个月后每周添酒1次，第二个月10d添酒1次，以后每月添酒1次，一年以后半年添酒1次。

4. 贮存过程常规检验

葡萄酒在贮存期间，应定期进行感官（色、香、味及透明度的检查）、理化（糖分、酒度、总酸、挥发酸的检测）及破败病检查。以掌握原酒在陈酿过程中的变化，以便及时采取措施，确保产品质量。

5. 瓶贮

瓶贮是指酒装瓶后贴标至装箱出厂的一段过程。葡萄酒在贮酒罐内贮存，并不包括全部陈化过程。为了完成这一过程，达到最佳风味，还需要进行瓶贮，使葡萄酒在瓶内进行陈化。

（1）瓶贮机理

①葡萄酒在瓶中陈酿，是在无氧状态即还原状态下进行的。据测定，酒在装瓶几个月后，其氧化还原电位达到最低值。而葡萄酒的香味，只有在低电位下形成。其香味物质只有在还原型时才有愉快的香味。所以经过瓶贮的葡萄酒显示出特有风格。

②葡萄酒在装瓶时偶尔带入的氧消耗之后促进香味形成。但氧并非是瓶中陈酿的促进剂。因此装瓶软木塞必需严格紧密，不得渗漏。同时瓶中顶空体积不得过大，否则会导致氧化作用，使葡萄酒迅速败坏，口味变劣。

③瓶贮时酒瓶应卧放，木塞浸入酒中，起到类似木桶的作用，改善陈酒的风味。

（2）瓶贮期　瓶贮的周期，因酒的品种、酒质要求不同而异。最少 4 ~ 6 个月。若在净化理时，采取必要的措施，预防氧化，瓶贮时间可以缩短。有些高档名葡萄酒，瓶贮时间可达 1 ~ 2 年。

二、 葡萄酒的陈酿

每种葡萄酒，从酿造到适合饮用都有保存的最佳期和衰老期。葡萄酒达到质量最高点的时期，最适于饮用。但随着时间的延长又进入衰老期，酒质慢慢下降，甚至变质，这就是葡萄酒的寿命。若在木桶陈酿时间太长，会使果香失去，陈化气味太浓，令人不快，且色泽褐化，称之为“马德拉”化。因此葡萄酒愈陈愈好的说法并不妥当（如白葡萄酒）。一般白葡萄原酒陈酿两年以上，以使可析出的盐类、凝固物充分析出和香味形成（因为酒中的酸和醇产生的酯化作用，在陈酿前两年较快，而后减慢下来，据测定新酒每 1L 总酯为 2 ~ 3 毫克当量，2 ~ 3 年后可达 6 ~ 7 毫克当量，20 年后为 9 ~ 10 毫克当量）。

白葡萄酒贮存的最佳期较短，不宜长期陈酿，以保持其果香新鲜，口味爽净的风格。一般陈酿期为 1 ~ 3 年。干白葡萄酒陈酿期更短，6 ~ 10 个月即可出厂。

红葡萄酒，由于酒精含量较高，且有非挥发性酸，同时由于单宁和色素物质含量高，色较深，适合较长时间陈酿（一般 2 ~ 4 年）。使新酒的生涩味，逐渐形成特有风味，具有口味醇和、酒香浓郁的特有风格，使酒质更佳。

其他葡萄酒，由于葡萄酒生产环境条件不同，酿制方法特殊，更适于长期陈酿，酿造成更有特色的酒，一般 5 ~ 10 年则是最佳饮用期。

所谓百年老酒，只能作为古董文物收藏之用，而不适饮用。

从工厂经济效益角度出发，葡萄酒的生产周期愈短愈好。这就必须运用新技术，采取相应措施，才能实现。实际上目前国内外一些优质干白葡萄酒，生产周期已缩短到一年之内，而且质量很高，受到消费者赞赏。

【酒文化】

葡萄酒的贮存

一串葡萄是美丽、静止与纯洁的，可它只是水果而已；一旦压榨后，它就变成了一种动物，因为它变成酒以后，就有了动物的生命。

——威廉杨格

在葡萄酒存放的6个要点中，唯温度和湿度难于做到。对于生活在都市里的绝大多数人来说，如喜爱葡萄酒，并想收藏几瓶一流的葡萄酒以便陈酿成熟后再喝，那唯一的选择就是购买酒柜。

保存葡萄酒的几个要点如下所述。

①卧放：不少人都知道，葡萄酒要卧放。葡萄酒在饮用时须适度氧化，让其香气能释放出来，但存放时却忌空气，卧放可保证软木塞浸泡在酒中，使软木塞保持一定的湿度。如竖放，软木塞会渐渐地因干枯收缩而漏气，酒就会被氧化，无需多久瓶中之物就会变成醋。因此，酒买回后应让它即刻“躺下”。

②避光：葡萄酒怕光。因为光会加速葡萄酒中的分子运动，加快其成熟过程。这听来是好事，可以提前喝佳酿了，实际上远不是如此，葡萄酒要在缓慢的过程中成熟才好。这就是为什么我们所见的大多数酒瓶是绿色或棕色的原因。但仅靠酒瓶的深色还不够，为求稳妥，还是找个暗的地方放酒，或用不透明的纸将酒包起来为好。

③低温：恐怕只有少数人才知道葡萄酒需低温存放。藏酒的理想温度是10～20℃。当然严格来说，红酒与白酒的贮存温度是有差异的，白酒存放的温度比红酒低。如能保持恒定的温度，则12℃最理想。温度过低，会使葡萄酒的成熟过程变慢，这听来又是好事，葡萄酒不就希望慢慢成熟吗？但温度过低的缓慢成熟可能导致葡萄酒“发育”的“僵化”，在酒尚未达到最佳状态前就停止了继续成熟，接踵而至的却是衰老。反之，温度过高，会使葡萄酒早熟，使酒缺乏细腻的层次感。另一点非常重要，却又易被人疏忽的是：葡萄酒的存放温度一定要恒定。即将葡萄酒存放在20℃的恒温环境中也比每天的温度都在10～18℃之间波动的环境好。温度的波动会造成酒体的热胀冷缩，一方面加速了酒中分子的运动，使葡萄酒趋于早熟；另一方面也会对瓶塞产生推拉力，使酒瓶的密封性变差，尤其是短时间内剧烈的温度变化。

④适宜的湿度：收藏葡萄酒还有个重要的指标，即湿度。虽然葡萄酒被卧放，软木塞的一端浸在了液体中达到了“水封”的密封效果。如环境空气太干燥，软木塞靠瓶口那端就会慢慢因缺水而收缩。一般软木塞的长度都为40～50mm，理想的相对湿度是60%～70%。

⑤无震动：收藏葡萄酒时还要注意避免震动。因为震动会加速分子运动，使

酒趋于早熟。因此，不要时不时地去翻动葡萄酒。原则是让酒“躺下睡觉”，不要惊动它们。

⑥无异味：葡萄酒如同茶叶，极易被其他气味异化，因此存放葡萄酒还需注意的是，周围不要有异味。环境通风是避免异味的有效手段。虽然不是绝大多数，但现在也有不少中低档的葡萄酒采用类似软木塞造型的塑料塞或带丝扣的金属瓶盖。对这类葡萄酒无须卧放，也无环境湿度要求。

思考题

一、填空题

1. 贮存酒的温度一般以（ ）℃为佳，以饱和状态（ ）为宜。
2. 当今葡萄酒贮酒容器主要有三大类，即是（ ）、（ ）和（ ）。
3. 当原酒进入贮存罐时，应迅速充气赶氧，用（ ）或（ ）气封罐（压力为10～20kPa），避免酒与空气中的氧接触，防止氧化和需氧细菌繁殖。
4. 第一次倒酒后，一般冬季每周添酒（ ）次，高温时每周添酒（ ）次。第二次倒酒后，每月添酒（ ）次。在卧式大桶可半年添（ ）次。
5. 若在木桶陈酿时间太长，会使果香失去，陈化气味太浓，令人不快，且色泽褐化，称之为（ ）。

二、简答题

1. 贮酒室的技术要求？
2. 葡萄酒贮存过程中发生的变化？
3. 葡萄酒贮存过程中需要氧气吗？
4. 葡萄酒贮存过程中产生沉淀应如何处理？
5. 葡萄酒贮存过程中酒挥发应如何处理？
6. 贮存过程中需要检测哪些常规指标？
7. 葡萄酒装瓶后可以直接销售吗？为什么？
8. 葡萄酒贮存时间越长越好吗？

子学习单元2 葡萄酒的澄清与过滤

一、葡萄酒不稳定和浑浊形成的原因

（一）葡萄酒不稳定因素

构成葡萄酒的物质，大部分呈分子状态，只有一小部分是胶体状态。而这一小部分却对葡萄酒的澄清和稳定性非常重要。

葡萄酒是一种胶体溶液，胶体溶液中的颗粒有由小变大的趋势，颗粒越大，散射的光线就越多，溶液也就越显浑浊，从而导致葡萄酒不稳定。

（二）葡萄酒浑浊的形成

由于葡萄酒在酿造过程中会发生一系列的微生物、物理、化学和生物化学的变化，使葡萄酒成分产生不平衡。首先是化学反应，如铁的氧化，铜的还原，蛋白质和单宁的作用，果胶、色素以及pH变化等，形成胶体物质（磷酸铁、胶体、色素及其他），然后逐步在液体中生成絮状物，开始浑浊并沉淀下来。

葡萄酒是复杂的液体，其主要成分是水分和酒精分子。其他物质如有机酸、金属盐类、单宁、糖、蛋白质和其他等。新酒中还含有悬浮状态的酵母、细菌、凝聚的蛋白质和单宁物质、黏液质、酒石酸钾和钙等，这些均是形成浑浊的原因。

二、葡萄酒澄清过程

（一）澄清目的

葡萄酒在贮存过程中，由于酒温降低，酒石结晶沉淀。红葡萄酒还有无定形的色素微粒自行沉淀出来。另外还有蛋白质浑浊、微生物浑浊等。为了保证葡萄酒有一定的稳定性，且透明度好，除保持一定贮存期外，还必须采取澄清或其他技术加工措施，以取得合格的葡萄酒。

发酵结束，进入贮存的葡萄酒，尽量提早进行下胶处理，以免在贮存过程中影响酒质的净化和老熟，有利于稳定酒的质量。

（二）澄清的机理

葡萄酒的透明度，取决于过滤与澄清两项措施。过滤是简单的物理作用。而澄清则比较复杂，直接涉及葡萄酒的结构，是一种胶体性化学－物理现象。

所谓澄清，是通过在葡萄酒内加入一种澄清剂而进行的。而用作澄清剂的胶体大部分是蛋白质，在葡萄酒中带正电荷。而葡萄酒内胶体成分，如单宁在酒中部分呈胶状态，它和形成雾浊的粒子带负电荷，当它们接触时，相互吸引，便开始絮凝过程，使酒处于一种新的胶体状态，形成胶体沉淀，使酒澄清而透明。

另一种解释：酒中单宁使澄清剂中蛋白质变性，即把它由亲水胶体转化为憎水胶体，在酒中金属盐的阳离子作用下，憎水胶体便凝聚沉淀。

（三）澄清过程

在葡萄酒中，加入有机的或无机的不溶物质（即澄清剂），它和葡萄酒胶体物质相互作用，产生一种不溶性化合物，形成了絮状而沉淀下来，同时将酒中悬浮的很细微粒沉淀下来，使酒澄清。由此可见澄清酒要经过两个过程，即先经过凝聚过程，由于凝聚作用使微粒增大，再经过沉淀过程，由于沉降作用，使固形物沉淀析出。因此澄清过程需要几天或几周时间，才能达到预计效果。

葡萄酒中成分比较复杂，而参与凝聚沉淀作用的成分，主要是聚苯酚、单宁、色素物质和含氮物质，因此澄清过程与这些因素有关。

红葡萄酒单宁含量高，下胶以后几分钟就有絮状体形成，便很快凝聚沉淀。

白葡萄酒单宁含量低，下胶后需要几小时，甚至3~4d才形成絮状体。

单宁和蛋白质浓度愈高，形成单宁盐、鞣酸蛋白质的速度，及其他沉淀速度更快。

（四）常用的澄清剂

1. 澄清剂分类

澄清剂分动物性、植物性和矿物性等三种。

2. 主要澄清剂

（1）明胶（又称骨胶）　明胶是动物下脚（软骨、骨腱、碎皮）加压经长时间烧煮而得，是去单宁的氧化性澄清剂。

食用明胶具有良好的凝聚性质和吸附能力。凝胶力100~200布卢姆单位，黏度3~6MPa·s，相对分子质量15000~140000，溶于热水（70~80℃）、甘油、醋酸。不溶于乙醇和醚。不耐高温，当加热到120~125℃，冷却后失去凝固物质。

硅胶-明胶复合澄清剂：硅胶以30%的量溶于水中，制取胶体溶液，可取代单宁，用于白葡萄酒澄清。

（2）鱼胶　是白葡萄酒的高级澄清剂。酒中组分被它消耗得最少，又不会使酒受到污染。虽澄清较慢，但效果好。由于价格昂贵，故一般用于高级葡萄酒及特殊加工酒的澄清。

（3）蛋清　溶于水，具有除单宁和色素的性能，在冷的酒精和酒石酸中沉淀出来，和单宁化合产生不溶性单宁盐。澄清作用快，适于优质红葡萄酒下胶，它使酒味柔和而不单薄，并能保留酒的细腻感。但由于加工不纯而有臭味，故用得较少。

（4）干酪素（酪朊）　具有在酸性中凝聚的特性，能去酒中不稳定的色素物质，是白葡萄酒的重要澄清剂。主要用于处理铁浑浊的白葡萄酒。

（5）血粉　用于新酒的澄清，效果好，使略带涩味的红葡萄酒变得柔和。

（6）皂土　一般用来澄清由于蛋白质浑浊，或下胶过量的葡萄酒，效果很好。皂土常与明胶一起用（明胶用量为皂土的10%），可提高澄清效果。

（7）亚铁氰化钾　亚铁氰化钾和某些金属如铁、铜、锌等可以生成不溶性化合物而沉淀。

（8）单宁（单宁酸、鞣酸）　单宁酸含量80%以上。收敛性强，味极涩，呈酸性反应。溶于水、醇，能使生物碱及蛋白质凝固沉淀，遇含铁物质生成黑色单宁酸铁沉淀。

（9）果胶酶　可使果胶失去胶性，果汁黏度下降，酒中不溶性浑浊物易形成颗粒下降，使酒澄清。一般作用温度15～25℃，时间6～8h。

3. 下胶澄清技术

（1）下胶操作　下胶是葡萄酒澄清过程中一项重要操作。下胶过程是以加到葡萄酒中的澄清剂和酒中胶体物质相互作用为基础的，要提高澄清效果，必须按一定的工艺操作进行。

①准备酒：将要澄清处理的葡萄酒，除去悬浮杂质，搅匀待用。有发酵现象或污染了乳酸菌等有害微生物的酒不能下胶。如原酒中含有残糖，应加适量二氧化硫（5～10g/100L）防止发酵。

②下胶试验：下胶前应先测定葡萄酒中单宁含量，以确定下胶用量。或通过小样试验来确定单宁和明胶的用量。方法是取40支试管，编好号码，各放10mL准备下胶的葡萄酒，分别加入不同数量的1%单宁和1%明胶。先按顺序加单宁猛力摇动后，再加入明胶，强烈振荡后静置6～12h后，取透明度最好，明胶用量最少的试样作为最佳方案，来确定生产下胶用量。

③下胶与分离：根据上述试验数据，准确、缓慢、均匀地加入单宁后再加明胶，及时充分搅匀。下胶经2～3周后，将清酒抽出（并进行过滤），迅速与酒脚分离。

（2）影响下胶效果的因素

①澄清剂用量是否准确，下胶操作是否得当，澄清剂在酒液中是否均匀分布，直接影响澄清效果。

②酒中单宁含量过低，影响下胶效果。一般单宁和明胶的最大比例为7∶8（一般讲沉淀1g明胶需要0.8g单宁）。

③酒中存在保护胶体，有些白葡萄酒含有多缩己糖，不易下胶澄清。新酒中含有大量黏液，起保护胶体作用，故不宜下胶。

④下胶只有在无机物、钙、镁、钾和铁盐存在下，效果好。葡萄酒酸度高，不含三价铁盐，不利下胶。有人认为在下胶前强烈通风，使酒中Fe^{2+}转化为Fe^{3+}，可提高下胶效果。

⑤蛋白质过多，难以澄清的葡萄酒，下胶前可加硅藻土或皂土，能提高澄清效果。

⑥如酒中含有酵母、蛋白质或污染了有害微生物，以及因铜等金属引起浑浊时，可用皂土下胶（用量50～100g/100L）。

⑦下胶温度过高或过低，影响下胶效果。温度愈低，愈促进絮状体形成，加速澄清。温度高（25℃以上），澄清剂的凝聚性能降低。下胶后可能呈溶解状态留在酒中，当温度变化时，或大气压低时，会将酒中沉淀物搅拌，重新出现浑浊。

⑧季节对下胶影响。一般在冬末春初，天气晴朗，大气压高，不刮风，室温

8～20℃的气候条件下下胶效果好。

⑨澄清白葡萄酒时应用无色食用明胶，黄色或淡棕色明胶可用于红葡萄酒，棕色明胶由于不纯，不宜使用。

（3）下胶效果检查

经下胶澄清的酒，在-7℃经7d检查不浑，葡萄酒主要成分变化很少，说明已达到下胶澄清目的。

4. 离心澄清

（1）目的　葡萄酒中悬浮杂质，靠自然沉降与酒液分离所需的时间较长，而酒通过离心机产生的离心力场比重力场大很多倍，且与旋转速度的平方成正比，因此离心加速了酒中杂质和微生物细胞的沉降过程，在几分钟内沉降下来，使葡萄酒迅速澄清。

（2）离心机类型

①鼓式：离心转鼓是敞口的，每次操作时需要人工清除沉渣。

②自动出楂式：出楂是自动间歇进行，且可根据酒的澄清度或酒泥累积量多少来调节出楂时间和次数。该机可连续操作，工作效率高。

③全封闭离心机：一般用于处理起泡葡萄酒。

（3）注意事项

①在连续离心澄清葡萄酒时，要让它经过短时间的沉降，以除去大粒杂质，防止擦伤设备。

②处理酒脚时，要先倾去清酒，保证分离效果。

③离心机转速较高，一般为4000～5000r/min，现代新型离心机为10000r/min，在使用时应该注意安全。

三、葡萄酒的过滤

葡萄酒的透明度，是葡萄酒质量的一项重要指标之一。欲获得清亮透明的葡萄酒，除采取澄清处理工艺外，过滤则是一项必不可少的技术手段。

（一）过滤机理

过滤是用多孔隔膜（即分离介质）进行固相物质与液相物质分离的操作。即是葡萄酒通过过滤层多孔的过筛与吸附作用，液体中的悬浮颗粒、胶体、酵母细胞和细菌等，都留在过滤介质表面或内部。

过滤效率取决于过滤介质（过滤板）面积，液体通过的压力及构成浑浊物质的性质。由于过滤是一种物理作用，只是将悬浮物滤去或吸走，而澄清却是一种化学、物理作用，所以两者结合使用，才有更好的效果。

（二）过滤过程

葡萄酒的过滤，主要经过两种过程，具体过程如下所述。

1. 筛分过程

葡萄酒中微粒比过滤介质孔隙大，不能通过过滤层而被截留下来。此过程最初滤液略有浑浊，但由于逐渐形成一种粗滤层，后来越来越澄清透明，从而提高过滤效率。

2. 吸附过程

若酒中微粒比过滤介质孔目小，由于微粒和过滤介质所带电荷不同，在过滤过程中则产生吸附作用，将微粒吸附在过滤介质的表面上，因此最初滤液很清。由于介质表面渐渐被微粒遮盖形成难透层，减弱和失去吸附作用，降低过滤效率。

过滤过程实际上是筛分和吸附两种作用的过程。所以要根据酒质情况分别选用不同的过滤方法。

对于比较浑浊的新酒，含有较多的杂质，应采用筛析过滤，如用涂有硅藻土层的布袋等。

对于很清的酒，在装瓶之前，为使它完全澄清透明，应用吸附过滤。如用滤纸或纤维过滤板，不仅可获得较好的澄清度，还能除去微生物而达到除菌的目的。

（三）影响过滤的因素

过滤过程主要取决于过滤前后的压力差。过滤效率则以过滤速度来表示。过滤速度是指在单位时间里，通过 $1m^2$ 的过滤层滤液的数量。

过滤速度与压降成正比。过滤速度与滤液的黏度成反比，故提高过滤操作温度，可提高过滤速度。过滤速度与滤层厚度成反比。过滤速度与过滤面积成正比。过滤速度与滤液的浓度有关。

（四）常用的过滤介质

所谓过滤介质，是由结构精细的纤维或粉末状物质制成的。根据不同厚度、紧密度，装到过滤机内，以达到不同的过滤性能。常用的有硅藻土、纤维等。

（五）过滤方式及设备

葡萄酒的过滤方式，一般分为传统的滤棉过滤和较先进的硅藻土滤板过滤，近代开始采用微质除菌过滤、真空过滤等。

为了达到理想的过滤效果，得到清澈透明的葡萄酒，一般需要进行多次过滤。

健康的葡萄酒，最好在过冬之后过滤，使酒中过剩的酒石酸氢钾凝聚沉淀。如在冬季之前（或未经人工冷处理）过滤，到了冬季又会出现浑浊，产生细小的酒石结晶，缓慢沉淀下来。

污染病害的葡萄酒，过滤前应加少量 SO_2，一般 5～10g/100L 为宜，以防止微生物繁殖，防止产生 CO_2，使过滤层破坏，降低过滤效率。

四、葡萄酒的稳定性处理

（一）葡萄酒的稳定性

葡萄酒装瓶时是澄清的，经过了一段时间就出现浑浊，这说明葡萄酒各个成分之间时时刻刻在发生变化，不可能永远澄清，这一现象我们称之为葡萄酒的稳定性。如果葡萄酒在一特定时间内显示不理想的物理、化学及感官的变化，即葡萄酒的稳定性受到了破坏。

稳定性被破坏的葡萄酒会出现下列几种变化。

酒变成褐色或酒色破坏；酒发生雾浊或很轻的浑浊；浑浊；沉淀；味觉及气味变化。

（二）葡萄酒的病害及其防治

影响葡萄酒稳定性的因素很多，主要可分为生物性病害与非生物性病害影响。下面就依照这两种病害及相应的措施进行分析。

1. 葡萄酒的非生物性病害及采取的措施

葡萄酒是由新鲜葡萄或新鲜葡萄汁经过发酵制成的非常复杂的有机液体，如果在酿制过程中有些地方处理不当，在贮存期间葡萄酒的各种成分就会产生一系列变化，它的非生物稳定性就会受到破坏。影响葡萄酒非生物稳定性的原因主要分为：酒石酸盐不稳定性、蛋白质与色素的不稳定性及金属的影响。

（1）酒石酸盐不稳定性　在酿酒用的葡萄中含有大量的酒石酸，葡萄也富含钾，在葡萄汁中存在一定浓度的酒石酸氢钾，在发酵后，由于酒精的产生，使葡萄酒在贮存过程中往往产生大量的酒石酸氢钾沉淀，从而影响产品质量，故生产葡萄酒应防止酒石沉淀，影响酒石酸氢钾不稳定性的因素主要有酒精、酚类、阳阴离子、pH 色素及各种络合物，常采取的措施如下所述。

①冷冻法：酒石酸氢钾的特点是温度越高，溶解度就越高，温度越低溶解度就越低，因此将酒瞬间杀菌后冷至冰点以上 0.5℃，因各类葡萄酒的酒精的含量不同，其冰点也不同，葡萄酒在冷至所需达到的温度后，要在低温保持一段时间，以便沉淀完全，时间的长短从 4～5d 到 8～15d 的幅度内选择。

②添加偏酒石酸法：偏酒石酸抑制酒石酸盐沉淀的原理主要是吸附作用，由于酒石酸盐的晶体表面都吸满了酒石酸的颗粒，这样就使那些小的酒石酸盐晶体之间不能相互结合成大的晶体而处于溶解状态，因而不能产生沉淀，但偏酒石酸对酒的风味稍有影响，应注意控制用量，一般每 100kg 纯果汁中加入 2% 的偏酒石酸溶液 3kg 即可防止酒石结晶析出。

③离子交换法：通过阳离子树脂交换柱，以交换其中的钾和钙以达到去除酒石酸氢钾与酒石酸钙的目的，一般用钠型和氢型树脂。

（2）蛋白质与色素的不稳定性　蛋白质混浊是葡萄酒的主要问题，在微量重金属存在下，葡萄酒中的单宁与蛋白质形成蛋白质－单宁络合物，导致酒出现雾浊或浑浊，采用加热及冷处理相结合的办法能使酒获得冷稳定性。

葡萄酒暴露在空气下，会导致变色及产生雾浊。葡萄酒因氧化而引起的变化速率受温度及酒中所含多酚氧化酶的影响，SO_2有抗氧作用，能阻止多酚氧化酶的变褐作用，因此要适当提高葡萄酒中SO_2的含量，添加SO_2的含量。

（3）金属的影响　葡萄酒中由于其所含的阳离子形成胶体络合物并进而形成浑浊。主要是铜和铁形成的破败病，在正常条件下，从葡萄进入酒中的铜及铁的量不足以影响酒的稳定性而造成破败病的发生，形成铁破败病中的铁主要来自葡萄酒酿造设备，在酒中的铁以亚铁或高铁形式存在。在正常情况下，主要以亚铁形式存在，在通气时亚铁转变为高铁，如其他条件适合，则形成磷酸铁即酒变为混浊，柠檬酸具有与葡萄酒中的铁离子生成复盐的性质，在某种程度上能阻止铁的单宁盐与磷酸盐的形成，所以在第一次下酒时添加，可增加酒的新鲜清凉味觉，又防止铁腐蚀。

在亚硫酸盐加入比较多的葡萄酒中如果铜含量超过0.5mg/L，并贮存于密闭容器中则很可能形成雾浊，事先应将两种物质从酒中完全除去，防止铜破败的形成，加皂土除去蛋白质与多肽是较好的办法。

2. 葡萄酒的生物性病害及其防治

微生物对葡萄酒组成分的代谢作用破坏了酒的胶体平衡，引起酒形成雾浊、浑浊或沉淀。葡萄酒的生物稳定性是指葡萄酒是否有抵抗微生物的影响而保持其良好状态的能力。葡萄酒是一种营养丰富的饮料，对微生物来说也有其生长需要的各种成分。

但葡萄酒中又有抑制微生物生长的因素，葡萄酒具有较高的酒精含量及较低的pH，因此只有少数几种微生物能残存并繁殖。一般是酵母菌、醋酸菌及乳酸菌。致病菌在葡萄酒中不能存活。

（1）消除生物病害，增强葡萄酒的生物稳定性

葡萄酒中微生物生存的不利因素如下所述。

①酒精含量：葡萄酒中的酒精含量不足以杀死微生物，但却能抑制大多数微生物的生长。在葡萄酒内经常见到的微生物中，酒花菌只能抵抗几度酒精；酵母菌一般只能生长于16%以下酒精，乳酸菌大部分在14%以下才能繁殖，少量的可抵抗16%～18%的酒精。

虽然也曾有人发现在18%～20%的葡萄酒中仍有一些腐败微生物活体存在，但实践证明，只要是通过正常操作酿造的葡萄酒，当其酒精含量超过16%时，一般就成为生物稳定性很好的葡萄酒。在低于这一酒精含量时，就要看其他的抑菌因素及其产生的相乘效果。

②SO_2含量：保持一定量的游离SO_2，是增强低酒度葡萄酒生物稳定性的有效手段，SO_2与葡萄酒中有机酸的抑菌也有相乘效果。

③有机酸：酸性环境不利于细菌的生长，即使是耐酸的乳酸菌，当葡萄酒中酸度达到0.6%～0.8%时，其繁殖就被抑制，不同的有机酸的抑制效果有差异。

④氧气：缺氧的环境不利于霉菌和大部分细菌的生长，葡萄酒中常见的病害菌如醋酸菌、醭酵母都需要一定的氧气才能大量繁殖。即使是兼性厌氧的微生物，

如酵母等，一般在其繁殖阶段也需要少量氧气。所以设法减少装瓶葡萄酒的溶氧，也是增强其生物稳定性的一个很重要的措施。

⑤营养状况：葡萄酒中如果缺乏微生物生长所需营养成分的一种或几种，微生物就难以生长。例如干酒中缺糖，如果再去掉苹果酸，也没有柠檬酸的话，大部分在葡萄酒中常见的微生物类群会因为缺乏它们所需要的碳源而失去生长的机会。

⑥微生物类群：不同微生物类群的生长限制因素是不同的。搞好葡萄酒厂的环境卫生，避免过多种类和数量的杂菌生长，对提高葡萄酒生物稳定性具有重要的作用，否则防不胜防。

（2）采取各项措施获得葡萄酒生物稳定性　葡萄采摘后要及时处理，除去病果、腐烂果；发酵、贮存容器及工具、用具使用前要彻底杀菌；在破碎葡萄后加入接种酵母前，往葡萄浆中加100～125mg/L的SO_2；在接入酵母前，将葡萄汁进行巴氏灭菌。此法目前逐渐不受重视，因为有可能损害风味，并在经济上支出较大；发酵中添加强化的酵母菌；控制好发酵温度，及时倒池或换桶。贮酒中注意添酒；对葡萄酒在贮存时进行冷冻处理；酒在装瓶前经过精滤，随即进行巴氏灭菌或灭菌过滤。

除此之外，要保证葡萄酒在装瓶后长期保持其稳定性，以避免在装瓶后再发酵或发生浑浊、沉淀的危险，这就需要在装瓶前再对葡萄酒进行一些必要的分析即进行稳定性检测。除了一些常测指标分析外，还应分析酒的还原糖、有机酸、挥发酸、游离SO_2、铁和铜的含量来采取相应的措施。如：还原糖含量应小于2g/L，否则将影响酒的稳定性，有再发酵危险，应采取措施使其发酵彻底（对干酒）或添加H_2SO_3，使游离SO_2达60～80mg/L；有机酸：如果分析装瓶前酒中存在苹果酸，就有可能发生苹果酸-乳酸发酵，在装瓶前可进行一次无菌过滤或加适当的H_2SO_3以阻止；挥发酸：若含量超过0.6g/L，有酸败的可能，可增添H_2SO_3；或进行无菌过滤；游离SO_2应根据不同类型的葡萄酒，以保证酒中游离SO_2的一定浓度；铁：含量应小于8mg/L，以避免铁破败危险；铜：含量应小于0.5mg/L。

（3）做实验　除了进行了必要的分析和采取相应的措施外，还应做一些试验，以确保稳定性。可以进行分析的试验有氧化试验、铁破败试验、铜破败试验、蛋白破败及下胶过量试验、酒石和色素沉淀试验、微生物稳定性试验。

总之，能从根本上防治葡萄酒的各种破败病，提高其稳定性并不是容易做到的，从原料到整个生产过程都须严格管理；应作好稳定性分析及相应的稳定性试验并采取相应措施，往复进行，直至保证葡萄酒稳定性很好，才能装瓶，才能保证葡萄酒的质量。

【酒文化】

葡萄酒的澄清

什么是葡萄酒澄清？葡萄酒澄清是通过向葡萄酒中添加特定的澄清剂，净化和稳定葡萄酒酒液的过程。

听起来是不是有些令人困惑？或许是有点。葡萄酒在酒厂/酒窖中完成发酵和熟成后，装瓶前，许多葡萄酒生产商会使用某种物质或澄清剂对其进行一定的处理，用于除去造成葡萄酒浑浊的物质。这些澄清剂包括蛋清、鱼胶（从鲟鱼的鱼鳔中提取的蛋白质）、酪蛋白（牛奶中的蛋白质）和膨润土等。在将酒中多余的物质移除后，这些澄清剂最后也会被去除。

那么，为什么要对葡萄酒进行澄清呢？对于年轻易饮的便宜葡萄酒来说，澄清能让葡萄酒快速得到净化，这样它就能很快装瓶。因此，适合趁年轻时饮用的葡萄酒在装瓶前一般都会进行澄清。但那些需要陈年以发展出更多复杂性和特点的优质葡萄酒，则通常不会经过澄清过程。这是因为澄清在将酒中多余的物质移除的同时，也会将增加酒中复杂性的一些香气和风味带走。不经澄清的葡萄酒有时会在酒标上标注“Unfined”或“Unfiltered”，表示未经澄清和（或）过滤，而且它们在陈年后会在酒瓶中产生沉淀，倒入杯中，与经过澄清的葡萄酒相比没有那么清澈透亮。对于未经澄清的葡萄酒，其酒标上除了“Unfined”或“Unfiltered”，有时还会出现“Vegetarian”或“Vegan”，它们分别表示“素食的”和“绝对素食的”。如果是酒标上标有“Vegetarian”，则说明此酒在生产过程中未使用鱼胶进行澄清；如果是“Vegan”，则表明此酒未使用任何动物蛋白进行澄清。

因此，如果你遇到了一款未经“澄清”，看起来浑浊的葡萄酒，你不要认为此款酒充满了细菌。实际上，这可能意味着此款酒的口感非常复杂和有趣，很值得一尝。

思考题

一、填空题

1. 葡萄酒的透明度，取决于（ ）与（ ）两项措施。
2. 用作澄清剂的胶体大部分是（ ）。
3. 过滤是用（ ）进行固相物质与液相物质分离的操作。
4. 葡萄酒的过滤方式，一般分为（ ）和（ ），近代开始采用（ ）、真空过滤等。
5. 除菌过滤滤膜常用孔径有两种：（ ）和（ ）。前者用于滤除酵母细胞，后者用来滤除（ ）。

6. 偏酒石酸抑制酒石酸盐沉淀的原理主要是（ ）。
7. 蛋白质浑浊是葡萄酒的主要问题，在微量重金属存在下，葡萄酒中的（ ）与蛋白质形成（ ）络合物，导致酒出现雾浊或浑浊。
8. 葡萄酒贮存过程中，可通过添加一定量的（ ）以避免铁破败。

二、简答题

1. 葡萄酒澄清的方法有哪几种？
2. 常用的澄清剂有哪些？各种澄清剂的使用方法？
3. 为什么要进行下胶操作？如何操作？
4. 影响葡萄酒非生物稳定性的原因有哪几种？详细列举一个因素的去除方法？
5. 葡萄酒中微生物生存的不利因素有哪些？
6. 列举你知道的检测葡萄酒稳定性的实验，请至少列举三种，并详细说明。
7. 附近企业中采用的葡萄酒过滤设备是哪种？为什么？

教学情境三

黄酒生产技术

黄酒是我国的民族特产和传统食品，也是世界上最古老的饮料酒之一，因其大多数产品呈黄色，故而得名。黄酒是以谷物为主要原料，利用酒药、麦曲或米曲中含有的多种微生物的共同作用，酿制而成的发酵酒。具有历史悠久，品种繁多，营养丰富，用途广泛，饮法多样等特点。

学习单元1

黄酒生产原料及处理

【教学目标】

知识目标

1. 了解黄酒发展的历史、现状及未来发展趋势，掌握黄酒的分类及特点。
2. 掌握黄酒酿造所需原料的种类、特点。
3. 掌握黄酒酿造所需辅助材料的种类、基本性质和处理方法。
4. 掌握黄酒生产对原料的要求。

技能目标

1. 能根据要求选择合适的黄酒酿造所需的原辅料。
2. 能根据要求处理原辅料。

子学习单元1 关于黄酒的原料

一、 稻米

稻谷籽粒由颖（外壳）和颖果（糙米）两部分组成。

黄酒生产原料在酿造前，为了减少杂菌繁殖，利于有益微生物的糖化发酵作用，均需要去除脂肪，蛋白质含量较高的外层、糊粉层、胚芽等。通常所指的大米是稻谷经过除谷壳、去米糠后得到的白米。糙米碾制成白米的过程称为大米的精白。白米的碾制从原理上可分为脱壳和精白两步。

二、 黍米

黍米又称大黄米、糯秫、糯粟、糜子米等，禾本科植物，是我国栽培最早的谷物之一，被列为五谷之一，我国华北、西北多有栽培。品种多样，不同品种的黍米出酒率差异很大。黍米按颜色分，有黑色、白色、黄油色三种，其中以大粒黑脐的黄色黍米品质最佳，是黍米中的糯性品种。白色黍米和黄油色黍米都是粳性品种，和粳性稻米一样，米质较硬，出酒率不高。

三、 玉米

玉米是我国北方的主要粮食作物之一，与大米、小麦并列为世界三大粮食作物。

如表3－1所示，玉米除淀粉含量稍低于大米外，蛋白质与脂肪含量都超过大米，特别是脂肪含量丰富。玉米的脂肪多集中于胚芽中，它将给糖化、发酵和酒的风味带来不利的影响，因此，玉米必须脱胚成玉米渣后才能酿造黄酒。脱胚后的脂肪含量因玉米品种不同，差异较大，如黑玉46品种的脱胚玉米，脂肪含量仅剩0.4%，而一般品种的脱胚玉米，脂肪含量约为2.0%。如果用脱胚不完全的玉米酿制黄酒，会使发酵醪表面漂浮一层油，给酿造工艺控制和成品酒质量带来不利影响。

玉米淀粉结构致密坚硬，呈玻璃质的组织状态，糊化温度高，胶稠度硬，较难蒸煮糊化，因此要十分重视对颗粒的粉碎度、浸泡时间和温度的选择，重视对蒸煮时间、温度和压力的选择，防止因没有达到蒸煮糊化的要求而老化回生，或因水分过高、饭粒过烂而不利于发酵，导致糖化发酵不良和酒精含量低、酸度高的后果。

表3-1 大米、玉米、黍米成分对比 单位:%

类别	淀粉及糖分	含氮物	脂肪	粗纤维	灰分	水分
大米	77.6	6.7	0.8	0.26	0.64	14.0
黍米	71.3~74.5	8.8~9.8	1.3~2.5	0.6~1.2	1.0~1.3	0.3~10.9
玉米	6.0~70.0	9.0~12.0	4.0~6.0	1.5~3.0	1.5~1.7	1.0~14.0

四、小麦

小麦是制作麦曲的原料。小麦中含有丰富的淀粉和蛋白质，以及适量的无机盐等营养成分，并有较强的黏延性以及良好的疏松性，适宜霉菌的生长繁殖，能产生较高的糖化力和蛋白质分解力，给黄酒带来一定的香味成分。大麦和小麦的成分基本相同，但因大麦有芒，皮又厚又硬，皮壳多，粉碎后又太疏松，不容易黏结，制曲时不便调制，所以，酿造黄酒的大部分地区都采用小麦制曲。黄酒酿造制麦曲时可在小麦中配入10%~20%的大麦，以改善透气性，促进好气性的糖化菌生长，提高曲的酶活力。制曲用麦以红色软质小麦为好，要求用当年产的干燥适宜、外皮薄的红色软质小麦，麦粒完整、饱满、均匀，无霉烂、虫蛀、异味、农药污染，杂秕少。用时通过轧麦机，每粒小麦轧成3~5片。

五、水

水称为“酒之血”，是黄酒的主要成分，黄酒中水分达80%以上。黄酒生产用水量很大，每生产1t黄酒需耗水10~20t，包括制曲、浸米、洗涤、冷却、酿造和锅炉用水等。用途不同，对水质的要求也不同。酿造用水是微生物对原料进行糖化、发酵作用的重要媒介，其质量好坏直接影响酒的质量和产量。

1. 酿造水的水源地选择

水源选择黄酒酿造用水应选择来自山中的泉水以及远离城镇的上游河道的较宽阔洁净的河心水或湖心水。由于河边或湖边的水含微生物和有机杂质较多，所以不宜采用。随着生产废水及生活污水的污染，有些河、湖、江甚至浅井水的水质已不甚理想，不少大的酒厂已不直接取用天然水，而改为使用经水厂或酒厂处理过的水。

2. 酿造用水的质量要求如表 3－2 所示。

表 3－2　　酿造用水的质量要求

物理性质要求	化学性质要求	微生物要求
外观无色且澄清透明 在 20～50℃时均应无味、无臭、洁净 水中所含固形物（蒸发残渣）≤100mg/L，不含肉眼可见物	pH＝6.8～7.2 硬度为 0.71～2.14mmol/L（2～6°d） 铁含量≤0.3mg/L 锰含量≤0.1mg/L 其他重金属含量符合饮用水标准 有机物≤高锰酸钾耗用量 5mg/L 氨态氮、亚硝酸根态氮含量为零，硝酸根态氮含量≤0.2mg/L 氯化物（以 Cl^- 计）＝20～60mg/L 游离氯（以 Cl_2 计）≤0.1mg/L 含钾适量，磷酸盐含量＝3～10mg/L，钙、镁总量＝36～90mg/L	细菌总数和大肠菌群数应符合饮用水标准，且越少越好

注：硬度以每 1L 水中含各种硬度离子的物质的量表示，现习惯表达法为以每 1L 水中含 10mg 氧化钙为硬度 1 度（德国度以°d 表示）。

总之，无论取自于江、湖、河和浅井的地表水，还是深井的地下水、泉水，或水厂的自来水，只有达到水质清洁、无色、透明无沉淀，冷水或煮沸后均无异味、异臭，口尝有清爽的感觉，没有咸、苦、涩味，水源洁净，符合我国的生活饮用水卫生标准的优良水质，才是理想的酿造用水。如水质分析不符合饮用水标准，则不可直接作为酿造用水，而必须经过认证有效的水质改良处理，确证达到酿造用水要求及符合饮用水标准以后，方能使用。

3. 酿造用水的改良处理

当水中某些杂质含量超过上述标准，达不到酿造用水的要求时，应对酿造用水作适当的处理，改良水质。酿造用水的处理方法很多，应根据水质状况，选择经济有效、简单方便的方法，加以适当的改良和处理。表 3－3 归纳了各种净化方法，可按照工厂的具体情况和净化对象来适当选择。例如，浑浊水中的泥砂等颗粒杂质可用自然沉淀法或砂滤法除去，含有微细悬浮物和胶体物的浑浊水可用混凝法处理，水中的臭气、铁质、有机物、氨、氯臭等可用活性炭处理，无机成分多的高硬度水可用离子交换法、沸石过滤或石灰处理法除去。

表 3－3　　酿造用水的净化方法

颗粒名称	外观	颗粒内容	处理方法
溶液	透明	各类盐离子	离子交换、软化、电渗析法、反渗透法除盐等方法除去
胶体	浑浊	有机腐殖质、细菌、病毒、黏土、重金属、氧化物等	混凝、沉淀、过滤除去

续表

颗粒名称	外观	颗粒内容	处理方法
悬浮杂质	浑浊	浮游生物、泥土	自然沉淀、过滤除去
		泥砂	沉砂池除去

子学习单元2 生产原料的处理

一、大米的处理

糯米需经精白、洗米、浸米，然后再蒸煮。

1. 米的精白

糯米的糠层含有较多的蛋白质、脂肪，会给黄酒带来异味，降低成品酒的质量；糠层的存在，妨碍大米的吸收膨胀，米饭难以蒸透，影响糖化发酵；糠层所含的丰富营养会促使微生物旺盛发酵，品温难以控制，容易引起产酸菌的大量繁殖，从而使酒醪的酸度升高。因此，对糙米或精白度不足的原料应进行精白，以消除上述不利的影响。

精白度的提高有利于米的蒸煮、发酵，有利于提高酒的质量。我国酿造黄酒，粳米和籼米的精白度以选用标准一等为宜，糯米则选标准一等、特等二级都可以。

2. 洗米

大米中附着一定数量的糠秕、米粞和尘土及其他杂物，处理的方法有洗米机清洗，洗到淋出的水无白浊为度。洗米与浸米同时进行的，也有取消洗米而直接浸米的。

3. 浸米

（1）浸米的目的

①大米吸水膨胀以利蒸煮：大多数厂采用浸渍后用常压蒸煮的工艺，适当延长浸渍时间，可以缩短蒸煮时间。

②获取含乳酸的浸米浆水：在传统摊饭法酿制黄酒的过程中，浸米的酸浆水是发酵生产中的重要配料之一，操作中，浸米的时间可长达16～20d，米中有6%左右的水溶性物质被溶入浸渍水中，由于米和水中的微生物的作用，这些水溶性物质被转变或分解为乳酸、肌醇和磷酸等。抽取浸米的酸浆水作配料，在黄酒发酵一开始就形成一定的酸度，可抑制杂菌的生长繁殖，保证酵母的正常发酵；酸浆水中的氨基酸、维生素可提供给酵母利用；多种有机酸带入酒醪，可改善酒的风味。有害微生物大量浸入浆水中会形成怪臭、稠浆、臭浆；次糯米浸水后，浆水会变苦；粳米长期浸渍后，由于其蛋白质含量高，会产生怪味、酸败。这些浆

水害多利少，不利酿酒，应弃去。

（2）浸米过程中的物质变化　浸米开始，米粒吸水膨胀，含水量增加；浸米4～6h，吸水达20%～25%；浸米24h，水分基本吸足。浸米时，米粒表面的微生物利用溶解的糖分、蛋白质、维生素等营养物质进行生长繁殖，浸米2d后，浆水略带甜味，米层深处会冒小气泡，乳酸链球菌将糖分逐渐转化为乳酸，浆水酸度慢慢升高。数天后，水面上将出现由产膜酵母形成的乳白色菌膜，与此同时，米粒中所含的淀粉、蛋白质等高分子物质受到微生物分泌的淀粉酶、蛋白酶等作用而水解，其水解产物提供给乳酸链球菌等作为转化的基质，产生有机酸，使浸米水的总硬度达0.5%～0.9%。酸度的增加促进了米粒结构的疏松，并出现“吐浆”现象。经分析，浆水中细菌最多，酵母次之，霉菌最少。

浸米过程中，由于溶解作用和微生物的吸收转化，淀粉等物质有不同程度的损耗。浸米15d，测定浆水所含固形物达3%以上，原料总损失达5%～6%，淀粉损失率为3%～5%。

配料所需的酸浆水，应是新糯米浸后从中间抽出的洁净浆水。当酸度大于0.5%时，可加清水调整至0.5%上下，经澄清，取上清液使用。

（3）影响浸米速度的因素　浸米时间的长短由生产工艺、水温、米的性质等决定。需以浆水作配料的传统工艺浸米时间较长；目前的一般工艺浸米时间都比较短，只要达到米粒吸足水分颗粒保持完整，手指捏米能碎即可，吸水量为25%～30%（吸水量是指原料米经浸渍后含水百分数的增加值）。

浸米时吸水速度的快慢，与米的品质有关，糯米比粳米、籼米快；大粒米、软粒米、精白度高的米，吸水速度快，吸水率高。用软水浸米，水容易渗透；用硬水浸米，水分渗透慢。浸米时水温越高，吸水速度越快，但有用成分的损失也多。为避免环境气温的影响，可采用控温浸米。当气温降低时，可适当提高浸米水温，使水温控制在30℃或35℃以下。

目前的黄酒生产新工艺不需要浆水配料，常用乳酸调节发酵醪的pH，浸米时间大为缩短，常在24～48h内完成，淋饭生产黄酒，浸米时间仅仅几小时或十几小时。

4. 蒸煮

（1）蒸煮的目的

①使淀粉糊化：浸米以后，淀粉颗粒膨胀，淀粉链之间变得疏松。对浸渍后的大米进行加热，生淀粉受热膨胀，破坏了原来淀粉的结晶构造，使植物组织和细胞破碎，水分渗入到淀粉粒内部，淀粉链得以舒展，淀粉分子之间的组合程度受到削弱，形成单个分子而呈溶解状态，这就是糊化。糊化后的淀粉易受淀粉酶的水解作用而转化为糖或糊精。

②原料灭菌：通过加热杀灭大米所带的各种微生物，保证发酵的正常进行。

③挥发掉原料的怪杂味，使黄酒的风味纯净。

（2）蒸煮的质量要求　黄酒酿造采用整粒米饭发酵，是典型的边糖化边发酵工艺，发酵时的醪液浓度高，呈半固态，流动性差。为了有利于酵母的增殖和发酵，使发酵彻底，同时又有利于压榨滤酒，在操作时特别要注意保持饭粒的完整。蒸煮时，要求米饭蒸熟蒸透，熟而不糊，透而不烂，外硬内软，疏松均匀，为了检验米饭的糊化程度，可用刀片切开饭粒，观察饭心，不得有白心存在。

蒸煮时间由米的种类和性质、浸米后的含水量、蒸饭设备以及蒸气压力所决定，一般糯米与精白度高的软质粳米，常压蒸煮 15～25min；而硬质粳米和籼米应适当延长蒸煮时间，并在蒸煮过程中淋浇 85℃以上的热水，促进饭粒吸水膨胀，达到更好的糊化效果。

黄酒生产的蒸饭设备，过去采用蒸桶间歇蒸饭，现大多数已采用蒸饭机连续蒸饭，蒸饭机分为卧式和立式两大类。

5. 米饭的冷却

米饭蒸熟后必须冷却到微生物生长繁殖或发酵的温度，才能使微生物很好地生长并对米饭进行正常的生化反应。冷却的方法有淋饭法和摊饭法。

（1）淋饭法　在制作淋饭酒、喂饭酒和甜型黄酒及淋饭酒母时使用淋饭冷却。此法用清洁的冷水从米饭上面淋下，以降低品温，如果饭粒表面被冷水淋后品温过低，还可接取淋饭流出的部分温水（40～50℃）进行回淋，使品温回升。淋饭法冷却迅速方便，冷却后温度均匀，并可调节至所需要的品温。淋饭冷却还可适当增加米饭的含水量，使饭粒表面光洁滑爽，便于拌药搭窝，颗粒间分离透气，有利于好氧微生物的生长繁殖。

大米经淋饭冷却后，饭粒含水量有所提高。而不同的米种吸水率也不同，具体如表 3－4 所示。

表 3－4　不同米种吸水率比较　单位：%

米的种类	浸渍吸水率	蒸煮、淋饭吸水率	总吸水率	浸渍吸水率占总吸水率之比	浸渍损失率
糯米	35～40	55～60	90～100	35～45	2.7～6.0
粳米	30～35	80～85	110～120	25～23	2.1～2.5
早籼米	20～25	120～125	140～150	13～18	4 左右

淋后米饭应沥干余水，否则根霉繁殖速度减慢，糖化发酵力变差，酿窝浆液浑浊。

将糯米用清水浸发两日两夜，然后蒸熟成饭，再通过冷水喷淋达到糖化和发酵的最佳温度。拌加酒药、特制麦曲及清水，经糖化和发酵 45d 就可做成淋饭法黄酒。

先将糯米蒸熟，再用冷开水淋之降低温度至 50℃，淋过糯米之水另置桶中，再次淋饭一两次，使蒸米之温度减至32℃左右，此项操作名叫回水。饭淋毕即可入缸，再加酒药拌匀压实使之发酵，如此制成之酒称为淋饭酒。

（2）摊饭法

将蒸熟的热饭摊放在洁净的竹篦或磨光的水泥地面上，依靠风吹使饭温降至所需温度。可利用冷却后的饭温调节发酵罐内物料的混合温度，使之符合发酵要求。摊饭冷却，速度较慢，易感染杂菌和出现淀粉老化现象，尤其是含直链淀粉多的籼米原料，不宜采用摊饭冷却，否则淀粉老化严重，出酒率低。一般摊饭冷却温度为50~80℃。

二、 其他原料的处理

以黍米、玉米生产黄酒，因原料性质与大米相差甚大，其处理的方法也截然不同。

1. 黍米

（1）烫米　黍米谷皮厚，颗粒小，吸水困难，胚乳难以糊化。必须采用烫米的方法，使谷皮软化开裂，然后再浸渍，使水分向内部渗透，促进淀粉松散。烫米前，先用清水洗净黍米，沥干，再用沸水烫米，并快速搅拌，使米粒稍有软化，稍微裂开即可。如果烫米不足，煮糜时米粒易暴跳。

（2）浸渍　烫米时随着搅拌的散热，水温降至35~45℃，开始静止浸渍。冬季浸渍20~22h，夏季12h，春秋两季为20h。

（3）煮糜　煮糜的目的是使黍米淀粉充分糖化而呈黏性，并产生焦黄色和焦米香气，形成黍米黄酒的特殊风格。煮糜时先在铁锅中放入黍米质量二倍的清水并煮沸，依次倒入浸好的黍米，搅拌或翻铲使淀粉充分糊化；也可利用带搅拌设备的蒸煮锅，在0.196MPa表压下蒸煮20min，闷糜5min，然后放糜散冷至60℃，再添加麦曲或麸曲，拌匀，堆积糖化。

2. 玉米

（1）浸泡　玉米淀粉结构细密坚固，不易糖化。应预先粉碎、脱胚、去皮、淘洗干净，选用30~35粒/g的玉米渣用于酿酒。可先用常温水浸泡12h，再升温到50~65℃，保持浸渍3~4h，再恢复常温浸泡，中间换水数次。

（2）蒸煮、冷却　浸后的玉米渣经冲洗沥干，进行蒸煮，并在圆汽后浇洗沸水或温水，促使玉米淀粉颗粒膨胀，再继续蒸熟为止，然后用淋饭法冷却到拌曲下罐温度，进行糖化发酵。

（3）炒米　炒米的目的是形成玉米黄酒的色泽和焦香味。把玉米渣总量的1/3投入到五倍的沸水中，中火炒2h以上，待玉米渣已熟，外观呈褐色并有焦香时，将饭出锅摊凉，再与经蒸煮冷却的玉米渣饭糅合，加曲，加酒母，入罐发酵。下罐的品温常在15~18℃。

【酒文化】

黄酒的保健功能

黄酒是世界上三大最古老的酒种之一，是我国的民族特产，其用曲制酒、复式发酵的酿造方法，与世界上其他酿造酒有明显的不同。曲的发现，是我国古代劳动人民的伟大贡献，被一些中外学者称为中国的第五大发明，重要的是，曲给现代发酵工业和酶制剂工业带来了深远的影响。

黄酒中含丰富的蛋白质，每 1L 绍兴加饭酒的蛋白质为 16g，是啤酒的 4 倍。黄酒中的蛋白质经微生物酶的降解，绝大部分以肽和氨基酸的形式存在，极易为人体吸收利用。肽除传统意义上的营养功能外，其生理功能是近年来研究的热点之一。到目前为止，已经发现了几十种具有重要生理功能的生物活性肽，这些肽类，具有非常重要和广泛的生物学功能和调节功能。

黄酒中含有较高的功能性低聚糖，仅已检测的异麦芽糖、潘糖、异麦芽三糖三种异麦芽低聚糖，每 1L 绍兴加饭酒就高达 6g。异麦芽低聚糖，具有显著的双歧杆菌增殖功能，能改善肠道的微生态环境，促进维生素 B_1、维生素 B_2、维生素 B_5（烟酸）、维生素 B_6、维生素 B_{11}（叶酸）、维生素 B_{12} 等 B 族维生素的合成和 Ca、Mg、Fe 等矿物质的吸收，提高机体新陈代谢水平，提高免疫力和抗病力，能分解肠内毒素及致癌物质，预防各种慢性病及癌症，降低血清中胆固醇及血脂水平。因此，异麦芽低聚糖被称为 21 世纪的新型生物糖源。

黄酒中含多酚物质、类黑精、谷胱甘肽等生理活性成分，它们具有清除自由基、防治心血管病、抗癌、抗衰老等多种生理功能。

黄酒是很好的药用必需品，它既是药引子，又是丸散膏丹的重要辅助材料，《本草纲目》上说："诸酒醇不同，唯米酒入药用"。米酒即是黄酒，它具有通曲脉，厚肠胃，润皮肤、养脾气、扶肝，除风下气等治疗作用。

黄酒有丰富的营养，对人们有较好的保健作用，又有烹饪价值和药用价值，但在饮用黄酒时也要注意不要酗酒、暴饮，不要空腹饮酒，不要与碳酸类饮料同喝（如可乐、雪碧），否则会促进乙醇的吸收。适量常饮，延年益寿。

思考题

一、填空题

1. 在黄酒酿造中，糯米需经（　）、（　）、（　），然后再蒸煮。
2. 我国酿造黄酒，粳米和籼米的精白度以选用标准（　）为宜，糯米则选标准（　）、（　）都可以。
3. 淀粉被（　）水解成（　）和（　）的这一过程称为淀粉糖化。

4. 辅助原料是指含（ ）或不含发酵成分，但对发酵工艺影响大，能改变（ ）的一类原料。

二、判断题

1.（ ）玉米中的淀粉含量高于大米。
2.（ ）玉米蛋白质与脂肪含量都超过大米，特别是脂肪含量丰富。
3.（ ）用脱胚不完全的玉米酿制黄酒，会给酿造工艺控制和成品酒质量带来不利影响。
4.（ ）以小麦、玉米生产黄酒，因原料性质与大米相差甚大，其处理的方法也截然不同。
5.（ ）只要达到水质清洁、无色、透明无沉淀，冷水或煮沸后均无异味、异臭，口尝有清爽的感觉，没有咸、苦、涩味，就是理想的酿造用水。

学习单元2 糖化发酵剂的生产

【教学目标】

知识目标

1. 了解黄酒酿造种的微生物及其酶系，了解酒药、麦曲、酒母的特点和种类。
2. 掌握黄酒糖化发酵剂制备过程中微生物的种类和特点。
3. 掌握如何断定黄酒糖化发酵剂的质量。

技能目标

能根据要求制备黄酒糖化发酵剂。

子学习单元1 麦曲生产

麦曲是用小麦为原料，培养繁殖糖化菌而制成的黄酒糖化剂。传统麦曲生产是在人工控制的条件下，利用原料、空气中的微生物，按优胜劣汰的规律，自然繁殖微生物。1957 年苏州东吴酒厂采用黄曲霉生产纯种麦曲，把麦曲的自然培养推向人工接种培养的新阶段。纯种麦曲从曲盒制曲、地面制曲，发展到厚层通风制曲的机械化生产，改善了制曲的劳动条件，降低了劳动强度并提高了生产力，适应了黄酒机械化生产的需要，酒的质量也基本上达到要求，因而在普通黄酒酿造中得到了普遍的应用和推广。

纯种麦曲是把经过纯粹培养的糖化菌接种在小麦上，在一定条件下，使其大量繁殖而制成的黄酒糖化剂。与自然培养的麦曲相比，纯种麦曲具有酶活力高、液化力强、酿酒时用曲量少和适合机械化黄酒生产的优点，但不足之处是其为酿造黄酒提供的酶类及其代谢产物不够丰富多样，不能像自然培养麦曲那样，赋予黄酒特有的风味。

在培养方式上，纯种麦曲又有地面、帘子和通风曲箱培养等方式，多数厂采用通风方法培养纯种麦曲。

一、 纯种麦曲的生产工艺流程

纯种麦曲的生产工艺流程如图 3 - 1 所示。

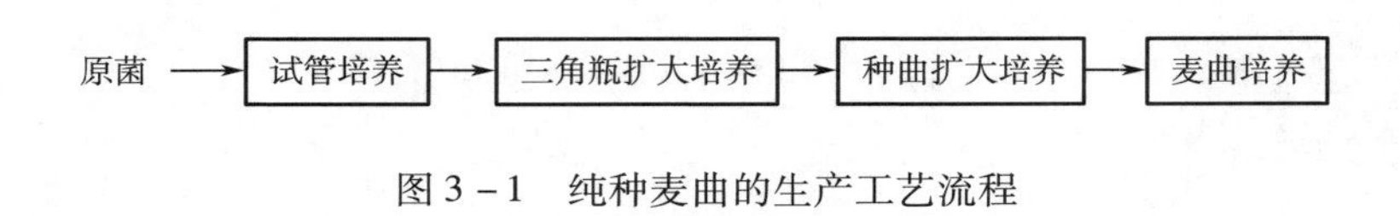

图 3 - 1　纯种麦曲的生产工艺流程

二、 工艺说明

1. 菌种

黄酒厂制造麦曲的菌种都选用黄曲霉或米曲霉。常用的菌种为苏 16 号和中国科学院的 3800 号，这两株菌种具有糖化力强、容易培养和不产生黄曲霉毒素等特点。苏 16 号是从自然培养的麦曲中分离出来的优良菌株，用该菌株制成的麦曲酿造黄酒，有原来的黄酒风味特色，因此被各地酒厂所采用。

2. 试管菌种的培养

一般采用米曲汁，在 28 ~ 30℃ 培养 4 ~ 5d。培养好的斜面菌种要求菌丝健壮、整齐，孢子从生丰满，菌丛呈鲜丽的深绿色或黄绿色，不得有异样的形态和色泽，镜检不得有杂菌。斜面菌种应放入 4℃ 左右的冰箱中保藏备用，每隔 3 ~ 6 个月进行移植培养，保持菌种性能不退化。

3. 三角瓶种子培养

将蒸好的米饭（含水分约 43%）分装在 500mL 三角瓶中，装米厚度 0.3 ~ 0.4cm。杀菌冷却后接入试管菌种，充分摇匀并将米饭堆积在三角瓶的一角，使成三角形，放入 30℃ 的保温箱内培养 10 ~ 12h，米粒呈现白色斑点，摇瓶 1 次，摇后堆置如前。再经 5 ~ 7h，进行第 2 次摇瓶。又经 4 ~ 6h，米粒全部变白，进行第 3 次摇瓶，摇瓶后将米饭摊平于瓶底。此后经过 8 ~ 10h，由于菌丝的蔓延生长，使米粒连成饼状，进行扣瓶（将瓶轻轻振动放倒，使米饼脱离瓶底）。扣瓶后继续保温培养。自接种起经 40～48h 饭粒全部变为深绿色，即可移出保温箱，进行干燥。干燥时仅将三角瓶棉塞稍加旋转，使水汽能逸出即可，在 35～38℃下进行干燥。若要长期保存，则需干燥到水分在 13% 以下，然后用油纸将瓶口扎紧，并存放在冰箱中，也可装入经消毒的纸袋贮藏于干燥器中。

三角瓶种子的质量标准以感官标准为主，要求菌丝健壮、整齐，孢子丛生，繁殖透彻，米饼中间无白心，色泽一致，呈深绿色。显微镜检查，应无杂菌发现。

4. 种曲扩大培养（帘子种曲培养）

种曲一般采用豉皮，因为豉皮含有充足的曲菌繁殖所需的营养物质，且又很疏松，有利于曲菌迅速而均匀地生长。

（1）前期培养　接种后 4～10h，是孢子膨胀发芽的阶段，品温应保持在 30℃左右。由于初期并不发热，故需用室温来维持品温。后阶段温度上升，要进行适当控制。通常可用划帘操作来控制品温，并给以足够的氧气。

（2）中期培养　在以后的 14～18h，发芽的孢子生长菌丝，呼吸作用较强，放出热量大，使品温迅速上升。这时应控制室温在 28～30℃，品温不超过 35～37℃。采用划帘和倒换上下帘位置来控制品温。

（3）保温期培养　继续培养 8～12h，菌丝生长缓慢，放出热量少，品温开始下降，出现分生孢子柄和孢子。这时应控制室温 30～34℃，品温 35～37℃，可利用直接蒸汽提高室温和湿度，为使品温均匀，应进行上下倒架。

（4）后期干燥　当外观上曲已结成孢子、曲料变色时，即可停止直接蒸汽保湿，改用间接蒸汽加热，并开窗通风，室温保持在 34～35℃，品温保持在 36～38℃，进行排湿和干燥。整个制曲过程经 50h 左右，便可出房，出房时种曲水分要控制在 13% 以下，以避免在贮存过程中引起染菌变质。

成熟种曲的外观要求为菌丝稠密，孢子粗壮，颜色一致，呈新鲜的黄绿色，不得有杂色，不得有酸味或其他霉味，更重要的是无杂菌。经检查合格的种曲即可使用，或者贮存于清洁的石灰缸中备用。

5. 纯种麦曲的通风培养

通风培养以熟麦曲为例。生麦曲和爆麦曲由于原料处理的不同，配料加水量也不同，例如生麦曲拌料后的含水量一般要求在 35% 左右，而爆麦曲含水量低，拌料时要多加些水。至于培养过程中的操作和要求，基本相同。

（1）拌料和蒸料　将小麦轧成 3～4 瓣，拌入约 40% 的水，拌匀后堆积润料 1h，然后上甑进行常压蒸煮，上汽后蒸 45min，以达到糊化与杀菌的目的。

（2）冷却接种　将蒸料用扬碴机打碎团块，并降温至 36～38℃进行接种。种曲用量为原料的 0.3%～0.5%，应视季节和种曲质量而增减。

（3）堆积装箱　曲料接种均匀后，有的先进行堆积 4～5h，堆积高度为 50cm 左右，有的直接入箱进行保温培养。装箱要求均匀疏松，以利于通风，料层厚度一般为25~30cm. 品温控制在30~32℃。

（4）通风培养

①前期（间断通风阶段）：接种后最初10h左右，菌体呼吸不旺，产热量少，为了给孢子迅速发芽创造条件，应注意保温保湿，室温宜控制在30~31℃，相对湿度控制在90%~95%。

同时，在原料进箱后，为使品温上下一致，可在室温提高的前提下，开风机用最小风量使室内成循环风，待整个曲箱品温一致后停机保温培养。以后每隔2~3h，可用同样的方法通风一次。随着霉菌菌丝的繁殖，品温逐步上升，可根据品温升高情况，及时进行通风，使前期品温控制在30~33℃，不超过34℃，同时要注意保温。因为这时菌丝刚生成，曲料尚未结块，通气性好，如水分散失太快或通风前后温差大，就会影响菌丝的生长。

②中期（连续通风阶段）：经过前期的培养，霉菌的生长繁殖进入旺盛时期，此时菌丝大量形成，呼吸旺盛，并产生大量的热，品温上升很快，再加上曲料逐渐结块变坚实，通风也受到了一定的阻力，应开始连续通风，使品温控制在38℃左右，不得超过40℃，否则将影响曲霉的生长和产酶。

③后期（产酶和排湿）：在制曲后期，曲霉的生命活动逐步停滞，呼吸也不旺盛，开始生成分生孢子柄及分生孢子，这是积聚酶最多的阶段，应该降低湿度，提高室温，或通入干热风，使品温控制在37~39℃，以利于排潮。这对于酶的形成和成品曲的保存都很重要。出房要及时，一般从进箱到出曲约需36h，若再延长，反而降低了酶活力。

三、技术要点

①纯种熟麦曲的通风培养技术操作和通风制纯根霉曲的技术操作有许多相同之处，区别主要是某些技术参数及培养时间的差异。

②纯种熟麦曲的质量要求是：菌丝稠密粗壮，不能有明显的黄绿色；应具有曲香，不得有酸味及其他霉臭味；曲的糖化力要高（1000U以上），水分较低（25%以下）。

③制成的麦曲，应及时使用，尽量避免存放。因为在贮存过程中，曲容易升温，生成大量孢子，造成淀粉的损失和淀粉酶活力的下降，而且易感染杂菌，影响质量。如为了生产的衔接而必须贮存一定量的曲子，则应将麦曲存放在通风阴凉处，堆得薄些，还要经常检查和翻动，使麦曲的水分和热量进一步散发。

④预防杂菌污染。污染杂菌控制主要环节有种曲、培养过程中的温度控制和杀菌卫生工作。在通风培养过程中，温度是管理工作的关键，尤其前期培养，要保持品温在30~33℃，温度长时间太少，容易引起青霉的繁殖；但温度过高，又会造成烧曲，使霉菌以后的生长受到影响，给杂菌侵入以可乘之机。

子学习单元2 酒药生产

传统酒药是我国古代劳动人民独创的，保藏优良菌种的一种糖化发酵剂。酒药中的微生物以根霉为主，酵母菌次之，所以酒药具有糖化和发酵的双重作用。酒药中尚含有少量的细菌、毛霉和犁头霉。如果培养不善，质量差的酒药会含有较多的生酸菌，酿酒时发酵条件控制不好，就容易生酸。生产上每年都选择部分好的酒药留种，相当于对酒药中的微生物进行长期、持续的人工选育和驯养。在我国南方使用酒药较为普遍，不论是传统黄酒生产，还是小曲白酒生产，都要用酒药。酒药具有糖化发酵力强、用药量少、药粒制作简单、设备简单、容易保藏和使用方便等优点，产地遍布南方城乡，民间和大中小型酒厂。

酒药生产中还需添加中药，添加中药的酒药称为药曲。药曲的制法在晋代的《南方草木状》和之后的《齐民要术》中均有记载，酒药中加入中药在当时可谓是一种重大发明。现代研究结果表明，酒药中的中药对酿酒菌类的营养和对杂菌的抑制都起到了一定的作用，能使酿酒过程发酵正常并产生特殊香味。

药曲生产遍及江南各省，所用原料和辅料各不相同，如有的用米粉或稻谷粉，有的添加粗糠或白土。所用中药配方各有不同，各地不同的技工有各自的配方，至今还没有一个统一的配方，有的20多味，有的30多味，而中药的品种也各有不同。由于对应用中药存在着一种保守观点，因而不同程度地存在着一定的盲目性。在生产方式上，有的在地面稻草窝中培养，有的在帘子上培养，还有的用曲箱培养等。

一、白药的生产

1. 工艺流程

白药生产的工艺流程如图3-2所示。

2. 工艺说明

配方为：籼米粉∶辣蓼草粉∶水=20∶(0.4~0.6)∶(10.5~11.0)。

（1）上臼、过筛　将称好的米粉及辣蓼草粉倒入石臼内，充分拌匀，加水后再充分拌和，然后用石锤捣拌数十下，以增强它的黏塑性。取出，在谷筛上搓碎，移入打药木框内。

（2）打药　每臼料（20kg）分3次打药。木框长70~90cm、宽50~60cm、高10cm，上覆盖竹席，用铁板压平、去框，再用刀沿木条（俗称划尺）纵横切开成方形颗粒，分3次倒入悬空的大竹匾内，将方形滚成圆形，然后加入3%的种母粉，再行回转打滚，过筛使药粉均匀地黏附在新药上，筛落碎屑并入下次拌料中使用。

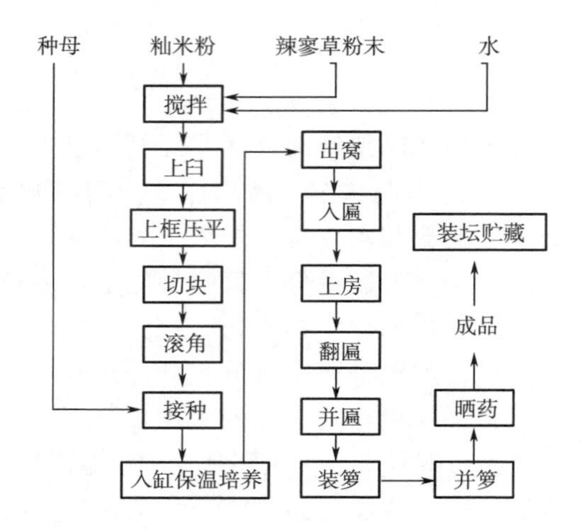

图3-2 白药生产工艺流程

辣寥属一年生草本植物，含有丰富的酵母菌及根霉所需的生长素，有促进菌类繁殖、防止杂菌侵入的作用。每年7月中旬，取尚未开花的野生辣寥，当日晒干，去茎留叶，粉碎成粉末，过筛后装入坛内压实，封存备用。如果当日不晒干，色泽变黄，将影响酒药的质量。

(3) 摆药培养　培养采用缸窝法，即先在缸内放入新鲜谷壳，距离缸口边沿0.3m左右，铺上新鲜稻草芯，将药粒分行留出一定间距，摆上一层，然后加上草盖，盖上麻袋，进行保温培养。当气温在30~32℃时，经14~16h培养，品温升到36~37℃，此时可以去掉麻袋。再经6~8h，手摸缸沿有水汽，并放出香气，可将缸盖揭开，观察此时药粒是否全部而均匀地长满白色菌丝。如还能看到辣寥草粉的浅草绿色，说明药坯还嫩，则不能将缸盖全部打开，而应逐步移开，使菌丝继续繁殖生长。用移开缸盖多少距离的方法来调节培养的品温，可促进根霉生长，直至药粒菌丝不粘手，像白粉小球一样，方将缸盖揭开以降低温度，再经3h可出窝，晾至室温，经4~5h，待药坯结实即可出药并匾。

(4) 出窝并匾　将酒药移至匾内，每匾盛药3~4缸数量，不要太厚，防止升温过高而影响质量。主要应做到药粒不重叠且粒粒分散。

(5) 进保温室　将竹匾移入不密闭的保温室内，室内有木架，每架分档，每档间距为30cm左右，并匾后移在木架上。控制室温在30~34℃，品温保持在32~34℃，不得超过35℃。装匾后经4~5h开始第一次翻匾，即将药坯倒入空匾内，12h后上下调换位置。经7h左右第二次翻匾并调换位置。再经7h后倒入竹席上先摊2d，然后装入竹箩内，挖成凹形，并将箩搁高通风以防升温，早晚倒箩各1次，2~3d移出保温室，随即移至空气流通的地方，再繁殖1~2d，早晚各倒箩1次。自投料开始培养6~7d即可晒药。

(6) 晒药入库　正常天气在竹席上需晒药3d。第一天晒药时间为上午6~9

点，品温不超过36℃；第二天为上午6～10点，品温为37～38℃；第三天晒药的时间和品温与第一天一样。然后趁热装坛密封备用，坛要先洗净晒干，坛外粉刷石灰。

二、 纯种根霉曲的生产

以上的传统酒药采取自然培养制作而成，除了培育较多的根霉和酵母菌外，其他多种菌（包括有益的和有害的）同时生长，故是多种微生物的共生体。而纯种根霉曲则是采用人工培育纯粹根霉菌和酵母菌制成的小曲，用它生产黄酒能节约粮食，减少杂菌污染，发酵产酸低，成品酒的质量均匀一致，口味清爽，还可提高5%～10%的出酒率。

1. 工艺流程

纯种根霉曲生产工艺流程如图3－3所示。

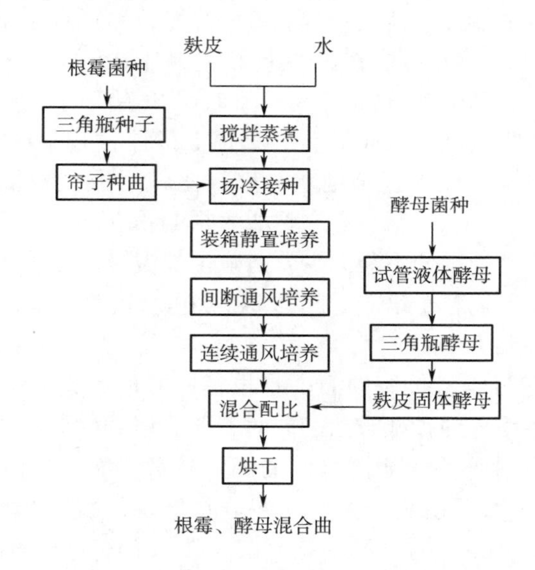

图3－3　纯种根霉曲生产工艺流程

2. 工艺说明

（1）试管斜面培养基和菌种　采用米曲汁琼脂培养基、葡萄糖马铃薯汁培养基等。多数厂家炎热季节用中国科学院微生物所引进的河内根霉3.866，它具有糖化发酵力强、生酸适中的特点，其他季节用贵州轻工科研所的Q303，它具有糖化发酵力强、生酸少的特点。它们还具有产生小曲酒香味前体物质的酶系，因此作为小曲纯种培养菌种较合适。

（2）三角瓶种曲培养　培养基采用麸皮或早籼米粉。麸皮加水量为80%～90%；籼米粉加水量为30%左右，拌匀，装入三角瓶，料层厚度在1.5cm以内，经灭菌并冷至35℃左右接种，28～30℃保温培养20～24h后长出菌丝，摇瓶一次以调节空气、促进繁殖。再培养1～2d出现孢子，菌丝布满培养基表面并结成饼状，即进行扣瓶，继续培养直至成熟。取出后装入灭菌过的牛皮纸袋，置于37～40℃下干燥至含水10%以下，备用。

（3）帘子曲培养　麸皮加水80%～90%，拌匀堆积半小时，使其吸水，经过常压蒸煮灭菌，摊冷至34℃，接入0.3%～0.5%的三角瓶种曲，拌匀，堆积保温、保湿，促使根霉菌孢子萌发。经4～6h，品温开始上升，进行装帘，控制料层厚度1.5～2.0cm。保温培养，控制室温28～30℃，相对湿度95%～100%，经10～16h培养，菌丝将麸皮连接成块状，这时最高品温应控制在35℃，相对湿度85%～90%。再经24～28h培养，麸皮表面布满菌丝，可出曲干燥。

（4）通风制曲　用粗麸皮作原料有利于通风，可提高曲的质量。麸皮加水60%～70%，具体应视季节和原料粗细进行适当调整，然后常压蒸汽灭菌2h。摊冷至35～37℃，接入0.3%～0.5%的种曲，拌匀，堆积数小时后装入通风曲箱内。要求装箱疏松均匀，控制装箱后品温为30～32℃，料层厚度30cm，先静置培养4～6h，促进孢子萌发，室温控制在30～31℃、相对湿度90%～95%。随着菌丝生长，品温逐步升高，当品温上升到33～34℃时，开始间断通风，以保证根霉菌获得新鲜氧气。当品温降低到30℃时，停止通风。接种后12～14h，根霉菌生长进入旺盛期，品温上升迅猛，曲料逐渐结块，散热比较困难，需要进行连续通风。最高品温可控制在35～36℃，这时尽量要加大风量和风压，通入的空气温度应在25～26℃。通风后期由于水分不断减少，菌丝生长缓慢，逐步产生孢子，品温降到35℃以下，可暂停通风。整个培养时间为24～26h。培养完毕，可通入干燥空气进行干燥，使水分下降到10%左右。

（5）麸皮固体酵母制备传统的酒药是根霉、酵母和其他微生物的混合体，能边糖化边发酵，故在培养纯种根霉曲的同时，还要培养酵母，然后混合使用。

以米曲汁或麦芽汁作为黄酒酵母菌的固体试管斜面、液体试管和液体三角瓶的培养基，在28～30℃下逐级扩大，保温培养24h，然后以麸皮为固体酵母曲的培养基，加入95%～100%的水经蒸煮灭菌，接入2%的三角瓶酵母成熟培养液和0.1%～0.2%的根霉曲，使根霉对淀粉进行糖化，供给酵母必要的糖分。接种拌匀后装帘培养。装帘时要求料层疏松均匀，料层厚度为1.5～2cm，在品温30℃下培养8～10h后，进行划帘，继续保温培养，当品温升高至36～38℃时，再次划帘。培养24h后品温开始下降，待数小时后，培养结束，进行低温干燥。

（6）根霉曲和酵母曲按比例混合为纯种根霉曲　将培养好的根霉曲和酵母曲按一定的比例混合成纯种根霉曲，混合时一般以酵母细胞数4亿个/g计算，加入根霉曲中的酵母曲量应为6%最适宜。

子学习单元3 酒母生产

酒母即为“制酒之母”，是由少量酵母逐渐扩大培养形成的酵母醪液，以提供黄酒发酵所需的大量酵母。在传统的淋饭酒母中，酵母数高达8亿~10亿/mL；一般的纯种酒母则含有2亿~3亿/mL的酵母。

酒母的培养方式分为两类：一是传统的自然培养法，用酒药通过淋饭酒母的繁殖培养酵母；二是用于大罐发酵的纯种培养酒母。淋饭酒母和纯种酒母培养各有优缺点。

淋饭酒母又叫“酒酿”，因米饭采用冷水淋冷的操作而得名。淋饭酒母集中在酿酒前一段时间酿造，无需添加乳酸，而是利用酒药中根霉和毛霉生成的乳酸，使酒母在较短时间内就形成低于pH4.0的酸性环境，从而发挥驯育酵母及筛选、淘汰微生物的作用，使淋饭酒母仍能做到纯粹培养；特别是酵母菌以外的微生物生成的糖、酒精、有机酸等成分，可以赋予成品酒浓醇的口味；还可以对酒母择优选用，质量较差的酒母可加到黄酒后发酵醪中作发酵醪用，以增加后发酵的发酵力。但淋饭酒母培养时间长，与大罐发酵的黄酒生产周期相当，操作复杂，劳动强度大，不易实现机械化；在整个酿酒期内，所用酒母前嫩后老，质量不一，影响黄酒发酵速度和质量。纯种酒母操作简便、劳动强度低、占地面积少，酿造过程较易控制，可机械化操作。但由于使用单一酵母菌，培养时间短，成熟后的酒母香气较差、口味淡薄，影响成品酒的浓醇感。

除部分传统黄酒仍保留淋饭酒母工艺外，一般黄酒都用纯种酒母。为了改进纯种酒母酿酒的风味，也有采用多种风味好、发酵力强、抗污染能力大的优良黄酒酵母混合使用的方法。

一、 淋饭酒母生产

1. 工艺流程

淋饭酒母生产工艺流程如图3-4所示。

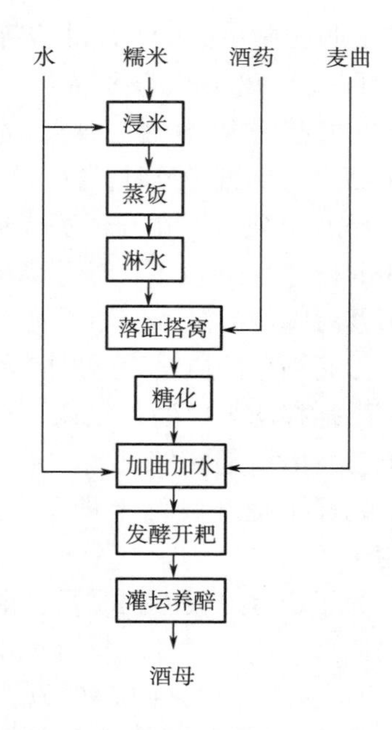

图3-4 淋饭酒母生产工艺流程

2. 工艺说明

（1）投料搭窝 制备淋饭酒母多采用糯米，浸2d后，以清水淋净，蒸熟淋冷后饭温为32~35℃。投料比为糯米125kg、块曲19.5kg、酒药0.19~0.25kg，饭水总量为375kg。投料时，将沥去余水的米饭倒入洁净或灭过菌的缸内，先把饭团捏碎，再撒入酒药，与米饭拌匀，并搭成凹形窝，缸底的窝直径约10cm，窝要搭得疏松些，以不倒塌为宜。搭窝的目的是增加米饭与空气的接触面积，以利于好气性的糖化菌繁殖；同时因有窝的存在而使较厚的饭层品温较均匀；还便于检查糖液的积累和发酵情况。窝搭好后，再在上面撒上一些酒药粉，然后加盖保温。一般窝搭好后品温为27～29℃。

（2）保温糖化　投料搭窝后，要根据气温和品温的不同，合理保温，使酒药中糖化菌和酵母菌得以迅速生长和作用。根霉等糖化菌分泌糖化酶，将淀粉分解为葡萄糖，并产生乳酸、延胡索酸等有机酸，逐渐积聚甜液，使酒窝中的酵母菌迅速繁殖；同时，有机酸的生成降低了甜液的pH，抑制了杂菌生长。经36～48h，缸内饭粒软化，香气扑鼻，甜液充满饭窝的4/5。取甜液分析，浓度在35°Bé左右，还原糖为15%～25%，酒精含量3%以上，酵母细胞数达7000万/mL。

（3）加曲冲缸　当甜液达4/5窝高时，投入麦曲，再冲入冷水，搅拌均匀，并继续做好保温工作。冲缸后品温的下降程度因气温、水温的不同而有很大差别，一般冲缸后品温下降10℃以上。例如，当气温和水温均在15℃时，冲缸后，品温由34～35℃下降到22～23℃。

（4）开耙发酵　冲缸后，由于醪液稀释和麦曲持续的糖化作用，醪液营养丰富，酵母大量繁殖和进行酒精发酵，约12h，CO_2大量生成，醪液密度相对增加，将醪中的固形物顶至液面，形成一层厚厚的醪盖，缸内发出“嘶嘶”的声音，并有小气泡逸出。当饭面中心（缸心）为10～20cm深，品温达28～30℃时，用木耙进行搅拌，俗称开耙。开耙的目的是为了降低品温，使上下温度一致，酵母均匀分布，排出醪中的CO_2，供给新鲜空气，促进酵母繁殖，减少杂菌滋生的机会。第1次开耙后，根据气温和品温，每隔4h左右，进行第2～4次开耙，使醪温控制在26～30℃范围内。一般二耙后可除去缸盖。四耙后开冷耙，即每天搅拌2～3次，直至品温与室温一致时，缸内醪盖下沉，上层已成酒液。

（5）后发酵　在开耙发酵阶段，酵母菌大量繁殖，酒精含量增长很快，冲缸后48h已达10%以上，糖分降至2%以下。此后，为了与醪中曲的糖化速度协调，必须及时降低品温，使酒醪在较低温度下继续进行缓慢的后发酵，生成更多的酒精，提高酒母的质量。后发酵多采用灌坛养醅（坯）来完成，将缸中醪盖已下沉的酒醅搅拌均匀，灌入坛内，装至八成满，上部留一定空间，以防养醅期间，由于继续发酵引起溢醅现象。后发酵也可在缸内进行（俗称缸养），上盖一层塑料布，用绳子捆在缸沿上即可。经20～30d，酒精含量已达15%以上，即可作酒母用。

为了确保摊饭酒的质量，淋饭酒母在使用前，要进行品质检查，从中选出优良的酒母。优良酒母应符合如下条件：使酒醅发酵正常；养醅成熟后，酒精浓度在16%左右，酸度在0.4%以下；品味爽口，无酸涩等异杂气味等。

优良淋饭酒母理化分析及镜检实例如表3－5所示。

表3-5　淋饭酒母理化分析及镜检结果

项目	例1	例2	例3	例4
酒精含量/(mL/100mL)	15.8	16.7	15.6	16.1
总酸/%	0.342	0.394	0.310	0.384
还原糖/%	0.263	—	0.451	0.259
pH	3.95	3.93	4.16	4.0
总氨基酸/(mg/100mL)	18	21	15	23
酵母总数/(亿个/mL)	9.7	9.3	9.1	5.7
出芽率/%	3.7	4.3	6.0	4.4
死亡率/%	1.4	1.7	1.8	—

二、纯种酒母生产

1. 速酿酒母生产工艺流程

速酿酒母生产工艺流程如图3-5所示。

图3-5　纯种酒母生产工艺流程

(1) 设备　速酿酒母罐结构如图3-6所示，用普通碳钢制成，内涂生漆或环氧树脂等耐腐蚀涂料，也有用搪瓷或不锈钢衬里的；另外，为了保温或冷却，还附有夹套，并可配制铝或不锈钢盖。

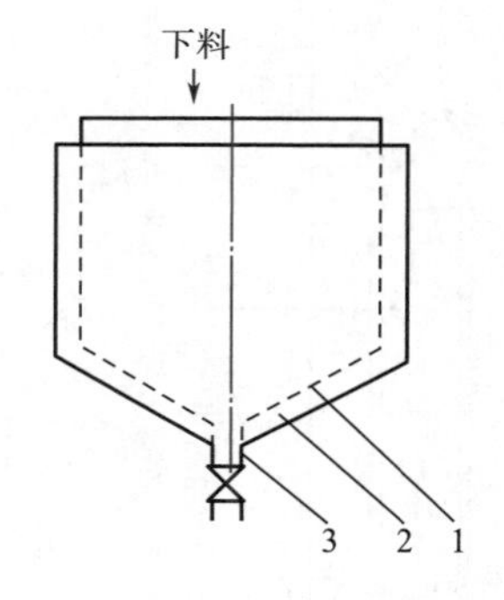

图3-6　速酿酒母罐结构示意图
1—罐内壁　2—夹层　3—出料口

(2) 工艺说明

①酒母培养液配方：某黄酒厂酒母罐培养液配方如表3-6所示。

表3-6　酒母罐培养液配方　单位：kg

大米	块曲	纯种曲	乳酸	清水	合计	酵母液
132	12.5	2.5	0.5	300	450左右	4000mL

②接种保温培养：将接入三角瓶或卡氏罐培养的液体酵母菌种充分搅拌均匀。接种量约1%，过小的接种量不利于酵母在开始时就占据优势，容易使野生酵母等杂菌趁机繁殖而降低酒母的纯度。接种时的品温视气温而定，其控制参数如表3－7所示。

表3－7　酒母罐落罐温度控制　单位:℃

气温	6~10	10~15	15~20	20以上
落罐品温	27±0.5	25±0.5	24±0.5	<24

③开耙落罐后约10h，当品温升至31~32℃时，应及时开耙，使品温保持在28~30℃，以后应根据品温，开耙2~3次，培养48h即可。

④酒母质量要求：酸度：0.3%以下；杂菌：平均每一视野不超过1个；细胞数：2亿个/mL以上；出芽率：15%以上；酒精含量：9%以上。

2. 高温糖化酒母工艺流程

高温糖化酒母工艺流程如图3－7所示。

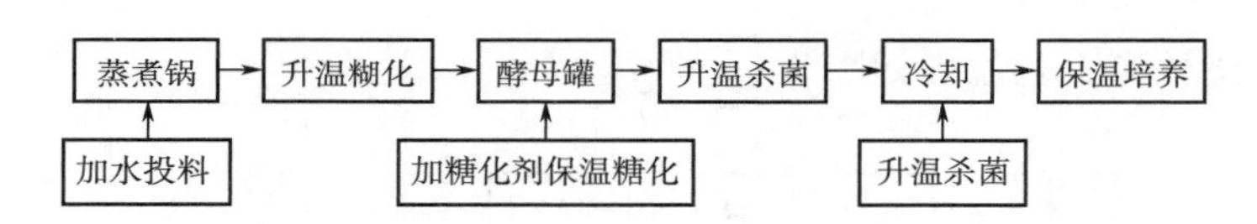

图3－7　高温糖化酒母工艺流程

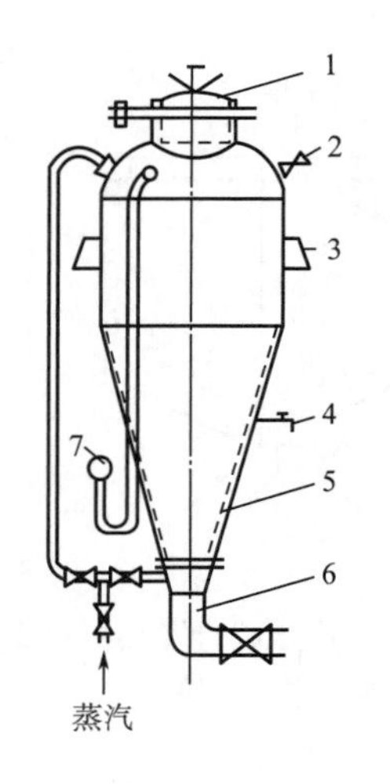

图3－8　蒸煮锅示意图
1—加料口　2—排气阀　3—锅耳
4—取样器　5—衬套　6—排醪管
7—压力表

（1）设备　高温糖化酒母主要设备为高压蒸煮锅和酒母罐。

①高压蒸煮锅：其设备结构如图3－8所示，它是用钢板制成的圆柱、圆锥体联合型式，上部是圆柱形，下部是圆锥形，焊接制成。材料可采用A3号钢，锥体用法兰连接，以便于检修和更换。蒸煮锅承受压力大多在0.4MPa左右。这种类型的蒸煮锅比较适宜于对整粒原料的蒸煮，其蒸汽是从锥形底部引入，并可利用蒸汽循环搅拌原料，因此蒸煮醪的质量很均匀，同时由于下部是锥形，蒸煮醪放出比较方便。

②酒母罐：高温糖化酒母罐的结构如图3－9所示，为铁制圆桶形，装有夹套或蛇管冷却系统和蒸汽管道及搅拌器。

（2）工艺说明

①原料蒸煮糊化选用糯米或粳米，按配方进行

过秤，然后倒入水槽中洗米，将大部分糠秕漂去，沥尽水后，倒入高压蒸煮锅，锅内放入3倍的水。将高压锅密闭后，通入蒸汽，以0.3～0.4MPa压力保持30min，进行糊化。

②高温糖化：将糊化醪从蒸煮锅压到糖化酒母罐中，夹套进冷却水，开动搅拌器，同时从视孔中冲入冷水，使糊化醪中大米与水的比例为1∶7。待品温降至60℃时，从视孔中加入酒母原料米15%的糖化曲。关闭夹套进冷却水的阀门和搅拌器，静置糖化3～4h，糖化温度应保持在55～60℃。

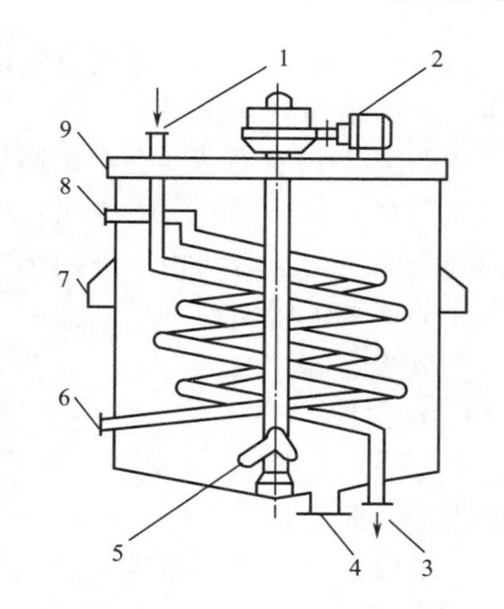

图3-9　高温糖化酒母罐示意图
1—冷却水进口　2—电机　3—冷凝水出口
4—排醪口　5—搅拌叶　6—冷却水出口
7—罐耳　8—蒸汽进口　9—平盖

③升温灭菌：糖化完成后，打开蒸汽阀门，使糖化醪品温升至85℃，保持20min，灭菌，以保证酒母醪的纯净。

④接种培养：灭菌后的糖化醪冷却至60℃左右，加入乳酸调节至pH4左右，继续冷却至28～30℃，接入酵母培养液。培养温度维持在28～30℃，培养14～16h，即可使用。

（3）技术要点

①接种的酵母液除上述三角瓶或卡氏罐酵母培养外，现因活性干酵母的推出及普及，不少厂改用黄酒活性干酵母制备。其方法简便，具体为：0.1%用量的活性干酵母，用38～40℃的无菌水或2°Bé左右的无菌糖液活化15～20min，充分搅拌、溶化、起泡、发腻，当温度降至36℃左右时即可用作制酒母，也有直接将活性干酵母活化液作酒母用的。

②速酿酒母是水、米饭、糖化曲和纯种酵母液一起下罐，用糖化曲将米饭进行糖化，同时培养酒母，它与传统的黄酒发酵一样具有双边发酵的特点，加上所用的糖化曲，主要是含有多种微生物的生麦块曲，酶系复杂，代谢产物多，故其酒质可接近传统工艺酒的风味。

③高温糖化酒母是采用大米高压糊化，以稀醪在60℃下糖化，经灭菌降温后，接种培养。采用稀醪，对细胞膜的渗透压低，加之营养充足，有利于酵母在短期内迅速繁殖，并能以优势抑制杂菌的生长。酒母醪质量要求虽然与速酿酒母相同，但纯度高，杂菌少，酵母细胞健壮，发酵旺盛，产酒快，因此发酵较为安全。

三、纯种根霉酒曲的制作

用曲酿酒是我国酿酒技艺的特色。长期以来制造小曲多以上等大米为原料，配以几十种甚至上百种药材用自然法混菌培养小曲。其生产周期长，酒曲质量不稳定，出酒率和酒质低。

1959 年四川省商业厅在永川酒厂进行无药糠曲试验获得成功，打破了“无药不成曲”的观念。随着微生物纯种培养技术的发展，采用纯根霉菌种和酵母制作酒曲，酒曲质量已达到相当好的水平。近年来，除少数名优酒厂外都相继用纯种培养小曲代替了传统工艺。

1. 准备阶段

（1）菌种

①根霉：3. 866（夏季用）或 Q303（其他季节用）。也可从购买的安琪甜酒曲或其他甜酒曲分离出纯种根霉。

②酵母：1308 或 K 酵母等酿酒酵母。

（2）培养基

①葡萄糖马铃薯汁培养基：用于分离根霉菌种。

②固体麸皮培养基：用于扩大培养和保藏根霉菌株。称取 45g 麸皮加水65% ~ 70% 拌匀，装入 500mL 三角瓶中，在 0. 1MPa 压力下灭菌 30min 后冷却至 30 ~ 35℃备用（也可用过 60 目筛的籼米粉替代麸皮，但加水量只需 20% ~25% ）。

③麦芽汁　培养基或葡萄糖豆芽汁培养液：用于三角瓶酵母的培养。

（3）仪器　手提高压灭菌锅、不锈钢丝漏碗、滤布、发酵瓶、不锈钢锅、汤匙、筷子、恒温培养箱等。

2. 酒曲制作阶段

（1）工艺流程如图 3 -10 所示。

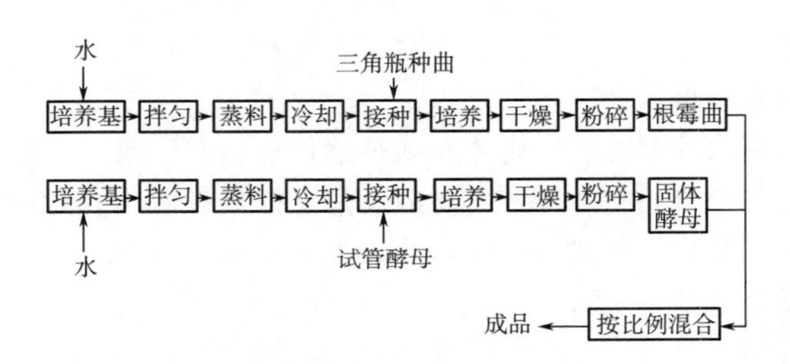

图 3 -10　酒曲制作工艺流程

（2）操作步骤

①根霉曲培养：

a. 菌种活化：用葡萄糖马铃薯汁斜面培养基将根霉菌种在 30℃下保温培养 2 ~3d进行。

b. 培养基制备：籼米经粉碎，过 60 目筛；称取过筛米粉 25g、麸皮 25g，二者混合，加水50%～60%拌匀，装入250mL三角瓶中，加塞包扎，在0.1MPa压力下灭菌30min后冷却至30～35℃。

c. 接种：无菌条件下将斜面根霉菌种接入三角瓶中，每株斜面原菌接种3个三角瓶培养基并搅拌均匀。

d. 培养：将接好种的三角瓶置于恒温箱内30℃培养2～3d，待菌丝布满培养基结成饼后扣瓶，即将三角瓶倒置使麸饼脱离瓶底，悬于瓶中，继续培养约1d即可将温度升高至35～40℃进行烘干，待干燥后迅速研磨粉碎并盛于无菌牛皮纸袋内待用。要求菌丝呈白色，不得有黄色等斑点的杂菌。

e. 种曲培养：以脸盆或木盒为容器，原料要求和三角瓶培养相同，接入盛于无菌牛皮纸袋内的三角瓶菌种，接种量夏季为0.3%、冬季为0.5%左右。用纸覆盖。放入恒温培养箱，培养温度28～30℃，繁殖旺盛时最高品温不超过35℃。培养48h左右，培养基成饼状，无杂色，时间过长有根霉黑孢子产生。将温度升高至35～40℃进行烘干，再将干曲粉碎，盛于无菌干燥容器内待用。

②固体酵母培养：在500mL三角瓶中装入葡萄糖豆芽汁培养液100mL，在0.1MPa下灭菌20min，取出冷却至30～32℃，接种试管酵母菌2～3环。28～30℃保温培养约36h左右，待三角瓶内有大量气泡产生时即可用于固体酵母生产。

称取一定量麸皮米粉混合物（1∶1），加水50%～60%，拌匀后于0.1MPa灭菌30min，取出装盘扬冷至30～35℃，接入2%的三角瓶酵母液和0.1%～0.2%的根霉种曲。28℃保温培养，注意此间的温度管理，方法是适时翻曲。培养9～10h品温开始上升，需要翻拌一次，11～13h二次翻曲，15～17h左右温度上升较快即进行第三次翻曲，18～20h第四次翻曲，21～23h翻第五次，24～27h曲成熟，即可干燥，干燥条件与根霉曲相同。

③根霉曲配比根霉曲的酵母添加量是否恰当，直接影响到小曲酒质量和出酒率，其配比与菌种生长速度、酵母质量、酿酒工艺条件以及季节和气温等许多因素有关。一般来说酵母用量在8%～10%（夏少冬多）便能获得质量优良的小曲。

3. 小曲质量检查阶段

只有用优质的小曲才能生产出高质量、高产量的小曲酒。衡量小曲质量的标准包括感官检查和理化指标，如糖化酶活力的测定、发酵力的分析等，事实上外观好或糖化力高的小曲不一定就好，尚需综合评定，常用方法如下所述。

（1）试饭试验　称取一定量的糯米浸泡半天后上甑蒸熟（需20～30min），取出拌冷至30～35℃。选取气味和色泽都正常的根霉曲，按0.3%加入糯米饭中，混匀，分装入无菌的250mL烧杯，在饭团中扒一小窝，加入少量无菌温水，用无菌塑料布封口，置于保温箱内30～32℃保温培养36～48h，即可检饭。若饭团松软、味甜、有香味，则表明根霉曲质量较好，否则较差。

（2）发酵试验　用试饭试验合格的根霉曲做发酵试验，称取100g大米洗净置于250mL烧杯中，加水100mL，上甑蒸30min，冷却至30℃左右，加小曲1g拌匀加盖，在30℃下培养1d，再加水130mL，用塑料布扎口在30℃下发酵4d。取出加水150mL后进行蒸馏，准确蒸取150mL馏出液。及时测定酒精含量和温度，并换算成20℃下的酒度，计算成56度酒的原料出酒率，根据出酒率高低决定生产与否。

4. 注意事项

（1）如果孢子稀疏长势不好，主要原因是菌种退化，此时应对菌种进行分离、复壮，以筛选出优良稳定的菌种。

（2）如果曲料松散，则是由于前期水分过大、品温过高，烧坏幼嫩的菌丝导致曲料不结块；前期水分过少，温度过低，菌丝发育不良也会造成同样结果。因此必须注意配料水分，适时翻曲，控制品温。

（3）如果曲面出现小白点和蓝绿色斑点，这是由于青霉的污染或曲料水分过大造成的。需对原料、场地、设备和工具进行彻底灭菌，控制配料水分。

（4）如果原料加水量过小、曲房空气湿度过小或品温过高使水分大量蒸发会造成干皮现象。

（5）接种多的地方根霉迅速生长，导致温度过高便发生烧曲，原料加水量过大也会烧曲；接种少或无种的地方温度过低，易污染杂菌并造成夹心。为此需做到接种均匀，曲料水分控制适当。

（6）因过热而烧坏的曲、接种不匀时在接种少的地方易染菌或品温过低都会使曲料发酸、发黏。对此必须对原料、场地、设备等彻底灭菌，掌握好曲料水分，加强温度管理，勿使温度高于35℃或低于25℃。

【酒文化】

即墨老酒

在山东省即墨一带，妇女生小孩时，婆婆都要提前用即墨老酒煮好鸡蛋，待媳妇生完小孩，让她趁热连酒加蛋吃下去，据说可以保母子平安，其实，这只不过是即墨老酒活血化淤的一大功效而已。

说起这即墨老酒，除是酒桌上的助兴饮料外，适量常饮（每天不超过半斤），确实可以收到不少保健功效。

即墨老酒是一种低酒度（酒精度不超过11.5度）、高热量（每1L达1200kcal）、富营养（含17种氨基酸和16种微量元素）的饮料，适量常饮能增食欲、振精神、抗疲劳、通曲脉、厚肠胃、润皮肤、散湿气、养颜美容、滋阴补阳、软化血管，达到健体强身、延缓衰老的效果。

心血管疾病患者，适量常饮即墨老酒，可防止血压升高和血栓形成。经青岛市科委、卫生局组织专家对青岛医学院《即墨老酒对冠心病的影响》鉴定（报告附后），患者每天饮用100ml即墨老酒，心脏脉搏量、每分输出量、心脏指数及射血速率指数均显著增加，而外用阻力显著下降，胸痛明显减轻，发病次数也明显减少。

腰腿痛、关节炎患者，适量常饮即墨老酒，可通经活络、防风祛寒，减轻疼痛。在民间，早就有用即墨老酒糟饼研细烘热敷在患处治腰腿痛的偏方。

即墨老酒还有很高的药用价值。它既可作服用中药的药引子，又是丸、散、膏、丹等中成药的重要辅助材料。酿造即墨老酒用的“神曲”本身就是一种常用中药。

即墨老酒也是烹调上不可缺少的佐料。具有去鱼虾腥味和牛羊肉膻味的作用。炒鸡蛋或蒸蛋糕时，加入少量即墨老酒，也能去掉蛋黄内的硫味及蛋腥味，使其味更鲜美。

据此，即墨老酒实为筵席必备之饮料，烹饪调味之佐料，治病配药之引料。

思考题

一、填空题

1. 酵母菌最适生长温度（ ），最适发酵温度（ ），最适pH（ ）。
2. 配料所需的酸浆水，应是（ ）浸后从（ ）抽出的洁净浆水。当酸度大于（ ）时，可加清水调整至该浓度上下。
3. 浸米时间的长短由（ ）、（ ）、（ ）等决定。
4. 在黄酒酿造的原料处理中，黍米的处理需经过（ ）、（ ）、（ ）这几个环节。
5. 在黄酒酿造的原料处理中，玉米的处理需经过（ ）、（ ）、（ ）、（ ）这几个环节。
6. 黄酒厂制造麦曲的菌种都选用（ ）或（ ）。

二、判断题

1. （ ）抽取浸米的酸浆水作配料，在黄酒发酵一开始就形成一定的酸度，可抑制杂菌的生长繁殖，保证酵母的正常发酵。
2. （ ）浸米过程中，酸浆水的产生主要是由于乳酸链球菌将糖分逐渐转化为乳酸所致。
3. （ ）浸米时，糯米比粳米、籼米吸水速度慢。
4. （ ）浸米时，软粒米、精白度高的米吸水速度快。
5. （ ）黄酒酿造制麦曲时可在小麦中配入10%～20%的大麦，以改善透气性，促进好气性的糖化菌生长，提高曲的酶活力。

6. ( ) 纯种麦曲的生产中，三角瓶种子培养需经过3次摇瓶，摇瓶后将米饭摊平于瓶底。此后经过8~10h，进行扣瓶。
7. ( ) 纯种麦曲的种曲一般采用豉皮，因为豉皮含有充足的曲菌繁殖所需的营养物质，且又很疏松，有利于曲菌迅速而均匀地生长。
8. ( ) 生产上每年都选择部分好的酒药留种，相当于对酒药中的微生物进行长期、持续的人工选育和驯养。

三、问答题

1. 酿造黄酒时，米饭蒸煮到何种程度合适?
2. 简述纯种麦曲的生产工艺流程。
3. 在纯种麦曲的生产中，好的三角瓶种子是怎样的?
4. 在纯种麦曲的生产中，好的成熟种曲是怎样的?

学习单元3 糖化发酵工艺

【教学目标】

知识目标

1. 了解黄酒发酵的原理及方法，掌握黄酒的发酵过程、发酵方法、工艺要求和操作要点。

2. 掌握发酵过程中的物质变化，淀粉、蛋白质、脂肪的分解，酒精、有机酸、氨基甲酸乙酯的形成。

技能目标

能完成黄酒发酵生产及发酵过程控制。

子学习单元1 淋饭酒酿造

淋饭酒是指蒸熟的米饭用冷水淋凉，然后拌入酒药粉末，搭窝、糖化，最后加水发酵成酒，口味较淡薄。这样酿成的淋饭酒，有的工厂是用来作为酒母的，即所谓的“淋饭酒母”。其是传统绍兴酒的制造方法之一。

一、 淋饭酒生产工艺流程

淋饭酒生产工艺流程如图 3－11 所示。

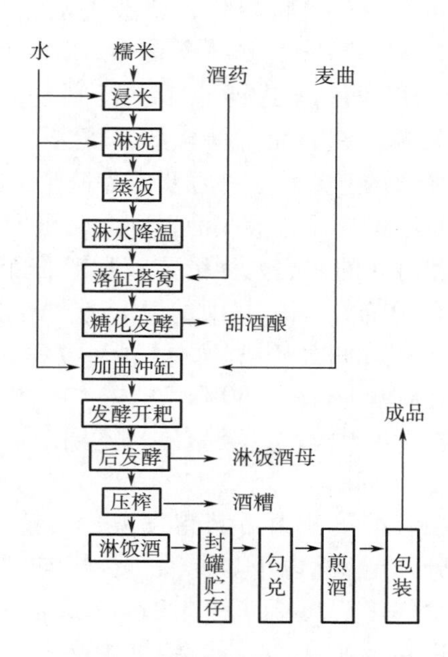

图 3－11 淋饭酒生产工艺流程

二、 工艺说明

（1）糯米一般浸泡 48h 以上，米质较硬的大米（如粳米、籼米等）需浸泡 18～20d，浸泡要求米粒完整而酥，能用手捏成粉末状为度，其吸水率为 25%～30%。其目的是为了让米粒吸水膨胀，便于蒸煮时糊化完全。

（2）将米取出，以清水冲淋，直到沥米水清澈为止，沥干，即可上甑蒸饭。

（3）蒸煮：糯米只要 20min 左右即可蒸熟，对于米质较硬的品种（如粳米、籼米等）可采用闷浇复蒸法将其蒸透。具体做法：蒸汽透出米面时，将饭撬松，分 2 次浇上 50～80℃的热水，边撬边浇，使饭充分吸水，再闷 5min，出甑倒入缸内，再用 60～70℃的热水边浇边撬，捣匀后重新上甑复蒸。蒸饭要求饭粒松软，熟而不烂，内无白心。

（4）蒸好的米饭用冷水进行冲淋降温，米饭淋冷后品温为 32～35℃。将沥去余水的米饭倒入洁净或灭过菌的缸内，先把饭团捏碎，再拌入 0.3%～0.4% 的酒药粉，并搭成凹形窝，缸底的窝口直径约 10cm，窝要搭得疏松些，以不倒塌为度。

搭窝的目的是增加米饭与空气的接触面积，以利于好气性的糖化菌繁殖；同时因有窝的存在而使较厚的饭层品温较均匀；还便于检查糖液的积累和发酵情况。窝搭好后，再在上面撒上一些酒药粉，然后加盖保温进行糖化发酵。一般窝搭好后品温为27～29℃。

（5）一般经过36～48h后，饭粒软化，糖液满至酿窝的4/5高度，浓度在35°Bé左右，还原糖为15%～25%，酒精含量在3%以上，酵母细胞数达7000万/mL。可加入一定比例的麦曲和水进行冲缸，充分搅拌，酒醅由半固体状态转为液体状态，浓度得以稀释，并补充了糖化剂（麦曲）和新鲜的溶解氧，强化了糖化能力，由此促使酵母迅速繁殖，并逐步开始旺盛的酒精发酵，使醪液温度迅速上升，米饭和部分曲浮于液面上形成泡盖，此时可用木耙进行搅拌，俗称开耙。第一次开耙的温度和时间的掌握尤为重要。开耙的目的是为了降低品温，使上下温度一致，酵母均匀分布，排出醪中的CO_2，供给新鲜空气，促进酵母繁殖，减少杂菌滋生的机会。第1次开耙后，根据气温和品温，每隔4h左右，进行第2～4次开耙，使醪温控制在26～30℃范围内。一般二耙后可除去缸盖。四耙后开冷耙，即每天搅拌2～3次，直至品温与室温对应时，缸内醪盖已下沉，上层已成酒液。

（6）在开耙发酵阶段，酵母菌大量繁殖发酵，酒精含量增长很快，冲缸后48h已达10%以上，糖分降至2%以下。此后，为了与醪中曲的糖化速度协调，必须及时降低品温，使酒醪在较低温度下继续进行缓慢的后发酵，生成更多的酒精，提高酒的质量。一般在落缸7d左右，将缸中醪盖已下沉的酒醅搅拌均匀，灌入坛内，在低温下进行后发酵（灌坛养醅）。一般装至八成满，上部留一定空间，以防养醅期间由于继续发酵引起溢醅现象。后发酵也可在缸内进行（俗称缸养），上盖一层塑料布，用绳子捆在缸沿上即可。经20～30d，酒精含量已达15%以上。

（7）将后发酵的酒醪进行压榨，使酒液与酒糟分离。收集酒液放入干净的缸中，加盖封缸，在20℃左右进行贮存，使其老熟，产生风味物质和黄酒特有的颜色，一般需1～3年。吸取经老熟后的酒的上清液，放入干净的缸中，再进行勾兑、煎酒（灭菌），质检合格后即可包装出厂。

三、技术要点

（1）生产淋饭酒母多采用糯米为原料，而生产淋饭酒的原料则各类大米均可。

（2）开耙技术是酿好酒的关键，应根据气温高低和保温条件灵活掌握。开耙技工在酒厂享有崇高的地位——“头脑”，作为开耙“头脑”，必须具备丰富的酿酒经验，断米质、观麦粒、制酒药、做麦曲以及淋饭酒等先期工作中的一切技术都必须由开耙工把关。开耙操作需具备一听、二嗅、三尝、四摸的经验。

子学习单元2 摊饭酒酿造

摊饭酒是指将蒸熟的米饭摊在竹篦上，使米饭在空气中冷却，然后再加入麦曲、酒母（淋饭酒母）、浸米浆水等混合后进行发酵制得的酒。如绍兴元红酒、加饭酒、善酿酒等都是应用摊饭法制得的，风味醇厚独特。摊饭法是传统黄酒酿造的典型方法之一。

一、摊饭酒工艺流程

摊饭酒工艺流程如图3－12所示。

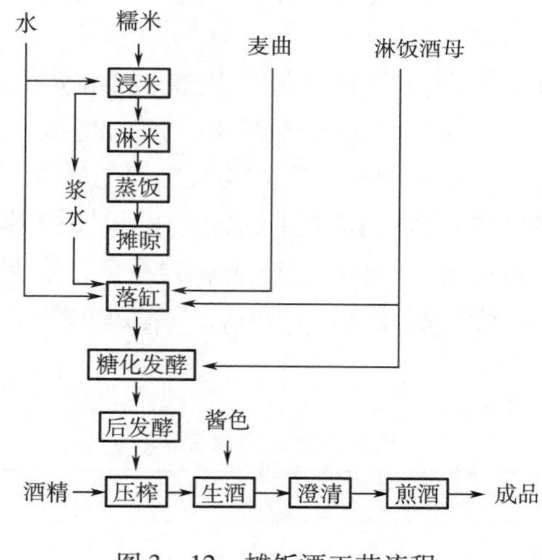

图3－12 摊饭酒工艺流程

二、工艺说明

（1）配料 传统的摊饭酒酿造常在11月下旬至翌年2月初进行，强调使用“冬浆冬水”，对抑制发酵过程中产酸菌的污染和促进酵母生长繁殖极其有利。20世纪50年代，元红酒用料统一为每缸用糯米144kg、麦曲22.5kg、水112kg、酸浆水84kg、淋饭酒母5～6kg。这些数量是按现行计量法，从石、斗折算而来的。在每缸用水中，沿用历史上就有的“三浆四水”配比，即酸浆水和清水比例为3∶4。

（2）浸米 浸米操作与淋饭酒基本相同，但因摊饭酒浸米长达18～20d，所以在浸渍过程中，要注意及时加水，勿使大米露出水面，并要防止稠浆、臭浆的发生，一经发生，应立即换入清水。

浸米2d后，由于微生物繁殖，浸米的浆水微带甜味，冒出小气泡，缓慢发酵，乳酸链球菌将糖分转化为乳酸，浆水酸度渐高——酸浆水。配料所需的酸浆水，是在浸米蒸饭的前一天从中汲取洁净浆水，一缸浸米约可得160kg原浆水，将其置于空缸内，再掺入约50kg清水进行稀释以调整酸度，然后让其澄清一夜后，取上清液按“三浆四水”比例配料发酵，缸脚可作饲料。采用酸浆水配料发酵是摊饭酒的重要特点。

（3）蒸饭和摊晾　与淋饭酒不同，摊饭酒的大米浸渍后，不经淋洗，保留附在大米上的浆水进行蒸煮。即使不用其浆水的陈糯米或粳米，也采用这种带浆蒸煮的方法，这样可起到增加酒醅酸度的作用，至于米上浆水带有的杂味及挥发性杂质则可借蒸煮除去。

米饭冷却用摊饭法或改用鼓风法，要求品温下降迅速而均匀，根据气温掌握冷却温度，一般冷至60～65℃。

（4）落缸　落缸前把发酵缸和工具先经清洗和沸水灭菌。落缸时先投放清水，再依次投入米饭、麦曲和酒母，最后冲入浆水，用木耙或木揖与小木钩等工具将饭料搅拌均匀，达到糖化、发酵剂与米饭均匀接触和缸内上下温度一致的要求。

落缸温度的高低直接关系到发酵微生物的生长和发酵升温的快慢，特别注意勿使酒母与热饭块接触而引起“烫酿”，造成发酵不良，引起酸败。落缸温度应根据气温高低灵活掌握，一般控制在24～26℃，不超过28℃，气温与落缸温度要求如表3－8所示。

表3－8　气温与落缸温度要求　单位：℃

气温	落缸后要求品温	备注
0～5	25～26	每缸原料落缸时间总共不超过1h，落缸后加草缸盖保温
6～10	24～25	
11～15	23～24	

（5）糖化和发酵　物料下缸后便开始糖化和发酵。前期主要是酵母菌的增殖，热量产生较少，应注意保温。经过10h左右，醪中酵母菌已大量繁殖，开始进入主发酵阶段，温度上升较快，可听见缸中嘶嘶的发酵声，产生的CO_2气体把酒醅顶上缸面，形成厚厚的醪盖，醪液味鲜甜略带酒香。待品温升到一定程度，就要及时开耙。测量品温用手插，多以饭面向下15～20cm的缸心温度为依据。有高温开耙和低温开耙，依地区和技工的操作习惯而选择。经过5～8d，品温与室温相近，糟粕下沉，主发酵结束，就可灌坛进行后发酵。

（6）后发酵（养醪）　灌坛前先在每缸中加入1～2坛淋饭酒母，目的在于增加发酵力，然后将缸中酒醪分盛于已洗净的酒坛中，每坛装25kg左右，坛口盖一张荷叶，每2~4坛堆一列，多堆置室外，最上层坛口再罩一小瓦盖，以防雨水入坛。在天气寒冷时，可将后发酵酒坛堆在向阳温暖的地方，以加速发酵。天气转暖时，则应堆在阴凉地方或室内为宜，防止因温度过高发生酸败现象。摊饭酒的发酵期一般掌握在70~80d。

三、技术要点

（1）注意酸浆水的酸度和质量，不要使用发黏、发臭的浆水。

（2）根据发酵过程中醪液的变化掌握好开耙时机。

子学习单元3 喂饭酒酿造

喂饭酒是指酿酒时米饭不是一次性加入，而是陆续分批加入所制得的酒。第一批米饭先做成酒母，在培养成熟阶段，陆续分批加入新原料，起扩大培养、连续发酵的作用，类似于现代发酵工艺学中的“递加法”，具有出酒率高、成品酒口味醇厚、酒质优美的特点，不仅适于陶缸发酵，也适合大罐发酵生产和浓醪发酵的自动开耙。

一、工艺流程

喂饭酒的工艺流程如图3－13所示。

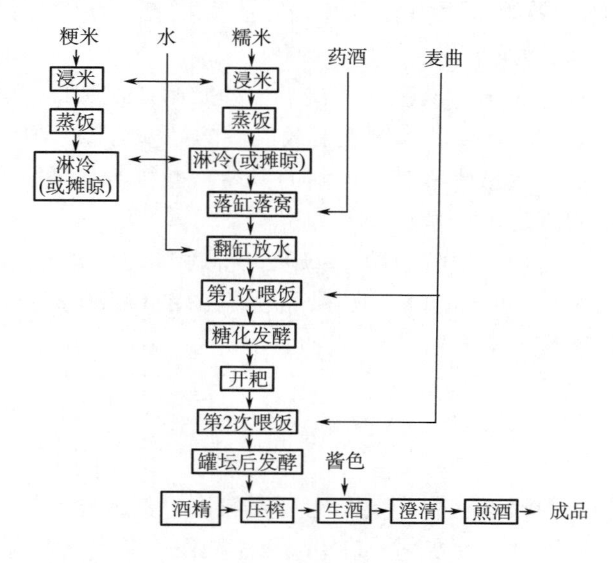

图3－13 喂饭酒工艺流程

二、 工艺说明

（1）配料　以每缸为单位的物料配比为：淋饭搭窝用粳米 50kg，第 1 次喂饭用粳米 50kg；第 2 次喂饭用粳米 25kg；黄酒药（淋饭搭窝用）250～300kg；麦曲（按粳米总量计）8%～10%；总控制量 330kg。

加水量＝总控制量－（淋饭后的平均饭质量＋用曲量）

（2）浸渍、蒸饭、淋冷　在室温 20℃左右的条件下，浸渍 20～24h。浸渍后用清水冲淋，沥干后采用“双蒸双淋”的操作法蒸煮。米饭用冷水进行淋冷，达到拌药所需品温 26～32℃。

（3）搭窝　米饭淋冷后沥干，倾入缸中，用手搓散饭块，拌入酒药；搭成 U 字形圆窝，窝底直径约 20cm，再在饭面撒一薄层酒药，拌药后品温以 23～26℃为宜，然后盖上草缸盖保温。18～22h 后开始升温，24～36h 即出甜酒酿液，出酒酿品温为 29～33℃。出酒酿前应掀动一下缸盖，以排出 CO_2，换入新鲜空气。

成熟酒酿相当于淋饭酒母，要求酿液满窝，呈白玉色，有正常的酒香，绝对不能带酸或异常气味；镜检酵母细胞数 1 亿/mL 左右。

（4）翻缸放水　拌药后 45～52h，酿液到窝高八成以上时，将淋饭酒母翻转放水，加水量按总控制量计算，每缸放水量在 120kg 左右。

（5）第 1 次喂饭　翻缸次日，第 1 次加曲，加量为总用曲量的一半，约 4kg，并喂入粳米 50kg 的米饭，喂饭后品温一般为 25～28℃，略拌匀，捏碎大饭块即可。

（6）开耙　第 1 次喂饭后 13～14h，开第 1 次耙，使上下品温均匀，排除 CO_2，增加酵母菌的活力及与醪液的均匀接触。

（7）第 2 次喂饭　在第 1 次喂饭后次日，开始第 2 次加曲，其用量为余下部分，即 4kg，并喂入粳米 25kg 的米饭。喂饭前后的品温为 28～30℃，这就要求根据气温和醪温的高低，适当调整喂米饭前的温度。操作时尽量少搅拌，防止搅成糊状而阻碍酵母菌的活动和发酵力。

（8）灌坛后发酵　第 2 次喂饭后 5～10h，将酒醪灌入酒坛，堆放露天中进行缓慢后发酵。60～90d 后进行压榨、煎酒、灌坛。总酸 0.350%～0.385%，糖分小于 0.5%，出糟率 18%～20%。

三、 工艺要点

我国江浙两省采用喂饭法生产黄酒的厂家较多，具体操作因原料品种、喂饭次数和数量等的不同而有多种变化。采用喂饭法操作，应注意下列几点。

（1）喂饭次数以 2～3 次为宜。

（2）各次喂饭之间的间隔时间为24h。

（3）酵母菌在醪液中要占绝对优势，以保持糖化和发酵的均衡，防止因发酵迟缓、糖浓度下降缓慢引起的升酸。

子学习单元4 黄酒机械化生产

黄酒机械化生产是在传统工艺基础上发展起来的，其主要的标志是生产设备的大型化、机械化甚至自动化，在物料输送、糖化发酵剂和发酵、贮存容器等方面与传统生产有着明显不同，所以又称为黄酒新工艺。

黄酒机械化生产的特点为：适合大规模生产，具有劳动强度低、生产效率高、耗能少、生产成本低的优点；采用从传统麦曲、酒曲中筛选培养的优良菌株，通过现代微生物扩大培养技术，杂菌数大大减少，糖化发酵稳定，生产控制容易；易实现自动化控制，对工艺参数能有效进行检测控制，从而保证批量生产质量的稳定。但是，由于单种酵母作用，成品酒风味略差，苦口略重。

一、 车间设备与布置

车间的设备结构和配置与传统工艺操作特点有密切关系。如：采用淋饭法，浸米时可借助自来水的冲力作用，使大米从浸米槽底部的出料管流出。而采用摊饭法，浸米时因要求带浆蒸煮，不能用水冲，所以只能用机械或人力将大米取出并直接送去蒸饭。不同的浸米方式，不但对浸米槽的结构提出了不同要求，而且也决定了浸米槽和蒸饭机的相对位置。通常，采用水力输送方式浸米，浸米槽和蒸饭机必须采用立面布置，浸米槽在上层，蒸饭机在下层；若不用水力输送方式浸米，则可采用平面布置。

（1）黄酒生产设备　各黄酒厂的设备类型和数量因生产工艺、输送方式和产量等的不同而存在差异，但其主要设备的结构及布置则具有共性。现将机械化黄酒生产的主要设备作一简述。

①精米机：一般采用3号碾米机或金刚砂碾米机。

②大米输送装置：大米输送装置有斗式输送、传送带输送、水米混合泵送和气流输送等装置。一般多采用气流真空抽吸方式，开动真空泵，使输料管内形成负压，将米吸入抽升至高位贮米罐，由此卸入浸米池。该装置由大米料斗、输料管、高位贮米罐、抽气管、水环式真空泵及排气水箱组成，依次形成一个封闭的输米系统，称之为负压密相输米系统，如图3－14所示。

③浸米槽：浸米槽为敞口短胖形，上部为圆筒形，下部为圆锥形，锥角以60°～90°为宜，便于浸米滑入底部，由出料口排出。槽上部侧面开有一带有活动筛网的溢流口，漂洗时用来进行排污；锥底部排米口装有自来水管，放米时先将米

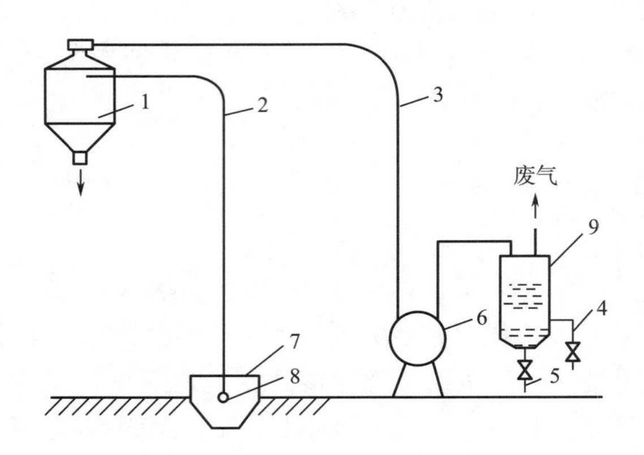

图3－14　负压密相输米系统

1—高位贮米槽　2—吸米管　3—吸气管　4—进水管

5—排水管　6—真空泵　7—料斗　8—吸嘴　9—水箱

层用自来水冲松，以免填塞；槽内装有加热蒸汽管，以调节水温，槽壁可设保温层保温。

对带浆蒸煮的浸米方式，需在浸米槽圆锥形一侧开一个可开闭的长方形出料口，用机械或人工将带浆浸米送入长方形出料口出料。

④淋米洗米装置：主体为振荡式的流米床，床面为筛网结构，床身纵向微倾斜，利于大米流落至蒸饭机；床上方装有3～5根平行、多孔眼的自来水管，可放水冲淋；床下砌槽，承受米浆水并集中至米浆水贮罐。因此该装置在洗米、淋水的同时，还能起到从浸米槽输米到蒸饭机的作用。

⑤蒸饭设备：蒸饭设备有立式蒸饭机、卧式蒸饭机以及立式、卧式结合型多种。

⑥落饭装置：淋饭落饭装置由槽式振荡筛、接饭口和溜槽等组成。米饭从蒸饭机下口落入振荡筛，经筛床上方水管淋水，振（流）落至接饭口，经溜槽进入发酵罐。非立体化生产厂，可用转子泵输送入罐；采用卧式蒸饭机蒸饭，可从其出饭口直接经溜槽进入发酵罐。

⑦加曲料斗：料斗设置在溜槽上方，斗框内有电动绞龙。开动绞龙，可将曲块粉碎并落入溜槽。

⑧酒母槽

⑨前发酵罐：前发酵罐大多数采用瘦长形，直径与高度比一般为1∶2.5左右，个别厂也有采用矮胖形的。按罐口类型可分为直筒敞口式和焊接封头可密闭式两种，前者采用泵输送发酵醪，后者可采用压缩空气输送发酵醪。附设的冷却装置分为内置列管式、外夹套式和外围螺旋形导向槽钢式三种。外夹套冷却式的冷却面积大，冷却速率较高，但冷却水利用率不高。一般酒厂采用外围导向冷却，其

优点是能合理使用冷却水，虽比夹套冷却面积减少，冷却速率降低，但也能满足主发酵控温要求。

⑩后发酵罐：罐形采用瘦长形，罐口直径应比前发酵罐小些，但不低于人孔大小要求，以利于维修。其容量有的比前发酵罐大 1 倍，将两罐前发酵醪合并到 1 只后发酵罐中，可节约建筑面积和设备制造费用。有的后发酵罐容量同前发酵罐，一前发酵罐对一后发酵罐，便于工艺和计量管理。

⑪输醪装置：将前发酵醪液输入后发酵罐，有真空吸送和净化空气压送两种方式，但这两种方式均存在着管道内排醪不尽和不易灭菌的弊病。为此，有些厂在输醪管上装置蒸汽管，在输醪完毕后再用蒸汽吹尽管内余积，同时起到灭菌作用；也有些采用罐与罐间连接胶管输醪的方法，输醪后胶管可用清水冲洗干净，从而防止了杂菌污染。为防止管道阻塞，有的酒厂在罐与罐输送途中安装一个类似鸟笼式的截物器，以截留醪液中较大的固形物，保护管道畅通和避免损坏输醪设备。同时该截物器也起到连接前发酵罐与后发酵罐的两根食用橡胶管的作用。

后发酵罐成熟醪液的排放，可采用醪泵（如泥浆泵）输送。有的厂也用压缩空气压至榨酒机，但这增加了对后发酵罐的耐压要求，还需要有数只能承受压力的过滤罐，然后视榨酒情况再压入榨酒机。

（2）设备布置　大多数工厂新工艺生产车间均采用立体布局，即自上而下，按流程设置浸米、蒸饭、发酵、压榨及煎酒等设备。立体布局合理紧凑，并能利用位差使物料自流，节约动力和厂房建筑用地面积。

车间布局也可采用平面布置，即浸米、蒸饭、发酵等布置在同一平面，这样操作简单，车间工程造价低廉，设备安装费用也可降低。

二、工艺流程

新工艺酿造程序和传统工艺大致相同，只是由于生产方式从手工操作转为机械化操作后，其工艺流程发生了相应的变化，具体如图 3 - 15 所示。

工艺操作机械化方式生产黄酒的工艺设计，主要应考虑下列因素。

（1）把确保产品质量，保留黄酒传统风味作为前提。

（2）采用制冷技术，控制发酵温度，实现常年生产。

（3）采用紧凑合理的立体布局，并利用位差使物料自流，节约动力和厂房建筑占地面积。

（4）采用无菌压缩空气输送酒醪，减少输醪过程的杂菌污染，无菌压缩空气还用于发酵搅拌、提供氧气和热量，使物料均匀，促进发酵。

（5）实行文明生产，创造良好的卫生条件。

（6）以节约能源、确保产品质量、提高效率为出发点，选择与设计机械设备。

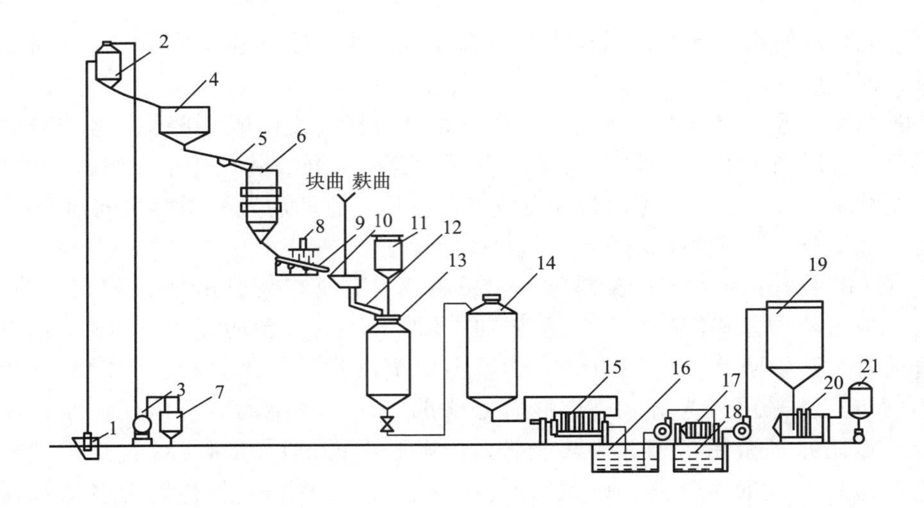

图 3-15　黄酒机械化流程图

1—集料　2—高位米罐　3—水环式真空泵　4—浸米槽　5—溜槽　6—蒸饭机
7—水箱　8—喷水装置　9—淋饭落饭装置　10—加曲斗　11—酒母罐　12—淌槽
13—前发酵罐　14—后发酵罐　15—压滤机　16、18—清酒池　17—棉饼过滤机
19—清酒高位罐　20—热交换杀菌器　21—贮热酒罐

【酒文化】

黄酒名称的由来

黄酒属于酿造酒，酒度一般为 15 度左右。

黄酒，顾名思义是黄颜色的酒。所以有的人将黄酒这一名称翻译成“Yellow Wine”，其实这并不恰当。黄酒的颜色并不总是黄色的，在古代，酒的过滤技术并不成熟之时，酒是呈浑浊状态的，当时称为“白酒”或“浊酒”。黄酒的颜色就是在现在也有黑色的、红色的，所以不能光从字面上来理解。黄酒的实质应是谷物酿成的，因可以用“米”代表谷物粮食，故称为“米酒”也是较为恰当的。现在通行用“Rice Wine”表示黄酒。

在当代黄酒是谷物酿造酒的统称，以粮食为原料的酿造酒（不包括蒸馏的烧酒），都可归于黄酒类。黄酒虽作为谷物酿造酒的统称，但民间有些地区对本地酿造且局限于本地销售的酒仍保留了一些传统的称谓，如江西的水酒，陕西的稠酒，西藏的青稞酒，如硬要说它们是黄酒，当地人也不一定能接受。

在古代，“酒”是所有酒的统称，在蒸馏酒尚未出现的历史时期，“酒”就是酿造酒。蒸馏的烧酒出现后，就较为复杂了，“酒”这一名称既是所有酒的统称，在一些场合下，也是谷物酿造酒的统称，如李时珍在《本草纲目》中把当时的酒分为三大类：酒，烧酒，葡萄酒。其中的“酒”这一节，都是谷物酿造酒，由于酒既是所有酒的统称，又是谷物酿造酒的统称，毕竟还应有一个只包括谷物酿造酒的统称。因此，黄酒作为谷物酿造酒的专用名称的出现不是偶然的。

“黄酒”，在明代可能是专门指酿造时间较长、颜色较深的米酒，与“白酒”相区别，明代的“白酒”并不是现在的蒸馏烧酒，如明代有“三白酒”，是用白米、白曲和白水酿造而成的、酿造时间较短的酒，酒色浑浊，呈白色。酒的黄色（或棕黄色等深色）的形成，主要是在煮酒或贮藏过程中，酒中的糖分与氨基酸形成美拉德反应，产生色素。也有的是加入焦糖制成的色素（称“糖色”）加深其颜色。在明代戴羲所编辑的《养余月令》卷十一中则有：“凡黄酒白酒，少入烧酒，则经宿不酸”。从这一提法可明显看出黄酒、白酒和烧酒之间的区别，黄酒是指酿造时间较长的老酒，白酒则是指酿造时间较短的米酒（一般用白曲，即米曲作糖化发酵剂）。在明代，黄酒这一名称的专一性还不是很严格，虽然不能包含所有的谷物酿造酒，但起码南方各地酿酒规模较大的，在酿造过程中经过加色处理的酒都可以包括进去。到了清代，各地的酿造酒的生产虽然保存，但绍兴的老酒、加饭酒风靡全国，这种行销全国的酒，质量高，颜色一般是较深的，可能与“黄酒”这一名称的最终确立有一定的关系。因为清朝皇帝对绍兴酒有特殊的爱好。清代时已有所谓“禁烧酒而不禁黄酒”的说法。到了民国时期，黄酒作为谷物酿造酒的统称已基本确定下来。黄酒归属于土酒类（国产酒称为土酒，以示与舶来品的洋酒相对应）。

思考题

一、填空题

1. 酒药中的微生物以（　）为主，（　）次之，所以酒药具有（　）和（　）的双重作用。
2. 白药生产的配方为糙米粉∶辣蓼草粉∶水 =（　）。
3. 在制备纯种根霉曲时，根霉曲和酵母曲按一定的比例混合，以酵母细胞数 4 亿个/g 计算，加入根霉曲中的酵母曲量应为（　）最适宜。
4. 淋饭酒母生产中，当甜液达（　）窝高时，投入麦曲，进行冲缸。
5. 传统的摊饭酒酿造常在（　）月下旬至翌年（　）初进行，强调使用“（　）”，对抑制发酵过程中产酸菌的污染和促进酵母生长繁殖极其有利。
6. 喂饭法生产黄酒时，各次喂饭之间的间隔时间为（　）。

二、判断题

1. （　）生产上每年都选择部分好的酒药留种，相当于对酒药中的微生物进行长期、持续的人工选育和驯养。

2.（　）白药生产中，取尚已开花的野生辣蓼，当日晒干，去茎留叶，粉碎成粉末，过筛后装入坛内压实，封存备用。
3.（　）在白药生产的摆药培养过程中，揭开缸盖，观察此时药粒是否全部而均匀地长满白色菌丝，如还能看到辣蓼草粉的浅草绿色，也能将缸盖全部打开。
4.（　）用粗麸皮作原料有利于通风，可提高曲的质量。
5.（　）淋饭酒母生产中，搭窝的目的是增加米饭与空气的接触面积，以利于好气性的糖化菌繁殖。
6.（　）喂饭法生产黄酒时，喂饭次数以5~6次为宜。

三、问答题

1. 简述白药生产的工艺流程。
2. 简述纯种根霉曲的生产流程。
3. 简述淋饭酒母生产工艺流程。
4. 简述纯种酒母生产工艺流程。
5. 简述高温糖化酒母工艺流程。
6. 简述黄酒活性干酵母制备过程。
7. 简述黄酒酒曲的种类、原料及主要微生物。
8. 简述淋饭酒生产工艺流程。
9. 简述淋饭酒生产中的开耙过程及注意事项。
10. 简述摊饭酒工艺流程。
11. 简述喂饭酒工艺流程。

学习单元4
压滤、澄清、煎酒和包装、贮存

【教学目标】

知识目标

1. 掌握黄酒压滤、澄清、煎酒和包装、贮存的过程控制条件和相应的设备。
2. 了解压滤的基本原理和要求。
3. 了解澄清、煎酒的目的。
4. 了解黄酒贮存过程中的变化。
5. 成品黄酒的质量及其稳定性。

技能目标

能完成黄酒压滤、澄清、煎酒和包装、贮存的过程条件的控制及相应的设备操作。

子学习单元1 压滤、澄清和煎酒

经过较长时间的后发酵，黄酒酒醅酒精体积分数升高2%～4%，并生成多种代谢产物，使酒质更趋完美协调，但酒液和固体糟粕仍混在一起，必须及时把固体和液体加以分离，进行压滤。之后还要进行澄清、煎酒、包装、贮存等一系列操作，才成为黄酒成品。

一、压滤

发酵成熟酒醅中的酒液和糟粕的分离操作称为压滤。压滤前，应检测后发酵酒醅是否成熟，以便及时处理，防止产生“失榨”现象（压滤不及时）。

（一）酒醅成熟检测

酒醅是否成熟可以通过感官检测和理化分析来鉴别。

1. 酒色

成熟酒醅的糟粕完全下沉，上层酒液澄清透明，色泽黄亮。若色泽仍淡而浑浊，说明还未成熟或已变质。如色发暗，有熟味，表示由于气温升高而发生“失榨”现象。

2. 酒味

成熟酒醅酒味较浓，口味清爽，后口略带苦味，酸度适中。如有明显酸味，应立即压滤。

3. 酒香

应有正常的新酒香气而无异杂气味。

4. 理化检测

成熟酒醅，经化验酒精含量已达指标并不再上升，酸度在0.4%左右，并开始略有上升趋势；经品尝，基本符合要求，可以认为酒醅已成熟，即可压滤。

（二）压滤

1. 压滤基本原理

黄酒酒醅具有固体部分和液体部分密度接近，黏稠成糊状，糟粕要回收利用，不能添加助滤剂，最终产品是酒液等特点，因此不能采用一般的过滤、沉降方法取出全部酒液，必须采用过滤和压榨相结合的方法完成。

黄酒酒醅的压滤过程一般分为两个阶段，酒醅开始进入压滤机时，由于液体成分多，固体成分少，主要是过滤作用，称为“流清”；随着时间延长，液体部分逐渐减少，酒糟等固体部分的比例慢慢增大，过滤阻力越来越大，必须外加压力，强制地把酒液从黏湿的酒醅中榨出来，这就是压榨或榨酒阶段。

2. 压滤要求

压滤时，要求生酒要澄清，糟粕要干燥，压滤时间要短，要达到以上要求，必须做到以下几点。

（1）滤布选择要合适，对滤布要求：一是要流酒爽快，又要使糟粕不易粘在滤布上，容易与滤布分开；二是牢固耐用，吸水性能差。在传统的木榨压滤时，都采用生丝绸袋，而现在的气膜式板框压滤机，通常选用36号锦纶布等化纤布做滤布。

（2）过滤面积要大，过滤层要薄而均匀。

（3）加压要缓慢，不论哪种形式的压滤，开始时应让酒液依靠自身的重力进行过滤，并逐渐形成滤层，待酒液流速减慢时，才逐渐加大压力，最后升到最大压力，维持数小时，将糟板榨干。

3. 压滤设备

现将BKAY54 820型板框式气膜压滤机的结构、技术特性及使用效能介绍如下。

（1）结构　该机由机体和液压两部分组成。机体两端由支架和固定封头定位，由滑竿和拉竿连成一体。滑竿上放59片滤板及一个活动封头，由油泵电动换向阀和油箱管道油压系统所组成。

（2）技术参数　压滤板数共59片（或75片），其中滤板数30片，压板数29片。滤板直径820mm，有效过滤直径757mm，每片过滤面积（为滤板双面的总面积）$0.9m^2$。滤框容积$0.33m^3$。每台总进醅量2.5t。操作压力0.686～0.784MPa。压滤机最大推力16.5t。活塞顶杆最大行程210mm。外形尺寸长×宽×高为4.58m×1.09m×1.30m。

（3）使用效能　单机使用12h滤出酒液1.35～1.4t。滤饼－酒糟残量不高于50%。

4. 压滤操作

（1）检查和开动输醪泵，认为机器运转正常方可操作。

（2）安装和连接好输醪管道后，开启压滤机进醪阀门和发酵罐出醪阀门，开动输醪泵将酒醅逐渐压入压滤机。

（3）进醪压力为0.196～0.49MPa，进料时间为3h。

（4）进醪完毕，关闭输醪泵、进醪阀门和发酵罐阀门。

（5）打开进气阀门，前期气压0.392～0.686MPa，后期气压0.588～0.686MPa。

(6) 进醪时检查混酒片号，进气后检查漏气片号，发现漏片用脸盆接出，倒入醪罐，并做好标记，出糟时进行调换。

(7) 进气约4h，酒已榨尽。酒液入澄清池，即可关闭进气阀门，排气松榨，准备出糟。出糟务必将糟除净，防止残糟堵塞流酒孔。

(8) 排片时应将进料孔、进气孔、流酒孔逐片对直，畅通无阻。滤布应整齐清洁。

(9) 当澄清池已接放70%的清酒时，加入糖色（或称酱色），搅拌均匀，并依据标准样品调正色度。糖色的一般规格为30°Bé。其用量因酒的品种而异，一般普通干黄酒1t加3～4kg，甜型和半甜型黄酒可少加或不加。使用时用热水或热酒稀释后加入。

(10) 压滤后的生酒必须进行澄清，并在灭菌前进行过滤。

二、澄清

压滤流出的酒液为生酒，俗称“生清”。生酒应集中到贮酒池（罐）内静置澄清3～4d，澄清设备多采用地下池或在温度较低的室内设置澄清罐。通过澄清，沉降出酒液中微小的固形物、菌体、酱色里的杂质。同时在澄清过程中，酒液中的淀粉酶、蛋白酶继续对淀粉、蛋白质进行水解，变为低分子物质；挥发掉酒液中低沸点成分，如乙醛、硫化氢、双乙酰等，改善酒味。

为了防止酒液再出现泛浑现象及酸败，澄清温度要低，澄清时间不宜过长。同时认真做好环境卫生和澄清池（罐）、输酒管道的消毒灭菌工作，防止酒液污染生酸。每批酒液出空后，必须彻底清洗灭菌，避免发生上、下批酒之间的杂菌感染。

经澄清的酒液中大部分固形物已沉到池底，但还有部分极细小，相对密度较轻的悬浮粒子没有沉下，仍影响酒的清澈度。所以经澄清后的酒液必须再进行一次过滤，使酒液透明光亮，过滤一般采用硅藻土粗滤和纸板精滤来加快酒液的澄清。

三、煎酒

把澄清后的生酒加热煮沸片刻，杀灭其中所有的微生物，破坏酶的活性，改善酒质，提高黄酒的稳定性，便于贮存、保管，这一操作过程称灭菌，俗称煎酒。

（一）煎酒温度的选择

煎酒温度与煎酒时间、酒液pH和酒精含量的高低都有关系。如煎酒温度高、酒液pH低、酒精含量高，则煎酒所需的时间可缩短，反之，则需延长。

煎酒温度高，能使黄酒的稳定性提高，但会加速形成有害的氨基甲酸乙酯。据测试，煎酒温度越高，煎酒时间越长，形成的氨基甲酸乙酯越多。同时，由于煎酒温度的升高，酒精成分挥发损失加大，糖和氨基化合物反应生成的色素物质增多，焦糖含量上升，酒色加深。因此在保证微生物被杀灭的前提下应适当降低煎酒温度。目前各酒厂的煎酒温度普遍在85～95℃。煎酒时间，各厂都凭经验掌握，没有统一标准。在煎酒过程中，酒精的挥发损耗为0.3%～0.6%，挥发出来的酒精蒸气经收集、冷凝成液体，称作“酒汗”。酒汗香气浓郁，可用于酒的勾兑或甜型黄酒的配料，亦可单独出售。

（二）煎酒设备

目前，大部分黄酒厂开始采用薄板换热器进行煎酒，薄板换热器高效卫生。如果采用两段式薄板换热交换器，还可利用其中的一段进行热酒冷却和生酒的预热，充分利用热量。

要注意煎酒设备的清洗灭菌，防止管道和薄板结垢，阻碍传热，甚至堵塞管道，影响正常操作。

子学习单元2 包装和贮存

一、分装

通常商品黄酒多采用瓶装、袋装或罐装方式。

1. 陶坛包装

陶坛稳定性高，不仅具有防腐蚀、抗化学性，还具有透气保温、绝缘、防磁和热膨胀系数小等特点，有利于黄酒的自然老熟和香气质量的提高。但陶坛的机械强度和防震能力弱，容易破损或产生裂纹；某些釉面质量不好的酒坛长期存放黄酒会出现微弱渗漏的现象，俗称“冒汗”。一般酒厂每年坛装库存酒的损耗在3%以上。坛装操作劳动强度大，酒坛笨重，包装搬运不便，不易实现机械化。酒坛外表不太美观，再加上烂泥封口更有碍观瞻。为此，有些厂采用小型精美的工艺陶瓷坛包装。

灌酒前，先将洗好的空坛倒套在蒸汽消毒器上，采用蒸汽冲喷的方式对空坛杀菌，以坛底边角烫手为准。另外，由于坛外壁已涂上石灰浆，如坛破损，在蒸汽冲喷时容易发现。灭好菌的空坛标上坛重，应立即使用。荷叶、箬壳等包装材料也要在沸水中灭菌30min以上方可使用。

将杀好菌的黄酒趁热灌入坛内，随即盖上荷叶、箬壳，用竹丝或麻丝紧扎坛口。包扎好的酒坛水平或倒放都不得有渗漏。扎好坛口后要趁热糊封泥头，因为刚灌好的酒温度很高，足以杀灭坛内空气中的微生物，并可将荷叶、箬壳及泥头里的水分迅速蒸发掉，否则封口的荷叶、箬壳会因泥头潮湿时间长而发霉，造成质量事故。

2. 大容器贮装

大容器贮存是采用钢板或不锈钢板制成的大罐贮存黄酒。与坛装比较，大容器贮酒能减少黄酒漏损，降低劳动强度，提高经济效益，实现黄酒后道工序的机械化。此外，因放酒时很容易放去罐底的酒脚沉淀，所以有利于黄酒的稳定性。

各厂均采用热酒进罐的方式，生酒在85℃左右煎酒并维持10～15min，然后急冷至63～64℃进罐，满罐后采用罐外喷淋冷却法，对热酒进行急速冷却，使罐内酒液品温在24h内降至接近室温。热酒应从贮罐下部进入，所产生的酒精蒸气可顶走罐内空气，并起到杀菌作用。热酒进罐能够进一步对管道和贮罐进行灭菌，但酒液不可长期维持高温，否则会产生熟味而损害酒的风味。

瓶装黄酒具有购买方便、选择性强、质量可靠和斤准量足等优点，几乎所有高档黄酒或花色酒都采用瓶装。但生酒不能直接瓶装，因其在加热灭菌后会产生浑浊或沉淀而影响酒的质量。生酒必须先经灭菌灌入陶坛或大罐，静置若干时间后除去酒脚，并经过滤后方可装瓶，然后采用水浴或喷淋方式，于62～64℃灭菌30min。黄酒瓶装的工艺操作与过程如图3－16所示。

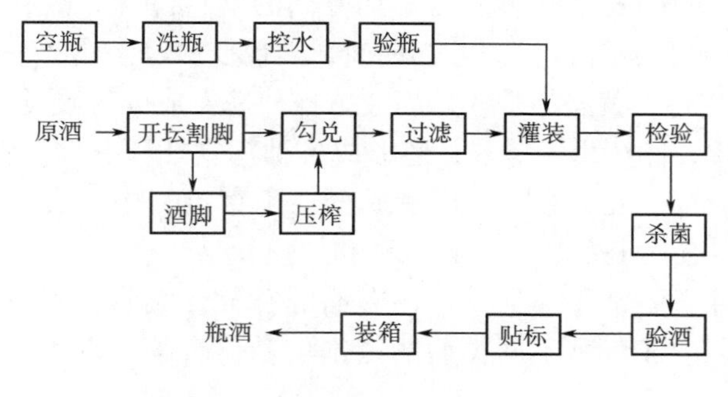

图3－16 黄酒瓶装工艺流程

二、包装

灭菌后的黄酒，应趁热灌装，入坛贮存。黄酒历来采用陶坛包装，因陶坛具有良好的透气性，对黄酒的老熟极其有利。但新酒坛不能用来灌装成品酒，一般用装过酒醅的旧坛灌装。黄酒灌装前，要做好空酒坛的挑选和清洗工作。要检查是否渗漏，空酒坛清洗好后，倒套在蒸汽消毒器上，用蒸汽冲喷的方法对空酒坛进行灭菌，灭菌好的空坛标上坛重，立即使用。热酒灌坛后用灭菌过的荷叶箬壳扎紧封口，以便在酒液上方形成一个酒气饱和层，使酒气冷凝液回到酒里，形成一个缺氧近似真空的保护空间。

传统的绍兴黄酒常在封口后套上泥头，泥头大小各厂不同，一般平泥头高8～9cm，直径18～20cm。用泥头封口的作用是隔绝空气中的微生物，使其在贮存期间不能从外界浸入酒坛内，并便于酒坛堆积贮存，减少占地面积。目前，部分泥头已用石膏代替，使黄酒包装显得卫生美观。

三、 黄酒的贮存

新酒成分的分子排列紊乱，酒精分子活度较大，很不稳定，其口味粗糙欠柔和，香气不足缺乏协调，因此必须经过贮存。贮存的过程，就是黄酒的老熟过程，常称“陈酿”。经过贮存，黄酒的色、香、味及其他成分会发生变化，酒体醇香、绵软、口味协调，在香气和口味等各方面与新酒大不相同。

1. 黄酒贮存过程中的变化

（1）色的变化　通过贮存，酒色加深，这主要是酒中的糖分与氨基酸结合，产生类黑精所致。

酒色变深的程度因黄酒的含糖量、氨基酸含量及酒液的 pH 高低而不同。甜型黄酒、半甜型黄酒因含糖分多而比干型黄酒的酒色容易加深；加麦曲的酒，因蛋白质分解力强，代谢的氨基酸多而比不加麦曲的酒色泽深；贮存时温度高，时间长，酒液 pH 高，酒的色泽就深。贮存期间，酒色变深是老熟的一个标志。

（2）香气的变化　黄酒的香气是酒液中各种挥发成分对嗅觉综合反应的结果。黄酒在发酵过程中，除产生乙醇外，还形成各种挥发性和非挥发性的代谢副产物，包括高级醇、酸、酯、醛、酮等，这些成分在贮存过程中，发生氧化反应、缩合反应、酯化反应，使黄酒的香气得到调和和加强。

黄酒的香气除了酒精等香气外，还有曲的香气，大曲在制曲过程中，经历高温化学反应阶段，生成各种不同类型的氨基羰基化合物，带入黄酒中，增添了黄酒的香气。

（3）口味的变化　黄酒的口味是各种呈味物质对味觉综合反应的结果。有酸、甜、苦、辣、涩。新酒的刺激辛辣味，主要是由酒精、高级醇及乙醛等成分所构成。糖类、甘油等多元醇及某些氨基酸构成甜味；各种有机酸、部分氨基酸形成酸味；高级醇、酪醇等形成苦味；乳酸含量过高有涩味。经过长时间陈酿，酒精、醛类的氧化、乙醛的缩合、醇酸的酯化，酒精与水分子的缔合以及其他各种复杂的物理化学变化，使黄酒的口味变得醇厚柔和，诸味协调，恰到好处。

2. 贮存管理

（1）贮存时间　黄酒贮存时间的长短，没有明确的界限，但不宜过长，否则，酒的损耗加大，酒味变淡，色泽过深，还会给酒带来焦糖的苦味，使黄酒过熟，质量降低。所以要根据酒的种类、贮酒条件、温度变化掌握适宜的贮存期，既能保证黄酒色、香、味的改善，又能防止有害成分生成过多。一般普通黄酒要求陈酿 1 年，名、优黄酒陈酿 3 ~5 年。贮存后判断酒的老熟目前主要还是靠感官品尝来决定。

（2）贮存的条件　黄酒是低度酒，长期贮酒的仓库温度最好保持在5～20℃，不宜过冷或过热。过冷会减慢陈酿的速度；过热会使酒精挥发损耗以及发生浑浊变质的危险。另外，仓库要高大、宽敞、阴凉、通风良好，堆叠好的酒应避免日光辐射或直接照射，酒坛之间要留一定距离，以利通风和翻堆。

【酒文化】

黄酒的分类

黄酒是我国特有的传统酿造酒，至今已有三千多年历史，因其酒液呈黄色而取名为黄酒。黄酒以糯米、大米或黍米为主要原料，经蒸煮、糖化、发酵、压榨而成。黄酒为低度（15%～18%）原汁酒，色泽金黄或褐红，含有糖、氨基酸、维生素及多种浸出物，营养价值高。成品黄酒用煎煮法灭菌后用陶坛盛装封口。酒液在陶坛中越陈越香，故又称为老酒。

黄酒品种繁多，制法和风味都各有特式，主要生产于中国长江下游一带，以浙江绍兴的产品最为著名。黄酒大致分类如下：

1. 按原料和酒种类

①糯米黄酒：以酒药和麦曲为糖化剂、发酵剂，主要生产于中国南方地区。

②黍米黄酒：以米曲霉制成的麸曲为糖化剂、发酵剂。主要生产于中国北方地区。

③大米黄酒：为一种改良的黄酒，以米曲加酵母为糖化剂、发酵剂。主要生产于中国吉林及山东。

④红曲黄酒：以糯米为原料，红曲为糖化剂、发酵剂。主要生产于中国福建及浙江两地。

2. 按生产方法

①淋饭法黄酒：将糯米用清水浸发两日两夜，然后蒸熟成饭，再通过冷水喷淋达到糖化和发酵的最佳温度。拌加酒药、特制麦曲及清水，经糖化和发酵45d就可做成。此法主要用于甜型黄酒生产。

②摊饭法黄酒：将糯米用清水浸发16～20d，取出米粒，分出浆水。米粒蒸熟成饭，然后将饭摊于竹席上，经空气冷却达到预定的发酵温度。配加一定分量的酒母、麦曲、清水及浸米浆水后，经糖化和发酵60～80d做成。用此法生产的黄酒质量一般相对淋饭法黄酒较好。

③喂饭法黄酒：将糯米原料分成几批。第一批以淋饭法做成酒母，然后再分批加入新原料，使发酵继续进行。用此法生产的黄酒与淋饭法及摊饭法黄酒相比，发酵更深透，原料利用率较高。这是中国古老的酿造方法之一。早在东汉时期就已盛行。现在中国各地仍有许多地方沿用这一传统工艺。著名的绍兴加饭酒便是其典型代表。

3. 按味道或含糖量

①甜型酒（10%以上）。

②半甜型酒（5%～10%）。

③半干型酒（0.5%～5%）。

④干型酒（0.5%以下）。

4. 按其他不同方式

（1）根据酒的颜色取名

①如元红酒（琥珀色）。

②竹叶青（浅绿色）。

③黑酒（暗黑色）。

④红酒（红黄色）。

（2）根据加工工艺不同取名

①加饭酒（原料用米量加多）。

②老廒酒（将浸米酸水反复煎熬，代替浸米水，以增加酸度，用来培养酵母）。

（3）根据包装方式取名　花雕（在酒坛外绘雕各种花纹及图案）。

（4）根据特殊用途取名　女儿红（女儿在出生时将酒坛埋在地下，待女儿出嫁时取出，敬饮宾客）。

思考题

一、填空题

1. 压滤前，应检测后发酵酒醅是否（　），以便及时处理，防止产生“（　）”现象（压滤不及时）。
2. 压滤时，要求生酒要（　），糟粕要（　），压滤时间要短。
3. 目前各酒厂的煎酒温度普遍在（　）℃。
4. 一般普通黄酒要求陈酿（　）年，名、优黄酒陈酿（　）年。

二、判断题

1. （　）为了防止酒液再出现泛浑现象及酸败，澄清温度要低，澄清时间应长点。
2. （　）煎酒温度高、酒液 pH 低、酒精含量高，则煎酒所需的时间可缩短。

三、问答题

1. 黄酒机械化生产的工艺设计需注意哪些因素？
2. 如何判断酒醅是否成熟？
3. 简述黄酒贮存过程中的变化。

教学情境四

啤酒生产技术

啤酒是以优质大麦和水为主要原料，大米或谷物、酒花等为辅料，经制成麦芽、糖化、发酵等工艺而制成的一种含有二氧化碳、低酒精度和营养丰富的饮料。啤酒可形成洁白、细腻的泡沫，有酒花香和爽口的苦味，深受大家喜欢，是世界上产量最大的酒种。啤酒生产工艺分为制麦芽、糖化、发酵及后处理等主要工序。该教学情境我们将根据啤酒的生产工艺过程，从啤酒生产原辅料、麦芽制备、麦芽汁的制备、啤酒发酵工艺、啤酒过滤与灌装五个环节学习啤酒的酿造技术。

学习单元1 啤酒生产原辅料

【教学目标】

知识目标

1. 掌握啤酒酿造所需主要原料的基本性质。
2. 了解大麦的种类、形态、化学成分和主要特性。
3. 掌握啤酒酿造主要原料的作用、贮存条件和处理方法。
4. 掌握啤酒酿造对主要原料的质量要求。
5. 掌握辅料的种类作用，酒花的功能，化学成分及制品。
6. 了解酿造用水对于啤酒酿造的影响。
7. 掌握啤酒酿造用水的要求。

技能目标

1. 能根据要求选择合适的原料及辅料。
2. 能进行大麦等原料的质量判断。
3. 能合理的贮藏大麦及酒花。
4. 能够按要求对啤酒酿造水进行改良和处理。

一、 大麦

大麦是啤酒生产的主要原料，生产中是先将大麦制成麦芽，再用来酿造啤酒。

根据大麦籽粒生长的形态，可分为六棱大麦、四棱大麦和二棱大麦。其中二棱大麦的麦穗上只有两行籽粒，籽粒皮薄、大小均匀、饱满整齐，淀粉含量较高，蛋白质含量适当，是啤酒生产的最好原料。

1. 大麦的化学成分

大麦的化学组成随品种以及自然条件等不同在一定范围内波动，主要成分是淀粉，其次是纤维素、蛋白质、脂肪等。大麦中一般含干物质 80% ~88%，水分 12% ~20%。

（1）水分　根据收获季节的气候情况，大麦的水分含量波动幅度 11% ~20%，但进厂大麦的水分不宜太高，水分高于 12% 的大麦在贮藏中易发霉、腐烂，不仅贮藏损失大，而且会严重影响大麦的发芽力和大麦质量。新收获的大麦含水常高达 20%，必须经过暴晒，或人工干燥，使水分降至 12% 左右，方能进仓贮藏。

（2）淀粉　淀粉是最重要的碳水化合物，大麦淀粉含量占总干物质质量的 58% ~65%，贮藏在胚乳细胞内。大麦淀粉含量越多，大麦的可浸出物也越多，制备麦汁时收得率也越高。

大麦淀粉颗粒分为大颗粒淀粉（直径 20 ~40μm）和小颗粒淀粉（直径 2 ~10μm）两种。二棱大麦的小颗粒淀粉数量约占全部淀粉颗粒的 90%，其质量却只占淀粉的 10% 左右。小颗粒淀粉的含量与大麦的蛋白质含量成正比。其外部被很密的蛋白质所包围，不易受酶的作用，如果在制麦时分解不完全，糖化时更难以分解。这种未分解的小颗粒淀粉与蛋白质、半纤维素和麦胶物质聚合在一起，使麦汁黏度增大，是造成麦汁过滤困难的一项重要因素。小颗粒淀粉含有较多的支链淀粉，因此产生较多的非发酵性糊精。

大麦淀粉在化学结构上分为直链淀粉和支链淀粉。直链淀粉占 17% ~24%，支链淀粉占 76% ~83%。直链淀粉在 β - 淀粉酶的作用下，几乎全部转化为麦芽糖。β - 淀粉酶作用于支链淀粉时，除生成麦芽糖和葡萄糖外，尚生成大量糊精及异麦芽糖。糊精是淀粉水解不完全的产物，其结构与淀粉相似，只是相对分子质量较小而已。直链淀粉分子结构较松，支链淀粉则较紧，故前者易溶解。

（3）纤维素　纤维素主要存在于大麦的皮壳中，是构成谷皮细胞壁的主要物质，占大麦干重的3.5% ~7%。

纤维素与木质素无机盐结合在一起，不溶于水，对酶的作用有相当强的抵抗力，在水中只是吸水膨胀。当大麦发芽时，纤维素不起变化。

（4）半纤维素和麦胶物质　半纤维素是胚乳细胞壁的主要构成物质，也存在于谷皮中。占麦粒质量的10% ~11%，不溶于水，但易被热的稀酸和稀碱水解，产生五碳和六碳糖。发芽过程被半纤维素酶（细胞溶解酶）分解，因而增加了麦芽的易碎性，有利于各种水解酶进入细胞内，促进胚乳的溶解。

半纤维素和麦胶物质均由β-葡聚糖和戊聚糖组成，由于β-葡聚糖和戊聚糖是两种不同结构的物质，它们对啤酒生产和质量影响也不相同。谷皮半纤维素主要由戊聚糖和少量β-葡聚糖及糖醛组成；胚乳半纤维素由大量β-葡聚糖（占80% ~90%）和少量戊聚糖（占10% ~20%）组成；麦胶物质在成分组成上与半纤维素无甚差别，只是相对分子质量较半纤维素低。

由于β-葡聚糖分子组成的不规则，因而直接影响到β-葡聚糖酶对β-葡聚糖的分解作用。作为麦胶物质中的β-葡聚糖相对分子质量较低，而易溶于温水，在麦芽汁中和啤酒生产中会产生很高的黏度。麦胶物质的含量与麦芽质量有密切关系，溶解良好的麦芽，所含β-葡聚糖等半纤维素物质得到很好的溶解；溶解较差的麦芽，β-葡聚糖等半纤维素物质分解不完全，所制出的麦汁黏度很大，过滤困难，甚至导致啤酒的过滤困难，所酿出的酒口感不爽，但对啤酒持泡性有利。

戊聚糖由戊糖、木糖和阿拉伯糖组成，戊聚糖中主要是由1,4-D-木糖残基组成的长链，在制麦和酿造中，只有部分戊聚糖被分解，它对啤酒的生产和质量影响不大。

β-葡聚糖是半纤维素的重要组成部分，原大麦含β-葡聚糖1.5% ~2.5%。如果用原大麦作糖化辅料时，大麦中未分解的β-葡聚糖增加了醪液黏度，致使过滤困难。β-葡聚糖现已受到啤酒界的普遍重视。

（5）低糖　大麦中含有2%左右的糖类，其主要是蔗糖，还有少量的棉子糖、葡二果糖、麦芽糖、葡萄糖和果糖。蔗糖、棉子糖和葡二果糖主要存在于胚和糊粉层中，供胚开始萌发的呼吸消耗；葡萄糖和果糖存在于胚乳中；麦芽糖则集中在糊粉层中，那里有大量β-淀粉酶存在。所以，低糖对麦粒的生命活动有很大意义。

（6）蛋白质　大麦中的蛋白质含量及类型直接影响大麦的发芽力、酵母营养、啤酒风味、啤酒的泡持性、非生物稳定性适口性等。因此选择含蛋白质适中的大麦品种对啤酒酿造具有十分重要的意义。

大麦中蛋白质含量一般在8% ~14%，个别有达18%的。制造啤酒麦芽的大麦蛋白质含量需适中，一般在9% ~12%为好。蛋白质含量太高时有如下缺点：相应淀粉含量会降低，最后影响到原料的收得率，更重要的是会形成玻璃质的硬麦；

发芽过于迅速，温度不易控制，制成的麦芽会因溶解不足而使浸出物收得率降低，也会引起啤酒的浑浊；蛋白质含量高易导致啤酒中杂醇油含量高。蛋白质过少，会使制成的麦汁对酵母营养缺乏，引起发酵缓慢，造成啤酒泡持性差，口味淡薄等。在大麦中往往蛋白质含量过高，所以在制造麦芽时通常是寻找低蛋白质含量的大麦品种。近年来，由于辅料比例增加，利用蛋白质质量分数在11.5%～13.5%的大麦制成高糖化力的麦芽也受到重视。

大麦中的蛋白质按其在不同的溶液中溶解性及其沉淀度区分为四大类。

①清蛋白：清蛋白溶于水和稀中性盐溶液及酸、碱液中。在加热时，从52℃开始，能由溶液中凝固析出；麦汁煮沸中，凝固加快，与单宁结合而沉淀。大麦清蛋白分子量70000左右，占大麦蛋白质总量的3%～4%，包括十六种组分，等电点为pH4.6～5.8左右。

②球蛋白：球蛋白是种子的贮藏蛋白，不溶于纯水，可溶于稀中性盐类的水溶液中。溶解的球蛋白与清蛋白一样，在92℃以上部分凝固，大麦球蛋白由4种组分（α、β、γ、δ）所组成。球蛋白等电点为pH4.9～5.7，球蛋白的含量为大麦蛋白质总量的31%左右。

α-球蛋白和β-球蛋白分布在糊粉层里；γ-球蛋白分布在胚里，当发芽时它会发生最大的变化。β-球蛋白的等电点为pH4.9，在麦汁制备过程中不能完全析出沉淀，发酵过程中酒的pH下降时，它就会析出而引起啤酒混浊。β-球蛋白在发芽时，其裂解程度较小。β-球蛋白在麦汁煮沸时，碎裂至原始大小的1/3左右，同时与麦汁中的单宁，尤其与酒花单宁以2∶1或3∶1的比例相互作用，形成不溶解的纤细聚集物。β-球蛋白含硫量为1.8%～2.0%，并以SH基活化状态存在，具有氧化趋势。在空气氧化的情况下，β-球蛋白的氢硫基氧化成二硫化合物，形成具有—S—S—键的更难溶解的硫化物，啤酒变混浊。因此β-球蛋白是引起啤酒混浊的根源。

③醇溶蛋白：醇溶蛋白主要存在于麦粒糊粉层里，等电点为pH6.5，不溶于纯水及盐溶液，溶于50%～90%的酒精溶液，也溶于酸碱。它含有大量的谷氨酸与脯氨酸，由五种组分（α、β、γ、δ、ε）组成，其中δ和ε组分是造成啤酒冷混浊和氧化混浊的重要成分。醇溶蛋白含量为大麦蛋白质含量的36%，是麦糟蛋白的主要构成部分。

④谷蛋白：谷蛋白不溶于中性溶剂和乙醇，溶于碱性溶液。谷蛋白也是四种组分组成，它和醇溶蛋白是构成麦糟蛋白的主要成分，其含量为大麦蛋白质含量的29%。

（7）多酚物质　大麦中含有多种酚类物质，其含量只有大麦干物质质量的0.1%～0.3%，主要存在于麦皮和糊粉层中。大麦酚类物质含量与大麦品种有关，也受生长条件的影响。一般蛋白质含量越低，多酚含量越高。大麦中酚类物质含量虽少，却对啤酒的色泽、泡沫、风味和非生物稳定性等影响很大。

（8）其他成分　脂肪主要存在于糊粉层，大麦含2% ~3%的脂肪。

磷酸盐是酵母发酵过程中不可缺少的物质，对酵母的发酵起着重要作用，正常含量为每100g大麦干物质含260 ~350mg磷。大麦所含磷酸盐的半数为植酸钙镁，约占大麦干物质的0.9%。有机磷酸盐在发芽过程中水解，形成第一磷酸盐和大量缓冲物质，糖化时进入麦汁中，对麦汁具有缓冲作用，对调节麦汁pH起很大作用。

无机盐对发芽、糖化和发酵有很大影响，大麦中的无机盐含量为其干物质质量的2.5% ~3.5%，大部分存在于谷皮、胚和糊粉层中。

维生素集中分布在胚和糊粉层等活性组织中，无机盐对发芽、糖化和发酵有很大影响，常以结合状态存在。

2. 酿造用大麦的质量要求

酿造用大麦的质量要求为以下几个方面。

（1）感官特征

①纯度：大麦应很少含有杂谷、草屑、泥沙等夹杂物；应尽可能是属于同一产地、同一品种。因为只有同一产地、同一品种，同年收割的大麦其品质较一致，在制麦时能做到均匀发芽。

②外观和色泽：新鲜、干燥、皮壳薄而有皱纹者，色泽淡黄而有光泽，籽粒饱满，这是成熟大麦的标志；如带青绿色，则是未完全成熟；如暗灰色或微蓝色泽的则是长了霉或受过热的大麦。色泽过浅的大麦，多数是玻璃质粒或熏硫所致，不宜酿造啤酒。

③香和味：具有新鲜的麦秆香味，放在嘴里咬尝时有淀粉味，并略带甜味者为佳。

④皮壳特征：制麦芽用大麦皮壳的粗细度对制麦特别重要。皮薄的大麦有细密的痕纹，适于制麦芽。皮厚的大麦纹道粗糙、不明显、间隔不密；皮厚的大麦浸出率较低，同时还可能存在较多的有害物质（如鞣质和苦味物质）。

⑤麦粒形态：粒型肥短的麦粒一般谷皮含量低，瘦长的麦粒谷皮含量高。粒型肥短的麦粒浸出物高，蛋白质含量低，发芽较快，易溶解。因此，粒型肥短的麦粒较适合制作麦芽。

（2）物理检验

①千粒质量：千粒质量即为1000颗大麦籽粒的质量。千粒质量高，则浸出物高；千粒质量低，则浸出物低。我国二棱大麦的千粒质量在36 ~48g，四棱、六棱大麦在28 ~40g。加拿大二棱大麦的千粒质量在40 ~44g，澳大利亚二棱大麦的千粒质量在40 ~45g。

②形态大小和均匀度：麦粒的大小一般以腹径表示，大麦的大小和均匀度对大麦的质量有很大影响，并直接影响麦芽的整个制造过程。大麦的大小和均匀度，可用分级筛测量，其筛孔孔距分别为2.8mm、2.5mm、2.2mm。2.5mm以上的麦

粒占 80% 以上者为佳，称优级大麦；占 75% 以上者，质量次之，称一级大麦；70% 以上者，称为二级大麦；2.2mm 以下的大麦，蛋白质含量高，浸出物含量低，适于用作饲料。

③胚乳的状态：麦粒的胚乳状态可分为粉质粒、玻璃质粒、半玻璃质粒。

粉质粒麦粒的胚乳状态（断面）呈软质白色；玻璃质粒断面呈透明有光泽；部分透明、部分白色粉质的称半玻璃质粒。玻璃粒又分成暂时和永久两种：暂时玻璃粒，在大麦浸渍 24h 后缓慢干燥，玻璃粒就消失，变成粉质粒，并不影响大麦品质。永久性玻璃粒在发芽时难于溶解，麦汁滤清困难；糖化时收得率低，而且一般永久性玻璃粒蛋白质含量也高于粉质粒，溶解困难，只能制成一种坚硬的浸出率低麦芽，导致麦汁过滤困难，故不适合制作麦芽。粉状粒应在 80% 以上的大麦是优良大麦。啤酒酿造要求大麦粉状粒应在 80% 以上，且越多越好。

④发芽力和发芽率：大麦在发芽时，其中原有的酶才能活化和生成各种酶，才能使大麦中大分子物质适度物质溶解，转变成麦芽。发芽力是大麦最重要的特性之一。

发芽力是大麦在适宜条件下发芽 3d 后，发芽麦粒占总麦粒的百分数。发芽力表示大麦发芽的均匀性。

发芽率是大麦在适宜条件下发芽 5d 后，发芽麦粒占总麦粒的百分数。发芽率表示大麦发芽的能力。

啤酒酿造中，要求大麦的发芽力不低于 85%，发芽率不低于 90%。但对优级大麦而言，发芽力应不低于 95%，发芽率不低于 97%。两者的差距由大麦的休眠期所决定，当大麦经过休眠期后，二者的数值应非常接近。

（3）化学检验

①水分：一般水分应在 12% ~13% 内。大麦含水分高者易霉烂，过低不利于大麦的生理性能。

②淀粉含量和浸出物含量：淀粉含量应在 60% ~65% 以上，淀粉含量高，则浸出物高，蛋白质含量则越少。大麦的浸出物含量按干物质计，一般为 72% ~80%。大麦淀粉含量与浸出物含量之间的差额平均为 14.5%。因此，从浸出物含量可大致换算出该大麦的淀粉含量。

③蛋白质：大麦中含氮物质以粗蛋白质含量表示，它是大麦成分的主要组成部分。大麦中蛋白质含量一般要求为 9% ~13%，以 10% ~12%（以干物质计）为佳。蛋白质含量丰富，会使浸出率下降；在工艺操作上，发芽过于猛烈，难溶解；在酿造中也容易引起浑浊，降低了啤酒的非生物稳定性。

3. 大麦的贮存及后熟

新收获的大麦有休眠期，种皮的透水性、透气性较差，并有水敏感性，发芽率低，往往需要经过 60 ~70d 的后熟，使种皮的性能受到温度、水分、氧气等外界因素的影响而发生改变，以提高大麦的发芽率。

（1）大麦的贮存条件　在贮存期间，大麦的生命及呼吸作用仍在继续，在大麦贮存过程中，有氧呼吸和无氧呼吸同时存在。当通风状况良好时，以有氧呼吸为主；当长期密闭时，以无氧呼吸为主，此时产生醛类和醇类等对细胞有毒性作用的物质。

大麦的呼吸强度与水分、温度成正比，当大麦水分超过15%，温度超过18℃时，呼吸消耗急剧增加；当大麦水分在12.5%以下，温度低于15℃时，呼吸作用较弱，在此条件下大麦可保存1年。因此要严格控制贮存水分和温度，否则呼吸消耗会急剧上升，也会严重损坏大麦的发芽力，甚至会造成微生物的污染。

除水分和温度外，贮存大麦还应按时通风，在水分较高（14%~15%）的情况下，需设有通风设施，以利于排出大麦因呼吸而产生的二氧化碳、水和热量，并提供O_2，避免大麦粒窒息和因缺氧呼吸而产生醇、醛、酸等抑制大麦发芽的物质，导致大麦的发芽率降低。

新收获的大麦水分高，不适宜贮存，必须经过自然干燥或人工干燥使其水分降至12%以下，方可贮存。

（2）大麦的贮存方法　大麦的贮存方法有袋装、散装和立仓贮存等形式。

散装堆放贮存的特点是：①占地面积大；②损耗大；③不易管理；④适用于小型麦芽厂。

袋装贮存的特点是：①堆放高度以10~12层为宜，堆高不超过3m；②每$1m^2$可存放2000~2400kg大麦；③适用于中小型麦芽厂。

立仓贮存的特点是：①占地面积小；②贮存量大；③机械化程度高，节省劳动力；④不易遭受虫害；⑤倒仓方便；⑥清洗杀菌方便；⑦造价高；⑧贮存技术要求高；⑨适用于大型麦芽厂。

二、辅助材料

在啤酒酿造中，可根据地区的资源和价格，采用富含淀粉的谷类（大麦、大米、玉米等）、糖类或糖浆作为麦芽的辅助原料，在有利于啤酒质量，不影响酿造的前提下，应尽量多采用辅助原料。

采用价廉而富含淀粉质的谷类作为麦芽的辅助原料，以提高麦汁收得率，制取廉价麦汁，降低成本并节约粮食。使用糖类或糖浆为辅助原料，可以节省糖化设备容量，调节麦汁中糖与非糖的比例，以提高啤酒发酵度。使用辅助原料，可以降低麦汁中蛋白质和易氧化的多酚物质的含量，从而降低啤酒色度，改善啤酒风味和啤酒的非生物稳定性。使用部分谷类原料，可以增加啤酒中糖蛋白的含量，从而改进啤酒的泡沫性能。

谷类辅助原料的使用量在10%~50%，常用的比例为20%~30%，糖类辅助原料一般为10%~20%。

我国啤酒酿造一般都使用辅助原料，多数用大米，有的厂用脱胚玉米，其最低量为10% ~15%，最高量为40% ~50%，多数为30%左右。

辅助原料的种类如下：

（1）大米　大米是最常用的一种麦芽辅助原料，其特点是价格较低廉，而淀粉高于麦芽，多酚物质和蛋白质含量低于麦芽，糖化麦汁收得率提高，成本降低，又可改善啤酒的风味和色泽，啤酒泡沫细腻，酒花香气突出，非生物稳定性比较好，特别适宜制造淡色啤酒。国内啤酒厂辅助原料大米用量自25% ~50%不等，一般是25% ~35%。但在大米用量过多的情况下，麦汁可溶性氮源和矿物质含量不够，将招致酵母菌繁殖衰退，发酵迟缓，因而必须经常更换强壮酵母。如果采用较高温度进行发酵，就会产生较多发酵副产物，如高级醇、酯类，对啤酒的香味和麦芽香有不好的影响。

米种类很多，有粳米、籼米、糯米等，啤酒工业使用的大米要求比较严格，必须是精碾大米，一般都采用碎米，比较经济。

（2）玉米淀粉　玉米淀粉多采用湿法加工生产，即将原料玉米经净化后，利用亚硫酸浸泡，破坏玉米的组织结构，然后破碎，分离出胚芽、纤维、蛋白质，最后得到成品淀粉。玉米淀粉的糊化温度为62 ~70℃，现啤酒工厂大多采用玉米淀粉作为啤酒生产的辅助原料，其主要化学成分如表4 -1所示。

表4 -1　　玉米淀粉的化学成分　　单位:%

项目	水分	无水浸出率	蛋白质	脂肪	灰分
含量	14	101 ~105	0.3 ~0.5	≤0.15	≤0.15

（3）小麦　小麦也可作为制造啤酒的辅助原料，用其酿制的啤酒有以下特点：小麦中蛋白质的含量为11.5% ~13.8%，糖蛋白含量高，泡沫好；花色苷含量低，有利于啤酒非生物稳定性，风味也很好；麦汁中含较多的可溶性氮，发酵较快，啤酒的最终pH较低；小麦和大米、玉米不同，富含α -淀粉酶和β -淀粉酶，有利于采用快速糖化法。德国的白啤酒是以小麦芽为原料，比利时的蓝比克啤酒也是以小麦作辅料。一般使用比例为15% ~20%。

（4）大麦　国际上采用大麦为辅助原料，一般用量为15% ~20%，以此制成的麦汁黏度稍高，但泡沫较好，制成的啤酒非生物稳定性较高。

使用的大麦应气味正常，无霉菌、细菌污染，籽粒饱满。如果糖化时添加淀粉酶、肽酶、β -葡聚糖酶组成的复合酶，可将大麦用量提高到30% ~40%。

（5）糖类和糖浆　麦汁中添加糖类，可提高啤酒的发酵度，但含氮物质的浓度稀释，生产出的啤酒具有非常浅的色泽和较高的发酵度，稳定性好，口味较淡爽，符合生产浅色干啤酒的要求。为了保证酵母营养，一般用量为原料的10% ~20%。

糖浆生产多采用双酶法工艺，即酶法液化、酶法糖化。淀粉乳在液化酶存在的情况下，经喷射器进行喷射液化，然后进入糖化罐，在酶的作用下水解糖化，达到预期的糖组分要求，后经过滤、脱色、离子交换除去其中的各类杂质，再经蒸发浓缩达到所需的浓度。

三、 啤酒花及其制品

在啤酒酿造过程中添加啤酒花（简称酒花）作为香料开始于9世纪，最早使用于德国。酒花现已成为啤酒酿造的重要原料。在啤酒酿造过程中添加酒花能赋予啤酒爽口的苦味及啤酒特有的酒花香气；能促进蛋白质凝固，有利于麦汁的澄清，有利于啤酒的非生物稳定性，也能增强啤酒的泡沫稳定性，并且酒花具有抑菌、防腐作用，可增强麦汁和啤酒的防腐能力。

酒花栽培适宜在近寒带的温带地区，主要产地分布于欧洲北纬40°~60°、北美北纬36°~55°、亚洲东部和北部北纬35°~50°、大洋洲南纬25°~45°地区。世界著名酒花产地德国、捷克、斯洛伐克等均在北纬40°~50°。

我国酒花主要产地有新疆、内蒙古、甘肃等地区。一般地说，酒花适宜在中性土壤、低地下水位、雨水少、长日照的地区栽培，虽然其他地区也能栽培酒花，但因不符合上述条件，产量低，无法获得优质、高产的酒花。

1. 酒花的品种

啤酒花作为啤酒工业原料，始于德国。使用的主要目的是利用酒花的苦味、香味、防腐能力和澄清麦芽汁的能力，而起到增加麦芽汁和啤酒的苦味、香味、防腐能力和澄清麦芽汁的作用。啤酒花按其特性可分为以下四类。

（1）优质香型酒花　捷克萨士（Saaz）、德国斯巴顿（Spalter）、德国泰特昂（Tattnang）、英国哥尔丁（Golding）等。此类酒花中主要成分一般为：α－酸3%~5%、α－酸/β－酸为1.1~1.5，酒花精油2%~2.5%。

（2）兼香型酒花　英国威沙格桑（Wye Saxon）、美国哥伦比亚（Colombia）、德国哈拉道尔（Hallertauer）、美国的威拉米特（Willamete）等。此类酒花成分含量一般为：α－酸5%~7%，α－酸/β－酸1.2%~2.3%，酒花精油0.85%~1.6%。

（3）特征不明显的酒花　美国加利纳（Galena）。

（4）苦型酒花　德国的北酿（Northern Brewer）、金酿（Brewers Gold），格林特斯（Cluster）和中国新疆的青岛酒花。优质苦型酒花的α－酸6.5%~10%，α－酸/β－酸为2.2~2.6。

世界生产苦型酒花占50%以上，优质香型占10%，兼香型占15%，特征不明显的酒花占25%，目前主要发展苦型酒花和优香型酒花。

2. 酒花主要化学成分及其在酿造中的作用

酒花的化学组成中对啤酒酿造有特殊意义的三大成分为：酒花油，苦味物质和多酚。

（1）酒花油　酒花油主要存在于酒花花粉中，其含量约为0.4%，它赋予啤酒特有的酒花香味。主要成分是萜烯、倍半萜烯、酯、酮、酸及醇等。其中香叶烯（$C_{10}H_{15}$）与葎草烯（$C_{15}H_{24}$）等萜烯类碳氢化合物、牧牛儿醇是较为重要的成分。

酒花油呈黄绿色或红棕色液体，具有特异香味，在水中溶解甚微，在麦汁煮沸时极大部分逸出，所剩无几。有些厂家为此在发酵液内另行添加酒花制品，或直接浸泡生酒花，以保存酒花油，但往往带有“生酒花味”。

（2）苦味物质　苦味物质是提供啤酒愉快苦味的物质，在酒花中主要指α－酸、β－酸及其一系列氧化、聚合产物。

①α－苦味酸

α－酸（指α－苦味酸）是啤酒中苦味的主要成分。它既有粗糙强烈的苦味与很高的防腐力，又有降低表面张力的能力，可增加啤酒泡沫稳定性。α－酸为葎草酮及其同族化合物的总称。

α－酸在水中，溶解度很小，但微溶于沸水，能溶解于乙醚、石油醚、乙烷、甲醇等有机溶剂内。α－酸在新鲜酒花中含量为5%～11%。α－酸在热、碱、光能等作用下，变成异α－酸，后者的苦味比α－酸苦味强。在酒花煮沸过程中，α－酸异构率为40%～60%。

异α－酸为黄色油状，味奇苦。用新鲜酒花酿制的啤酒，其苦味85%～95%来自异α－酸。煮沸2h后，α－酸可能转化为无苦味的葎草酸或其他苦味不正常的衍生物，因此煮沸时间不宜过长。

②β－苦味酸

β－苦味酸（即β－酸）及β－软树脂其苦味程度约为α－酸的1/9，防腐能力约为α－酸的1/3，但苦味酸细腻爽口，也具有降低表面张力并改善啤酒泡沫稳定性的作用。

（3）多酚物质　酒花含多酚物质2%～5%，是非结晶混合物，其中主要是花色苷、单宁、花青素、翠雀素等物质，他们对啤酒酿造具有双重作用：一方面，在麦汁煮沸以及随后的冷却过程中，都能与蛋白质结合，产生凝固物沉淀，因而有利于啤酒稳定性；另一方面，正是由于多酚与蛋白质结合产生沉淀，所以啤酒中多酚物质的残留是造成啤酒浑浊的主要因素之一。

单宁性质不稳定，易氧化形成红色的单宁色素（酚型结构氧化成醌型显色结构），会给啤酒带来苦涩味与不适之感，并使啤酒颜色加深。另外，多酚物质还可与铁盐结合，形成黑色化合物，使啤酒色泽加深。

麦汁煮沸时添加酒花，酒花内单宁会与麦汁内过量蛋白质结合，使原来凝固困难的蛋白质，得以沉淀析出。酒花加量一定要适量，否则多酚残留会给啤酒造成不良的影响。

多酚物质既具氧化性又具还原性，在有氧情况下能催化脂肪酸和高级醇氧化成醛类，使啤酒老化。同时它的存在也可以使啤酒中的一些物质避免氧化。

酒花的多酚物质与麦芽多酚物质相比，前者比后者活泼，前者因其聚合度高更易与蛋白质结合形成沉淀。所以它可以和凝固困难的蛋白质结合，有利于提高啤酒的非生物稳定性。

3. 酒花制品的种类及其使用方法

新鲜酒花干燥后制成的全酒花，具有不易保管、不便运输、有效成分利用率不高等缺陷。而酒花制品则普遍受到欢迎。常用酒花制品有颗粒酒花、酒花浸膏、酒花油等。

（1）颗粒酒花　颗粒酒花是把粉碎后的酒花压制成颗粒，密闭冲惰性气体保藏的酒花制品。具有体积小，不易氧化，运输、使用控制和保管都比较方便的优点。

（2）酒花浸膏　酒花浸膏是利用萃取剂将酒花中 α－酸多量萃取出的树脂浸膏，是以 α－酸为主体成分的酒花制品。酒花浸膏的主要优点是提高了 α－酸的利用率。按萃取剂的不同可分为有机溶剂（乙醚、石油醚、乙醇等）萃取浸膏和 CO_2 萃取浸膏。

（3）异构化酒花浸膏　酒花先通过异构化再进行 CO_2 萃取制成异 α－酸浸膏。异 α－酸浸膏应和颗粒酒花、酒花浸膏等配合使用，可以在发酵后或滤酒前添加，添加量根据产品苦味要求确定。二氧化碳萃取还可以制备多种其他浸膏，如还原异构化浸膏、四氢异构化浸膏等。

（4）β－酸酒花油　在二氧化碳萃取制备 α－酸浸膏的废液中，存在大量的 β－酸和酒花油。在适当的条件下进行萃取，可获得一种含 20% 左右的酒花油和 70% β－酸及其衍生物、α－酸、多酚物质含量极少的固体树脂浸膏，即 β－酸酒花油。β－酸酒花油替代麦汁煮沸中最后一次添加的酒花，可提供新鲜的酒花香气，添加的数量可通过试验确定。

4. 酒花的贮藏

新收酒花含水 75% ~80%，必须经人工干燥至含水 6% ~8%，使花梗脱落，然后回潮至含水 10% 左右再包装存放。水分过低，花片易碎。干燥温度宜在 50℃以下，以减少 α－酸损失。在贮藏过程中，酒花的有效成分易氧化或挥发。

酒花的贮藏要求：①酒花包装应严密，压榨要紧；②低温贮藏，以 0 ~2℃为宜；③室内必须干燥，相对湿度在 60% 以下；④室内光线要暗，以防酒花脱色；⑤容器中充 CO_2、N_2 或保持真空；⑥酒花仓库内不得放置其他异味物品，以免串味；⑦贮藏的酒花应保持先进先用，防止因贮存过久而导致酒花质量下降。

四、 酿造用水

水是啤酒酿造非常重要的原料，啤酒工厂用水可分为酿造用水、酵母洗涤用水、稀释用水、冷却用水及洗涤用水。啤酒酿造用水主要包括糖化用水和洗糟用水。由于这两部分水直接参与啤酒生产的工艺反应，因此是麦汁和啤酒的组成成分。在麦汁制备和啤酒发酵过程中，许多物理变化、生物化学变化都与水质有直接关系。酿造用水的水质状况对啤酒的酿造过程及啤酒质量有着十分重要的影响。

啤酒生产用水除要符合饮用水标准外，有的生产过程用水还要进行处理。啤酒工厂的水处理主要有三部分：①酿造用水的处理：主要是降低硬度、改良酸度；②酵母洗涤用水的处理：主要是除菌，防止发酵醪液受到杂菌污染；③稀释用水的处理：除了去硬和杀菌外，还要脱氧、充二氧化碳。

酿造用水的要求：酿造用水直接进入啤酒，是啤酒中最重要的成分之一。酿造用水除必须符合饮用水标准外，还要满足啤酒生产的特殊要求。酿造用水应无色透明、无悬浮物、无沉淀物，否则将影响麦芽汁的浊度，啤酒容易发生浑浊或沉淀。将水加热到20～25℃时，用口尝应有清爽的感觉，气味和口味都是中性的，无异味、无异臭，如有咸味、苦味、涩味则不能采用。酿造用水的几项重要指标要求如下所述。

（1）总溶解盐类　总溶解盐应在150～200mg/L，含盐过高会导致酿造的啤酒口味粗糙、苦涩。

水中含铁量应在0.3mg/L以下，若含铁量超过0.5mg/L，麦汁中的单宁与铁反应，使麦汁色泽变黑，并使成品啤酒中带有不愉快的铁腥味，还会影响酵母的生长繁殖和正常发酵。

水中不应有铵盐存在，有铵盐存在说明水不清洁，以不超过0.5mg/L为限。

硝酸盐含量不得超过5mg/L，亚硝酸盐含量不得超过0.05mg/L，过高会影响酵母的生长繁殖和啤酒的口味。

硅酸盐要求在20mg/L以下，若超过50mg/L则麦汁不清，发酵时形成胶团，影响酵母菌发酵和啤酒过滤，还能引起啤酒胶体浑浊，使啤酒口味粗糙。

另外，其他重金属离子微量的铜和锌对啤酒酵母的代谢作用是有益的，微量的锌对降低啤酒中的双乙酰、醛类和挥发性酸类是有利的。但总的来说，重金属离子过量对酵母菌有毒性，抑制酶活力，并易引起啤酒浑浊。

（2）pH　pH应在6.8～7.2，偏碱或偏酸都会造成糖化困难，使啤酒口味不佳。

（3）有机物　水中有机物的含量应在3mg/L以下。若超过10mg/L，则说明水已经被严重污染。

（4）总硬度及残余碱度　生产淡色啤酒用水的总硬度应在8°dH以下，若生产浓色啤酒，水的硬度可适当高些。残余碱度RA≤3°d。

（5）氯化物　水中氯化物的含量以20～60mg/L为宜，少量的氯能增加淀粉酶的活力，促进糖化作用，提高酵母活性，啤酒口味柔和；若含量过高易引起酵母早衰，啤酒有咸味。

（6）细菌总数和大肠杆菌　水中的细菌总数和大肠杆菌数应符合生活饮用水标准。细菌总数<100个/mL，不得有大肠杆菌和八叠球菌。

【酒文化】

啤酒的起源

啤酒酿造具有悠久的历史，据考古发现，啤酒起源于幼发拉底河与底格里斯河流域的古巴比伦王国（今伊拉克境内），是当时生活在那里的苏美尔人最先把啤酒带给人类的，藏于巴黎卢浮宫博物馆的一块石雕上刻有苏美尔人酿制啤酒的场面，距今已有5000年。专家们推断，啤酒的生产大约有9000年的历史。

公元前3000年前后，随着两河流域和尼罗河流域的贸易往来，位于尼罗河下游的古埃及人也学会了啤酒酿造技术，建于公元前2300年前后的金字塔内墓室石壁上，雕刻着一幅古埃及人酿造啤酒的图画，形象地描绘了啤酒酿造的全过程。

大约公元前48年以后，啤酒酿造技术从埃及传到了欧洲，并得以快速发展。当时的日耳曼人和克尔特人对欧洲啤酒的发展起到了很大的促进作用。经过欧洲人不断地改进和发展，啤酒成为一种清新爽口的饮料，并传播到世界各地。但是，长期以来，由于人们互相保守秘密，啤酒生产发展缓慢，生产原料十分复杂，只到公元8世纪前后，德国人把大麦和啤酒花固定为啤酒酿造原料，啤酒酿造技术才实现了重大突破。随着人类科技的进步，如18世纪初勒沃米发明温度计，1830年发现酶对大麦发芽的作用，1865年法国巴斯德灭菌方法的创立，1866年发电机的问世，1870年冷冻机的应用，1878年丹麦科学家汉森对啤酒酵母的纯粹培养和分类研究，19世纪中叶加热方法和蒸汽机的改进等，使啤酒酿造逐步进入工业化。

我国是世界上用粮食原料酿酒历史最悠久的国家之一。早在5000多年前，当时人们就已经能够酿造“醴酒”了，其所用的原料、发酵的方法、酿造的时间与世界公认的苏尔美人所酿啤酒非常相似，只不过这种“醴酒”糖分较高、酒精含量低、口味太淡、不利贮存、容易变酸变质。由此可见中国也是啤酒的一个重要发源地。

思考题

一、选择题

1. 国内最常用的啤酒生产辅助原料是（　）。

   A. 大麦　　B. 大米　　C. 玉米　　D. 小麦

2. 啤酒的苦味和防腐能力主要是由酒花中的（　）提供的。

   A. α－酸和β－酸　　B. 酒花油　　C. 花色苷和花青素　　D. 单宁

3. 啤酒生产中添加啤酒花的目的不包括（　）。

   A. 赋予啤酒柔和的微苦味　　B. 提高发酵度

   C. 加速麦汁中高分子蛋白质的絮凝　　D. 提高啤酒泡沫起泡性和泡持性

4. 大麦的好坏直接影响到啤酒的质量，故需要对大麦进行感官检验、物理检验、化学检验等。以下哪一项不是属于物理检验的范畴（　）。

A. 千粒重　　B. 麦粒形态　　C. 胚乳性质　　D. 麦粒均匀度

5. 酒花应隔绝空气、避光及防潮贮藏，贮藏温度应为（　）℃。

A. 10℃以下　　B. 0～2℃　　C. 0℃以下　　D. 20℃以下

二、简答题

1. 啤酒酿造对大麦的质量有何要求?
2. 简述大麦的化学组成及含量?
3. 何谓大麦千粒质量、百升质量、发芽力、发芽率?
4. 简述酒花的主要成分及其在啤酒酿造中的作用?
5. 简述酒花的质量标准? 在啤酒生产中如何选择酒花?
6. 啤酒生产中，常用的辅助原料有哪些? 使用辅助原料有何意义? 应注意哪些问题?

学习单元2

麦芽制备

【教学目标】

知识目标

1. 掌握制麦的目的，大麦的精选和分级，大麦浸渍的目的和方法，浸麦理论和浸麦设备。

2. 掌握发芽的目的、条件、方法及相关设备，了解发芽时酶和物质的变化。

3. 掌握绿麦芽干燥的目的，方法及相关的设备，了解干燥时酶和物质的变化以及特种麦芽性质和特点。

技能目标

1. 能完成大麦的精选和分级。
2. 能完成大麦的浸渍及相关设备的操作使用。
3. 能完成大麦的发芽及绿麦芽的干燥。
4. 能根据感官特征、物理检验及化学检测结果判断评定麦芽的质量。

将酿造用大麦经过一系列加工制成麦芽的过程称为麦芽制造，简称制麦。麦芽制造过程包括大麦粗选、精选、分级、浸泡、发芽、干燥等。麦芽制造是啤酒生产的开始，麦芽制造工艺决定麦芽的品质和质量，进而影响到啤酒酿造工艺及啤酒的质量。发芽后制得的新鲜麦芽叫绿麦芽，经干燥和焙焦后的麦芽称为干麦芽。

麦芽制造的主要目的是：使大麦生成各种酶，并使大麦胚乳中的成分在酶的作用下，达到适度的溶解；去掉绿麦芽的生腥味，产生啤酒特有的色、香和风味成分。原料大麦加工成为成品麦芽流程如图 4－1 所示。

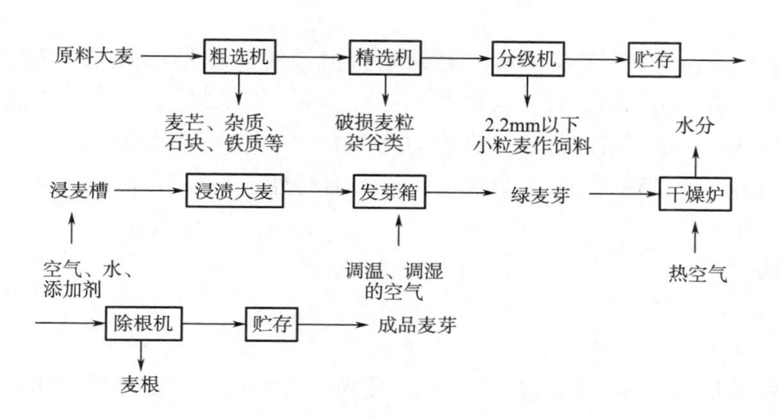

图 4－1　原料大麦加工流程图

子学习单元1　大麦的精选和分级

原料大麦一般含有各种有害杂质，如：杂谷、秸秆、尘土、砂石、麦芒、木屑、铁屑、麻绳及破粒大麦、半粒大麦等，均会妨碍大麦发芽，有害于制麦工艺，直接影响麦芽的质量和啤酒的风味，并直接影响制麦设备的安全运转，因此在投料前须经处理。利用粗选机除去各种杂物和铁，再经大麦精选机除去半粒麦和与大麦横截面大小相等的杂谷。由于原料大麦的麦粒大小不均，吸水速度不一，会影响大麦浸渍度和发芽的速度均匀性，造成麦芽溶解度的不同。所以，对精选后的大麦还要进行分级。

一、 粗选

粗选的目的是除去糠灰、各种杂质和铁屑。

大麦粗选的方法主要是风选和筛选。风选利用风力作用将灰尘及轻微尘质除去；筛选利用筛孔大小不同，分离粗大的和细小的夹杂物；磁吸用磁力除铁器，让大麦流经永久性磁铁或电磁铁以除去铁类杂质；滚打分离麦芒及附着在大麦颗粒表面的泥块。大麦粗选设备主要包括去杂、集尘、除铁、除芒等机械。

二、 精选

精选的目的是除掉与麦粒腹径大小相同的杂质。包括荞麦、野豌豆、草籽、半粒麦等。

分离的原理是利用种子不同长度进行的，使用的设备为精选机（又称杂谷分离机）。

精选机筛板多为辊筒式，其主要结构：由转筒、蝶形槽和螺旋输送机组成。转筒直径为400～700mm，转筒长度为1～3m，其大小取决于精选机的能力，转筒转速为20～50r/min，精选机的处理能力为2.5～5t/h，最大可达15t/h。转筒钢板上冲压成直径为6.25～6.5mm的窝孔，分离小麦时，取8.5mm。

三、 分级

1. 分级目的

大麦的分级是把粗、精选后的大麦，按腹径大小用分级筛加以分级。

大麦分级后得到颗粒整齐的麦芽，为浸渍均匀、发芽整齐以及获得粗细均匀的麦芽粉创造条件，并可提高麦芽的浸出率。

2. 分级的标准

一般将大麦分成3级，其标准如表4－2所示。

表4－2 大麦分级的标准

分级标准	筛孔规格/mm	颗粒腹径/mm	用途
Ⅰ级大麦	2.5×25	2.5以上	制麦
Ⅱ级大麦	2.2×25	2.2～2.5	制麦
Ⅲ级大麦		2.2以下	饲料

3. 分级筛

分级筛有圆筒分级筛和平板分级筛两种。

①圆筒分级筛：在旋转的圆筒筛上分布不同孔径的筛面，一般设置为2.2mm×25mm和2.5mm×25mm两组筛。麦流先经2.2mm筛面，筛下小于2.2mm的粒麦，再经2.5mm筛面，筛下2.2mm以上的麦粒，未筛出的麦流从机端流出，即是2.5mm以上的麦粒。从而将大麦分成2.5mm以上、2.2mm～2.5mm和2.2mm以下三个等级。为了防止与筛孔宽度相同腹径的麦粒被筛孔卡住，滚筒内安装有一个

活动的滚筒刷，用以清理筛孔。

②平板分级筛：重叠排列的平板筛用偏心轴转动（偏心轴距45mm，转速120~130r/min），筛面振动，大麦均匀分布于筛面。平板分级筛由三层筛板组成，每层筛板均设有筛框、弹性橡皮球和收集板。筛选后的大麦，经两侧横沟流入下层筛板，再分选。

上层为4块2.5mm×25mm筛板，中层为两块2.2mm×25mm筛板，下层为两块2.8mm×25mm筛板。麦流先经上层2.5mm筛，2.5mm筛上物流入下层2.8mm筛，分别为2.8mm以上的麦粒和2.5mm以上的麦粒，2.5mm筛下物流入中层2.2mm筛，分别为小粒麦和2.2mm以上的麦粒。

四、 精选大麦的质量控制

1. 大麦精选率和整齐度

大麦精选率是指原大麦中选出的可用于制麦的精选大麦质量与原大麦质量的百分比。对二棱大麦，指麦粒腹径在2.2mm以上的精选大麦。对多棱大麦，指麦粒腹径在2.0mm以上的精选大麦。精选率一般在90%以上，差的大麦为85%。

大麦整齐度是指分级大麦中同规格范围的麦粒所占的质量分数。国内指麦粒腹径在2.2mm以上者、国际系指麦粒腹径在2.5mm以上者所占的百分率。整齐度高的大麦浸渍，发芽均匀，粗细粉差小。

2. 工艺要求

（1）分级大麦中夹杂物低于0.5%。

（2）分级大麦的整齐度在93%以上。

（3）杂质中不应含有整粒合格大麦。

（4）同地区、同品种、同等级号的大麦贮存在一起，作浸麦投料用。

3. 控制方法

（1）每种大麦在精选之前，先要进行原料分析，掌握质量状况，提出各工序的质量要求，指导制麦生产。

（2）大麦必须按地区、品种不同，分别进行精选分级，不得混合。

（3）经常检查分级大麦整齐度，调节进料闸门大小。

（4）经常检查分级筛板，保持圆滑畅通。筛板凹凸不平时，堵塞筛孔，会降低分级效果。

（5）当杂谷分离机（精选机）窝孔因摩擦变得圆滑时，应减慢进料速度，不然会影响分离效果。

（6）原料大麦是多棱大麦时，可用2.0mm筛板代替2.2mm筛板，2.0mm以下的麦粒作饲料大麦。对于二棱大麦，2.2mm以下的麦粒称为小粒麦，可用作饲料。

【酒文化】

啤酒的成分及营养保健功能

一、啤酒的主要成分

啤酒是一种营养丰富的低酒精度的饮料酒，其化学成分非常复杂，也很难得出一个平均值。原辅材料组成、配比、水质、菌种及生产工艺不同，成品啤酒中的化学成分及其含量也有区别。其主要成分有酒精、糖类物质、含氮物质、矿物质、维生素、有机酸、酒花油、苦味物质和CO_2等。

二、啤酒的营养及保健功能

啤酒的营养价值主要由糖类和蛋白质及其分解产物、维生素、无机盐等组成。1972年7月在墨西哥召开的第九届“国际营养食品会议”上，啤酒被正式推荐为营养食品。啤酒被列为营养食品有三个特征：一是含多种氨基酸和维生素；二是啤酒发热高，1L的12°啤酒产生的热量高达1779kJ，可与250g面包、5~6个鸡蛋、500g马铃薯或0.75L牛奶产生的热量相当，故啤酒有“液体面包”之美称；三是啤酒中含有的营养物质都是在酿造过程中由酶将原料中的淀粉和蛋白质分解成糖类、肽和氨基酸等，这些营养物质容易被人体消化和吸收。

由于啤酒中含有丰富的二氧化碳，且有一定的酸度、苦味，因此啤酒具有生津、消暑、帮助消化、消除疲劳、增进食欲等功能。啤酒中溶解的磷酸盐和无机盐类可维持人体的盐类平衡的渗透压。此外，适当饮用啤酒可提高肝脏解毒作用、利尿、促进胃液分泌、缓解紧张、引起兴奋、治疗结石等作用。

剧烈运动或重体力劳动后，不要马上喝冰镇啤酒，因为冰镇啤酒较人的体温低20~30℃，大量饮用会使胃肠道急剧降温，影响消化，甚至引发腹痛和腹泻。空腹饮酒，使血液中酒精含量升高得快。饮酒过多、过快，会加大心脏负担，发生乙醇中毒。因此，高血压、冠心病患者应少饮，肥胖症及糖尿病患者可适量饮用糖度低的干啤酒。

思考题

1. 大麦分级的目的是什么？
2. 常用的大麦分级设备有哪几种？分别说明其原理及特点？

子学习单元2 麦芽制造工艺与质量评价

一、浸麦

新收获的大麦需要经过6~8周贮藏才能使用。大麦清选分级后，即可浸麦槽浸麦。在浸麦中提高大麦的含水量，使大麦吸水充足，达到发芽的要求。麦粒含水25%~35%，即可均匀发芽。但对酿造用麦芽，要求胚乳充分溶解，含水必须达到43%~48%；通过洗涤，除去麦粒表面的灰尘、杂质和微生物；在浸麦水中适当添加石灰乳、Na_2CO_3、NaOH、KOH、甲醛等中任何一种化学药物，可以加速麦皮中有害物质（如酚类、谷皮酸等）的浸出，提高发芽速度和缩短制麦周期，还可适当提高浸出物，降低麦芽的色泽。

1. 浸麦方法

（1）间歇浸麦法（浸水、断水交替法） 大麦每浸渍一定时间就断水，使麦粒接触空气，浸水和断水交替地进行，直至达到工艺要求的浸麦度。在浸水和断水期间均需通风供氧。浸水、断水的时间可根据室温、水温、大麦的性质和品种等具体情况而定。常采用的方式有：浸2断6、浸4断4、浸2断8、浸3断9等。对于水敏感性大麦，适当延长第一次断水时间非常必要。

（2）喷雾（淋）浸麦法 喷雾（淋）浸麦法是浸麦断水期间，用水雾对麦粒淋洗，既能提供氧气和水分，又可及时带走麦粒呼吸产生的热量和二氧化碳。由于水雾含氧量高，通风供氧效果明显，因此可显著缩短浸麦时间，节省浸麦用水，减轻污水处理的负担。

此法由于水雾不断对麦粒进行淋洗，使麦粒表面始终保持必要的水分，接触更多的空气，故可提前萌发，缩短浸麦时间，全过程只需48h，即可达到要求的浸麦度。

2. 浸麦度

浸麦度是指大麦浸渍后的含水率，一般为43%~48%。浸麦度的测定方法是用朋氏测定器进行测定，测定器为多孔的金属圆锥筒，测定时先将100g大麦样品装入测定器内，然后放入浸麦槽中，与生产大麦一同浸渍。浸渍结束时，取出测定器内大麦，擦干大麦外表水分，称其质量，具体计算公式如下。

$$\text{浸麦度}(\%)=\frac{\text{浸麦后质量}-(\text{原大麦质量}-\text{原大麦含水量})}{\text{浸麦后质量}}\times 100\%$$

浸麦度适宜的大麦握在手中软且有弹性。如果水分不够，则硬而弹性小；如果浸渍过度，手感过软无弹性。用手指捻开胚乳，浸渍适中的大麦有省力、润滑的感觉，中心尚有一白点，皮壳易脱离。浸渍不足的大麦，皮壳不易剥下，胚乳白点过大，咬嚼费力。浸渍过度的大麦，胚乳呈泥浆状，微黄色。

3. 大麦浸渍时常用的化学添加剂

（1）石灰　用法及用量：先配成饱和石灰乳，在洗麦后的第一次浸麦水中添加。用量为1～2kg/t大麦。

作用：有利于杀菌；浸出麦皮中的多酚物质、苦味物质；降低麦芽和成品啤酒的色泽；改善啤酒的风味；提高啤酒的非生物稳定性。

注意水的硬度不可过高，否则会产生碳酸盐沉淀而附于麦皮表面。

（2）NaOH　用法及用量：在第一次浸麦水中添加，用量为0.05%～0.1%水。

作用：有利于浸出麦皮中的多酚物质、苦味物质及蛋白质等酸性物质；改善啤酒的风味和色泽；提高啤酒的非生物稳定性。

（3）H_2O_2　用法及用量：1.5kg/m^3水。

作用：有强烈的氧化灭菌作用；可使大麦提前萌发，有利于休眠及水敏感性大麦，促进麦芽的溶解

（4）漂白粉　用法及用量：0.5～1kg/t大麦，加量不可过多，否则会影响麦芽中酶的活性。

作用：能杀灭藻类和真菌；浸出麦皮中的色素及多酚物质。

（5）赤霉素　用法及用量：在最后一次浸麦水中加入，用量为0.05～0.15g/t，搅拌要匀。

作用：能刺激发芽，促进酶的形成，缩短发芽周期1～2d，促进蛋白质的溶解。

（6）高锰酸钾　用量及用量：第一次浸麦水中添加，用量为0.2kg/t大麦。

作用：可杀菌消毒，促进麦粒露头，均匀整齐。

（7）甲醛　用法及用量：用量为1.5kg/t大麦，一般不提倡使用。

作用：有杀菌、防腐作用；浸出花色苷；提高啤酒非生物稳定性；抑制根芽生长，降低制麦损失。

4. 浸麦设备

（1）柱锥形浸麦槽　传统的柱锥形浸麦槽如图4－2所示。一般柱体高1.2～1.5m，锥角45°，麦层厚度为2～2.5m。这类浸麦槽多用钢板制成，槽体设有可调节的溢流装置、清洗喷射系统。槽底部有较大的滤筛锥体，配有供新鲜水的附件、沥水的附件、排料滑板、二氧化碳抽吸系统和压力通气系统等。常用的容积有30m^3、60m^3、80m^3、110m^3等。

图4－2　柱锥形浸麦槽

（2）新型的平底浸麦槽

新型的平底浸麦槽如图4－3所示，直径为17m，大麦投料量为250t，设有通风系统、抽引CO_2系统、水温调节系统、喷雾系统等。大麦在浸渍之前先经过螺旋形预清洗器清洗。

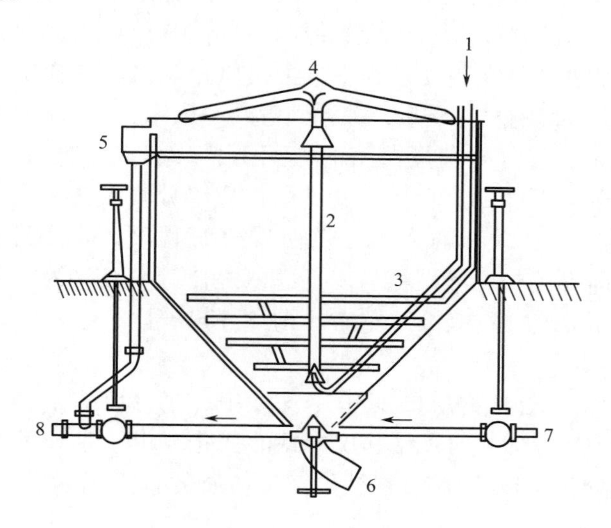

图4－3　平底浸麦槽

1—麦层　2—多孔平底　3—浸渍麦出口　4—溢流口　5—旋转清洗机
6—下料喷水口　7—电动机　8—排水口　9—进水口　10—废水出口　11—通风管

平底浸麦槽的主要特点是：①直径远大于高度，一般高度为3m，直径达5～20m。②进出料用三臂的、可上下移动的特种翼片搅拌器协助分料、拌料和卸料。③槽底部为可通风的筛板。④适用于大批量浸麦。⑤具有发芽箱的特征。⑥麦层通风均匀，供氧、供水及时，排除CO_2彻底，有利于麦粒提早萌发，浸麦度均匀。

二、发芽

大麦经过浸渍，在适当的水分、温度、氧气等条件下，生理生化反应加快，生成适合啤酒酿造需要的绿麦芽的过程称为大麦的发芽。

1. 大麦发芽的目的

（1）激活原有的酶　未发芽的大麦，含酶量很少，多数是以酶原状态存在，通过发芽，使这些酶游离，从而将其激活。

（2）生成新的酶　麦芽中绝大多数酶是在发芽过程中产生的。

（3）物质转变　随着大麦中酶的激活和生成，颗粒内含物在这些酶的作用下发生转变，如胚乳中的淀粉、蛋白质、半纤维素等高分子物质在酶的作用下被分解成低分子物质，使麦粒达到适当的溶解度，满足糖化的需要。

2. 发芽过程中主要物质的变化

(1) 淀粉的变化　发芽期间，部分淀粉受淀粉酶类的作用，逐步分解成低分子糊精和糖类，其分解产物一部分供根芽、叶芽生长需要，一部分供麦粒呼吸消耗，剩余的糖和糊精仍存在于胚乳中。未被分解为糖和糊精的淀粉，也受酶的作用，其支链淀粉的一部分被分解为直链淀粉，直链淀粉的含量有所增加。

(2) 蛋白质的变化　在制麦过程中，蛋白质分解引起的物质变化是最复杂而重要的变化，它直接影响麦芽质量，关系到啤酒的风味、泡沫和稳定性。

发芽过程，部分蛋白质在蛋白酶的作用下，分解成为低分子的肽类和氨基酸，分解产物又分泌至胚部，合成为新的蛋白质组分。因此，蛋白质分解和合成是同时进行的，总体上以分解为主。蛋白质分解程度，常用库尔巴哈（Kol-bach）值表示，即麦芽中可溶性氮与麦芽总氮之比。一般认为蛋白质分解程度在35%～45%为合格，最好在40%左右。即每100g干麦芽α-氨基氮在120～160mg为好。

(3) 半纤维素和麦胶物质的变化　发芽中，半纤维素和麦胶物质的变化，从组成成分来说，就是β-葡聚糖和戊聚糖的变化。由于半纤维素和麦胶物质是构成细胞壁的成分，所以说半纤维素和麦胶物质的分解通常称为胚乳细胞壁的溶解。

β-葡聚糖是高黏度物质，在发芽过程中，β-葡聚糖受酶的作用被分解为较小分子的β-葡聚糖糊精、昆布二糖、纤维二糖和葡萄糖等。戊聚糖在发芽过程中既被分解，又重新合成，总量几乎不变。它们的分解对于浸出物黏度的降低是十分重要的。溶解良好的麦粒β-葡聚糖分解比较完全，用手指搓之，胚乳呈粉状散开，制成的麦汁黏度低；溶解不良的麦粒，用手指搓之，则呈胶团状，制成的麦汁的黏度高。

(4) 酸度的变化　大麦发芽后，酸度明显增加。生酸的主要原因是生成了磷酸、酸性磷酸盐、其他有机酸及少量的无机酸等。麦芽的溶解度高其酸度相应也高。麦芽的酸度不正常，说明发芽条件不正常，如通风不足、浸麦过度、发芽温度过高等。

(5) 酶的形成　原大麦中只含有少量的酶，且多数以非活性的状态存在于胚中。发芽中，利用释放出的赤霉酸，催化合成与释放大量的酶类。这些水解酶主要有α-淀粉酶、β-淀粉酶、界限糊精酶、蛋白分解酶类、半纤维素酶类和磷酸酯酶等。

3. 发芽工艺条件

发芽工艺条件主要包括：发芽水分、发芽温度、通风供氧、发芽时间、光线、二氧化碳等。

(1) 麦芽水分　麦芽的水分对麦粒的溶解影响较大，它由浸麦度和整个发芽期间吸收的水分所决定。只有麦粒的水分达到一定程度才会发芽。制造浅色麦芽，浸渍以后大麦的含水量通常控制在43%～46%；制造深色麦芽，大麦浸渍后的含水量控制在45%～48%。在此条件下，有利于酶的形成和提高酶的活力，有利于麦粒溶解，也有利于色泽形成。如果水分不足，则会影响麦粒溶解，发芽会中途中止；如果水分过高又会破坏胚的发芽，加大制麦损失。

（2）发芽温度　发芽温度影响发芽速度和麦粒溶解程度。生产淡色麦芽，发芽温度控制在13～18℃。生产浓色麦芽，发芽温度控制在24℃为宜。发芽方法一般分为低温发芽（12～16℃）、高温发芽（18～22℃）和低高温结合发芽三种。

（3）通风供氧　大麦发芽过程必须提供足够的新鲜空气。在发芽初期的麦粒呼吸旺盛期，品温上升，二氧化碳浓度增大，这时需通入大量新鲜空气，以利于麦粒生长和酶的形成。但若通风过度，麦粒内容物消耗过多，发芽损失增加；如果通风不足，麦堆中二氧化碳不能被及时排出，也会抑制麦粒呼吸作用。特别要防止因麦粒内、分子间呼吸，造成麦粒内容物的损失，或产生毒性物质使麦粒窒息。

在发芽后期，麦层中应减少通风，使CO_2在麦堆中适度积存，浓度达到5%～8%，以抑制根芽和叶芽生长，抑制麦粒呼吸强度，有利于β－淀粉酶的形成，有利于麦粒的溶解，提高麦粒中低分子氮的含量，减少制麦损失。

（4）发芽时间　发芽时间是由多种条件决定的。发芽温度越低，水分越少，麦层含氧越低，麦粒生长便越慢，发芽时间就长。另外，发芽时间也与大麦品种和所制麦芽类型有关，难溶的大麦时间长，制造深色麦芽的时间较长。

通常浅色麦芽的发芽时间一般控制在6d左右，深色麦芽为8d。近年来，人们通过改进浸麦方法、改良大麦品种、添加赤霉酸等，已使发芽时间缩短至4～5d。

（5）光线　发芽过程中必须避免阳光直射，以免因叶绿素的形成而损害啤酒的风味。

4. 发芽设备及操作技术

发芽的方式主要有地板式发芽和通风式发芽两种。古老的地板式发芽，由于劳动强度大、占地面积大、受外界温度影响大等缺点，已被淘汰。现在普遍采用通风式发芽。

通风式发芽麦层较厚，采用机械强制方法向麦层通入用于调温、调湿的空气以控制发芽的温度、湿度及氧气与二氧化碳的比例。通风方式有连续通风、间歇通风、加压通风和吸引通风等。

常用的通风式发芽设备有萨拉丁发芽箱、劳斯曼发芽箱、麦堆移动式发芽箱、矩形发芽－干燥两用箱、塔式发芽系统、罐式发芽系统等。下面以萨拉丁发芽箱式发芽法为例，介绍发芽的具体操作方法。

萨拉丁发芽箱是我国目前普遍使用的发芽设备，主要由箱体、翻麦机和空气调节系统等组成，如图4－4所示。

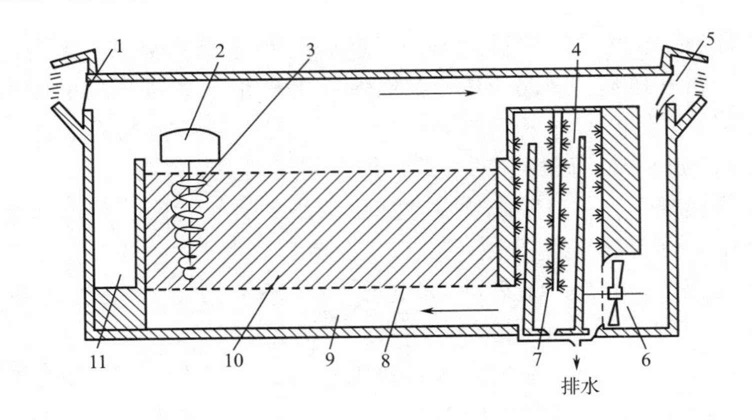

图4-4　萨拉丁发芽箱结构示意图

1—排风口　2—翻麦机　3—螺旋　4—喷雾室　5—进风口　6—风机
7—喷水管　8—假底　9—风道　10—麦层　11—过道

进料也称“下麦”，通常利用大麦的自重，大麦和水一起从浸麦槽自由下落进入发芽箱。大麦进入发芽箱后，物料呈堆状，要利用翻麦机将麦堆摊平，麦层厚度0.5~1.0m。在翻麦机横梁上装有喷水管，随着翻麦机的移动，将水均匀地喷洒在麦层中。工艺要求不同，喷水量和喷水次数也不同。

萨拉丁采用连续通风，可保持麦芽温度稳定；麦层上下温差小；风压小而均匀；绿麦芽水分损失较小；发芽快、均匀；通风的温度和湿度是按照工艺要求进行控制和调节的。前期14℃左右，至第四或第五天，上升至18~20℃，以后逐渐下降。空气湿度95%以上，共5~7d。最好用连续通风。翻麦的目的是均衡麦温，减小温差，并解开根芽的缠绕。发芽开始及发芽后期，翻麦次数少，每隔8~12h翻拌1次；发芽旺盛时期翻麦次数多，每隔6~8h翻拌1次；连续通风每天翻麦2次；萎凋期应停止通风和搅拌。

当品温降低到一定程度保持不变，根芽和叶芽生长到一定长度时，发芽基本结束。发芽时间：夏季4.5~5d，冬季5~7d，具体时间应根据大麦品种、特性、发芽的条件和麦芽的溶解状况来决定。

发芽结束后，要将绿麦芽送入干燥箱。最经济实用的方法是用翻麦机出料，出料时螺旋停止旋转，翻麦机以10m/min的速度每次将部分绿麦芽推至发芽箱一端的出口，再利用其他方式送至干燥箱。

三、绿麦芽的干燥

1. 绿麦芽干燥的目的

绿麦芽用热空气强制通风干燥和焙焦的过程称为干燥。目前，麦芽干燥设备普遍采用的是间接加热的单层高效干燥炉，水平式（单层、双层）干燥炉及垂直式干燥炉等。

绿麦芽干燥的目的是：除去绿麦芽多余的水分，防止腐败变质，便于贮藏；终止绿麦芽的生长和酶的分解作用；除去绿麦芽的生腥味，使麦芽产生特有的色、香、味；便于干燥后除去麦根。麦根有不良苦味，如带入啤酒，将破坏啤酒风味。

2. 麦芽干燥期间的物质变化

在干燥过程中，麦芽内部物质发生了复杂的变化。

（1）水分变化　一般绿麦芽含水质量分数为41%～46%。通过干燥，浅色麦芽水分要降至3.0%～5.0%，深色麦芽水分要降至1.5%～3.5%。

水分的去除经过两个过程：①凋萎过程：此阶段要求大风量排潮，风温低，麦芽水分降至10%～12%。一般说，浅色麦芽要求酶活力保存多些，不希望麦粒内容过分溶解，因此要求风量更大一些，温度更低一些，水分下降更快一些；深色麦芽则要求在发芽的基础上，继续溶解的更多一些，因此要求风量小一些，温度高一些，水分下降慢一些，而相应地酶活力则较浅色麦芽低得多。②焙焦过程：此阶段干燥风量小，温度高，水分下降缓慢。制浅色麦芽焙焦温度一般控制为82～85℃，深色麦芽的焙焦温度控制为95～105℃。

麦芽水分的变化导致麦芽的容量和质量发生变化。优质的麦芽在干燥后，容量较原料大麦约增容20%，但质量较原料大麦有所降低。麦芽溶解得越好，其质量降低得越多。一般是100kg精选大麦生成160kg左右的绿麦芽（水分47%左右），经干燥得到80kg左右的干麦芽。

（2）酶的变化　麦芽在干燥期间，酶的活力对温度很敏感，还和麦芽中的含水量有直接关系。温度高对酶活力破坏大，酶活力损失多；麦芽含水量愈小，酶的破坏愈小。因此浅色麦芽的酶活力较深色麦芽为高。这也是麦芽在干燥前期要低温脱水，后期才高温焙焦的原因。

（3）碳水化合物的变化　温度在60℃以内，水分在15%以上时，淀粉继续分解，主要产物是葡萄糖、麦芽糖、果糖、蔗糖。当温度继续升高，水分在15%以内时，类黑素的形成消耗了一部分可发酵性糖，使转化糖含量有所降低。

（4）半纤维素的分解　在凋萎阶段，半纤维素在半纤维素酶的作用下，加速分解为β-葡聚糖和戊聚糖；在焙焦温度下，部分β-葡聚糖和戊聚糖又水解为低分子物质。这样的变化，有利于麦汁黏度的降低。

（5）含氮物的变化　干燥前期，蛋白质在酶的作用下继续分解。当温度继续升高，少量蛋白质受热凝固，使麦芽中凝固性氮含量有所降低。深色麦芽比浅色麦芽降低的幅度更大。

（6）类黑素的形成　类黑素的形成，是麦芽干燥后期最重要的变化之一。类黑素主要由淀粉分解产物单糖与蛋白质分解产物氨基酸反应形成的。麦芽的色泽和香味主要取决于类黑素，类黑素还对啤酒的起泡性、泡持性、非生物稳定性以及啤酒的风味都有好处。

麦芽中含单糖和氨基酸的量越大、水分和温度越高，类黑素的形成就越多、色泽越深、香味越大。pH 为 5 时最有利于类黑素的形成。类黑素在 80 ~ 90℃已开始少量形成，100 ~ 110℃、水分不低于 5%，是形成类黑素的最适条件。

（7）酸度的变化　在干燥过程中，由于生酸酶的作用、磷酸盐相互间的作用以及类黑素（类黑素在溶液中呈酸性）的形成，使麦芽的酸度增加。

（8）多酚物质的变化　在凋萎阶段，由于氧化酶的作用，花色苷含量有所下降。进入焙焦阶段，随着温度的提高，总多酚物质和花色苷含量增加，且总多酚物质与花色苷的比值降低。

3. 干燥工艺条件的控制

当麦芽水分从 43% ~46% 降至 23% 左右时，空气温度可控制在 45 ~ 60℃，并增大通风量，调节空气使排放空气的相对湿度稳定在 90% ~95%。此阶段，翻拌不要过勤，约每 4h 翻拌一次。

在麦芽水分由 23% 降至 12% 的过程中，麦粒水分排放的速度下降，此时应降低空气流量和适当提高干燥温度。

当麦芽水分降至 12% 以内时，要加速干燥，空气的温度要进一步提高，而空气流量进一步降低，并可以考虑利用一部分相对湿度低的回风。此阶段每 2h 翻拌一次。

当麦根能用手搓掉时（此时麦芽水分已降至 5% ~8%），开始升温焙焦。此时的空气温度要进一步提升：对浅色麦芽，要保持麦层品温为 80 ~ 85℃；对深色麦芽，麦层品温为 95 ~ 105℃。同时约有 75% 左右的排放空气可以考虑回收利用。此时的翻拌要连续进行。

四、干麦芽的处理和贮藏

干麦芽的处理包括干燥麦芽的除根、冷却以及商业性麦芽的磨光等。

干麦芽处理的目的是：尽快除去麦根。麦根中含有 43% 左右的蛋白质，具有不良苦味，而且色泽很深，如带入啤酒，会影响啤酒的口味、色泽以及非生物稳定性。除根后要尽快冷却，以防淀粉酶被破坏。经过磨光，提高麦芽的外观质量。

1. 除根

出炉麦芽的麦根吸湿性很强，应在 24h 内完成除根操作，否则，麦根将很易吸水难以除去。除根设备常用除根机，除根机有一个缓慢转动的带筛孔的金属圆筒，内装搅刀，滚筒转速以 20r/min 为宜，搅刀转速为 160 ~ 240r/min，与滚筒转动方向相同。麦根靠麦粒间相互碰撞和麦粒与滚筒壁撞击作用而脱落。除根后的麦芽再经一次风选，除去灰尘及轻微杂物，并将麦芽冷却至室温（20℃左右），入库贮藏。

2. 干麦芽的贮藏

除根后的麦芽，一般都经过6～8周（最短1个月，最长为半年）的贮藏后，再用于酿酒。主要原因有：①在干燥操作不当时产生的玻璃质麦芽，在贮藏期间会产生变化，向好的方面转化。②经过贮藏，麦芽的蛋白酶活性与淀粉酶活性得以恢复和提高，有利于提高糖化力。③提高麦芽的酸度，有利于糖化。④麦芽在贮藏期间吸收少量水分后，麦皮失去原有的脆性，粉碎时破而不碎，有利于麦汁过滤。

贮藏中要按质量等级分别贮藏；减少麦芽与空气的接触面；按时检查麦温和水分变化，控制干麦芽贮藏回潮水分为5%～7%，不宜超过9%；并要采取防治虫害的措施。

3. 磨光

商业性麦芽厂在麦芽出厂前还经过磨光处理，以除去附着在麦芽上的脏物和破碎的麦皮，使麦芽外观更漂亮。麦芽磨光在磨光机中进行，主要是使麦芽受到摩擦、撞击，达到清洁除杂的目的。

五、 麦芽的质量评价

麦芽的性质决定啤酒的性质，为了使麦芽能在啤酒酿造中得到合理的利用，必须了解其特性。麦芽的性质复杂，不能通过个别的方法或凭个别的数据来判断其质量，所以，要想对麦芽质量作比较准确的评价，必须对麦芽的性质有比较全面的认识，即必须对它的外观特征及其一系列的物理和化学特性，进行全面判断才能做出比较确切的评价。

（一）感官特征

麦芽感官特征及其评价见表4－3。

表4－3　麦芽的感官特征

项目	特征与评价
夹杂物	麦芽应除根干净，不含杂草、谷粒、尘埃、枯草、半粒、霉粒、损伤粒等杂物
色泽	应具淡黄色、有光泽，与大麦相似。发霉的麦芽呈绿色、黑色或红斑色，属无发芽力的麦粒。焙焦温度低、时间短，易造成麦芽光泽差、香味差
香味	有麦芽香味，不应有霉味、潮湿味、酸味、焦苦味和烟熏味等。麦芽香味与麦芽类型有关，浅色麦芽香味小一些，深色麦芽香味浓一些，有麦芽香味和焦香味

（二）物理特性

麦芽物理和生理特性及其评价见表4－4。

表4-4　　麦芽的物理和生理特性

项目	特性与评价
千粒重	麦芽溶解越完全，千粒重越低，据此可衡量麦芽的溶解程度。千粒重为30~40g
麦芽相对密度	相对密度越小，麦芽溶解度越高。<1.10为优，1.1~1.13为良好，1.13~1.18为基本满意，>1.18为不良。相对密度也可用沉浮试验反映，沉降粒<10%为优，10%~25%为良好，25%~50%为基本满意，>50%为不良
分选试验	麦粒颗粒不均匀是大麦分级不良造成的，可引起麦芽溶解的不均匀
切断试验	通过200粒麦芽断面进行评价，粉状粒越多者越佳。玻璃质粒越多者越差。计算玻璃质粒的方法：全玻璃质粒为1，半玻璃质粒为1/2，尖端玻璃质者为1/4，指标规定如下：玻璃质粒0~2.5%优秀，2.5%~5.0%良好，5.0%~7.5%满意，2.5%~5.0%不良
叶芽长度	通过叶芽平均长度和长度范围评价麦芽溶解度。浅色麦芽：叶芽长度3/4者75%左右，平均长度在3/4左右为好，深色麦芽：叶芽长度3/4~1者75%左右，平均长度在4/5以上为好
脆度试验	通过脆度计测定麦芽的脆度，借以表示麦芽的溶解度。81%~100%为优秀，71%~80%为良好，65%~70%为满意，小于65%为不满意
发芽率	表示发芽的均匀性。指发芽结束后，全部发芽麦粒所占有的百分率。要求大于96%。如果发芽率低，未发芽麦粒易被霉菌和细菌感染，给正常发芽的绿麦芽也带来污染。这样制得的麦芽霉粒多，可能造成啤酒的喷涌。麦芽的溶解性差，浸出率低、酶活力弱。给整个啤酒的生产带来一系列的不利影响
发芽力	指发芽3d，发了芽的麦粒占麦粒总数的百分比。是衡量大麦是否均匀发芽的尺度。此值高，说明大麦的发芽势很好，开始发芽的能力强

（三）化学特性

对麦芽化学特性及其评价见表4-5。

表4-5　　麦芽的化学特性

项目		特性与评价
一般检验（标准协定法糖化试验）	水分	出炉麦芽：浅色麦芽：3.5%~5%，深色麦芽2%~3%，贮存期中增长：0.5%~1.0%，使用时水分不超过6%。焙焦温度低（76~78℃），出炉水分高，酶活力强，但贮存后色泽深、麦汁浑、啤酒的稳定性差
	浸出率	优良的麦芽，无水浸出率应在78%~82%，浸出物低，表明糖化收得率低，主要原因是原大麦品种低劣、皮厚、淀粉含量低、制麦工艺粗放。单靠浸出率一项不易作出评价
	糖化时间	优良的麦芽糖化时间如下：浅色麦芽：10~15min；深色麦芽：20~30min

续表

项目		特性与评价
一般检验（标准协定法糖化试验）	麦汁过滤速度与透明度	溶解良好的麦芽，麦汁的过滤速度快（1h 以下），麦汁清亮；溶解不良的麦芽，麦汁过滤速度慢，麦汁不清。麦汁的过滤速度和透明度还受大麦品种、生长条件、发芽方法、干燥温度、麦芽贮存期等因素的影响。不能仅以此作为衡量麦芽质量的标准
	色度	正常的麦芽，协定法糖化麦汁的色度应为：浅色麦芽 2.5 ~4.5EBC，中度深色麦芽 5 ~8EBC，深色麦芽 9 ~15EBC。麦芽的色泽主要取决于原大麦底色，浸麦工艺，浸麦添加剂，大麦的溶解度，赤霉酸的用量以及大麦的焙燥作用时间
	香味和口味	协定法糖化麦汁的香味与口味应纯正，无酸涩味、焦味、霉味、铁腥味等不良杂味
细胞溶解度检验	粗细粉无水浸出率差/%（EBC）	利用粗粉和细粉的糖化浸出率差（采用协定糖化法）来评价麦芽细胞的溶解情况：<1.5 为优，1.6 ~2.2 良好，2.3 ~2.7 满意，2.8 ~3.2 不佳，>3.2 很差。此值越小，浸出率越高，糖化速度越快。如过小，表明溶解过度，会影响啤酒的泡沫性能。所以并非越低越好
	麦汁黏度	麦汁黏度可以说明麦芽胚乳细胞壁半纤维素和麦胶物质的降解情况，从面对麦芽溶解度做出评价。黏度越低，麦芽溶解越好，麦汁过滤速度越快。协定法麦汁的黏度均以浓度调整至 8.6% 时的计算黏度为准。其指标规定如下：<1.53MPa · s 优，1.53 ~1.61MPa · s 良好，1.62 ~1.67MPa · s 一般，>1.67MPa · s 不良
蛋白质溶解度检验	蛋白质溶解度（又称库尔巴哈值）	用协定法麦汁的可溶性氮与麦芽总氮之比的百分率表示蛋白溶解度。比值愈高，说明蛋白分解愈完全，指标规定如下：>41% 优，38% ~41% 良好，35% ~38% 满意，35% 以下一般 溶解不良的麦芽，浸出物收得率低，发酵状态不好，酒体粗糙，非生物稳定性差；溶解过度的麦芽，制麦损失大，酵母易早衰，啤酒口味淡薄，泡沫性能差。它必须和麦芽的总氮结合起来考虑才有意义
	隆丁区分	隆丁区分系将麦汁中的可溶性氮，根据其相对分子量的大小分为三组： A 组：分子量为 60000 以上，称为高分子氮，约占 15% 左右 B 组：分子量为 12000 ~60000，称为中分于氮，约占 15% 左右 C 组：分子量为 12000 以下，称为低分子氮，约占 60% 左右。可通过此比例关系，估计蛋白质分解情况
	甲醛氮与 α - 氨基氮	通过测定麦汁中此类低分于含氮物质的含量，衡量蛋白质分解情况，代表低肽和氨基酸水平。以协定法麦汁为例，规定指标如下： 单位：mg/100g 麦芽干物质 甲醛氮（甲醛滴定法） | α - 氨基氮（EBC 茚三酮法） | 评价效果 >220 | >150 | 优 200 ~220 | 135 ~150 | 良好 180 ~200 | 120 ~135 | 满意 <180 | <120 | 不佳

续表

项目		特性与评价
淀粉分解检验	糖:非糖	利用麦汁中糖:非糖的含量来衡量麦芽的淀粉分解情况是早期啤酒工业常用的方法。现在不少工厂仍作为控制生产的方法。有些工厂已用最终发酵度取代，其具体指标规定如下所述。 (协定法麦汁) 浅色麦芽：糖:非糖 =1:0.4~0.5 深色麦芽：糖:非糖 =1:0.5~0.7
	最终发酵度 (又称极限发酵度)	以麦汁的最终发酵度来表示麦芽糖化后，可发酵浸出物与非可发酵浸出物的关系。最终发酵度与大麦品种、生长条件和时间、制麦方法都有关系。一般是麦芽溶解的越好，其最终发酵度越高。正常的麦芽，其协定法麦汁的外观最终发酵度达 80% 以上
	α－淀粉酶 与糖化力	酶活力是指在适当的β－淀粉酶存在下，在 20℃，每 1h 液化 1g 可溶性淀粉称为 1 个酶活力单位，以 DU20℃表示。通过对麦芽淀粉酶活性的测定，也可以估价麦芽的淀粉分解能力。在啤酒生产中最具有实用价值的是测 α－淀粉酶活性和麦芽糖化力。正常情况下，浅色麦芽的 α－淀粉酶活性为 40~70（ASBC)。糖化力是表示麦芽中 α－淀粉酶和 β－淀粉酶联合使淀粉进行水解成还原糖的能力。一般浅色麦芽为 200~300WK，>250 优，220~250 良好，200~220 合格；深色麦芽的糖化力为 80~120WK
其他	哈同值（又名四次糖化法）	麦芽在 20℃、45℃、65℃、80℃下，分别糖化 1h，求得四种麦汁的浸出率与协定法麦汁浸出率之比的百分率的平均值，减去 58 所得差数即为哈同值。它可反映麦芽的酶活性和溶解状况 20℃是将制麦过程中形成的可溶性浸出物提取出来的温度。45℃是蛋白酶分解蛋白质为可溶性浸出物的适宜温度。65℃是麦芽中 α－淀粉酶和 β－淀粉酶作用于淀粉生成浸出物的共同温度。80℃是 α－淀粉酶继续作用的适宜温度 麦芽哈同值的具体指标为：6.5~10 表示高酶活性，5.5~6.5 为溶解良好，5.0 左右为溶解满意，3.5~4.5 为溶解一般，0~3.5 为溶解不良
	pH	溶解良好和干燥温度高的麦芽，其协定法麦汁的 pH 较低；溶解不良和干燥温度低的麦芽，其 pH 偏高。pH 低，其麦芽浸出率高。浅色麦芽协定法麦汁的 pH 为 5.9 左右；深色麦芽为 5.65~5.75

【酒文化】

啤酒分类

啤酒的品种很多，一般可分为以下几种类型。

（一）按啤酒色泽分类

1. 淡色啤酒

淡色啤酒的色度在3～14EBC。色度在7EBC以下的为淡黄色啤酒；色度在7～10EBC的为金黄色啤酒；色度在10EBC以上的为棕黄色啤酒。其口感特点是：酒花香味突出，口味爽快、醇和。

2. 浓色啤酒

浓色啤酒的色度在15～40EBC，颜色呈红棕色或红褐色。色度在15～25EBC的为棕色啤酒；25～35EBC的为红棕色啤酒；35～40EBC为红褐色啤酒。其口感特点是：麦芽香味突出，口味醇厚，苦味较轻。

3. 黑啤酒

黑啤酒的色度大于40EBC。一般在50～130EBC之间，颜色呈红褐色至黑褐色。其特点是：原麦汁浓度较高，焦糖香味突出，口味醇厚，泡沫细腻，苦味较重。

4. 白啤酒

白啤酒是以小麦芽生产为主要原料的啤酒，酒液呈白色，清凉透明，酒花香气突出，泡沫持久。

（二）按所用的酵母品种分类

1. 上面发酵啤酒

是以上面酵母进行发酵的啤酒。麦芽汁的制备多采用浸出糖化法，啤酒的发酵温度较高。例如英国的爱尔（Ale）啤酒、斯陶特（Stout）黑啤酒以及波特（Porter）黑啤酒。

2. 下面发酵啤酒

是以下面酵母进行发酵的啤酒。发酵结束时酵母沉积于发酵容器的底部，形成紧密的酵母沉淀，其适宜的发酵温度较上面酵母低。麦芽汁的制备宜采用复式浸出或煮出糖化法。例如捷克的比尔森啤酒（Pilsenerbeer）、德国的慕尼黑啤酒（Munichbeer）以及我国的青岛啤酒均属此类。

（三）按原麦汁浓度分类

1. 低浓度啤酒

原麦汁浓度为2.5～80°P，乙醇含量为0.8%～2.2%。近些年来产量逐增，以满足低酒精度以及消费者对健康的需求。酒精含量少于2.5%（体积分数）的低醇啤酒，以及酒精含量少于0.5%（体积分数）的无醇啤酒应属此类型。它们的生产方法与普通啤酒的生产方法一样，但最后经过脱醇方法，将酒精分离。

2. 中浓度啤酒

原麦汁浓度为9~120°P，乙醇含量为2.5%~3.5%。淡色啤酒几乎均属此类。

3. 高浓度啤酒

原麦汁浓度为13~220°P，乙醇含量为3.6%~5.5%。多为浓色或黑色啤酒。

思考题

一、选择题

1. 麦芽的制备工艺流程为（　）。

A. 原大麦→预处理（清洗、分级）→浸麦→发芽→贮藏→干燥→成品麦芽

B. 原大麦→预处理（清洗、分级）→浸麦→发芽→干燥→贮藏→成品麦芽

C. 原大麦→发芽→浸麦→预处理（清洗、分级）→干燥→贮藏→成品麦芽

D. 原大麦→浸麦→预处理（清洗、分级）→发芽→干燥→贮藏→成品麦芽

2. 新收获的大麦有休眠期，发芽率低，只有经过一段时间的后熟期才能达到应有的发芽力，一般后熟期需要（　）周。

A. 3~5　　B. 6~10　　C. 6~8　　D. 5~7

3. 为了得到颗粒整齐的麦芽，大麦需要经（　）。

A. 粗选　　B. 精选　　C. 分级　　D. 筛选

4. 麦芽发芽力是指（　）天内大麦发芽的百分数不低于90%。

A. 2　　B. 3　　C. 4　　D. 5

5. 在发芽的后期应尽量（　）。

A. 不通风　　B. 循环大量通风　　C. 加大通风　　D. 减少通风

二、简答题

1. 麦芽的感官质量应从哪几个方面鉴别?

2. 简述大麦浸渍的目的。

3. 简述绿麦芽干燥的主要目的。

学习单元3
麦芽汁的制备

【教学目标】

知识目标

1. 了解麦汁制备的工艺过程和工艺要求。
2. 掌握麦芽粉碎的目的要求，麦芽粉碎的方法。
3. 了解糖化的目的和要求，糖化、糊化、液化和老化等过程，了解糖化时主要的物质变化。
4. 掌握糖化方法及设备，煮出糖化法、浸出糖化法、复式糖化法及酶制剂糖化法不同方法之间的区别。
5. 了解糖化曲线的制作，了解不同糖化方法的特点。
6. 掌握麦芽醪过滤的工艺过程和方法，麦汁煮沸和添加酒花的目的以及各种物质变化。
7. 掌握麦汁处理的要求及工艺流程，了解处理过程中物质变化。
8. 掌握麦汁收率和麦汁质量的要求。

技能目标

1. 能根据要求完成原料的粉碎。
2. 能选择合适的糖化方法完成糖化。
3. 能完成麦芽汁的过滤及处理。
4. 能计算麦汁的收率，分析判断麦汁的质量。

麦芽汁的制备是啤酒生产的开始，麦芽汁的制备技术决定着麦芽汁的质量和麦芽汁的收得率，进而影响啤酒的质量和啤酒的产量。

麦芽汁制备俗称糖化。它是啤酒生产的重要工序。是将粉碎后的麦芽及辅料中的高分子物质在酶的作用下，转化为低分子的可发酵糖和含氮化合物的过程。

麦芽汁制备主要在糖化车间进行，包括原料的粉碎、糊化、糖化、麦芽醪的过滤、麦汁添加酒花煮沸、麦汁的处理、麦汁冷却、通氧等过程。麦芽汁的制备工艺流程如图 4－5 所示。

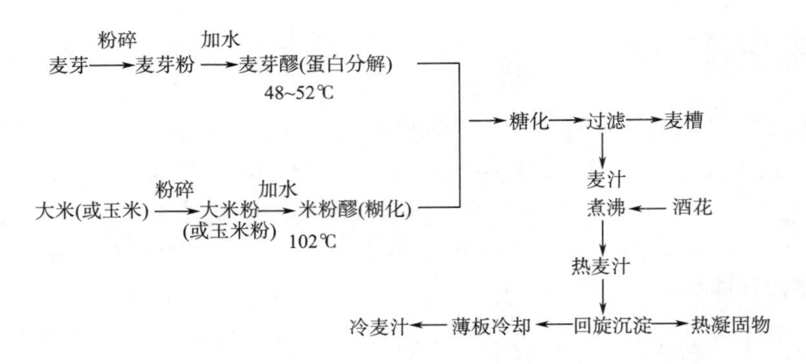

图4－5　麦芽汁的制备工艺流程

子学习单元1　原料粉碎

一、粉碎的目的与要求

制备麦芽汁需尽可能使酶和麦芽内容物接触，并为酶的作用创造适宜的条件，也为麦芽汁的过滤与澄清创设优良的条件。

1. 粉碎的目的

麦芽粉碎的目的是：使麦芽表皮破裂，促进内含物与水充分接触，增加了麦芽比表面积，有利于原料吸水膨胀；使其颗粒物质更易溶解，促进可溶性物质溶解，提高糖化效率；促进难溶物质溶解；糖化时可溶性物质容易浸出，有利于酶的作用。

2. 粉碎的要求

粉碎时要求麦芽的皮壳破而不碎，胚乳适当的细，并注意提高粗细粉粒的均匀性。辅助原料（如大米）的粉碎越细越好，以增加浸出物的收得率。对麦芽粉碎的要求，根据过滤设备的不同而不同。对于过滤槽，是以麦皮作为过滤介质，所以对粉碎的要求较高，粉碎时皮壳不可太碎，以免因过碎造成麦槽层的渗透性变差，造成过滤困难，延长过滤时间。由于麦皮中含有苦味物质、色素、单宁等有害物质，粉碎过细还会使啤酒色泽加深，口味变差，也会影响麦汁收得率。因此在麦芽粉碎时要尽最大可能使麦皮不被破坏。如果使麦皮潮湿，弹性就会增大，可以更好地保护麦皮不被破碎，加快过滤速度。如若过粗，又会一定程度影响滤出麦汁的清亮度，影响麦芽有效成分的利用，降低麦汁浸出率。

如果采用压滤机，上述所谈的观点均不适用，因为压滤机是以聚丙烯滤布作为过滤介质进行过滤的。所以更适宜细粉碎，以提高收得率。

二、 粉碎的方法与设备

1. 麦芽粉碎

麦芽粉碎常采用干法粉碎、湿法粉碎、回潮粉碎等方法。

（1）干法粉碎　是传统的粉碎方法，要求麦芽水分在6% ~8%为宜，此时麦粒松脆，便于控制浸麦度，其缺点是粉尘较大，麦皮易碎，容易影响麦汁过滤和啤酒的口味和色泽。国内中小啤酒企业普遍采用。目前基本上采用辊式粉碎机，有对辊、四辊、五辊和六辊之分。具体机器剖面图如图4 -6 ~图4 -8所示。

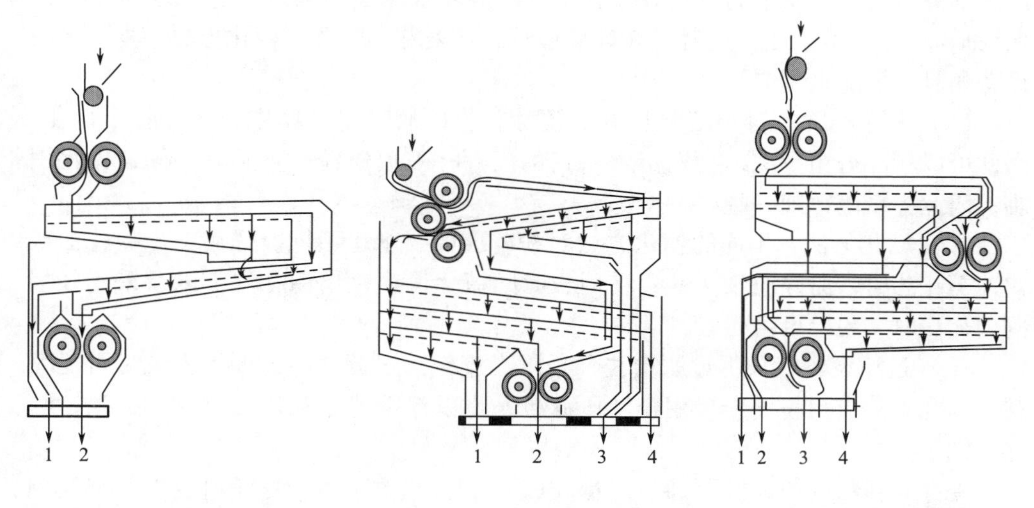

图4 -6　四辊式粉碎机
1—麦壳　2—粉和粒

图4 -7　五辊式粉碎机
1、3—细粉　2—粒　4—麦壳

图4 -8　六辊式粉碎机
1—细粉　2—麦壳　3—粒　4—粉粒

（2）湿法粉碎　所谓湿法粉碎，是将麦芽用20 ~50℃的温水浸泡15 ~20min，使麦芽含水量达25% ~30%之后，再用湿式粉碎机粉碎，之后兑入30 ~40℃的水调浆，泵入糖化锅。其优点是麦皮比较完整，过滤时间缩短，糖化效果好，麦汁清亮，对溶解不良的麦芽，可提高浸出率（1% ~2%）；缺点是动力消耗大，每1t麦芽粉碎的电耗比干法高20% ~30%；另外，由于每次投料麦芽同时浸泡，而粉碎时间不一，使其溶解性产生差异，糖化也不均一。

（3）回潮粉碎　又叫增湿粉碎，是介于干、湿法中间的一种方法。增湿时可用50KPa的干蒸汽处理30 ~40s，增湿0.7% ~1.0%。也可用40 ~50℃的热水，在3 ~4m的螺旋输送机中喷雾90 ~120s，增重1% ~2%，增湿后麦皮体积可增加10% ~25%。其优点是麦皮破而不碎，可加快麦汁过滤速度，减少麦皮有害成分的浸出。蒸汽增湿时，应控制麦温在50℃以下，以免破坏酶的活性。

增湿粉碎系20世纪60年代推出的粉碎方法，由于其控制方法及操作比较困难，所以此法增湿粉碎并未普及。

2. 辅料粉碎

由于辅料均是未发芽的谷物，胚乳比较坚硬，与麦芽相比所需的电能较大，对设备的损耗较大。对粉碎的要求是有较大的粉碎度，粉碎得细一些，有利于辅料的糊化和糖化。

辅料粉碎一般采用三辊或四辊的二级粉碎机，也有采用锤式粉碎机或磨盘式粉碎机。

3. 粉碎度的调节

粉碎度是指麦芽或辅助原料的粉碎程度。通常是以谷皮、粗粒、细粒及细粉的各部分所占料粉质量的质量分数表示。一般要求粗粒与细粒（包括细粉）的比例为1∶2.5～3.0为宜。麦芽的粉碎度应视投产麦芽的性质、糖化方法、麦汁过滤设备的具体情况来调节。

（1）麦芽性质　对于溶解良好的麦芽，粉碎后细粉和粉末较多，易于糖化，因此可以粉碎得粗一些。而对溶解不良的麦芽，玻璃质粒多，胚乳坚硬，糖化困难，因此应粉碎得细一些。

（2）糖化方法　不同的糖化方法对粉碎度的要求也不同。采用浸出糖化法或快速糖化法时，粉碎应细一些；采用长时间糖化法或煮出糖化法，以及采用外加酶糖化法时，粉碎可略粗些。

（3）过滤设备　采用过滤槽法，是以麦皮作为过滤介质，要求麦皮尽可能完整，因此麦芽应粗粉碎。采用麦汁压滤机，是以涤纶滤布和皮壳作过滤介质，粉碎应细一些。

麦芽及辅料的粉碎度可通过对糖化收得率、过滤时间、麦汁浊度以及碘液颜色反应的分析检验结果来调节。

操作时，可用厚薄规格调节手柄，调整辊的间距，并通过取样，感官检查麦皮的粗粒和细粉的比例，判断粉碎度的好、坏。湿粉碎还可通过漂浮在过滤麦汁中的颗粒数量的多少来判断粉碎度的大小。

【酒文化】

麦芽

麦芽的个性成为啤酒的风味，啤酒原料中最重要的就是麦芽了，使用的麦芽不同，产生的啤酒个性就大不相同，“特别的啤酒”就要使用“特别的麦芽”，认识麦芽，也能帮助你找到心仪的啤酒！

（1）淡色麦芽　长时间低温干燥的麦芽。使用于酿造淡色爱尔啤酒（Pale Ale）与拉格啤酒（Lager）。也是其他啤酒的基本原料。

（2）烟熏麦芽　干燥温度比淡色麦芽稍高，赋予啤酒鲜红的颜色及坚果般的香味。

（3）焦糖麦芽　水晶麦芽（Crystal Malt）中的一种。含水的麦芽经过干燥，能赋予啤酒甜味。

（4）巧克力麦芽　巧克力般的颜色，赋予坚果香风味。并非字面上的“加入巧克力”。

（5）黑色麦芽　高温烘焙的麦芽。有些带有烟熏味。

（6）小麦麦芽　高蛋白质含量，因而使啤酒呈现白色浑浊外观。酿成的啤酒气泡丰富。

（7）烘烤大麦　未经发芽就直接烘焙的大麦，有烤焦的苦味。

思考题

一、填空题

1. 目前基本上采用辊式粉碎机，有（　）、（　）、（　）和（　）之分。
2. 对辅料粉碎的要求是粉碎得越（　）越好，玉米则要求脱胚后再粉碎。
3. 麦芽粉碎按加水或不加水可分为：（　）和（　）。
4. 麦芽增湿粉碎的处理方法可分为（　）处理和水雾处理。

二、简答题

1. 原料粉碎有什么要求？

2 麦芽干粉碎时，如何调节粉碎度？

子学习单元2　糖化工艺

糖化是指利用麦芽本身所含有的各种水解酶（或外加酶制剂），在适宜的条件（温度、pH、时间等）下，将麦芽和辅助原料中的不溶性高分子物质（淀粉、蛋白质、半纤维素等）分解成可溶性的低分子物质（如寡糖、糊精、氨基酸、肽类等）的过程。由此制得的溶液就是麦汁。

麦汁中溶解于水的干物质称为浸出物，麦芽汁中的浸出物含量与原料中所有干物质的质量之比称为无水浸出率。

糖化的目的就是要将原料和辅料中的可溶性物质萃取出来；创造有利于各种酶作用的条件；使高分子的不溶性物质在酶的作用下尽可能多地分解为低分子的可溶性物质；制成符合生产要求的麦汁。

一、 糖化时酶的作用、 主要物质的变化及影响糖化的因素

1. 糖化时主要酶的作用

糖化过程中的酶主要来自麦芽本身，有时也用外加酶制剂。这些酶以水解酶为主，包括淀粉分解酶（α－淀粉酶、β－淀粉酶、界限糊精酶、R－酶、α－葡萄糖苷酶、麦芽糖酶和蔗糖酶等）；蛋白分解酶（内肽酶、羧肽酶、氨肽酶、二肽酶等）；β－葡聚糖分解酶（内－β－1，4 葡聚糖酶、内－β－1，3 葡聚糖酶、β－葡聚糖溶解酶等）和磷酸酶等。糖化时主要酶作用的最适条件见表 4－6。

表 4－6　　糖化时主要酶作用的最适 pH、温度

酶	最适 pH	最适温度/℃	失活温度/℃
酸性磷酸酶	4.5～5.0	50～53	70
α－淀粉酶	5.6～5.8	70～75	80
β－淀粉酶	5.4～5.6	60～65	70
麦芽糖酶	6.0	35～40	>40
界限糊精酶	5.1	55～60	>65
R－酶	5.3	40	>70
内－β－葡聚糖酶	4.5～5.0	40～45	>55
外－β－葡聚糖酶	4.5～5.0	27～30	>40
β－葡聚糖溶解酶	6.6～7.0	60～65	72
内肽酶	5.0～5.2	50～60	80
羧肽酶	5.2	50～60	70
氨肽酶	7.2～8.0	40～45	>50
二肽酶	7.8～8.2	40～50	>50
多酚氧化酶	—	—	95

（1）淀粉酶　淀粉酶是可以水解淀粉为糊精、寡糖和单糖等产物的酶的总称。

α－淀粉酶是液化型淀粉酶，对热较稳定。作用于直链淀粉时，生成麦芽糖、葡萄糖和小分子糊精；作用于支链淀粉时，生成界限糊精、麦芽糖、葡萄糖和异麦芽糖。

β－淀粉酶是一种耐热性较差，作用较缓慢的糖化型淀粉酶，作用于淀粉时，生成较多的麦芽糖和少量的糊精。

R－酶又称异淀粉酶，它能将支链淀粉分解为直链淀粉。

（2）β－葡聚糖酶　β－葡聚糖酶可将黏度很高的β－葡聚糖降解，从而降低醪液的黏度。

（3）蛋白质分解酶　蛋白质分解酶作用于原料中的蛋白质，分解产物为胨、多肽、低肽和氨基酸。

2. 糖化时主要物质的变化

麦芽中可溶性物质很少，占麦芽干物质的18% ~19%，为少量的蔗糖、果糖、葡萄糖、麦芽糖等糖类和蛋白胨、氨基酸、果胶质和各种无机盐等。麦芽中不溶性和难溶性物质占绝大多数，如淀粉、蛋白质、β-葡聚糖等。辅助原料中的可溶性物质更少。麦芽和辅料在糖化过程中的主要物质变化如下所述。

（1）淀粉的分解　麦芽的淀粉含量占其干物质的50% ~60%，辅料大米的淀粉含量为干物质的90%左右。麦芽淀粉颗粒在发芽过程中，因受酶的作用，其外围蛋白质层和细胞壁的半纤维素物质已逐步分解，更容易受酶的作用而分解。

淀粉的分解分为三个彼此连续进行的过程，即糊化、液化和糖化。

①糊化：胚乳细胞在一定温度下吸水膨胀、破裂，淀粉分子溶出，呈胶体状态分布于水中而形成糊状物的过程称为糊化。糊化时在淀粉酶的参与下，糊化温度可降低20℃左右，这是在辅料中添加少量麦芽粉或淀粉酶的原因之一。

②液化：经糊化的淀粉，在α-淀粉酶的作用下，将淀粉长链分解为短链的低分子的α-糊精，并使黏度迅速降低的过程称为液化。生产过程中，糊化与液化两个过程几乎是同时发生的。

③糖化：淀粉经糊化、液化后，被淀粉酶进一步水解成糖类和糊精的过程称为糖化。

a. 辅料的糊化与液化：在啤酒生产中，辅料的糊化与液化是在糊化锅中进行的。辅助原料主要是淀粉质原料（如大米、玉米淀粉等），没有经过发芽，其淀粉颗粒被外围的蛋白质层和细胞壁包围。为了提高糊化、液化的效果，生产上通常在辅料中加入15% ~20%麦芽或少量的α-淀粉酶（6 ~8u/g 原料），配以适量的水，使其在55℃起就开始糊化、液化。有时还将辅料升温到105 ~110℃，保温一段时间，促进胚乳细胞破裂和淀粉的溶出。

辅料糊化要注意避免出现淀粉的老化（或称回生）现象。老化现象是指糊化后的淀粉糊，在温度降至50℃以下时，产生凝胶脱水，使其结构又趋紧密的现象。

b. 淀粉的糖化：在啤酒生产中，淀粉的糖化是指辅料的糊化醪和麦芽中的淀粉受到淀粉酶的作用，产生以麦芽糖为主的可发酵性糖和以低聚糊精为主的非发酵性糖的过程。在糖化过程中，随着可发酵性糖的不断产生，醪液黏度迅速下降，碘液颜色反应由蓝色逐步消失至无色。

可发酵性糖是指麦芽汁中能被啤酒酵母发酵的糖类，如果糖、葡萄糖、蔗糖、麦芽糖、麦芽三糖和棉子糖等。非发酵性糖是指麦芽汁中不能被啤酒酵母发酵的糖类，如低聚糊精、异麦芽糖、戊糖等；非发酵性糖，虽然不能被酵母发酵，但它们对啤酒的适口性、黏稠性、泡沫的持久性以及营养等均起着有益的作用。

在淀粉分解时，应控制好麦汁中可发酵性糖与非发酵性糖的比例。一般浓色啤酒可发酵性糖与非发酵性糖之比应控制在1:0.5 ~0.7，浅色啤酒控制在1:0.23 ~0.35。必须指出在成品麦汁中不允许有淀粉和高分子糊精存在，因为它们容易引起啤酒浑浊。

（2）蛋白质的水解　糖化时，蛋白质的水解主要是指麦芽中蛋白质的水解。蛋白质水解很重要，其分解产物影响着啤酒的泡沫、风味和非生物稳定性等。糖化时蛋白质的水解也称蛋白质休止。

在糖化过程中，麦芽蛋白质继续分解，但分解的程度远不及制麦时分解得多。因此，蛋白质溶解不良的麦芽，靠糖化时的蛋白质休止来弥补其不足是难以达到要求的。但这并不意味着不需要进行蛋白质的继续水解。

麦汁中含氮物质可分为：高分子氮、中分子氮和低分子氮，它们对啤酒的影响是不同的。高分子氮含量过高，煮沸时凝固不彻底，极易引起啤酒早期沉淀；中分子氮含量过低，啤酒泡沫性能不良，过高也会引起啤酒浑浊沉淀；低分子氮含量过高，啤酒口味淡薄，过低则酵母的营养不足，影响酵母的繁殖。因此麦汁中高、中、低分子氮组分要保持一定的比例。据研究，以高分子氮比例为25%左右、中分子氮为15%左右、低分子氮为60%左右较为合适。应当指出的是，这个比例随大麦种类不同而有所变动。对溶解良好的麦芽，蛋白质分解时间可短一些；对溶解不良的麦芽，蛋白质分解时间应延长一些，特别是增加辅料用量时，更需要加强蛋白质的分解。

（3）β-葡聚糖的分解　在制麦过程中，已有80%左右的β-葡聚糖被分解，但在麦芽中，特别是在溶解不良的麦芽中仍有相当数量的高分子β-葡聚糖未被分解，糖化中它们在35～50℃时溶出，会提高麦芽汁的黏度。因此，糖化时要创造条件，通过麦芽中β-葡聚糖分解酶的作用，促进β-葡聚糖降解为糊精和低分子葡聚糖。糖化过程中，控制醪液pH在5.6以下、在37～45℃休止，都有利于促进β-葡聚糖的分解和降低麦芽汁的黏度。当然，β-葡聚糖不可能、也不需要完全被分解，适量的β-葡聚糖也是构成啤酒酒体和泡沫的主要成分。

（4）酸的形成　糖化时，由于麦芽所含的有机磷酸盐（植酸钙镁）的分解和蛋白质分解形成的氨基酸等缓冲物质的溶解，使醪液的pH下降。

（5）多酚类物质的变化　溶解良好的麦芽，游离的多酚物质较多，在糖化时溶出的多酚也多。糖化中，多酚物质通过游离、沉淀、氧化和聚合等多种形式不断地变化。

游离出的多酚，在较高温度（50℃以上）下，易与高分子蛋白质结合而形成沉淀；另外在某些氧化酶的作用下，多酚物质不断氧化和聚合，也容易与蛋白质形成不溶性的复合物而沉淀下来。因此，在糖化操作中，减少麦汁与氧的接触、适当调酸降低pH、让麦汁适当地煮沸使多酚与蛋白质结合形成沉淀等，都有利于提高啤酒的非生物稳定性。

二、糖化方法

根据是否分出部分糖化醪进行蒸煮，糖化方法可分为煮出糖化法和浸出糖化法；使用辅助原料时，要将辅助原料配成醪液，与麦芽醪一起糖化，称为双醪糖化方法，按照双醪混合后是否分出部分浓醪进行蒸煮又分为双醪煮出糖化法和双醪浸出糖化法。

1. 煮出糖化法

煮出糖化法是兼用生化作用和物理作用进行糖化的方法。煮出糖化法特点是：①是将糖化醪液的一部分，分批地加热到沸点，然后与其余未煮沸的醪液混合；②按照不同酶分解所需要的温度，使全部醪液分阶段地进行分解，最后上升到糖化终了温度。③煮出糖化法能够弥补一些麦芽溶解不良的缺点。

根据醪液的煮沸次数，煮出糖化法可分为一次、二次和三次煮出糖化法，以及快速煮出法等。糖化方法是很灵活的，从传统的煮出法和浸出法，还可以衍生出许多新的糖化方法，现举几例予以说明。

（1）三次煮出糖化法　三次煮出糖化法是最为著名的糖化方法。它将所有酶的生化作用与部分煮沸醪液的物理溶解有效地结合在一起。它是现今生产典型的深色啤酒的常用方法，其他煮出糖化法都是由此方法衍生而来，它可以作为所有煮出糖化方法的理解和认知基础。其糖化曲线如图 4－9 所示。

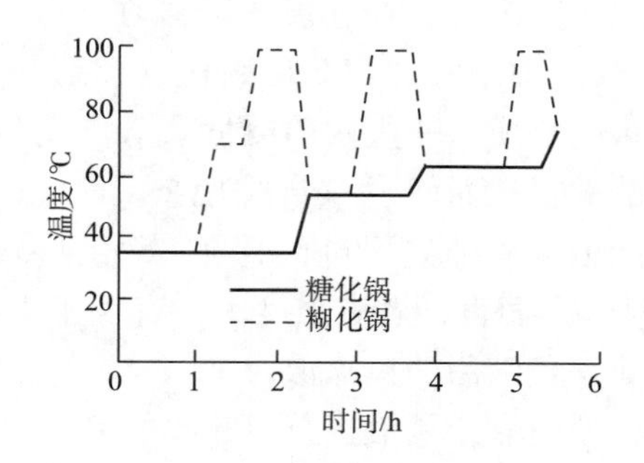

图 4－9　三次煮出糖化法糖化曲线

三次煮出糖化法具体操作方法如下。

①糖化下料以 35～37℃进行，从底部取出第一部分浓醪（约三分之一）加入糊化锅缓慢升温（1℃/min）至糊化温度，维持 20min，而后加热至沸。煮沸时间对于深色啤酒为 30～45min，对于浅色啤酒为 10～20min。

②约三分之二剩余醪液在糖化锅中继续保温进行酶解和酸解。

③将煮沸后的糖化醪液泵回糖化锅进行第一次兑醪，在煮沸结束前 10min，要开启糖化锅中的搅拌器。第一次兑醪后混合温度为 50～53℃，蛋白休止 30min。兑醪后 10min 关闭搅拌。

④从底部分出第二部分浓醪（约三分之一）加入糊化锅煮沸 10～20min。

⑤剩余醪液在糖化锅中继续保温进行蛋白质休止，第二次兑醪前 10min 开启搅拌。

⑥第二次兑醪混合后温度为62～67℃，搅拌10min后静置。保温糖化至碘反应完全。

⑦从上部取出稀醪（约三分之一）加入糊化锅煮沸5～10min。剩余醪液继续在62～67℃保温糖化；第三次兑醪前10min开启搅拌。

⑧第三次兑醪混合后温度为75～78℃，总醪液在终止糖化温度下休止10～15min，紧接着泵入过滤槽过滤。

三次煮出糖化法过程中的物质变化如下。

糖化下料阶段，麦芽中的可溶性物质将被溶出，如单糖、氨基酸、多酚、有机酸、碳水化合物、磷酸盐和其他矿物质。麦芽中的大分子物质仍然很难溶解。

第一部分剩余醪液在35～37℃条件下继续溶解，麦芽的组分将被进一步浸透，使更多的酶的作用变得容易。由麦芽带入的微生物会引起部分物质的转化，产生少量的有机酸，此时已溶解的β－葡聚糖可被β－葡聚糖酶水解为低分子物质。

相对残留醪液来说，第一糊化醪液密度高，含有的酶及可溶物质少得多。相反含有大量的需要溶出和分解的大分子物质，这些物质主要通过热力作用来处理，而不是通过生化作用分解，糊化醪液在以1℃/min的升温过程中，蛋白酶在适宜温度范围40℃～60℃可以作用20min，淀粉酶也可以在50℃～70℃温度范围内作用20min。在煮沸过程中，胚乳细胞破裂、淀粉糊化以及高分子蛋白质发生凝聚，煮沸过程中由麦皮溶出的多酚物质加速蛋白质凝固。煮沸过程中绝大多数酶已失活，这就是为什么为了减少酶的损失而使第一分醪为浓醪的原因。

第一浓醪的煮沸时间因啤酒种类不同而不同，深色啤酒约为30min，浅色啤酒为10～20min。对于深色啤酒而言，煮沸强度大，有利于麦皮物质的溶出，促进美拉德反应，有利于焦香化深色啤酒的口味形成。

在糊化醪兑醪之前，要对剩余醪液进行10min的搅拌，以防止因煮沸醪液温度过高在兑醪时破坏酶的活性。回醪后至少搅拌混醪10min，加速煮沸醪液与剩余醪液中酶的接触。

第二糊化醪液仍然是浓醪，操作过程与第一醪液相同，目的是促进尚未煮沸过的醪液中的颗粒在热力作用下很好的溶解并糊化。

第三煮沸醪液不再是浓醪液，而是糖化锅上部的澄清溶液。稀醪液含有大量的酶，为了使糖化后组成稳定，不需要酶再进行作用。

糖化终止温度不应超过78℃，否则会使α－淀粉酶迅速失活而使糊精化阶段的液化作用降低。

（2）二次煮出糖化法　二次煮出糖化法对不同的麦芽和啤酒具有较强的适应性。二次煮出糖化法的特点是：①二次煮出糖化法适宜处理各种性质的麦芽和制造各种类型的啤酒；②二次煮出糖化法所酿造的啤酒具有醇厚、圆润和良好的泡沫性能；③此法适用于制造淡色啤酒。根据麦芽的质量，投料温度可低（35～37℃）可高（50～52℃）；④整个糖化过程可在4～5h内完成。

二次煮出糖化法方法较多，常见的二次煮出糖化法糖化曲线如图 4－10 所示。

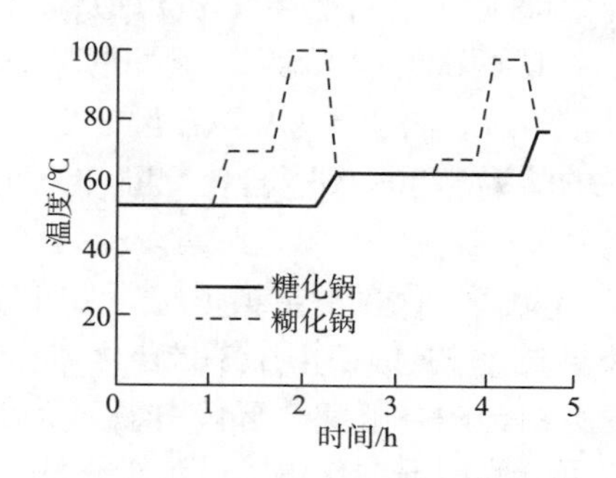

图 4－10　二次煮出糖化法糖化曲线

二次煮出糖化法操作过程如下。

①在 50～55℃进行投料，料水比例为 1∶4，根据麦芽溶解情况，进行 10～20min 的蛋白质休止。

②分出第一部分的浓醪入糊化锅，大约占总醪液量的三分之一，将此部分醪液在 15～20min 内升温至糊化温度，保持此温度进行糖化，直至无碘反应为止，再尽快加热至沸腾（升温速度为 2℃/min）。

③第一次兑醪，兑醪温度为 65℃，保温进行糖化，直至无碘反应为止。

④分出第二部分的浓醪（占总醪液量的三分之一）入糊化锅，此部分醪液升温至糊化温度，保持此温度进行糖化，直至无碘反应为止，加热至沸腾。

⑤第二次兑醪，兑醪温度为 76～78℃，静置 10min 后泵入过滤槽进行过滤。

（3）一次煮出糖化法　一次煮出糖化法即只一次分出部分浓醪进行蒸煮。一次煮出糖化法通常是将煮出法与浸出法相结合，以达到所要求的各水解温度。一次煮出糖化法工艺流程如图 4－11 所示。

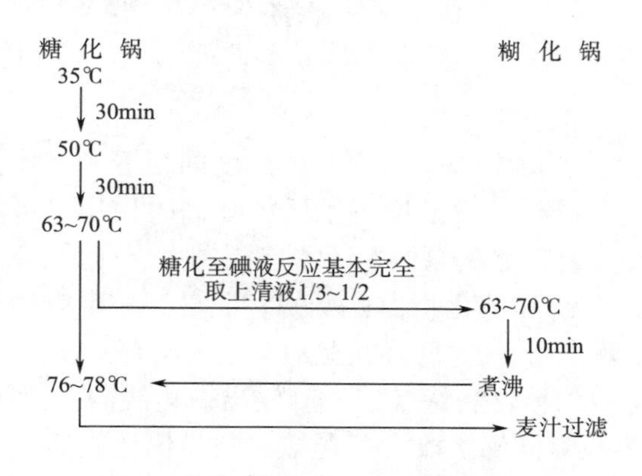

图 4－11　一次煮出糖化法流程

一次煮出糖化法的特点：①起始温度为30～35℃，然后加热至50～55℃，进行蛋白质休止。也可以开始即进行50～55℃的蛋白质休止。②50～55℃直接升温至65～68℃，进行糖化。③前两次升温（35℃→50℃，50℃→65℃）均在糖化锅内进行，糖化终了，麦糟下沉，将1/3～1/2容量的上清液加入糊化锅，加热煮沸，然后混合，使混合后的醪温达76～78℃。

2. 浸出糖化法

浸出糖化法是完全利用麦芽中酶的生化作用进行糖化的方法。是将醪液从一定温度开始升温至几个不同的酶的最佳作用温度进行休止，最后达到糖化终止温度。在浸出糖化法中，麦芽组分的溶解和分解仅由麦芽所含的酶来进行。

①分类：浸出糖化法可分为恒温糖化法、升温糖化法、降温浸出糖化法三种。

a. 恒温浸出糖化法：麦芽粉碎后，将麦芽粉按照料水比为1∶4的比例投入水中搅拌均匀，65℃保温1～2h，然后把糖化完全的醪液加热到75～78℃，终止糖化，送入过滤槽过滤。此法适用于溶解良好、含酶丰富的麦芽。

b. 升温浸出糖化法：先利用低温35～37℃水浸渍麦芽，时间为15～20min，促进麦芽软化和酶的活化以及部分酸解，然后升温到50℃左右进行蛋白质分解，保持40min，再缓慢升温到62～63℃，此时β－淀粉酶发挥作用最强，糖化30min左右，然后再升温至68～70℃，使α－淀粉酶发挥作用，直到糖化完全（遇碘液不呈蓝色反应），再升温至76～78℃，终止糖化。升温浸出糖化法的糖化曲线如图4－12所示。

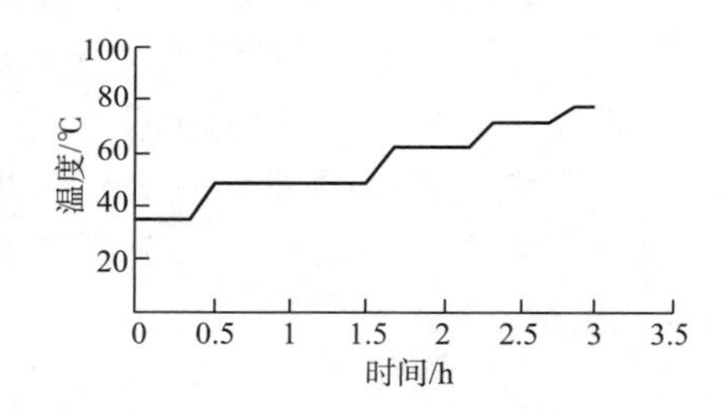

图4－12　浸出糖化法糖化曲线

c. 降温浸出糖化法：此方法适用于溶解过度的麦芽和某些上面发酵啤酒，只在使用溶解过度的麦芽或生产发酵度特别低的啤酒时使用。将麦芽粉在预糖化容器中与微温的水强烈混合，然后泵入75℃的热水中，在此混合的过程中使温度下降至65℃。蛋白质的分解和糖化将由此开始，此时β－淀粉酶和肽酶活性受到破坏，主要是α－淀粉酶作用于已糊化的醪液。

②特点：全麦芽浸出糖化法特点是：a. 浸出糖化法需要使用溶解良好的麦芽。b. 浸出糖化法的醪液没有煮沸阶段。c. 与煮出法相比耗能低。d. 操作简单便于控制，易于实现自动化。e. 糖化麦芽汁收得率低，碘反应较差。f. 麦芽汁色度较浅，口味特征不明显。

3. 双醪糖化法（复式糖化法）

双醪糖化法采用部分未发芽的淀粉质原料（大米、玉米等）作为麦芽的辅料，麦芽和淀粉质辅料分别在糖化锅和糊化锅中进行处理，然后兑醪。若兑醪后按煮出法操作进行，即为双醪煮出糖化法；若兑醪后按浸出法操作进行，即为双醪浸出糖化法。国内大多数啤酒厂采用双醪浸出糖化法生产淡色啤酒；制造浓色啤酒或黑色啤酒可采用双醪煮出糖化法。

（1）双醪煮出糖化法可分为双醪一次煮出糖化法和双醪二次煮出糖化法。

①双醪一次煮出糖化法：双醪一次煮出糖化法，是指辅料在糊化锅中经过煮沸糊化后与麦芽醪液混合，混合醪液中的部分醪液再一次煮沸的糖化法。其糖化曲线如图 4 - 13 所示。

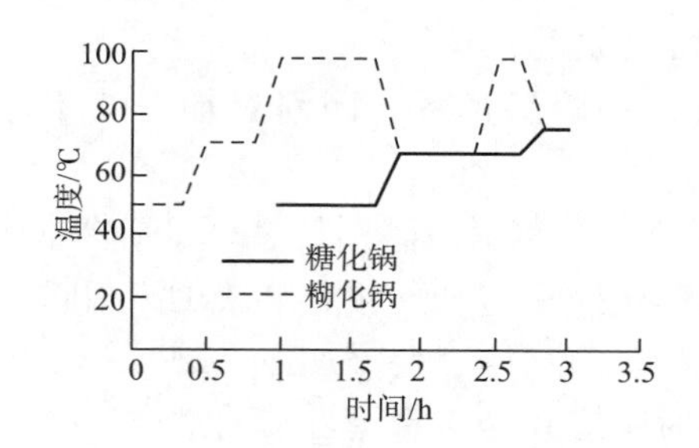

图 4 - 13　双醪一次煮出糖化法糖化曲线

双醪一次煮出糖化法操作方法如下。

a. 麦芽在 50℃ 下投料（溶解较差的麦芽可在 35 ~ 37℃ 投料，10min 后缓慢升温至 50℃），进行蛋白质水解。

b. 在糊化锅中，辅料投料温度为 50℃，20min 后缓慢升温（1℃/min）至糊化温度，维持 10min，而后加热至沸腾。

c. 第一次兑醪温度为 65 ~ 68℃，保温糖化至碘反应基本完全。分出部分醪液加入糊化锅加热至沸，剩余醪液继续保温糖化。

d. 第二次兑醪温度为 76 ~ 78℃，静置 15min 后进行过滤。

②双醪二次煮出糖化法：糊化后的辅料与麦芽醪液兑醪后，两次取出部分醪液进行煮沸的糖化方法称为双醪二次煮出糖化法。其糖化曲线如图 4 - 14 所示。

双醪二次煮出糖化法操作步骤如下。

a. 麦芽在 37℃ 投料，保温 30min，辅料在糊化锅中投料温度为 50℃，20min 后缓慢升温（每 1min 升 1℃）至糊化温度维持 10min，而后加热至沸腾。煮沸后的辅料与麦芽的第一次兑醪温度为 50℃，在此温度下蛋白质休止 30min。

b. 分出第一部分混合醪液入糊化锅中加热至沸，剩余醪液继续保温进行蛋白质休止。

c. 第二次兑醪温度为 65 ~ 67℃，保温糖化至碘反应基本完全。

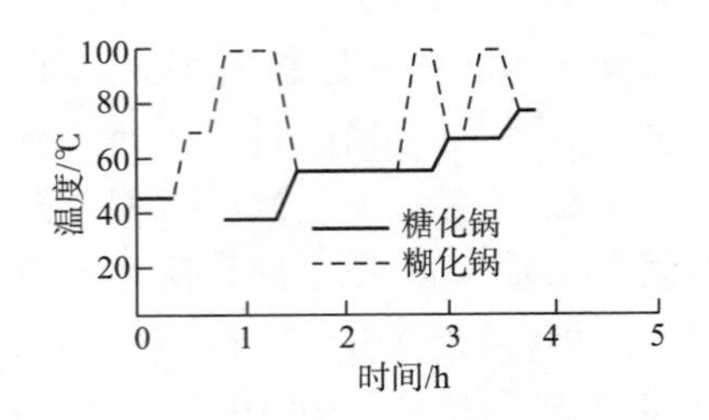

图 4－14　双醪二次煮出糖化法糖化曲线

d. 分出第二部分混合醪液入糊化锅中加热至沸，剩余醪液继续保温糖化。

e. 第三次兑醪温度为 76～78℃，静置 15min 后泵入过滤槽过滤。

双醪煮出糖化法的特点如下。

a. 由于辅料未经过发芽溶解过程，因而对辅料谈不上使酶量增加和活化的问题。

b. 辅料添加量为 20%～30%，最高不超过 50%，对麦芽的酶活性要求较高。

c. 第一次兑醪后的糖化操作与全麦芽煮出糖化法相同。

d. 辅助原料在进行糊化时，一般要添加适量的 α－淀粉酶。

e. 麦芽的蛋白分解时间应较全麦芽煮出糖化法长一些，以避免低分子含氮物质含量不足。

f. 因辅助原料粉碎得较细，麦芽粉碎应适当粗一些，尽量保持麦皮完整，防止麦芽汁过滤困难。

g. 本法制备的麦芽汁色泽浅，发酵度高，更适合于制造淡色啤酒。

（2）双醪浸出糖化法　经糊化后的辅料与麦芽醪液混合后，不再取出部分混合醪液进行煮沸，按照升温浸出糖化法后面的步骤升温至过滤温度，这种糖化方法称为双醪浸出糖化法。其糖化曲线如图 4－15 所示。

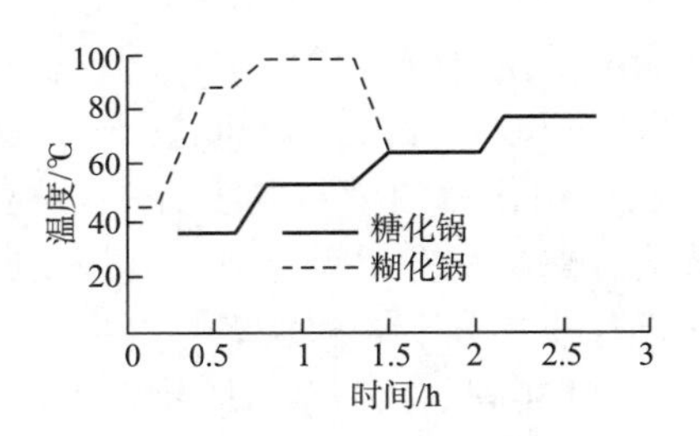

图 4－15　双醪浸出糖化法糖化曲线

①双醪浸出糖化法的操作步骤：

a. 麦芽在 37℃ 投料，保温 15min，升温至 50℃，在此温度下蛋白质休止 30min。

b. 辅料在糊化锅中投料温度为45℃，10min 后缓慢升温（1℃/min）至 90℃维持 10min，而后加热至沸腾，煮沸 30min。煮沸后的辅料与麦芽兑醪温度为65℃。

c. 混合醪液保温糖化至碘反应至完全，升温至 76～78℃，静置 10min 后泵入过滤槽。

②双醪浸出糖化法的特点

a. 由于没有兑醪后的煮沸，麦芽中多酚物质、麦胶物质等溶出相对较少，所制麦汁色泽较浅、黏度低、口味柔和、发酵度高，更适合于制造浅色淡爽型啤酒和干啤酒。

b. 糊化料水比例大（1:5 以上），辅料比例大（占 30%～40%），可采用耐高温 α－淀粉酶协助糊化、液化。

c. 操作简单，糖化周期短，3h 内即可完成。

4. 外加酶糖化法

（1）外加酶糖化法的特点　外加酶糖化法的特点是：①麦芽用量小于 50%。②使用双辅料：其中大麦占 25%～50%，大米或玉米占 25%。③添加适量酶制剂。④生产成本低，且生产的啤酒质量与正常啤酒相近。

（2）外加酶糖化法的工艺要求　外加酶糖化法的工艺要求是：①选用优质麦芽，糖化力要高，α－氨基氮≥140mg/100g 干麦芽。②大麦和麦芽占总料的 55%～70%，以保证麦汁过滤时有适当的滤层厚度。

（3）外加酶糖化法工艺流程　外加酶糖化法工艺流程如图 4－16 所示。

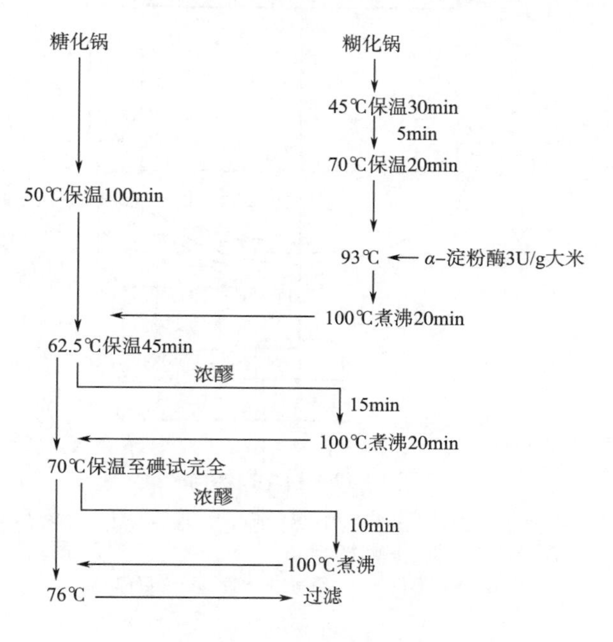

图 4－16　外加酶糖化法工艺流程

（4）酶的添加　糊化锅投料时加耐高温 α - 淀粉酶，糖化锅投加麦芽及大麦粉时，加入 α - 淀粉酶、中性细菌蛋白酶、β - 葡聚糖酶及少量糖化酶。

三、糖化设备的介绍

糖化设备现多采用由糊化锅、糖化锅、过滤槽、煮沸锅和回旋沉淀槽组合的复式糖化设备。

1. 糖化锅

糖化锅用于麦芽粉碎物投料、蛋白质水解、部分醪液及混合醪液的糖化。其结构如图 4-17 所示，锅身为圆柱形，带有保温层。锅顶为圆弧形，上部有排气筒。锅底为圆形或平底，径高比为 2∶1，夹套加热面积与锅体有效面积之比为 1~1.3∶1，搅拌器的转速分为两级，投料转速高于加热搅拌转速，排气筒截面积与锅身截面积之比为 1∶30~50。

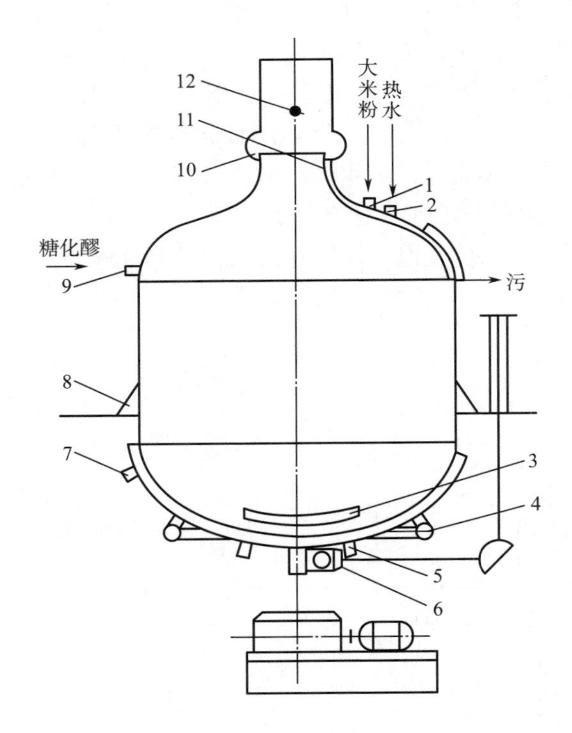

图 4-17　糖化锅结构

1—大米粉进口　2—热水进口　3—搅拌器　4—蒸汽进口　5—蒸汽出口
6—糖化醪出口　7—不凝性气体出口　8—耳架　9—糖化醪入口
10—环形槽　11—污水排出管　12—风门

2. 糊化锅

糊化锅主要用于辅助原料的液化与糊化，并对糊化醪液和部分浓醪进行蒸煮。其结构如图 4－18 所示。

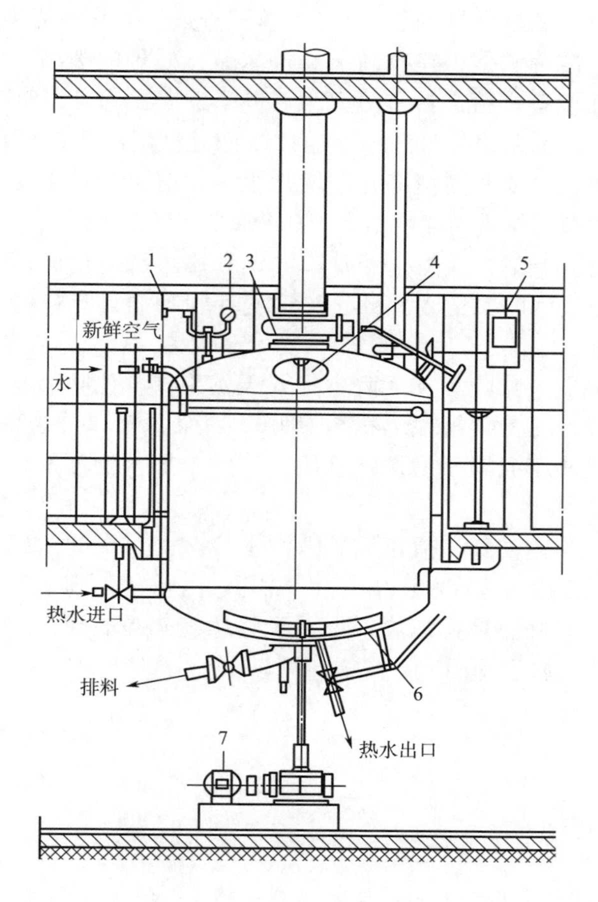

图 4－18　糊化锅

1—安全阀　2—压力表　3—废气闸板　4—人孔

5—温度计　6—搅拌器　7—搅拌电机

【酒文化】

特种啤酒

在原辅材料或生产工艺方面有某些重大改变，使其改变了上述原有啤酒的风味，成为独具风格的啤酒。

（1）干啤酒　干啤酒是指啤酒的真正发酵度为 72% 以上的淡色啤酒。此啤酒发酵度高，残糖低，二氧化碳含量高。故具有口味干爽、杀口力强的特点。干啤酒属于低糖、低热量啤酒，适宜于糖尿病患者饮用。

（2）低醇啤酒　酒精含量为0.6%～2.5%（体积分数）的啤酒即为低醇啤酒。

（3）无醇啤酒　酒精含量少于0.5%（体积分数）的啤酒为无醇啤酒。

（4）冰啤酒　冰啤酒是指在滤酒前经过冰晶化处理的啤酒。即将过滤前的啤酒经过专门的冷冻设备进行超冷冻处理（冷冻至冰点以下），使啤酒出现微小冰晶，然后经过过滤，将大冰晶过滤掉。通过冷冻处理解决了啤酒冷浑浊和氧化浑浊问题。处理后啤酒浓度和酒精度并未增加很多，但是酒液更加清亮、新鲜、柔和、醇厚，口味纯净，保质期浊度不大于0.8EBC。

（5）头道麦芽汁啤酒　头道麦芽汁啤酒即利用过滤所得的麦芽汁直接进行发酵，而不掺入洗涤残糖的二道麦芽汁。头道麦芽汁啤酒具有口味醇爽、后味干净等特点。

（6）果味啤酒　果味啤酒在后酵中加入天然果汁，使啤酒有酸甜感，富含多种维生素、氨基酸，酒液清亮，泡沫洁白细腻，属于天然果汁饮料型啤酒。

（7）暖啤酒　暖啤酒属于后调味啤酒。后酵中加入姜汁或枸杞，有预防感冒和胃寒的作用。

（8）浑浊啤酒　浑浊啤酒指在成品啤酒中含有一定量的活酵母菌或显示特殊风味的胶体物质，浊度为2.0～5.0EBC。该酒具有新鲜感或附加的特殊风味。

（9）绿啤酒　绿啤酒是在啤酒中加入天然螺旋藻提取液，富含氨基酸和微量元素，啤酒呈绿色，属于啤酒的后修饰产品。

思考题

一、填空题

1. 糖化工艺控制主要有三方面：糖化温度、（　）和（　）。
2. 糖化过程中常用的酶制剂有：α－淀粉酶、（　）、糖化酶、（　）和β－葡聚糖酶。
3. 在啤酒糖化过程中，常用于调整pH的酸有（　）、（　）等。
4. 糖化方法通常可分为：煮出糖化法、（　）、双醪煮出糖化法。

二、选择题

1. 糖化过程中的酶主要来自麦芽本身，有时也用外加酶制剂。以下不属于淀粉分解酶的是（　）。

A. 界限糊精酶　　B. R－酶

C. α－葡萄糖苷酶　　D. 内－β－1，3葡聚糖酶

2. 二次煮出糖化法适宜处理各种性质的麦芽和制造各种类型的啤酒，整个糖化过程可在（　）h 内完成。

A. 2～3　　B. 3～4　　C. 3～6　　D. 2～4

3. 双醪煮出糖化法特征不包括（　）。

A. 辅助添加量为 20%～30%，最高可达 50%。

B. 对麦芽的酶活性要求较高。

C. 第一次兑醪后的糖化操作与全麦芽煮出糖化法相同。

D. 麦芽的蛋白分解时间应较全麦芽煮出糖化法短一些，以避免低分子含氮物质含量不足。

4.（　）阶段温度通常控制在 35～40℃。在此温度下有利于酶的浸出和酸的形成，并有利于β－葡聚糖的分解。

A. 浸渍　　B. 蛋白分解　　C. 糖化　　D. 糊精化

5. 糖化时温度的变化通常是由低温逐步升至高温，以防止麦芽中各种（　）因高温而破坏。

A. 糖类　　B. 叶绿素　　C. 脂类　　D. 酶

三、简答题

1. 糖化的含义？糖化的目的？
2. 糖化过程中主要的物质变化有哪些？如何控制淀粉和蛋白质的水解？
3. 糖化的方法有哪几种？糖化方法选择的依据？
4. 浸出糖化法与煮出糖化法的特点？
5. 糖化设备的结构特点？
6. 糖化要控制的工艺技术条件？

子学习单元3 麦芽汁过滤

一、过滤的目的

糖化结束后，应尽快地把麦汁和麦糟分开，以得到清亮和较高收得率的麦汁，避免影响半成品麦汁的色香味。因为麦糟中含有的多酚物质，浸渍时间长，会给麦汁带来不良的苦涩味和麦皮味，麦皮中的色素浸渍时间长，会增加麦汁的色泽，微小的蛋白质颗粒，可破坏泡沫的持久性。

麦芽汁过滤分为两个阶段：首先对糖化醪过滤得到头号麦汁；其次对麦糟进行洗涤，用 78～80℃的热水分 2～3 次将吸附在麦糟中的可溶性浸出物洗出，得到二滤和三滤洗涤麦汁。

二、麦汁的过滤方法

1. 过滤槽法

过滤槽既是最古老的又是应用最普遍的一种麦汁过滤设备。是一圆柱形容器，槽底装有开孔的筛板，过滤筛板既可支撑麦糟，又可构成过滤介质，醪液的液柱高度1.5～2.0m，以此作为静压力实现过滤。

（1）过滤槽的主要结构　目前使用的新型过滤槽，其结构如图4－19所示。直径可达12m以上，筛板面积50～110m²。新型过滤槽比传统过滤槽作了较大改进，根据槽的直径，在槽底下面安装1～4根同心环管，麦汁滤管就近与环管连接，使麦汁滤管长度基本一致，这样在排除麦汁时，管内产生的摩擦阻力就基本相同，确保糟层各部位麦汁均匀渗出，环管麦汁首先进入平衡罐，平衡罐高于筛板并在罐顶部连接一根平衡管，以保证糟层液位。安装平衡罐与传统滤槽鹅颈管作用是相同的，当麦汁进入平衡罐后，利用泵将麦汁抽出，这样减少了压差，加快了过滤速度。

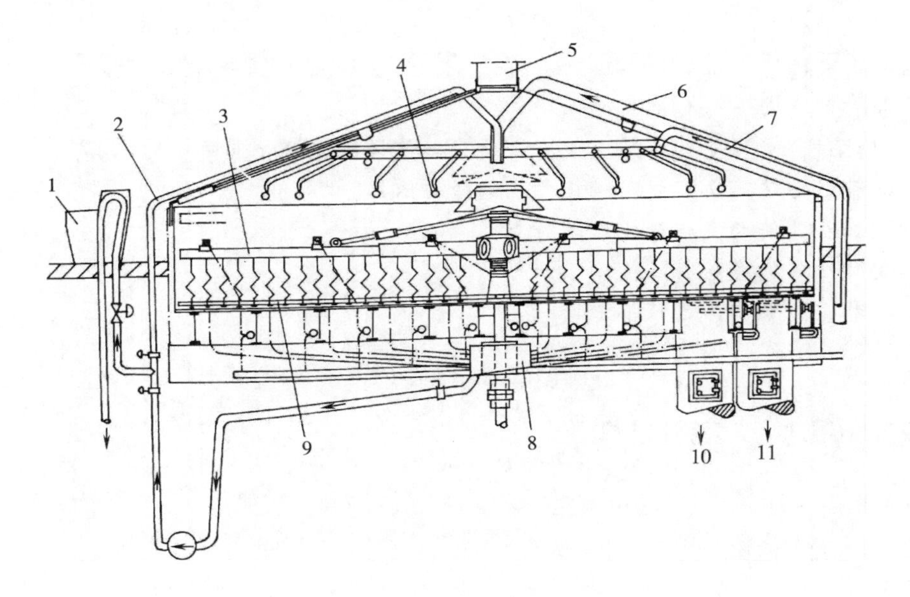

图4－19　新型过滤槽图

1—过滤操作台　2—混浊麦汁回流　3—耕槽机　4—洗涤水喷嘴　5—二次蒸汽引出
6—糖化醪入口　7—水　8—滤清麦汁收集　9—排槽刮板　10—废水出口　11—麦糟

传统方式是将糖化醪直接从过滤槽顶盖上部导入，自由落下或由环状分配器分散落下，这种进出方式的缺点是容易造成糖化醪中各物质因相对密度不同而产生分离现象，使蛋白质等黏性物质沉积于筛板上，增加过滤阻力，而且还会增加麦汁与空气接触的机会，对麦汁质量造成影响。

（2）工艺操作方法及过程　检查过滤板是否铺平压紧，并在进醪前，泵入78℃热水直至溢过滤板，以此预热设备并排除管、筛底的空气。将糖化终了的糖化醪泵入过滤槽，送完后开动耕糟机缓慢转动3～5r，使糖化醪在槽内均匀分布。提升耕刀，静置10～30min，使糖化醪沉降，形成过滤层。亦可不经静止，直接回流。糟层厚度为350mm左右，湿法粉碎麦糟厚可达400～600mm。开始过滤，首先打开12个麦汁排出阀，然后迅速关闭，重复进行数次，将滤板下面的泥状沉淀物排出。然后打开全部麦汁排出阀，但要小开，控制流速，以防糟层抽缩压紧，造成过滤困难。开始流出的麦汁浑浊不清，应进行回流，通过麦汁泵泵回过滤槽，直至麦汁澄清方可进入煮沸锅。一般为5～15min。进行正常过滤，随着过滤的进行，糟层逐渐压紧，麦汁流速逐渐变小，此时应适当耕糟，耕糟时切忌速度过快，同时应注意调节麦汁流量，注意控制好麦汁流量，使麦汁流出量与麦汁通过麦糟的量相等。并注意收集滤过“头号麦汁”。一般需45～60min。如麦芽质量较差，一滤时间约需90min左右。待麦糟刚露出时，开动耕糟机耕糟，从下而上疏松麦糟层。并用76～80℃热水（洗糟水）采用连续式或分2～3次洗糟，同时收集“二滤麦汁”，如开始浑浊，需回流至澄清。在洗糟时，如果麦糟板结，需进行耕糟。洗糟时间控制在45～60min，至残糖达到工艺规定值过滤结束，开动耕糟机或打开麦糟排出阀排糟，再用槽内CIP进行清洗。

（3）影响过滤的因素　过滤槽法的过滤速度主要受以下几点因素的影响。

①麦汁的黏度：麦汁黏度越大，过滤速度越慢。它受糊精含量、β-葡聚糖分解的程度等因素的影响。此外，还受头号麦汁浓度、温度和pH等的影响。如水温过高，易洗出黏性物质，并导致麦糟中部分淀粉溶解和糊化；水温过低，黏度上升，过滤困难，洗糟不彻底，麦汁浑浊。

②滤层的厚度：糖化投料量、配比和粉碎度决定了麦糟体积、糟层厚度和糟层性质。糟层厚度越大，过滤速度越慢；糟层厚度过薄，虽然过滤速度快，但会降低麦汁透明度。

③滤层的阻力：滤层的阻力大，过滤慢。滤层的阻力大小取决于孔道直径的大小，孔道的长度和弯曲性、孔隙率。滤层阻力是由糟层厚度和糟层渗透性决定的。

④过滤压力：过滤压力与滤速成正比。过滤槽的压力差是指麦糟层上面的液位压力与筛板下的压力之差。压差增大，虽能加快过滤，但容易压紧麦糟层，板结后流速反而降低。应注意筛板下与槽底不能抽空，过滤槽底与麦汁受皿的位差不可太大。

2. 压滤机法

板框式压滤机是由板框、滤布、滤板、顶板、支架、压紧螺杆或液压系统组成，其中板框、滤板、滤布组成过滤元件。板框式麦汁压滤是以泵送醪液产生的压力作为过滤动力，以过滤布作为过滤介质，谷皮为助滤剂的垂直过滤方法。

压滤机的详细操作过程如下。

①压入热水：装好滤机后从底部泵入78～80℃热水，预热设备、排除空气并检查滤机是否密封，半小时后排掉。

②进醪：醪液在泵送前要充分搅拌，泵送时以1.5～2m/s流速泵入压滤机，进入各滤框。利用一蝶阀控制，视镜可看到醪液的流量，并用液体流量计调节机内压力上升，同时排出机中的空气。压力通常为0.03～0.05MPa，泵送时间约20～30min。

③头号麦汁：进醪的同时开启麦汁排出阀，使头号麦汁排除与醪液泵入同时进行，在滤饼未形成前，头号麦汁浑浊，应回流至糖化锅。30min左右，头号麦汁全部排出进入煮沸锅，关闭过滤阀，并由流量计定量。

④洗糟：头号麦汁排尽后，立即泵入75～80℃洗糟热水，洗糟水应与麦汁相反的方向穿过滤布，流经板框中的麦糟层，将残留麦汁洗出，洗糟压力应小于0.08～0.1MPa，残糖洗至规定要求。洗糟结束，可利用蒸汽或压缩空气将洗糟残水顶出以提高收得率。

⑤排糟：洗糟残水流完后拆开滤机，卸下麦糟，通过绞龙输送出去。

⑥洗涤：滤布用高压水冲洗，再自动压紧，聚丙烯滤布每周只需洗涤一次，以1.5%～2%氢氧化钠加磷酸盐（150g/hl）配成洗涤液；加热70～80℃对整个压滤机回流泵送3～4h，以空气顶出洗液，自动打开压滤机，喷尽沉淀物和碱性溶液，以备下次操作。

三、 麦糟的输送

排糟时，每100kg麦芽投料可得110～130kg含水75%～80%的麦糟。麦糟的蛋白质含量高，达25%左右。此外，脂肪8.2%左右、无氮浸出物40%～50%、纤维素约16%、矿物质5%左右。

关于麦糟的输送，现中小企业多采用单螺杆泵挤压输送，水平距离为100m，垂直高度为10m。大型企业多采用活塞式气流输送（脉冲式气流输送）或用0.7～0.9MPa蒸汽或压缩空气气顶，均可送至200m远的圆柱锥底中间罐。

【酒文化】

有趣的啤酒

1. 农民用来代替茶的啤酒

塞森（Saison）啤酒的起源，据说是比利时农民在夏季农作时期，用它当作代替茶的日常饮料。因此酒精浓度低，只有4.5%～9%。可能有人觉得“拜托～这样算高吧！”一般来说酒精浓度在7%或8%是很普遍的，但比利时却是“超过10%才能叫高浓度！”的国家。也因此，塞森啤酒才会与茶相提并论。看来比利时人的酒量，真的很不赖！

塞森啤酒从三月开始酿造，一直储藏至夏季，时间将近半年。为了维持贮存期间的品质，会在瓶内进行二次发酵，投入较多量的啤酒花、香料等。这些维持品质的做法，也成就了塞森啤酒的特色。

2. 修道院啤酒

欧洲修道士自酿的啤酒三叶草（Trappistes）和阿布迪耶（Abdij）所指的不是种类，而是指修道院所酿的啤酒总称。差别在哪里呢？Trappistes 啤酒是由 Trappistes 会的修道院酿造的啤酒的统称，现在只有 Chimay、Orval、Rochefort、Westmalle、Westvletei Ahcel 等6种品牌。可以在商标上看到 Trappistes 的字样。相对于 Trappistes，Abdij 是指修道院的传统酿酒配方，流传到民间工厂所酿造的酒。在第二次世界大战以前，也有很多 Trappistes 会系统以外的修道院在酿造啤酒。这种酒的商标上就可以看到 Abbaye 或 Abdij 的字样。

不管是 Trappistes 或 Abdij，都没有固定的特色。以种类来说，属于 Dubbel、Tripel 或 StrongAle 的较多。其中也有难以归类、有独特个性酒。这种“难以分类”，也正是修道院啤酒有趣的地方。

3. 拉比克啤酒

拉比克（Lambic）是非常特殊的啤酒。首先，它是用野生酵母天然发酵的啤酒。具有浓郁的香蕉水果香味，口感非常酸。可以说是最接近天然风味的啤酒。其次，因为使用尚未麦芽化的小麦作为原料，所以大多具有白色浑浊外观。

最后是特选了陈年啤酒花，作为酿造原料。虽然为了防止腐坏，而加大量的啤酒花，但为了不至于让啤酒味道太苦，在啤酒花的选择上，用了味容易挥发的陈年啤酒花。结果，酿造完成的啤酒中，有了陈年啤酒花特的乳酪气味。但也有人认为，那味道很像是草类或腐土的臭味。“酸的”、“浑浊”、“乳酪味的”这些特征，与一般我们所认为的啤酒，可是差了十万八千里，然而一旦被这样的啤酒味道所吸引，最后一定会深陷其中，无法自拔。鼻子闻着乳酪、菌类或腐土的气味，眼睛注视着啤酒颜色，嘴里尝着酸味，口中不禁发出“嗯~好喝”的赞叹。拉比克真是种令人着迷的啤酒呀！

只有在布鲁塞尔（比利时首都 Brussels）酿造完成的啤酒，才能称作拉比克啤酒（Lambic）。因此，其他地区所酿造的天然发酵啤酒，即使拥有同的特征，也只能以拉比克型啤酒（Lambic lIB）来表示。

思考题

简答题

1. 麦汁过滤的目的？麦汁过滤的步骤？
2. 麦汁过滤方法？各种方法的基本原理？
3. 简述过滤槽结构特点与压滤机结构特点？如何操作？

子学习单元4 麦芽汁煮沸

一、 麦芽汁煮沸的目的与作用

麦芽汁煮沸的目的和作用如下所述。

（1）蒸发多余水分，使麦汁浓缩到规定的浓度。

（2）破坏全部酶的活性，稳定麦汁组分；消灭麦汁中存在的各种微生物，保证最终产品的质量。

（3）浸出酒花中的有效成分，赋予麦汁独特的苦味和香味，提高麦汁的生物和非生物稳定性。

（4）析出某些受热变性以及与多酚物质结合而絮状沉淀的蛋白质，提高啤酒的非生物稳定性。

（5）煮沸时，水中钙离子和麦芽中的磷酸盐起反应，使麦芽汁的 pH 降低，有利于 β－球蛋白的析出和成品啤酒 pH 的降低，有利于啤酒的生物和非生物稳定性的提高。

（6）让具有不良气味的碳氢化合物，如香叶烯等随水蒸气的挥发而逸出，提高麦汁质量。

二、 麦芽汁煮沸的方法

1. 传统煮沸方法

传统煮沸方法即传统的间歇常压煮沸方法，国内大多中小企业均采用这种方法。传统的间歇常压煮沸方法，作用设备如图 4－20 所示。

2. 体内加热煮沸法（内加热式煮沸锅）

体内加热煮沸即内加热式煮沸法，设备如图 4－20 所示。此法属加压煮沸，即在 0.11～0.12MPa 的压力下进行煮沸，煮沸温度为 102～110℃，最高可达 120℃。第一次酒花加入后开放煮沸 10min，排出挥发物质，然后将锅密闭，使温度在 15min 升至 104～110℃，之后在 10～15min 内降至大气压力，加入二次酒花，总煮沸时间为 60～70min。此法可加速蛋白质的凝固和酒花的异构化，利于二甲基硫及其前体物质的降低。它的优点是煮沸时间比传统方法可缩短近 1/3，麦汁色度比较浅，麦汁中的氨基酸和维生素破坏少，可提高设备的利用率，煮沸时不产生泡沫，也不需要搅拌。它的缺点是内加热器清洗较困难，当蒸汽温度过高时，会出现局部过热，导致麦汁色泽加深，口味变差。

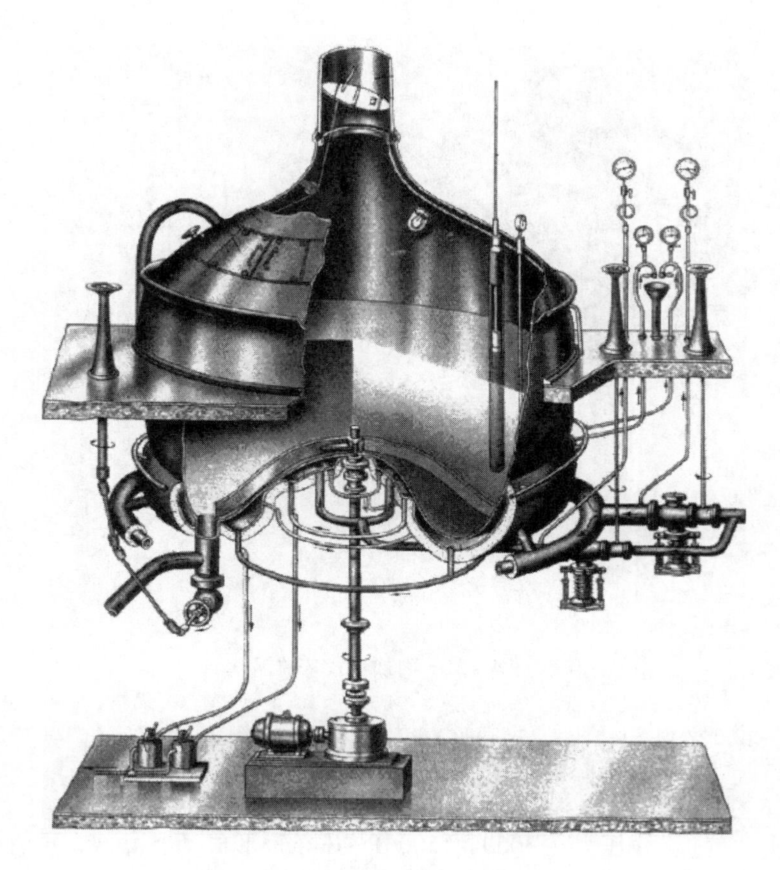

图4－20　间歇常压煮沸锅

3. 体外加热煮沸法

体外加热煮沸也称为外加热煮沸法，又称低压煮沸。它是用体外列管式或薄板热交换器与麦汁煮沸锅结合起来，把麦汁从煮沸锅中用泵抽出，在0.2～0.25KPa条件下，通过热交换器加热至102～110℃后，再泵回煮沸锅，可进行7～12次的循环。煮沸温度可用热交换器出口的节流阀控制。当麦汁用泵送回煮沸锅时，压力急剧降低，水分很快随之蒸发，达到麦汁浓缩的目的。其优点是由于温度的提高，蛋白质凝固效果好（最终麦汁的可溶性氮的含量可降低到2.0mg/100mL以下），煮沸时间可缩短20%～30%（为50～70min），因而可节能并提高α－酸的异构化及酒花的利用率，利于不良气味物质的蒸发，使麦汁pH降低、色泽浅、口味纯正。缺点是耗电量大，局部过热也会加深麦汁色泽。

4. 低压动态煮沸

低压动态煮沸特点如下。

①总蒸发量4%～5%，麦汁煮沸时间约50min。

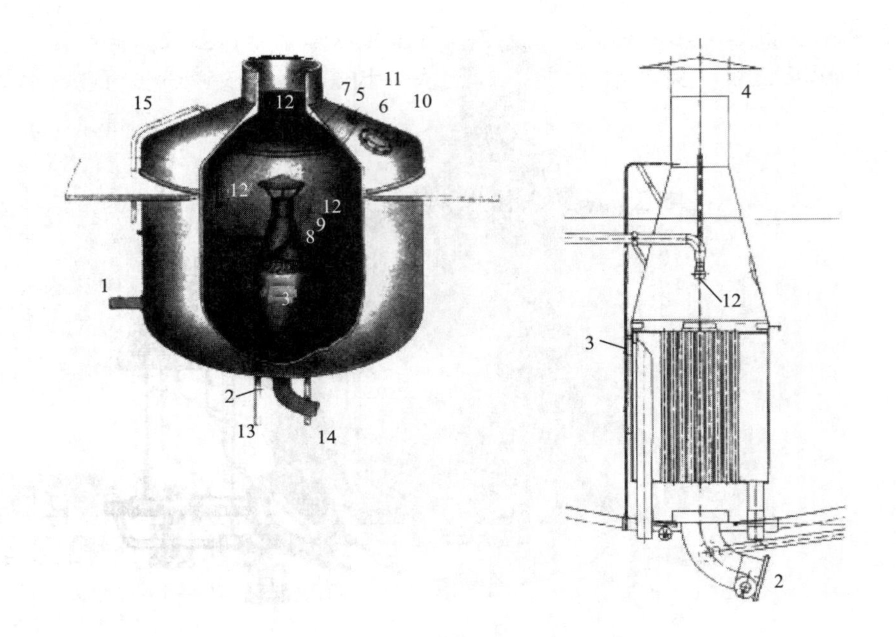

图4－21　内加热式煮沸锅

1—麦汁入品　2—麦汁出品　3—内加热器　4—伞形罩　5—内壁　6—锅外壁　7—绝热层　8—用于酒花混合的麦汁排出管　9—酒花添加管　10—视镜　11—照明开关　12—喷头　13—蒸汽进口　14—冷凝水出口　15—CIP进口

②8次“气提”（压力在5000～15000Pa升降）形成动态煮沸，更有效地去除DMS等不良风味物质。

③麦汁热负荷（TBA）低，还原性物质损失少。

④低的蒸发强度同样有效降低可凝固蛋白质。

⑤低的蒸发量及煮沸锅热能回收相较于常规煮沸锅可节省能源40%以上。

⑥二次蒸汽及冷凝水回收使用，环保无污染。

注：“气提”——通过降低煮沸锅内压力，使麦汁处于“过沸”状态，强化煮沸效果。

三、麦汁煮沸过程中的变化

1. 水分蒸发

麦汁经过煮沸使水分蒸发，麦汁浓度亦随之增大。蒸发的快慢与麦汁的煮沸强度有关，煮沸强度大，水分蒸发就快，反之就慢。此外，还与煮沸时间有关，煮沸时间长，说明洗糟水使用量大，需要蒸发的水分多，在一定煮沸强度下，意味着消耗的热能多，尽管洗糟水多会一定程度提高浸出物收得率，但并不经济，这是需要认真考虑的问题。一般啤酒厂家都将混合麦汁浓度控制在低于终了麦汁浓度的2%～3%。

2. 蛋白质的凝聚析出

蛋白质的凝聚是麦汁在煮沸过程中最重要的变化。蛋白质的凝聚质量直接影响麦汁的组成，进而影响酵母发酵以及啤酒的口味、醇厚性和稳定性。

蛋白质的凝聚可分为蛋白质的变性和变性蛋白质的凝聚两个过程。

麦汁中的蛋白质在未经煮沸前，外围包有水合层，有秩序地排列着，具有胶体性质，处于一定的稳定状态。当麦汁被煮沸时，由于温度、pH、多元酚和多价离子的作用，蛋白质外围失去了水合层，由有秩序状态变为无秩序状态，仅靠自身的电荷维持其不稳定的胶体状态。当带正电荷的蛋白质与带负电荷的蛋白质相遇时，两者聚合，先以细小的形式，继而不断增大而沉淀出来，使麦汁中的可凝固性蛋白质变性并凝聚析出。

影响蛋白质凝聚的因素主要有以下几个方面。

（1）麦芽质量　麦芽质量好，麦芽中可溶性物质就多，因此，麦汁中可溶性多酚、单宁和花色苷及蛋白质的含量就高，易于和蛋白质反应，使蛋白质在煮沸过程中被大量凝聚析出，煮沸效果就越好。

（2）煮沸时间　麦汁煮沸时间对蛋白质凝聚影响较大，适宜的煮沸时间能形成较大的热凝固物颗粒，而过长的煮沸时间会使热凝固物颗粒被打碎，较容易保留在麦汁中，对发酵产生不利的影响。经验证明，煮沸时间在90min以内，可溶性氮含量随着煮沸时间的延长而明显减少。

（3）煮沸强度　煮沸强度越大，麦汁的运动越激烈，产生的气泡越多，比表面积越大，易于使变性蛋白质及蛋白质单宁复合物在气泡表面接触凝聚而沉降析出。

（4）煮沸温度　煮沸温度对蛋白质影响较大，麦汁在高温下煮沸，有利于蛋白质的凝聚析出。

（5）酒花制品　酒花制品对蛋白质的凝聚具有重要意义。酒花制品中的丹宁和丹宁色素均带负电荷，极易与带正电荷的蛋白质发生中和而生成丹宁－蛋白质的复合物。酒花丹宁比大麦丹宁活泼，可将不能被大麦丹宁析出的蛋白质以及难以凝固或不凝固的蛋白质凝固析出。

（6）pH　煮沸时麦汁的pH越低，越接近蛋白质的等电点pH5.2时，蛋白质与大麦多酚和酒花多酚就越易形成蛋白质多元酚复合物（统称丹宁蛋白质复合物）而凝固析出，从而降低麦汁的色泽，改善啤酒的口味，提高啤酒的非生物稳定性。

3. 麦汁色度上升

麦汁煮沸过程中，由于类黑素的形成以及多酚物质的氧化使麦汁的色度不断上升，煮沸后麦汁的色度明显高于混合麦汁的色度，但在发酵过程中色度会有所降低。

4. 麦汁酸度增加

煮沸时形成的类黑素和从酒花中溶出的苦味酸等酸性物质，以及磷酸盐的分离和 Ca^{2+}、Mg^{2+} 的增酸作用，使麦汁的酸度上升，pH 下降。其下降幅度与麦芽溶解度、麦芽焙焦温度以及酿造用水有关，一般下降幅度为 0.1 ~ 0.2。pH 的降低，有利于丹宁蛋白质复合物的析出，可使麦汁色度上升，使酒花苦味更细腻、纯正，它有利于酵母的生长，但会使酒花苦味的利用率降低。

5. 灭菌、灭酶

糖化过程中一些细菌进入麦汁中，如果不杀灭这些细菌，一旦进入发酵罐会使麦汁变酸，麦汁煮沸过程可以杀灭麦汁中残留的所有微生物。

6. 还原物质的形成

麦汁煮沸过程中，生成了大量还原性物质，如类黑素、还原酮等。还原物质的生成量与煮沸时间成正相关增加。由于还原性物质能与氧结合而防止氧化，因此对保护啤酒的非生物稳定性起着重要的作用。

7. 麦汁中二甲基硫（DMS）含量的变化

与制麦过程一样，在麦汁煮沸的过程中，DMS 的前体物质可以分解为 DMS - P 和游离的 DMS。煮沸时间越长，煮沸强度越大，DMS - P 转变为 DMS 并被蒸发出去的量就越多，但由于煮沸时间不宜过长（不超过 2h），所以麦汁中还有 DMS - P 和 DMS 的存在。

8. 酒花组分的溶解和转变

酒花中含有酒花树脂，酒花苦味物质，酒花油和酒花多酚物质。α - 酸通过煮沸被异构化，形成异 α - 酸，而比 α - 酸更易溶解于水，煮沸时间越长，α - 酸异构化得率越高。β - 酸在麦汁煮沸时部分溶解于麦汁中，溶解度及苦味力均较 α - 酸弱，但其氧化产物却赋予啤酒以可口的香气。酒花油的溶解性很小、挥发性很强，在煮沸的初期就有 80% 以上的酒花油损失，煮沸时间越长，酒花油挥发量就越大。为使酒花油发挥作用，一般在麦汁煮沸结束前 15 ~ 20min 加入酒花油或香型酒花。

四、 煮沸的技术条件

1. 麦汁煮沸时间

煮沸时间是指将混合麦汁蒸发、浓缩到要求的定型麦汁浓度所需的时间。煮沸时间的确定，应根据麦汁煮沸强度，掌握好麦汁混合浓度，以求在规定的煮沸时间内，达到要求的最终麦汁浓度。

一般来讲煮沸时间短，不利蛋白质的凝固以及啤酒的稳定性。合理的延长煮沸时间，对蛋白质凝固、α - 酸的利用（异构化程度）及还原物质的形成是有利的。过分地延长煮沸时间，会使麦汁质量下降。如淡色啤酒的麦汁色泽加深、苦味加重、泡沫不佳。超过2h，还会使已凝固的蛋白质及其复合物被击碎进入麦汁而难以除去。常压煮沸 10～120°P 的啤酒通常为 70～120min，内加热或外加热煮沸为 60～80min。

2. 煮沸强度

煮沸强度是麦汁煮沸每 1h 蒸发水分的百分率。

煮沸强度越大，翻腾越强烈，蛋白质凝结的机会就越多，越有利于蛋白质的变性而形成沉淀。一般控制在 8%～12%，可凝固性氮的含量可达 1.5～2.0mg/100mL，即可满足工艺要求。煮沸强度的高低与煮沸锅的加热方式、加热面积、导热系数和蒸汽压力等密切相关。要求最终麦汁清亮透明，蛋白质絮状凝结、颗粒大、沉淀快。

3. pH

麦汁煮沸时的 pH 主要取决于混合麦汁的 pH。通常为 5.2～5.6，最理想的 pH 为 5.2，此值恰好是蛋白质的等电点，蛋白质在等电点时是最不稳定的，最容易凝聚析出。当然有利于蛋白质及其与多酚物质的凝结，从而降低麦汁色度，改善口味，提高啤酒的非生物稳定性。但会稍稍降低酒花的利用率。较低的 pH 虽然对蛋白质的凝结有利，但却不利于 α－酸的异构化及酒花的利用率。

4. 煮沸温度

煮沸温度越高，煮沸强度就大，越有利于 α－酸的异构化，蛋白质的变性越充分，越有利于蛋白质的凝固。同时提高煮沸温度还可缩短煮沸时间，降低啤酒色泽，改善啤酒口味。

五、 酒花的添加

1. 整酒花添加方法

酒花添加没有统一的方法，啤酒工厂都是根据自己的经验和产品特色制定相应的添加方法。酒花的添加次数，一般可采用 2～3 次添加。

酒花添加的原则如下。

（1）苦型花和香型花并用时，先加苦型花、后加香型花。

（2）使用同种酒花，先加陈酒花，后加新酒花。

（3）分批加入酒花，本着先少后多的原则。

2. 酒花制品添加方法

（1）酒花浸膏的添加方法　与酒花的添加方法基本一致，只是添加时间稍早一些。

（2）颗粒酒花的添加方法　颗粒酒花现已广泛使用，由于颗粒酒花的有效成分比整酒花更易溶解，更有利于 α－酸的异构化，使用和保管均比整酒花更为方便，所以在各啤酒厂家中普遍使用，而且添加次数也有所减少，为1~3次。

(3) 酒花油的添加方法 纯酒花油应先用食用酒精溶解（1:20），然后在下酒时添加。如果是酒花油乳化液，既可在下酒时添加，又可在滤酒时添加。

3. 酒花添加量

酒花的添加数量应根据酒花中的 α-酸含量，消费者的嗜好，啤酒发酵的方式以及啤酒的类型来决定。不少企业已下降到0.06%~0.1%。

淡色啤酒以酒花苦味和香味为主，应多加些；浓色啤酒以麦芽香为主，应少加些；酒花质量好比酒花质量差可少加些；近年来消费者饮酒喜欢淡爽型、超爽型、干啤、超干啤及纯生啤酒，所以酒花添加量在下降。

【酒文化】

啤酒花

啤酒花学名是蛇麻，具防腐、助消化，甚至安眠效果的作用。啤酒花属多年生藤蔓性植物，酒花是雌雄异株，酒花也有雌花和雄花之分，啤酒酿造所用的酒花均为雌花。雌株长成后，会开出如松球果的花朵，这个花称为“球花”，它所含的黄色小颗粒蛇麻草粉就是赋予啤酒苦味，以及香味的原料。酒花不同部位结构如图4-22所示。

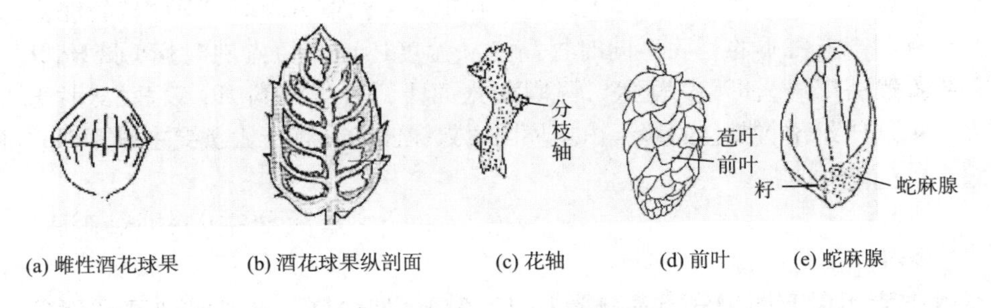

图4-22 酒花不同部位结构图

啤酒花也具有防腐的效果，也有增进食欲、促进消化及催眠的功效。就是因为这样，啤酒才经常被拿来当作餐前开胃或睡前酒饮用。

啤酒花因产地的不同，风味有所差异，苦味的强弱以及香味也都大不相同。选择的啤酒花不同，啤酒的风味就会跟着改变。

1. 国内主要酒花品种

我国以前种植的酒花品种有青岛大花、青岛小花，一面披3号、长白1号等苦型酒花。

近年来种植香型酒花如：斯巴顿、捷克6号、哈拉道尔；苦型酒花如：北酿、金酿。

2. 国际著名的酒花品种

国际著名的酒花品种如表4-7所示。

表4-7　不同国家的知名酒花品种

类别	中文名称	英文名称	来源	典型性
传统品种	萨士	Saaz	捷克	香型
	中早熟哈拉道	Hallertauer Mfr	德国	香型
	哥尔丁	Golding	英国	香型
	富格尔	Fuggle	英国	香型
	司派尔特	Spalter	德国	香型
	泰特昂	Tettnang	德国	香型
	海斯布鲁克	Hersbrucker	德国	香型
20世纪70年代品种	北酿	Northern Brewery	英国	苦型
	威诺次当	Wye Northdown	英国	苦型
	威柴伦支	Wye Challenger	英国	苦香兼型
	威塔盖特	Wye Target	英国	苦型
	威沙格桑	Wye Ssxon	美国	苦香兼型
	哥伦比亚	Columbia	美国	苦香兼型
	威拉米特	Willamete	美国	苦香兼型
	施韦静	Schwetzinger	德国	香型
	佩勒	Perle	德国	苦香兼型
	哈拉道金	Hallertauer Gold	德国	苦香兼型
20世纪80年代后新品种	盖伦纳	Galena	德国	苦型
	努盖特	Nugget	美国	苦型
	克拉斯泰	Cluster	美国	苦香兼型
	奥林匹克	Olympic	美国	苦型
	哈拉道传统	Hallertuer Tradition	德国	香型
	司派尔特选	Spalter Select	德国	香型
	申纳克	Chinook	美国	苦型
	卡斯盖德	Cascade	美国	香型

思考题

一、填空题

1. 麦汁煮沸时最理想的pH为（　），但在正常情况下，此值很难达到，采用硬水糖化，则更难达到。
2. 麦汁煮沸时，低聚合度的多酚比高聚合度多酚沉淀蛋白质的能力要（　）。

二、简答题

1. 麦汁煮沸的目的？添加酒花的作用？
2. 煮沸的方法及其特点？
3. 麦汁在煮沸中的主要物质变化？
4. 煮沸过程的技术条件？
5. 添加酒花的方法？

子学习单元5 麦芽汁处理

麦汁煮沸定型后，在进入发酵以前还需要进行一系列处理，它包括：热凝固物的分离、冷凝固物的分离、麦芽汁的冷却与充氧等一系列处理。由于发酵技术不同，成品啤酒质量要求不同，处理方法也有较大差异。最主要的差别是冷凝固物是否进行分离。

麦芽汁处理的要求如下所述。

（1）对可能引起啤酒非生物浑浊的冷、热凝固物要尽可能的分离出去。

（2）在麦汁温度较高时，要尽可能减少接触空气，防止氧化。在麦汁冷却后，在发酵之前，必须补充适量氧气，以供发酵前期酵母呼吸，增殖新的酵母细胞。

（3）在麦芽汁处理的各工序中，要杜绝有害微生物的污染。

一、热凝固物的分离技术

热凝固物又称煮沸凝固物或粗凝固物。在麦汁煮沸过程中，由于蛋白质变性和凝聚，以及与麦汁中多酚物质不断氧化和聚合而形成。同时吸附了部分酒花树脂。60℃以前，热凝固物不断析出，热凝固物由 30 ~ 80μm 的颗粒组成，其析出量为麦汁量的 0.3% ~0.7%，每 100L 麦汁得绝干热凝固物为 0.05 ~ 0.1kg。

热凝固物对啤酒酿造没有任何价值，相反它的存在会损害啤酒质量，主要表现在以下几个方面。

（1）不利于麦汁的澄清。

（2）没有较好分离出热凝固物的麦汁，在发酵过程中会吸附大量的酵母，不利于啤酒的发酵。

（3）没有较好分离出热凝固物的麦汁，会影响啤酒的非生物稳定性和口味。

（4）热凝固物的分离效果不好，会给啤酒的过滤增加困难。

1. 影响热凝固物沉淀的因素

麦芽溶解不良，糖化不完全；麦汁煮沸强度不够，凝固物颗粒细小；麦汁黏度高或浓度过高；麦汁 pH 过低，达不到5.2～5.6；酒花添加量过少或质量差等，均会影响热凝固物的形成。

2. 热凝固物的分离方法

回旋沉淀槽是圆柱平底罐，如图 4－23 所示。热麦汁沿槽壁以切钱方向泵入槽内。由于麦汁是切线进入，所以，在槽内形成回旋运动产生离心力，在离心力的作用下，热凝固物迅速下沉至槽底中心，形成较密实的锥形沉淀物。分离结束后，麦汁从槽边麦汁出口排出，热凝固物则从罐底出口排出。除平底回旋槽外，还有凹形杯底和锥形底回旋沉淀槽，更有利于麦汁中沉淀物的收集和排放。

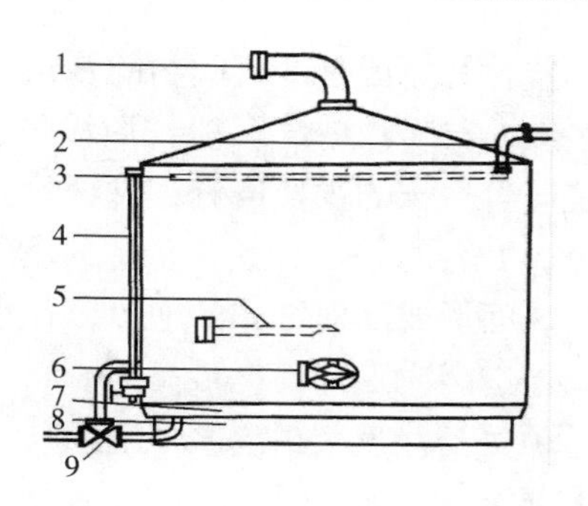

图 4－23　回旋沉淀槽的结构

1—排气筒　2—洗涤水进口
3—喷水环管及喷嘴　4—液位指示管
5—麦汁切线进口　6—人孔
7—钢筋混凝土底座的水防护圈
8—底座　9—麦汁及废水排出阀

二、 冷凝固物的分离技术

冷凝固物又称冷浑浊物或细凝固物，是指麦汁从 60℃ 以后凝聚析出的浑浊物质。随着温度的降低、pH 的变化以及氧化作用，其析出量逐渐增多，25～35℃ 析出最多。冷浑浊物主要是盐溶性 β－球蛋白以及 δ－醇溶蛋白、ε－醇溶蛋白的分解产物与多酚的络合物，还松散结合 β－葡聚糖，被氧化后逐渐形成复合物而析出。

冷凝固物的分离方法有酵母繁殖法、锥形发酵罐分离法、浮选法、离心分离法和麦汁过滤法（可靠的凝固物分离方法）。通常采用酵母繁殖槽法、锥形发酵罐分离法和浮选法。

（1）酵母繁殖槽法　传统发酵多采用酵母繁殖槽分离冷凝固物。此法是指冷却麦汁添加酵母后，在酵母繁殖槽滞留 14～20h，当麦汁表面出现白沫时，用泵将上层麦汁送入发酵池，冷凝固物和死酵母则留在槽底。此法可分离出冷凝固物近 30%。

（2）锥形发酵罐分离法　此法是将冷麦汁流加酵母进入锥形发酵罐发酵，满罐 24h 后，从锥底排放冷凝固物和部分酵母。之后再根据工艺要求，定时排放冷凝固物。

（3）硅藻土过滤法　采用烛式或水平叶片式硅藻土过滤机去除冷凝固物，可分离 75%～85% 的冷凝固物。硅藻土的使用量 60～80s/100L，全部冷却麦汁用硅藻土过滤。此法对啤酒的口感稍有影响，过滤后的酒，一般不够醇厚，特别是泡沫较差，其原因是冷凝固物的β－球蛋白以及δ－醇溶蛋白、ε－醇溶蛋白及其分解的多肽，与麦汁中的多酚物质以氢键相连后，变成了不溶性物质。这些不溶性物质是产生泡沫的主要成分，过分除去势必影响啤酒的起泡性。

（4）浮选法　浮选法的原理是冷浑浊将聚集于超量通入的空气气泡表面，在麦汁表面形成高而结实的泡盖，几小时后变为褐色。

浮选罐内麦汁高度最高为4m，若用两锅麦汁浮选，麦汁高度可提高至6～7m，同时预留麦汁量至少30%的泡沫上升空间。浮选罐背压50～90kPa，通过文丘里管将无菌空气（30～70L/hL）通入冷麦汁，使麦汁呈乳浊液状，同时加入酵母（15～18）$\times 10^6$个/mL，浮选6～16h，直至泡盖将要下沉前，酵母数已增至（22～24）$\times 10^6$个/mL，就泵入发酵罐。

此法可以对不理想的麦汁过滤进行弥补。可除去冷凝固物50%～70%，造成麦汁损失率0.2%～0.4%。分离的效果与空气量、气泡的大小、浮选罐液层高度以及静止时间有关。

三、麦汁的冷却

1. 冷却的目的与要求

煮沸定型后的麦汁，必须立即冷却，其目的如下所述。

（1）降低麦汁温度，使之达到适合酵母发酵的温度。

（2）使麦汁吸收定量的氧气，以利于酵母的生长增殖。

（3）析出和分离麦汁中的冷、热凝固物，改善发酵条件和提高啤酒质量。

麦汁冷却的要求：冷却时间短，温度保持一致，避免微生物污染，防止浑浊沉淀进入麦汁，保证麦汁足够的溶解氧。

2. 冷却的方法

麦汁冷却的方法有开放式喷淋冷却及密闭式薄板冷却或列管冷却。现主要采用密闭式薄板冷却器进行冷却。

（1）工作原理　薄板冷却器每两块板为一组，中间用橡胶圈密封，以防相互渗漏，麦汁和冷媒从薄板冷却器的两端进入，在同一块板的两侧逆向流动。由于薄板上的波纹使麦汁和冷媒在板上形成湍流，从而使传热效率大大提高，达到冷却的目的。

（2）冷却方式　以前多数采用两段法冷却，即先用自来水（或井水）冷却，再用20%酒精水（或盐水）冷却。也可用低温生产用水在预冷区先将麦汁冷至16～18℃左右，而冷却水被加热至80～88℃，在深水区麦汁又被1～2℃的冰水冷却至接种温度6～8℃。麦汁二段冷却工艺过程见图3－5－2。

目前我国啤酒厂家绝大多数采用一段冷却法。即先将酿造水冷至1～2℃作为冷媒，与热麦汁在板式换热器中进行热交换，结果使95～98℃麦汁冷却至6～8℃

去发酵，而1～2℃酿造水升温至80℃左右，进入热水箱，作糖化用水。其优点是冷耗可节约30%左右，冷却水可回收使用，节省能源，与两段法相比稳定性更强，更易于控制，也没有中间材料消耗。

四、麦汁的充氧

麦汁中适度的溶解氧有利于酵母的生长和繁殖，根据亨利－道尔顿定律，氧在麦汁中的溶解度和麦汁中氧的分压成正比，和麦汁的温度成反比。所以麦汁冷却利于氧的溶解。

1. 通风供氧的目的

（1）供给酵母生长繁殖所必需的含氧量（8～10mg/L）。过高会使酵母繁殖过量，发酵副产物增加；过低酵母繁殖数量不足，会影响发酵速度。

（2）浮选法中强烈的通风利于冷凝固物的去除。

2. 通风供氧的方法

（1）陶瓷烛棒或烧结金属烛棒　这是一种简单、有效的溶解方法。是将空气通过烛棒的细孔喷入流动的麦汁中，形成细小的气泡，实现溶氧的目的。但为防止感染，烛棒孔洞的清洗将非常耗时麻烦。

（2）文丘里管　文丘里管中有一管径紧缩段，用来提高流速，空气通过喷嘴喷入，在管径增宽段形成涡流，使空气与麦汁充分混合。

（3）带双物喷头的通风设备　其结构与文丘里管类似，空气通过管壁上的细喷头喷入，形成紧密的细小气泡，实现溶氧的目的。

（4）带静止混合器的通风设备　静止混合器中有一处有弯曲混合带的反应段，使麦汁不断改变流动方向产生涡流，而使空气能很好地溶解在麦汁中。

五、麦汁浸出物收得率

1. 浸出物收得率

每100kg原料糖化后的麦汁中，获得浸出物的质量分数，即为麦汁浸出物收得率。麦汁浸出物收得率具体可根据下式计算：

$$E(\%) = \frac{V w_p d \times 0.96}{m \times 100\%}$$

式中　E——麦汁浸出物收得率,%；

V——定型麦汁最终产量，L;

w_p——麦汁在20℃时的糖度表（plato）浓度,%；

d——麦汁在20℃时的相对密度；

m——投料量，kg;

0.96——常数，100℃麦汁冷却到20℃时的容积修正系数。

2. 原料利用率

原料利用率是用来评价糖化收得率的一种方法，也是啤酒厂的一项重要经济技术指标。一般应保持在98.0%～99.5%。具体计算公式如下：

$$M(\%)=\frac{E}{E_1}\times 100\%$$

式中 M——原料利用率,%；

E——糖化浸出物收得率,%；

E_1——实验室标准协定法麦汁的浸出物收得率,%。

3. 麦汁理化指标

麦汁理化指标见表4－8。

表4－8　　麦汁理化指标

	10℃	10.5℃	11℃	12℃	13℃
麦芽汁在不同温度下浓度/%	10±0.3	10.5±0.3	11±0.3	12±0.3	13±0.3
色度/EBC单位	5.0～8.0	5.0～8.0	5.0～8.5	5.0～9.0	15～50
pH	5.2～5.4				
总酸/[mL/(100mL)]	≤1.8				
α－氨基氮/(mg/L)	160	160～180	160～180	180	190
最终发酵度/%	75～82	75～85	78～85	63～75	
麦芽糖含量/%	7.5～8.2		8.5～9.0	9.0～9.6	
苦味质/BU	25～32		25～35	25～38	

4. 影响糖化麦芽汁收得率的因素

（1）麦芽质量

①麦芽水分含量：麦芽水分每增加1%，相当于减少约1%的麦汁收得率。

②蛋白质含量：蛋白质含量越高，麦芽溶解不良，麦汁浸出物越低，因此麦汁收得率低。

（2）麦芽粉碎度　麦芽粉碎不当，粉碎度过粗，会影响麦芽的分解和麦汁的过滤，可能造成2%以下的收得率损失，导致收得率下降。

（3）糖化方法　糖化温度高，糖化时间短等，会导致麦芽的有效成分分解不完全，糖化收得率降低；糖化时搅拌不良，醪液混合不均造成麦芽溶解不完全，造成收得率损失。

（4）麦汁过滤　操作不当会使过滤和洗糟发生困难，导致糟层中残留浸出物较多，糖化收得率下降。

【酒文化】

麦汁酒精浓度

1. 第一道麦汁

第一次过滤萃取所得到的麦汁，称为第一道麦汁。如果利用热水洗涤过滤后的麦糟、再度萃取，就称第二道麦汁。相较之下，第一道麦汁的糖度较高，所以较为甘甜。喜欢甜味的人，自然就会感觉第一道麦汁比较美味，像在喝麦芽口味的果汁一样。然而萃取剩下的麦芽粥状物里，还残留着许多酿造啤酒所需的精华。如果啤酒完全使用第一道麦汁来酿造，糖度就会太高，最后就会酿成高酒精度的啤酒。

2. 酒精浓度

发酵前后的糖度，决定了酒精浓度与口感，啤酒是麦汁内的糖分经过发酵，产生酒精与二氧化碳而成。其中，酒精的含量是视酵母可分解糖分的量来决定的。也就是说，糖分多，可产生酒精较多，糖分少，就较难产生酒精。酒精的浓度，是由麦汁的糖度决定而酵母的发酵度和糖的种类，也都会影响酒精含量。

啤酒酿造者会用他所想酿造啤酒的酒精度，来设定麦汁的糖度。糖度一般用“比重”来表示，发酵前的原始比重（OG：Original Gravity）与发酵的最终比重（FG：Final Gravity），对酿啤酒而言相当重要。两者之间的差距越大，酒精浓度就越高。这是因为酵母已经完全将糖分解的缘故。

此外，最终比重高的啤酒，因为糖还残留于啤酒中，酿出的是香醇口感强度强劲的啤酒。这些比重的数值，是以水的比重1来作为基准。酿造者在麦汁煮沸会先检查糖度，确认是否为原先所设定的数值。

通常会使用糖度计或糖度测量试纸来测量糖度。

思考题

一．填空题

1. 麦汁煮沸和添加酒花后，应迅速进行麦汁处理，其目标是去除（　），将麦汁冷却到发酵温度，并进行（　）处理。
2. 冷麦汁出现碘反应，说明（　）分解程度差，会影响啤酒稳定性。
3. 对麦汁进行通氧处理时，一般通入的不是纯氧，而是（　），为了避免污染，应实现（　）、低温、干燥、无油、无尘。
4. 热凝固物析出量，一般波动在（　）g/100L 麦汁范围内，其中含有80%的麦汁。

5. 一段冷却是酿造用水经氨蒸发器冷却至（　）℃的冰水，与热麦汁在薄板冷却器内进行热交换，把麦汁冷却至（　）℃，冰水被加热至80℃作酿造用水使用。

二、简答题

1. 热凝固物分离方法，回旋沉淀槽的结构特点及分离原理。
2. 麦汁冷却目的。
3. 薄板冷却器操作原理。
4. 麦汁充氧的目的和方法。
5. 影响糖化麦芽汁收得率的因素。

学习单元4
啤酒发酵工艺

【教学目标】

知识目标

1. 了解啤酒酵母的生产特性及分离方法，啤酒酵母分类及其区别。
2. 了解啤酒发酵机理，发酵物质的变化和产物的形成及控制。
3. 掌握啤酒酵母的扩大培养的方法和流程。
4. 了解啤酒发酵技术的机理。
5. 掌握影响啤酒质量的主要因素，了解啤酒麦汁汇总糖类的发酵，麦汁含氮物质的转化，啤酒风味物质的发酵代谢。
6. 了解啤酒发酵工艺技术控制要求。
7. 掌握传统啤酒发酵的方法，特点和工艺过程和条件。
8. 掌握啤酒大罐发酵的方法，特点和工艺过程和相关设备。

技能目标

1. 能完成啤酒酵母的扩大培养。
2. 能完成啤酒的发酵及发酵过程的控制。

啤酒酵母是啤酒生产的灵魂，啤酒酵母的种类和质量的不同将影响啤酒的发酵和成品啤酒的质量。

子学习单元1 啤酒酵母的扩大培养

酵母菌是一群单细胞的真核微生物，它与人类的关系极为密切，是人类实践中应用较早的一类微生物，同时也是现代发酵工业的重要微生物。

一、 啤酒酵母的类型和种类

麦汁经啤酒酵母发酵作用后，便酿制成啤酒。啤酒生产中利用的微生物，主要是纯粹培养的啤酒酵母。啤酒酵母属于真菌门、子囊菌纲、原子囊菌亚纲、内孢霉目、内孢霉科、酵母亚科、酵母属、啤酒酵母种。用于啤酒酿造的酵母主要有以下几种类型。

（1）啤酒酵母　啤酒酵母（Saccharomyces cerevisiae）又称酿酒酵母，是发酵工业中最常用的酵母菌，属酵母属酵母。能发酵葡萄糖、麦芽糖、半乳糖、蔗糖和1/3 棉子糖，不能发酵乳糖和蜜二糖，不能同化硝酸盐。

（2）葡萄汁酵母　葡萄汁酵母（Saccharomyces uvarum Beijerinek）也属于酵母属酵母。能发酵葡萄酒、蔗糖、麦芽糖、半乳糖、蜜二糖，不能发酵乳糖，对棉子糖却能完全发酵，不能同化硝酸盐。

（3）卡尔斯伯酵母　卡尔斯伯酵母（Sac. CarlsbergensisHansen）是啤酒酿造业中典型的下面发酵酵母。能发酵葡萄糖、半乳糖、蔗糖、麦芽糖及全部棉子糖，不能同化硝酸盐，能稍微利用乙醇。有两种类型：卡尔斯倍1 号，细胞椭圆形，发酵度高，沉淀慢；卡尔斯倍2 号，细胞圆形，发酵度低，沉淀快。

根据啤酒酵母的发酵类型和凝聚性的不同，可分为上面酵母与下面酵母，凝聚性酵母与粉状酵母。上面酵母与下面酵母的主要区别见表4 –9，凝聚性酵母与粉状酵母的区别见表4 –10。

表4 –9　　上面酵母与下面酵母的区别

区别内容	上面酵母	下面酵母
细胞形态	多呈圆形，多数细胞集结在一起	多呈卵圆形，细胞较分散
发酵时生理现象	发酵终了，大量细胞悬浮在液面	发酵终了，大部分酵母凝集而沉淀器底
发酵温度	15 ~25℃	5 ~12℃
对棉子糖发酵	能将棉子糖分解为蜜二糖和果糖，只能发酵1/3 果糖部分	能全部发酵棉子糖
对蜜二糖发酵	缺乏蜜二糖酶，不能发酵蜜二糖	含有蜜二糖酶，能发酵蜜二糖
37℃培养	能生长	不能生长
利用酒精生长	能	不能

表 4－10 凝聚性酵母与粉状酵母的区别

区别内容	凝聚性酵母	粉状酵母
发酵时情况	酵母易于凝集沉淀（下面酵母）或凝集后浮于液面（上面酵母）	不易凝集
发酵终了	很快凝集，沉淀密致，或于液面形成密致的厚层	长时间地悬浮在发酵液中，很难沉淀
发酵液澄清情况	较快	不易
发酵度	较低	较高

下面酵母发酵法虽出现较晚，但较上面酵母更盛行。世界上多数国家采用下面酵母发酵啤酒，我国也是全部采用下面酵母发酵啤酒。

二、 啤酒酵母的主要特性要求

啤酒工厂使用的啤酒酵母是由野生酵母经系统地长期驯养，经反复使用和考验，具有正常生理状态和特性，适合啤酒生产要求的培养酵母。对啤酒酵母的基本要求是：发酵力高，凝聚力强、沉降缓慢而彻底，繁殖能力适当，生理性能稳定，酿制出的啤酒风味好。啤酒酵母的主要特性要求如下。

1. 细胞和菌落形态

不同菌株的啤酒酵母有着不同的形态。优良健壮的啤酒酵母细胞，具有均匀的形状和大小，平滑而薄的细胞膜，细胞质透明均一。

啤酒酵母在麦芽汁固体培养基上菌落呈乳白色至微黄褐色，表面光滑但无光泽，边缘整齐或呈波状。

2. 主要的生理特性要求

（1）凝聚性不同，酵母的沉降速度不同，发酵度也有差异。啤酒生产一般选择凝聚性比较强的酵母。

（2）发酵度反应酵母对麦芽汁中各种糖的利用情况，正常的啤酒酵母能发酵葡萄糖、果糖、蔗糖、麦芽糖和麦芽三糖等。一般啤酒酵母的真正发酵度应为50%～68%左右。

（3）酵母死灭温度是指一定时间内使酵母死灭的最低温度，可作为鉴别菌株的内容之一。一般啤酒酵母的死灭温度在52～53℃，若死灭温度增高，则说明酵母变异或污染野生酵母。

（4）一般啤酒酵母生产菌种都不能产生孢子或产孢能力极弱，而某些野生酵母能很好产孢。根据此特性，可判别啤酒酵母是否混入野生酵母。

野生酵母是指不为生产所能控制利用的、与培养酵母形态不一样的酵母。这些酵母妨碍啤酒正常发酵，对啤酒生产有很大危害。啤酒酵母与野生酵母的主要区别见表4-11。

表4-11　　啤酒酵母与野生酵母的主要区别

区别内容		培养酵母	野生酵母
细胞形态		圆形或卵圆形	有圆形、椭圆形、柠檬形等多种形态
抗热性能		在水中53℃，10min死亡	能耐比培养酵母较高的温度
孢子形成		较难形成	较易形成。有的野生酵母不形成孢子，但可从细胞形态区别
糖类发酵		对葡萄糖、半乳糖、麦芽糖、果糖等均能发酵，能全部或部分发酵棉子糖	绝大多数野生酵母不能全部发酵左述的糖类
对选择性培养基的生长情况	①含放线菌酮（Actidione）的培养基	放线菌酮含量达0.2mg/kg即不能生长	非酵母属的野生酵母可耐此酮
	②以赖氨酸为唯一碳源的培养基	不能生长	非酵母属的野生酵母可以生长
	③含结晶紫（Crystalviolet）的培养基	结晶紫含量达20mg/kg不能生长	酵母属的野生酵母可以生长
免疫荧光试验		可以区别	

三、啤酒酵母扩大培养

啤酒酵母纯正与否，对啤酒发酵和啤酒质量有很大影响。生产中使用的酵母来自保存的纯种酵母，在适当的条件下，经扩大培养，达到一定数量和质量后，供生产现场使用。每个啤酒厂都应保存适合本厂使用的纯种酵母，以保证生产的稳定性和产品的风格质量。

啤酒酵母扩大培养是指从斜面种子到生产所用的种子的培养过程，这一过程又分为实验室扩大培养阶段和生产现场扩大培养阶段。

1. 实验室扩大培养阶段

（1）斜面试管　一般为工厂自己保藏的纯粹原菌或由科研机构和菌种保藏单位提供。

（2）富氏瓶（或试管）培养　富氏瓶或试管装入10mL优级麦汁，灭菌、冷却备用。接入纯种酵母在25~27℃保温箱中培养2~3d，每天定时摇动。平行培养2~4瓶，供扩大时选择。

（3）巴氏瓶培养　取500~1000mL的巴氏瓶（也可用大三角瓶或平底烧瓶），

加入250～500mL优级麦汁，加热煮沸30min，冷却备用。在无菌室中将富氏瓶中的酵母液接入，在20℃保温箱中培养2～3d。

（4）卡氏罐培养　卡氏罐容量一般为10～20L，放入约半量的优级麦汁，加热灭菌30min后，在麦汁中加入1L无菌水，补充水分的蒸发，冷却备用。再在卡氏罐中接入1～2个巴氏瓶的酵母液，摇动均匀后，置于15～20℃下保温3～5d，即可进行扩大培养，或可供1000L麦汁发酵用。

（5）实验室扩大培养的技术要求主要有：①应按无菌操作的要求对培养用具和培养基进行灭菌；②每次扩大稀释的倍数为10～20倍；③每次移植接种后，要镜检酵母细胞的发育情况；④随着每阶段的扩大培养，培养温度要逐步降低，以使酵母逐步适应低温发酵；⑤每个扩大培养阶段，均应做平行培养：试管4～5个，巴氏瓶2～3个，卡氏罐2个，然后择优进行扩大培养。

2. 生产现场扩大培养阶段

卡氏罐培养结束后，酵母进入现场扩大培养。啤酒厂一般都用汉生罐、酵母罐等设备来进行生产现场扩大培养。

（1）麦汁杀菌　取麦汁200～300L加入杀菌罐，通入蒸汽，在0.08～0.10MPa汽压下保温灭菌60min，然后在夹套和蛇管中通入冰水冷却，并以无菌压缩空气保压。待麦汁冷却至10～12℃时，先从麦汁杀菌罐出口排出部分沉淀物，再用无菌压缩空气将麦汁压入汉生罐内。

（2）汉生罐空罐灭菌　在麦汁杀菌的同时，用高压蒸汽对汉生罐进行空罐灭菌1h，再通无菌压缩空气保压，并在夹套内通冷却水冷却备用。

（3）汉生罐初期培养　将卡氏罐内酵母培养液以无菌压缩空气压入汉生罐，通无菌空气5～10min。然后加入杀菌冷却后的麦汁，再通无菌空气10min，保持品温10～13℃，室温维持13℃。培养36～48h左右，在此期间，每隔数小时通风10min。

（4）汉生罐旺盛期培养　当汉生罐培养液进入旺盛期时，一边搅拌，一边将85%左右的酵母培养液移植到已灭菌的一级酵母扩大培养罐，最后逐级扩大到一定数量，供现场发酵使用。

（5）汉生罐留种再扩培　在汉生罐留下的约15%左右的酵母培养液中，加入灭菌冷却后的麦汁，待起发后，准备下次扩大培养用。保存种酵母的室温一般控制在2～3℃，罐内保持正压（0.02～0.03MPa），以防空气进入污染。

在下次再扩培时，汉生罐的留种酵母最好按上述培养过程先培养一次后再移植，使酵母恢复活性。

汉生罐保存的种酵母，应每月换一次麦汁，并检查酵母是否正常，是否有污染、变异等不正常现象。正常情况下此种酵母可连续使用半年左右。

（6）生产现场扩大培养的注意点：①每一步扩大后的残留液都应进行有无污染、变异的检查；②每扩大一次，温度都应有所降低，但降温幅度不宜太大；

③每次扩大培养的倍数为5～10倍。

3. 啤酒酵母的质量检验

（1）形态检验　液态培养中的优良健壮的酵母细胞应具有均匀的形状和大小，平滑而薄的细胞壁，细胞质透明均一；年幼少壮的细胞内部充满细胞质；老熟的细胞出现液泡，内贮细胞液，呈灰色，折光性强；衰老细胞中液泡多，内容物多颗粒，折光性较强。

生产上使用的酵母一般死亡率应在3%以下，新培养的酵母死亡率应在1%以下。镜检中，不应有杂菌污染。

（2）发酵度检验　酵母的发酵度可用下式计算。

$$W_r(\%) = \frac{W - W_1}{W} \times 100\%$$

式中　W——发酵前麦汁浓度，%；

W_1——发酵后，排除酒精后的发酵液浓度，%；

W_r——真正发酵度，%。

$$W_a(\%) = \frac{W - W_2}{W} \times 100\%$$

式中　W——发酵前麦汁浓度，%；

W_2——发酵后，不排除酒精后的发酵液浓度（也称外观浓度），%；

W_a——外观发酵度，%。

在正常情况下，外观发酵度一般为75%～87%，真正发酵度为60%～70%，外观发酵度一般比真正发酵度约高20%，可按下式粗略换算：$W_r = W_a \times 0.819$。淡色啤酒发酵度的区分可按表4－12来划分。

表4－12　淡色啤酒高、中、低发酵度区分

啤酒酵母类别	淡色啤酒	
	外观发酵度/%	真正发酵度/%
低发酵度酵母	68～74	55～59
中发酵度酵母	75～82	60～66
高发酵度酵母	82以上	66以上

另外还有凝聚性、发酵速度、死灭温度、出芽率、耐酒精度、产酸、产酯等生理特性检验。

【酒文化】

下面发酵啤酒

1. 拉格（Lager）啤酒

下层发酵型的啤酒统称Lager，正是“贮藏、平放”的意思。经过贮藏与熟

成，就能产生更透明纯净的啤酒。Lager本来是指“贮藏”，是下层发酵型啤酒的总称。

2. 比尔森啤酒

比尔森啤酒是最早（1842年）开始生产的，也是世界最负盛名的下面发酵淡色啤酒，因生产于捷克波希米亚的比尔森啤酒厂而得名，有时也简称比尔斯（Pils）。至今，比尔森啤酒厂也逐渐在现代化，但仍保留了部分老的系统，做真正典型的比尔森啤酒。世界各地都在酿制比尔森型啤酒，尽管在不同的国家和地区，做法上已有很大的变化，但仍以比尔森啤酒标榜。荷兰、丹麦都能生产优质的比尔森型啤酒，口味较柔和，贮酒时间则远较正规比尔森啤酒为短。

比尔森啤酒特点：色泽较浅，泡沫好，酒花香味浓馥突出，苦味重而不长，口味醇爽。

思考题

简答题

1. 啤酒酵母体内有哪些重要的酶类？分别说明其在啤酒发酵过程中的作用。
2. 啤酒酵母的生长分哪几个阶段？简述各阶段的特征。
3. 啤酒酵母有哪几类？各有何特性。
4. 简述啤酒酵母扩大培养的步骤及操作要点。
5. 如何检查鉴定啤酒酵母的性能？
6. 实验室菌种保藏方法有哪几种？生产现场使用的酵母是如何进行保藏的？
7. 生产中啤酒酵母的添加方法有哪几种？

子学习单元2 啤酒发酵技术

啤酒的生产是依靠纯种啤酒酵母利用麦芽汁中的糖、氨基酸等可发酵性物质通过一系列的生物化学反应，产生乙醇、CO_2及其他代谢副产物，从而得到具有独特风味的低度饮料酒。

冷麦汁接种啤酒酵母后，发酵即开始进行。啤酒发酵是在啤酒酵母体内所含的一系列酶类的作用下，以麦汁所含的可发酵性营养物质为底物而进行的一系列生物化学反应。通过新陈代谢最终得到一定量的酵母菌体和乙醇、CO_2以及少量的代谢副产物如高级醇、酯类、连二酮类、醛类、酸类和含硫化合物等发酵产物。这些发酵产物影响到啤酒的风味、泡沫性能、色泽、非生物稳定性等理化指标，并形成了啤酒的典型性。啤酒发酵分主发酵（旺盛发酵）和后熟两个阶段。在主发酵阶段，进行酵母的适当繁殖和大部分可发酵性糖的分解，同时形成主要的代谢产物乙醇和高级醇、醛类、双乙酰及其前驱物质等代谢副产物。后熟阶段主要进行双乙酰的还原使酒成熟、完成残糖的继续发酵和 CO_2 的饱和，使啤酒口味清爽，并促进了啤酒的澄清。

一、 啤酒发酵过程的主要物质变化

冷却的麦汁添加酵母后，便开始发酵。啤酒酵母在发酵过程中利用麦汁中的可发酵成分，形成生长代谢所需的能量、合成菌体及产生一定的代谢产物（乙醇、CO_2和其他一系列的代谢产物）。

1. 糖的变化

冷麦芽汁接种酵母后，酵母在有氧条件下，同化麦芽汁中的可发酵性糖获得能量，进行生长繁殖，菌体数量增加。在氧逐渐消耗后，便进入无氧发酵阶段，酵母细胞把可发酵性糖转化为乙醇和 CO_2等。发酵过程中麦汁浸出物浓度的下降称为降糖。酵母在发酵时先利用葡萄糖、果糖，再利用蔗糖、麦芽糖，最后利用麦芽三糖等难发酵性糖。

在啤酒发酵过程中，可发酵糖约有 96% 发酵为乙醇和 CO_2，是代谢的主产物；2.0% ~2.5% 转化为其他发酵副产物；1.5% ~2.0% 作为碳骨架合成新酵母细胞。发酵副产物主要有：甘油、高级醇、羰基化合物、有机酸、酯类、硫化合物等。

2. 含氮物质的变化

啤酒发酵中，酵母对麦汁中的蛋白质分解作用很弱，但对麦汁中的氨基酸、氨态氮、氨、短肽、嘌呤、嘧啶等可同化氮存在着复杂的同化作用。发酵初期，酵母吸收麦芽汁中可同化氮（氨基酸、二肽、三肽等）用于合成酵母细胞物质进行繁殖；发酵后期，酵母细胞特别是衰老的酵母细胞又向发酵液分泌多余的氨基酸。另外，由于 pH 和温度的降低，引起一些凝固性蛋白质和多酚物质复合而产生的沉淀；酵母细胞表面也吸附少量的蛋白质颗粒，这些都是麦汁中含氮量下降的原因。

在正常的发酵过程中，麦汁中含氮物约下降 1/3，主要是约 50% 的氨基酸和低分子肽为酵母所同化。酵母分泌出的含氮物的量较少，约为酵母同化氮的 1/3。

啤酒中残存含氮物质对啤酒的风味有重要影响。含氮物质高（ >450mg/L）的啤酒显得浓醇，含氮量为 300 ~400mg/L 的啤酒显得爽口，含氮物质量 <300mg/L 的啤酒则显得寡淡。

3. 其他发酵产物

（1）高级醇类　高级醇（俗称杂醇油）是啤酒发酵代谢产物的主要成分，对啤酒风味有重大影响，超过一定含量时有明显的杂醇味。对于一般的啤酒，多量的高级醇是不受欢迎的。啤酒中的绝大多数高级醇是在主发酵期间酵母繁殖过程中形成的。

（2）酯类　啤酒中的酯含量很少，但对啤酒风味影响很大，啤酒含有适量的酯，香味丰满协调，但酯含量过高，会使啤酒有不愉快的香味或异香味。酯类大都在主发酵期间形成。

（3）连二酮　连二酮是双乙酰和2,3－戊二酮的总称，其中对啤酒风味起主要作用的是双乙酰。双乙酰被认为是衡量啤酒成熟与否的决定性的指标，双乙酰的味阈值为0.1～0.15mg/L，在啤酒中超过阈值会出现馊饭味。淡爽型成熟啤酒，双乙酰含量以控制在0.1mg/L以下为宜；高档成熟啤酒最好控制在0.05mg/L以下。

（4）硫化物　挥发性硫化物对啤酒风味有重大影响，这些成分主要有硫化氢、二甲基硫、甲基和乙基硫醇、二氧化硫等。其中硫化氢、二甲基硫对啤酒风味的影响最大。啤酒中的挥发性硫化氢大都是在发酵过程中形成的。啤酒中的硫化氢应控制在0～10μg/L的范围内；啤酒中二甲基硫浓度超过100μg/L时，啤酒就会出现硫黄臭味。

（5）乙醛　乙醛是啤酒发酵过程中产生的主要醛类，乙醛是酵母代谢的中间产物。当啤酒中乙醛浓度在10mg/L以上时，则有不成熟的口感、腐败性气味；当乙醛浓度超过25mg/L，则有强烈的刺激性辛辣感。成熟啤酒的乙醛正常含量一般<10mg/L。

4. 苦味物质

发酵过程中，麦汁中近1/3的苦味物质损失掉。主要原因是由酵母细胞的吸附、发酵时间增长等原因造成的。

5. pH的变化

麦汁发酵后，pH降低很快。下面发酵啤酒，发酵终了时，pH一般为4.2～4.4。pH下降主要是由于有机酸的形成，同时也由于磷酸盐缓冲溶液的减少。

二、影响发酵的主要因素

除酵母菌种的种类、数量和生理状态外，影响酵母发酵的环境因素有麦汁成分、发酵温度、罐压、溶解氧含量、pH等。

（1）麦汁成分　麦汁组成适宜，能满足酵母生长、繁殖和发酵的需要。12°P麦汁中α－氨基氮含量应为（180±20）mg/L，还原糖含量9.5～10.2～11.2g/100mL，溶解氧含量8～10mg/L，锌0.15～0.20mg/L。

（2）发酵温度　啤酒发酵采用变温发酵，发酵温度指旺盛发酵（主发酵）阶段的最高温度。啤酒发酵一般采用低温发酵。上面啤酒发酵温度为18～22℃，下面发酵温度为7～15℃。采用低温发酵的原因是：低温发酵可以防止或减少细菌的污染，同时酵母增殖慢，最高酵母细胞浓度低，发酵过程中形成的双乙酰、高级醇等代谢副产物少，同化氨基酸少，pH下降缓慢，酒花香气和苦味物质损失少，酿制出的啤酒风味好，此外酵母自溶少，使用代数多。

（3）罐压　在一定的罐压下酵母增殖量较少，代谢副产物形成量少，主要原因是由于二氧化碳浓度的增高抑制了酵母的增殖。在提高发酵温度缩短发酵时间的同时，应相应提高罐压（加压发酵），以避免由于升温带来的代谢副产物增多的问题。罐压越高，啤酒中溶解的CO_2越多，发酵液温度越低，酒中CO_2含量越高。

（4）pH　酵母发酵的最适 pH 为5～6，过高过低都会影响啤酒发酵速度和代谢产物的种类、数量，从而影响啤酒的发酵和产品质量。

（5）代谢产物　酵母自身代谢产物乙醇的积累将逐步抑制酵母的发酵作用，一般当乙醇体积分数达到8.5%以上时就会抑制发酵，此外重金属离子Cu^{2+}等对酵母也有毒害作用。

三、传统啤酒发酵

传统发酵技术在20世纪80年代以前被我国啤酒厂普遍采用。随着锥形罐发酵技术的不断发展及迅速普及，目前只有少数中小型啤酒厂还采用此法。

传统的下面发酵，分主发酵和后发酵两个阶段。主发酵一般在密闭或敞口的主发酵池（槽）中进行，后发酵在密闭的卧式发酵罐内进行。

传统下面发酵的工艺特点是：主发酵温度比较低，发酵进程缓慢，发酵代谢副产物较少；主发酵结束时，大部分酵母沉降在发酵容器底部；后发酵和贮酒期较长，酒液澄清良好，二氧化碳饱和稳定，酒的泡沫细微，风味柔和，保存期较长。

1. 主发酵

主发酵又称前酵。现以敞口12%麦汁发酵为例说明。

（1）一般工艺过程

①麦汁冷却至接种温度（6℃左右），流入增殖槽，将所需的酵母量（为麦汁量体积分数的0.5%左右）加入，混合均匀。通入无菌空气，使溶解氧含量在8mg/L左右。

②酵母经繁殖20h左右，待麦汁表面形成一层泡沫时，将增殖槽中的麦汁泵入发酵槽内，进行厌氧发酵。

③发酵2～3d左右，温度升至发酵的最高温度，进行冷却，先维持最高温度2～3d。以后控制发酵温度逐步回落，主酵结束时，发酵液温度控制在4.0～4.5℃。

④主发酵最后一天急剧冷却，使大部分酵母沉降槽底，然后将发酵液送至贮酒罐进行后发酵。

（2）主发酵过程的现象和要求　主发酵阶段酵母代谢旺盛，大量可发酵性物质被快速转换，代谢产物主要也在此阶段形成。主发酵阶段一般分为酵母繁殖期、起泡期、高泡期、落泡期和泡盖形成期。

①酵母繁殖期：麦芽汁添加酵母 8～16h 以后，液面上出现二氧化碳小气泡，逐渐形成白色、乳脂状的泡沫，酵母繁殖 20h 以后立即进入主发酵池，与增殖槽底部沉淀的杂质分离。

②起泡期：入主发酵池 4～5h 后，在麦汁表面逐渐出现更多的泡沫，由四周渐渐向中间扩散，泡沫洁白细腻，厚而紧密，如花菜状，发酵液中有二氧化碳小气泡上涌，并将一些析出物带至液面。此时发酵液温度每天上升 0.5～0.8℃，每天降糖 0.3～0.5°P，维持时间 1～2d，不需人工降温。

③高泡期：发酵后 2～3d，泡沫增高，形成隆起，高达 25～30cm，并因发酵液内酒花树脂和蛋白质－单宁复合物开始析出而逐渐变为棕黄色，此时为发酵旺盛期，需要人工降温，但是不能太剧烈，以免酵母过早沉淀，影响发酵。高泡期一般维持 2～3d 每天降糖 1.5°P 左右。

④落泡期：发酵 5d 以后，发酵力逐渐减弱，二氧化碳气泡减少，泡沫回缩，酒内析出物增加，泡沫变为棕褐色。此时应控制液温每天下降 0.5℃左右，每天降糖 0.5～0.8°P，落泡期维持 2d 左右。

⑤泡盖形成期：发酵 7～8d 后，泡沫回缩，形成泡盖，应即时撇去泡盖，以防沉入发酵液内。此时应大幅度降温，使酵母沉淀。此阶段可发酵性糖已大部分分解，每天降糖 0.2～0.4°P。

（3）主发酵技术条件　主发酵技术条件见表 4－13。

表 4－13　　主发酵技术条件

项目	技术条件	
	例一	例二
发酵室温/℃	5～6	
冷麦汁 pH	5.2～5.6	
冷麦汁溶解氧含量/（mg/L）	8 左右	
接种温度/℃	5～7	
酵母添加量/%	0.4～0.6 泥状酵母	0.8～1.0
酵母浓度/（细胞数/mL）	$(1.0 \sim 1.5) \times 10^7$	
酵母使用代数	不超过 7 代	
酵母增殖时间/h	20 左右	
发酵过程中酵母最高浓度/（细胞数/mL）	$(5 \sim 7) \times 10^7$	
主发酵最高温度/℃	7.5～9.0	9～10
冷却水温/℃	0.5～1.5	
降糖量/（°P/d）：起泡期	0.3～0.5	
高泡期	1.5 左右	
落泡期	0.5～0.8	
泡盖形成期	0.2～0.4	
发酵终了温度/℃	4～5	
主发酵时间/d	8～10	6～8

续表

项目	技术条件	
	例一	例二
下酒时外观发酵度与最终发酵度之差/%	3～5（添加高泡酒） 约10（不加高泡酒）	
下酒酵母浓度/（细胞数/mL）	（5～10）×10^5（添加发酵度20%～25%的高泡酒10%左右） （10～15）×10^6（不加高泡酒）	
主发酵终了时的pH	4.2～4.4	
发酵室、酵母室空气	无菌过滤	
嫩啤酒生物稳定性（25℃保温无杂菌生长）/d	3～5	

注：例二的特点是适当增加酵母量，提高发酵温度，缩短发酵时间。

2. 后发酵

主发酵结束后的发酵液称嫩啤酒，要转入密封的后发酵罐（也称贮酒罐），进行后发酵。后发酵的目的是：残糖继续发酵、促进啤酒风味成熟、增加CO_2的溶解量、促进啤酒的澄清。

后发酵的工艺要求和操作如下所述。

（1）下酒　将嫩啤酒输送到贮酒罐的操作称下酒。下酒方法多用下面下酒法，即发酵液由已灭菌的贮酒罐下部出口处送入。贮酒罐可一次装满，也可分2、3次装满。如是分装，应在1～3d内装满。入罐后，液面上应留出10～15cm空距，有利于排除液面上的空气，尽量减少与氧的接触。如果嫩啤酒含糖过低，不足以进行后发酵，可添加发酵度为20%的起泡酒，促进发酵。

（2）密封升压　下酒满桶后，正常情况下敞口发酵2～3d，以排除啤酒中的生青味物质。以后封罐，罐内二氧化碳气压逐步上升，压力达到50～80kPa时保压，让酒中的二氧化碳逐步饱和。

（3）温度控制　后发酵多控制先高后低的贮酒温度。前期控制3～5℃，而后逐步降温至-1～1℃，降温速度视啤酒的不同类型而定。有些新工艺，前期温度控制范围很大（3～13℃），以保持一定的高温尽快还原双乙酰，促进啤酒成熟。

（4）后发酵时间　淡色啤酒一般贮酒时间较长，浓色啤酒贮酒时间较短；原麦汁浓度高的啤酒较浓度低的啤酒贮酒期长；低温贮酒较高温贮酒的贮酒时间长。

（5）加入添加剂　为了改善啤酒的泡沫、风味和非生物稳定性，可在食品卫生标准允许的范围内，加入适量的添加剂。这些添加剂多在贮酒、滤酒过程中或清酒罐内添加。常用的添加剂见表4-14。

表 4-14 后发酵中常用的添加剂

名称	作用	用量
鱼胶	澄清剂	0.2~0.3L 鱼胶澄清剂/100L 啤酒
鹿角菜（carragheen）	澄清剂	3.6g/100L 啤酒
海藻酸钠	泡沫稳定剂	40~80mg/L 啤酒
硅胶	非生物稳定剂（蛋白质吸附剂）	0.1%
聚乙烯聚吡咯烷酮	非生物稳定剂（多酚吸附剂）	10~25g/100L 啤酒
蛋白酶制剂（木瓜酶等）	非生物稳定剂（蛋白质分解剂）	根据酶活力使用
抗坏血酸（维生素 C）	风味稳定剂（抗氧化剂）	1~3g/100L 啤酒

传统发酵技术在 20 世纪 80 年代以前被我国啤酒厂普遍采用。随着锥形罐发酵技术的不断发展及迅速普及，目前只有少数中小型啤酒厂还采用此法。

四、 啤酒大型发酵罐发酵

采用大容量发酵罐生产啤酒是啤酒工业的发展趋势。早在 20 世纪 20 年代德国的工程师就发明了立式圆筒体锥底密封发酵罐，但由于当时的生产规模小而未被引起重视。20 世纪 50 年代，第二次世界大战后各国经济得到迅速发展，啤酒工业也不断发展，啤酒产量骤增，人们纷纷开始研究新的啤酒发酵工艺。经过多年的改进，大型的锥底发酵罐从室内走向室外。我国从 20 世纪 70 年代中期开始采用这项技术。由于露天圆筒体锥底发酵罐的容积大、占地少、设备利用率高、投资省，而且便于自动控制，已被啤酒厂普遍采用。

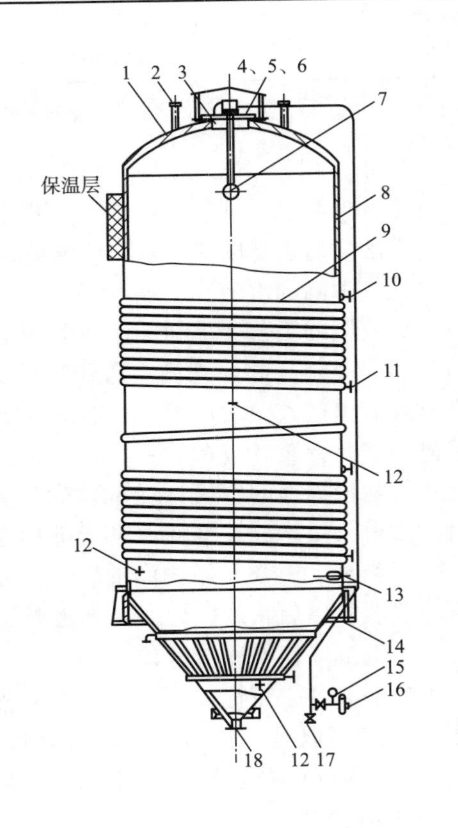

图 4-24 立式圆筒体锥底发酵罐的结构

1—顶盖 2—通道支架 3—人孔 4—视镜 5—真空阀 6—安全阀 7—自动清洗装置 8—罐身 9—冷却夹套 10—冷媒出口 11—冷媒进口 12—温度计 13—采样阀 14—罐底 15—压力表 16—二氧化碳出口 17—压缩空气、洗涤用水进口 18—麦汁进口、酵母和啤酒出口

1. 圆筒体锥底发酵罐的结构

立式圆筒体锥底发酵罐为耐压容器，通常由不锈钢材料制成，其结构如图 4-24 所示。罐身为圆筒体，其直径 D 与圆筒体高度 H 之比范围较大，一般为 1∶(5~6)，但罐体不宜过高，特别是在未设酵母离心机的情况下，更不宜过高，否则酵母沉降

困难。罐的上部为椭圆形或碟形封头，上部封头设有人孔、安全阀、压力表，二氧化碳排出口，CIP 清洗系统入口等。

下部罐底为锥形，锥角为 60 ~ 80°，有利于酵母的排除，也节约材料。此外，还有洗涤液贮罐、甲醛贮罐、热水贮罐、空气过滤器、二氧化碳回收及处理装置等辅助设备。

2. 圆柱锥底发酵罐的特点

（1）底部为锥形，便于生产过程中随时排放沉集于罐底的酵母。

（2）罐身设有冷却装置，便于发酵温度的控制。罐体外设有保温装置，可将罐体置于室外，减少建筑投资，节省占地面积。

（3）采用密闭发酵，便于 CO_2 洗涤和 CO_2 回收；既可做发酵罐，也可做贮酒罐。

（4）罐内发酵液由于液体高度而产生 CO_2 梯度，并通过冷却方位的控制，可使发酵液进行自然对流，罐体越高对流越强。有利于酵母发酵能力的提高和发酵周期的缩短。

（5）发酵罐可采用仪表或微机控制，操作、管理方便。可采用 CIP 自动清洗系统，清洗方便。

（6）设备容量大，国内采用的罐容一般为 100 ~ 600m^3。

3. 立式圆筒体锥底发酵罐的生产方式

锥形罐发酵分为一罐法和两罐法：一罐法发酵是指将传统的主发酵和后发酵（贮酒）阶段都是在一个发酵内完成。这种方法操作简单，在啤酒的发酵过程中不用倒罐，避免了在发酵过程中接触氧气的可能，罐的清洗方便，消耗洗涤水少，省时、节能。目前国内多数厂家都采用一罐法发酵工艺；两罐法发酵又分为两种，一种是主发酵在发酵罐中进行，而后发酵和贮酒阶段在酒罐中完成；另一种是主发酵、后发酵在一个发酵罐中进行，而贮酒阶段在贮酒罐中完成。两罐法比一罐法操作复杂，但贮酒阶段的设备利用率较高，啤酒质量相对来说较高。国内只有极少数厂家采用这种发酵方法。

（1）一罐法发酵工艺　一罐法发酵是指主、后发酵和贮酒成熟全部生产过程在一个罐内完成。具体一罐法的几个关键生产控制点如下所述。

①酵母添加：锥形罐容量较大，麦汁一般需分几次陆续追加满罐。满罐时间一般为 12 ~ 24h，最好在 20h 以内。酵母的添加可采用在前一半批次的麦汁中添加酵母，以后批次的麦汁中不再加酵母的方法，也有一次性添加酵母的。酵母接种量要比传统发酵法大些，接种温度一般控制在满罐时较拟定的主发酵温度低 2 ~ 3℃。添加到发酵罐的酵母应很快与麦汁混合均匀，一般采用边加麦汁边加酵母的方法。

②通风供氧：冷麦汁溶解氧的控制可根据酵母添加量和酵母繁殖情况而定，一般要求混合冷麦汁溶解氧不低于 8mg/L 即可。

③主发酵温度：各厂采用的主发酵温度是不一样的。多数厂采用低温（6 ~ 7℃）接种，前低温（9 ~ 10℃）后升温（12 ~ 13℃）的发酵工艺，主要是为了既

不形成过多的代谢产物，又有利于加速双乙酰的还原。为了加速发酵，缩短酒龄，国际上有提高发酵温度的倾向。

④双乙酰还原：双乙酰还原是啤酒成熟和缩短酒龄的关键。酵母在接近完成主酵时（外观发酵度达60% ~65%），其代谢过程已接近尾声，此时提高发酵温度一段时间，不会影响啤酒正常风味物质的含量，而有利于双乙酰的还原。双乙酰还原温度的确定各厂控制不一，一般控制在10 ~14℃左右，使连二酮浓度降至0.08mg/L以下时，即开始降温。

⑤冷却降温：当双乙酰还原到要求指标时，酒液开始冷却降温。降至5 ~6℃时，保持24 ~48h，减压回收酵母。最后再降温至 -1 ~0℃，贮酒7 ~14d。回收的酵母如可作为下一次发酵用的种子，则需进行处理。回收酵母吸附了较多的苦味物质、单宁、色素等，回收后应通入无菌空气，以排除酵母泥中的CO_2，再以无菌水洗涤数次。回收酵母在低温无菌水中，只能保存2 ~3d。也可在2 ~4℃下低温缓慢发酵，以保存酵母。

⑥罐压控制：发酵开始，采用无压发酵；二氧化碳回收时，采用微压（0.01 ~0.02MPa）；至发酵后期，外观发酵度达70%以上时，封罐，逐渐升压至0.07 ~0.08MPa，减少由于升温所造成的代谢副产物过多的现象，有利于双乙酰的还原，并使二氧化碳逐渐饱和酒内。图5 -5为一例一罐法发酵工艺曲线。

（2）两罐法发酵工艺　两罐法发酵工艺可分为两大类如下所述。

一类是典型的两罐法，当酒液中的双乙酰含量降至0.1mg/L以下，发酵已基本完成，将酒温降至4℃左右，回收酵母后，酒液经过薄板换热器使温度急剧降至0 ~1℃，进入贮酒罐，此时酒液中酵母细胞数应控制在（2 ~3）$\times 10^7$个/mL。由于酒液温度较低，酵母数较少，所以进入贮酒罐后释放的热量很少，因此贮酒罐不需要较大的冷却面积。但应注意的是，此时发酵已经结束，再加上已分离酵母，因此在倒罐时应严格隔绝酒液与空气的接触，防止双乙酰的反弹。贮酒时间一般为8 ~25d。

二类是模拟传统两罐法，在锥形罐发酵至主发酵结束，酒液的真正发酵度达到50% ~55%时，降低酒液的温度至4℃左右，开始从锥形罐的底部回收酵母，这时酒液中的酵母细胞浓度要保持在（10 ~15）$\times 10^6$个/mL。然后将酒液缓慢的倒入贮酒罐中进行。当双乙酰降至规定的范围内后，将罐温迅速降至0 ~1℃进行贮酒。采用此工艺进行发酵后和后熟需要7 ~10d，0℃贮酒一般需要8 ~25d。

【酒文化】

熟啤、生啤、鲜啤、扎啤的区别

（1）熟啤　熟啤酒是指经过巴氏杀菌或瞬时高温灭菌的啤酒，这种啤酒一般不会继续发酵，因此稳定性较好，可长期存放。不过经高温灭菌的啤酒，各种水解酶类失去活性，且色泽、澄清度、口味和营养性方面都发生了变化，甚至失去了啤酒的新鲜口感。

（2）生啤　生啤酒一般不经过巴氏杀菌或瞬时高温灭菌，而采用物理方法除菌来达到一定生物稳定性的啤酒。这类啤酒喝起来比熟啤更加新鲜清爽，不过一般不耐贮藏，应尽快饮用。

（3）鲜啤　鲜啤酒一般不经过巴氏杀菌或瞬时高温灭菌。与生啤不同的是，鲜啤没有经过过滤，因此成品鲜啤允许含有一定量的活酵母菌，这些酵母可以增进食欲，促进胃液分解，加快消化。

（4）扎啤　扎啤是一种鲜啤，但又有别于普通鲜啤。扎啤是一种纯天然、无色素、无防腐剂、不加糖、不加任何香精的优质酒。通常扎啤是直接从生产线上注入全封闭的不锈钢桶中，喝之前只需通过扎啤机注入二氧化碳即可。这种酒避免了与空气的直接接触，因而味道更鲜更纯正。

思考题

填空题

1. 简述传统发酵工艺及特点。
2. 如何检查主发酵阶段的发酵情况？
3. 啤酒后发酵的作用是什么？
4. 锥形罐发酵与传统发酵相比，有何优点？
5. 试以图说明立式圆筒体锥底发酵罐的结构、特点、操作要点及有关注意事项。

学习单元5

啤酒过滤与灌装

知识目标

1. 了解啤酒的化学组成及啤酒稳定性。
2. 了解常用过滤介质、过滤原理。
3. 掌握各种过滤方法的特点及相关设备。
4. 掌握啤酒的包装工艺和灭菌工艺。

技能目标

能够完成啤酒的过滤及灌装灭菌。

啤酒发酵成熟后，在成为商品之前需要进行啤酒的澄清处理，以改善啤酒的外观和稳定性；同时为了便于啤酒运输、销售和消费，需要进行产品包装；为延长啤酒的保存期还要进行除菌处理（如热杀菌或无菌过滤等）。

子学习单元1 啤酒的过滤与分离

一、过滤的目的与要求

发酵结束的成熟啤酒，虽然大部分蛋白质和酵母已经沉淀，但仍有少量物质悬浮与酒中，必须经过澄清处理才能进行包装。

啤酒过滤的目的是：

（1）除去酒中的悬浮物，改善啤酒外观，使啤酒澄清透明，富有光泽。

（2）除去或减少使啤酒出现浑浊沉淀的物质（多酚物质和蛋白质等），提高啤酒的胶体稳定性（非生物稳定性）。

（3）除去酵母或细菌等微生物，提高啤酒的生物稳定性。

啤酒澄清的要求是：产量大、透明度高、酒损小、CO_2损失少、不易污染、不吸氧、不影响啤酒风味等。

二、过滤原理与过滤方法

啤酒过滤澄清原理主要是通过过滤介质的阻挡作用（或截留作用）、深度效应（介质空隙网罗作用）和静电吸附作用等使啤酒中存在的微生物、冷凝固物等大颗粒固形物被分离出来，而使啤酒澄清透亮。常用过滤介质有硅藻土、滤纸板、微孔薄膜和陶瓷芯等。

1. 过滤原理

啤酒中悬浮的固体微粒被分离的原理如下所述。

（1）阻挡作用（或截留作用） 啤酒中比过滤介质空隙大的颗粒，不能通过过滤介质空隙而被截留下来，对于硬性颗粒将附着在过滤介质表面形成粗滤层，而软质颗粒会粘附在过滤介质空隙中甚至使空隙堵塞，降低过滤效能，增大过滤压差。

（2）深度效应（介质空隙网罗作用） 过滤介质中长且曲折的微孔通道对悬浮颗粒产生一种阻挡作用，对于比过滤介质空隙小的微粒，由于过滤介质微孔结构的作用而被截留在介质微孔中。

（3）静电吸附作用 有些比过滤介质空隙小的颗粒以及具有较高表面活性的高分子物质如蛋白质、酒花树脂、色素等，因为自身所带电荷与过滤介质不同，则会通过静电吸附作用而截留在过滤介质中。

2. 过滤方法

啤酒的过滤方法可分为过滤法和离心分离法。过滤法包括棉饼过滤法、硅藻土过滤法（具体可分为板框式硅藻土过滤法、水平叶片式和垂直叶片式硅藻土过滤法、烛式或环式硅藻土过滤法）、板式过滤法（精滤机法）和膜过滤法（微孔薄膜过滤法等错流过滤法）。其中最常用的是硅藻土过滤法。

（1）常用啤酒过滤的组合

①常规式：由硅藻土过滤机和精滤机（板式过滤机）组成，是啤酒生产中最常用的过滤组合方式。有些企业在生产旺季，仅采用硅藻土过滤机进行一次过滤，难以保证过滤效果。

②复合式：由啤酒离心澄清机、硅藻土过滤机和精滤机组成，有的还在硅藻土过滤机与精滤机之间或在清酒罐与灌装机之间加一个袋式过滤机（防止硅藻土或短纤维进入啤酒）。

③无菌过滤式：由啤酒离心澄清机、硅藻土过滤机、带式过滤机、精滤机和微孔膜过滤机组成。主要用于生产纯生啤酒，罐装或桶装生啤酒，以及瓶装生啤酒。

（2）深层过滤　是指对啤酒的过滤按不同颗粒直径的大小采取孔隙由大到小的过滤机逐步进行，避免小颗粒物堵塞过滤通道造成大颗粒物过滤量的减少，同时也能提高过滤效果。除了要配备啤酒离心分离机、硅藻土过滤机外，还要采用多个孔径由大到小的过滤单元组合在一起，孔径在0.5～3μm。通过深层过滤，啤酒的清亮程度得到不断提高，同时产品的浊度水平可按不同的要求确定，甚至可以满足无菌过滤的要求。深层过滤是啤酒过滤的发展方向之一。

3. 啤酒过滤后的变化

啤酒经过过滤介质的截留、深度效应和吸附等作用，使啤酒在过滤时发生有规律的变化：稍清亮→清亮→很清亮→清亮→稍清亮→失光或阻塞。啤酒的有效过滤量是指在保证啤酒达到一定清亮程度（用浊度单位表示）的条件下，单位过滤介质可过滤的啤酒数量。啤酒经过过滤会发生以下变化。

（1）色度降低　一般降低0.5～1.0EBC，降低原因为酒中的一部分色素、多酚类物质等被过滤介质吸附而使色度下降。

（2）苦味质减少　苦味物质减少0.5～1.5BU，造成的原因是由于过滤介质苦味物质的吸附作用。

（3）蛋白质含量下降　用硅藻土过滤后的啤酒蛋白质含量下降4%左右，此外添加硅胶也会吸附部分高分子含氮物质。

（4）二氧化碳含量下降　过滤后 CO_2 含量降低0.02%，主要是由于压力、温度的改变和管路、过滤介质的阻力作用造成的。

（5）含氧量增加和浓度变化　酒的泵送、走水或用压缩空气作清酒罐背压会增加啤酒中氧的含量。同时由于走水、顶水以及并酒过滤等会造成啤酒浓度改变。

三、 过滤机的形式与常用过滤设备的操作

啤酒过滤设备有棉饼过滤机、硅藻土过滤机、微孔薄膜过滤法机和啤酒离心分离机。其中棉饼过滤机是最古老的过滤设备，目前已被淘汰，使用最普遍的是硅藻土过滤机。

1. 助滤剂

助滤剂是为了保证过滤机的正常过滤所需的过滤介质，常用啤酒过滤的助滤剂有硅藻土、珍珠岩、凹凸棒黏土等。

（1）硅藻土　硅藻土是单细胞藻类植物遗骸，一般大小为 1 ~ 100μm。壳体上微孔密集、堆密度小、比表面积大，主要为非晶质二氧化硅。天然硅藻土矿直接焙烧（800 ~ 1100℃）的产品是粉红色，由于其粒度较细，相对流速较低，堆密度较小，相对澄清度较高。加助熔剂焙烧的产物为白色（助熔剂一般为氯化钠、碳酸钠等碱金属化合物，800 ~ 1100℃焙烧），这类硅藻土颗粒较粗，相对流速高，堆密度较大，相对澄清度较低。硅藻土可暂浮于水，密度小，为 100 ~ 250kg/m^3，表面积很大，1 万 ~ 2 万 m^2/kg，能滤除 0.1 ~ 1.0μm 的粒子。有强吸水性，不溶于水、酸类（氢氟酸除外）和稀碱，溶于强碱。

（2）珍珠岩　珍珠岩是一种火山灰中的非晶形矿物盐，经粉碎、筛分、烘干、急剧加热膨胀成多孔玻璃质颗粒后，再进行研磨、净化、分级而成的白色细粉状产品。其主要化学成分是 SiO_2。

珍珠岩的特点是：①过滤速度快，滤液澄清度高；②用量小，0.5 ~ 2kg 珍珠岩/t 啤酒。

（3）凹凸棒黏土　凹凸棒黏土助滤剂是纤维状硅酸铝镁黏土，主要化学成分为：SiO_2 64.8%，Al_2O_3 5.8%，Fe_2O_3 4.08%，pH4.8，水溶性物 0.36%，盐溶性物 1.4%，重金属 41mg/kg，粒度在 2.5μm 左右。

2. 硅藻土过滤机

硅藻土过滤法的优点为：不断更新滤床，过滤速度快，产量大；表面积大，吸附能力强，能过滤 0.1 ~ 1.0μm 以下的微粒；降低酒损 1.4% 左右，改善生产操作条件等。操作的特点是：先进行预涂硅藻土，形成预涂层；在过滤时不断添加硅藻土起到连续更换滤层的作用，保证过滤的快速进行。

预涂和过滤操作：为保证过滤效果，可分 3 次添加硅藻土，其中预涂 2 次，正常过滤时要连续补加硅藻土。

第一次预涂：在 200 ~ 300kPa 的压力下，将脱氧水或清酒与一定数量的粗土混合，采用循环的方式进行预涂，得到第一预涂层，为基础预涂层。第一次预涂用量为 700 ~ 800g/m^2，约占预涂总量的 70% 左右。

第二次预涂：第一次预涂完后，仍用脱氧水或清酒与较细的硅藻土混合预涂

第二层，使开始过滤的啤酒清亮，为起始过滤层。总预涂用土量为 1000g/m^2 左右，预涂层厚度 1.5～3mm，预涂过程需要 10～15min。

连续补加硅藻土：作用是起到连续不断更换滤层，保持滤层的通透性，使啤酒稳定、快速进行过滤。补加硅藻土情况为：2/3 中土，1/3 细土，硅藻土用量为 60～120g/hL 啤酒。

过滤时一般压差每 1h 平均上升 20～30kPa，压力差达 200～500kPa（板框式硅藻土过滤机）或 300～500kPa（加压叶滤机等）。

（1）板框式硅藻土过滤机　过滤系统主要由止推板、压紧板、拉杆、尾架、支座、滤板、滤框、压力表装置、排出阀门、压紧装置等部件组成。板框式硅藻土过滤机是由若干个过滤单元组成，每个过滤单元是由滤板、滤框、滤纸（老式为滤布）组成，滤纸夹于板框之间作为吸附过滤介质——硅藻土的支撑板。过滤前，先涂好预涂层，即先将含有一定数量的硅藻土混合液用泵以一定压力输入机内各过滤单元，并进行流动循环，以产生压差，使硅藻土均匀的吸附于滤纸表面，形成过滤层（预涂层），过滤时，被滤液经泵的压力输入机内，分别流入各过滤单元，通过硅藻过滤层及滤纸截留了被滤液中的固体颗粒，而滤后的清液再由各过滤单元集中于一起，从清液管流出机外，达到净化目的。

过滤操作：启动过滤机输液泵，打开进出水阀，输入冷清水，清洗过滤机，然后进 85～90℃热水，杀菌 20～30min。杀菌后通入冷水顶出热水，使过滤机冷却，同时将过滤机上部四个视镜上的排气孔打开，排尽空气，并进一步压紧。

第一次预涂：根据过滤面积计算硅藻土（粗）用量，按水土比例向搅拌筒加入足够的冷水，然后启动搅拌器加入硅藻土，等混合液搅拌均匀后，启动输液泵，打开进出口阀和大循环法进行大循环，保持机内压力在 0.2MPa 左右，压差 0.05MPa。使硅藻土在机内基本形成预涂层（从视镜中可以判断），接着转换大、小循环阀，小开、大关同步进行，开始小循环。

第二次预涂：利用以上小循环时间，向搅拌筒内加入足够的细土，进行搅拌，等混合液搅拌均匀后，又开始转换大、小循环阀，大开、小关，进入大循环，5～10min 后再转为小循环，至视镜全部出现清液，预涂即为结束，转入过滤。同步打开进酒阀和排水阀，关闭小循环阀，开始过滤，并不断从过滤机出口的取样阀处，抽样检验，直至抽样合格（浊度值 0.4～0.6EBC），即可以打开清酒阀，关闭排水阀，进行正常过滤。开始流量控制在 300L/m^2，逐步调整到 350L/m^2 左右。过滤一开始，马上启动计量泵，根据实际流量，调整好添加量，一般为 1.2～1.5kg/t 啤酒。

过滤时必须注意：始终把握住硅藻土的适量添加，并根据过滤压力的上升快慢作适当调整；滤机出口压力一般应保持基本不变，使进口压力逐步上升；突然停电时，应立即关闭所有阀门，切断所有动力电源。若在较短时间内继续供电，必须先采取小循环一次，待酒液清亮后再转入正常过滤；操作人员要随时掌握过滤机的运行情况，要不断观察压力的变化，不要使操作压力超过最大工作压力。

（2）叶片式硅藻土过滤机　分立式和卧式两种形式，一般常用立式。滤叶就是滤网，形似叶片，故称滤叶。外表层用特殊结构的细滤网精制而成，中间加有支撑网。二者借助框架连接，并附有密封、紧固件等，安装在筒内的出液管上，且加以固定。滤叶的作用是用来支撑和吸附硅藻土，并具有疏液流畅，截留可靠等特性。

预涂层的形成：当预涂液输满滤筒产生一定压力时，进行流动循环，使液中的硅藻土及其固相颗粒被滤网截留而吸附于网面，形成预涂层。预涂配比：粗：细＝1:1，水：土＝（10～15）:1，用量1～1.2kg/m^2。

过滤期间添加硅藻土的目的：是让硅藻土随同被滤液中的悬浮固性物被滤网截留和吸附，形成新滤层，同时不让新滤层的微滤孔被堵塞，以保持良好的过滤性能，延长滤程周期，增加过滤量。一般过滤期间硅藻土的添加量为1.2kg/t（悬浮固形物含量≤0.1%）。

立式叶片式硅藻土过滤机为不锈钢材料，过滤面积有5m^2、12m^2、16m^2、25m^2、30m^2、50m^2，过滤能力为5～8hL/（m^2·h），产品规格有3t/h、6t/h、9t/h、12t/h、18t/h、22t/h、40t/h，浊度0.3～0.4EBC。卧式叶片式硅藻土过滤机每块叶片单面作预涂和过滤用，过滤面积20～100m^2，过滤能力6～10hL/（m^2·h），产品规格有8t/h、10t/h、12t/h、15t/h。

（3）烛式过滤机　烛式过滤机为上柱下锥形的立式压力罐。过滤罐中装有若干根烛形棒，每根烛形棒是有很多不锈钢环叠装（或异型金属丝缠绕在烛形棒上）而成，作为滤层的支承。每根圆环的底面扁平，顶面有6个小扇形凸起，突出高度60μm，圆环叠装在开槽的中心柱上，并且用端盖将位置固定，环的表面平整度好，以保证环面硅藻涂层附着均匀。细长烛形棒长达2m以上，由于过滤集中安装了近700根烛形棒，形成的过滤面积很大，过滤效率很高。过滤能力4.7hL/（m^2·h），过滤面积有10.64m^2、21m^2、31.77m^2、41.96m^{2}等，公称过滤能力有50hL/h、100hL/h、150hL/h、200hL/h等，浊度0.4～0.6EBC。

过滤操作：用脱氧水充满过滤机。预涂分二次进行，预涂流量为7.5hL/（m^2·h）。

第一次预涂：硅藻土与水混合，在烛形棒上预涂10min左右，形成过滤层。用土量为0.58kg粗土/m^2，主要作用是起架桥作用，形成初步滤层，但达不到清酒浊度要求。

第二次预涂：用土量为0.29kg粗土/m^{2}和0.29kg中土/m^2，中土比例不易过高，否则将使滤层的孔径过小，对过滤不利会降低过滤量。

啤酒过滤：用啤酒将水顶出，待过滤的啤酒缓慢通过烛形棒而被过滤，同时通过计量泵向待过滤啤酒中添加硅藻土。添加土液的浓度随过滤的进行不断调整，开始过滤时为1:5（土:水，m:m），之后根据发酵液的清亮程度、清酒浊度、压差上升速度适当调整配比。由于硅藻土的积累，烛形棒上的硅藻土层越来越厚，进口处的压力越来越大，当达到最大允许压力500~600kPa（表压）时，停止过滤。要求当过滤机容土量接近最大量时，过滤压差也达到最大值，此时过滤机的效率最高。

过滤结束时，啤酒被从下部进入的脱氧水顶出。

清洗：以与过滤相反的方向进行清洗，空气通过间歇方式和水混合通入，在烛形棒上产生漩涡而使烛形柱变得干净，最后用高温水进行杀菌。

3. 精滤机-板式过滤机

精滤机是将经过硅藻土过滤后的啤酒，再一次用滤隙更小的过滤层过滤，该过滤机被称为精滤机。精滤机的形式有板式、烛柱式、盘片式等，最常见的为板式过滤机。

板式过滤机类似于板框式过滤机，但只有板没有框，板与板之间用衬有滤纸板；烛柱式的可用烧结陶瓷或高分子聚合物，盘片式的可用高分子聚合物制成过滤圆盘。这类过滤机的滤隙均小于50μm，有的只有5~10μm。经过精滤的啤酒，其浊度可以降低0.2~0.3EBC。精滤机一般与硅藻土过滤机串联使用。

板式过滤机所用纸滤板是用木纤维和棉纤维加入一定量的石棉、硅藻土经压制而成，具有较高的吸附能力和渗透性。其中所用纤维约30~50μm，以使滤板具有足够的强度，并形成骨架结构，利于包埋石棉和硅藻土。添加石棉是为了增加吸附能力，硅藻土是为了提高渗透性。用于精滤的纸板，石棉的比例较大；用于粗滤的纸板硅藻土的比例较大。有的滤纸板中还加有聚乙烯吡咯烷酮（PVPP），以吸附酒中部分多酚类物质（花色苷等），可降低啤酒色度，提高啤酒的非生物稳定性。

板式过滤机的过滤机理是阻挡作用、深度效应和吸附作用三者的结合。使用时既可作精滤或无菌过滤，也可作粗滤，可根据需要选择不同等级的纸板。

一般纸滤板的规格为600mm×600mm，过滤机的两端，每端有240块纸板，其生产能力为160hL/h。过滤机只有在更换滤纸板时才能拆卸，纸滤板的寿命为75~125hL/h。滤酒前，在滤纸板上先预涂一层硅藻土，可延长其使用寿命。

过滤操作：安装好纸滤板后，小心压水经过滤板，驱除空气，通入80~90℃的热水进行杀菌20min（也可使用蒸汽灭菌），再通入无菌脱氧水冷却到与酒同温，即可开始滤酒。过滤过程中阻力会逐步增加，当过滤完后，过滤压差不应超过0.13MPa。并且在过滤过程中要适当施以反压，以防CO_2在板内膨胀，降低板的强度。当滤纸板达到饱和时，停止过滤进行反冲洗涤，经灭菌和冷却后，可再次使用。以上操作反复循环进行。滤酒结束，用50~60℃的水反冲洗，如采用硅藻土预涂，应先开机，除去废土之后再关机清洗，最后将纸板用80~90℃的热水杀菌15~20min，以重复使用。

4. 膜过滤机

膜分离技术的大规模应用是从20世纪60年代的海水淡化工程开始。目前已广泛应用于食品工业等领域。已得到应用的膜技术主要有微滤、超滤、反渗透、电渗析、渗析、气体膜分离和渗透汽化。前四种液体膜分离技术相对比较成熟，称为第一代膜技术，气体分离膜技术称为第二代膜技术，渗透汽化为第三代膜技术。随着我国啤酒产量的迅速增加，排出的废液、废渣也迅猛增加，是一个重要的污染源。我国啤酒厂目前多采用硅藻土为助滤剂。经分析，这些废硅藻土总有机物含量为10%～12%，其中蛋白质含量约6%，pH偏酸，这些废弃硅藻土多数工厂都通过下水道排入江河湖海，对环境造成更大的污染和破坏。而采用膜技术不会产生上述污染，具有良好地发展前景。

隧道式巴氏杀菌和瞬间杀菌是常用的保证啤酒生物稳定性的一种有效办法，但在热处理时会导致啤酒成分的变化，产生杀菌味，引起啤酒出现老化味，使啤酒的风味变差。而采用膜过滤冷处理方式除菌既能降低生产成本，又能避免对产品质量的影响，是啤酒过滤的发展方向。

采用膜过滤时，啤酒不能像直接过滤那样流过薄膜，而是以与膜平行的方向流动，清亮的啤酒流过薄膜，混浊的啤酒继续循环，一般把这种过滤方式称为错流过滤。采用错流过滤的原因是：采用直接过滤膜将很快堵塞，此外高的压差也会造成膜破裂。

5. 啤酒离心分离机

啤酒从发酵罐导出，经泵入离心既顶管，送入高速旋转的叠蝶片转鼓，分成许多细支流，利用较大的离心力，酒液向上流出直到中心顶部出口。固体粒子沿锥形蝶片向下移动，落入转盘壁部的泥浆池，待沉渣达到一定量时，进料口自动关闭，转鼓自动开启排渣，用水压冲洗。然后自动关闭排污阀，酒液离心分离。为防止二氧化碳散失，转鼓采用水环密封。

能有效分离成熟啤酒中的酵母（10×10^6个/mL），去除酵母95%～98%，分离后还有酵母1×10^6个/mL；固形颗粒去除率为60%～66%，分离后还有微粒0.1%左右。

分离后酒液温度上升0.5～1.5℃，可通过冷却器进入贮酒罐，将酒温降至－1～0℃，再送入硅藻土过滤机进行过滤。

四、 清酒罐

啤酒过滤后存放清酒的容器称为清酒罐也称压力罐或缓冲罐。清酒罐是过滤机和灌装机之间的缓冲容器，为了灌装稳定，清酒需要停留6～12h才能灌装，但清酒在清酒罐最多只能存放3d。清酒罐多为不锈钢制的圆柱形直立罐，也有卧式的。清酒罐设有CIP清洗装置，罐体内部要光滑。单个清酒罐的容量应根据配套灌装线的生产能力确定，使清酒罐内的啤酒当日能灌装完，或剩余清酒量不低于2/3的清酒罐容量，避免清酒罐不满的情况下放置过夜而影响成品啤酒质量。

清酒罐总容量应是灌装车间日产量的2.5～3倍以上，主要是要考虑当日滤酒量、清酒稳定时间以及其他影响因素。

清酒罐直径与高度比一般为1∶1.2～1.5，罐的填充系数为90%～95%，采用夹套冷却，啤酒温度保持在0℃左右。由于罐外覆有保温材料，清酒罐可直接放置室外或室内（常温下）。

清酒罐不能用空气背压，要用CO_2背压，以尽量减少氧的溶解。每次空罐时都要用CIP进行清洗。

五、 啤酒的稳定性处理

啤酒稳定性是风味稳定性、非生物稳定性、生物稳定性的总称；非生物稳定性和生物稳定性通常统称为外观稳定性。啤酒稳定性的高低是决定成品啤酒保质期长短的关键，它直接关系到啤酒贮存、运输及货架期的质量变化。随着人们消费水平提高，饮用者对啤酒外观和风味的追求愈来愈高，这就要求啤酒有更高的质量，即啤酒要有更好的稳定性。

1. 生物稳定性

啤酒生物稳定性是指由微生物引起的啤酒感官及理化指标上的变化。

啤酒是由麦芽汁通过啤酒酵母发酵，经过滤后得到的产品，一般过滤后啤酒中仍含有少量的啤酒酵母和其他细菌及野生酵母等，当存在数量在10^2～10^3个/mL以下时，啤酒还是澄清、透明的，若在成品啤酒保存期中，这些微生物繁殖到10^4～10^5个/mL以上，啤酒就会发生口味恶化，出现浑浊和有沉淀物，这称为生物稳定性破坏。啤酒如不经除菌处理称鲜啤酒，其生物稳定性仅能保持7～30d，若经过除菌处理的啤酒，生物稳定性高，保存期长，因此要保证啤酒生物稳定性，就要经过除菌处理。

啤酒除菌的方法，目前允许使用有两种：一是低热杀菌法，二是过滤除菌法，经过低热杀菌的啤酒称“熟啤酒”，经过过滤除菌的啤酒称“纯生啤酒”。两种典型的除菌方法如下所述。

（1）低热杀菌法（巴氏杀菌法）　巴氏热杀菌不同于彻底灭菌，它杀菌仅仅是微生物的营养菌体，它也不要求全部杀死所有微生物，仅要求减少到不至于在产品中重新繁殖起来的程度，经过杀菌的啤酒生物稳定性高。

（2）过滤除菌法　过滤除菌法即采用无菌膜技术，将啤酒中的酵母，细菌等过滤除去，经过无菌灌装得到生物稳定性很高的啤酒，这种啤酒口味清爽、新鲜，很受消费者欢迎，是啤酒未来发展的主要方向之一。

2. 非生物稳定性

啤酒的非生物稳定性是指啤酒在生产、运输、贮存过程中由非生物原因引起的浑浊、沉淀。

经过过滤澄清透明的啤酒并不是“真溶液”，而是胶体溶液，它含有糊精等颗粒直径大于10^{-3}个μm的大分子物质，还有少量酵母等微生物，这些胶体物质在O_2，光线和振动及保存时会发生一系列变化，形成浑浊甚至沉淀。

（1）非生物稳定性引起啤酒浑浊的主要因素　啤酒出现浑浊，经常不是单一因素，而是多种因素的综合反映，这些因素主要是①多酚物质与蛋白质形成复合物，其蛋白质是啤酒浑浊的主要成分；②氧化作用，氧是浑浊的催化物质，它是促使啤酒浑浊的重要因素；③重金属的影响，主要是铜与铁离子。

（2）提高啤酒非生物稳定的措施

①强化蛋白质分解工艺。选用蛋白质溶解好的麦芽；适当增加辅料比例；严格控制蛋白质休止温度和pH；采用低温长时间蛋白质分解工艺（最长不超过80min）。

②减少多酚物质溶出，并有效沉淀麦皮中多酚物质。选择皮壳含量低的大麦；制麦用NaOH碱性浸麦水（pH10.5）浸麦；糖化温度控制在63～67℃，pH控制在5.2～5.4；糖化配料中增加无多酚物质的辅料。

③提高煮沸强度，合理添加酒花。

④啤酒发酵结束后低温贮存。

⑤避免氧对啤酒质量的影响。在啤酒生产过程中，除酵母的繁殖外，其他任何工序氧都会影响啤酒质量。

⑥啤酒贮存、运输、销售过程中，要注意防潮、防阳光、控制温度、避免剧烈振荡等事项。

3. 风味稳定

风味是指香气和口味；啤酒的风味稳定性是指啤酒灌装后，在保质期内风味无显著变化。啤酒的风味成分很复杂，到目前为止，啤酒中已确认存在的化合物有醇、酯、酒花成分等达200种以上。

（1）啤酒风味物质来源

①原料如大麦、酒花等产生的物质。

②在麦芽干燥，麦汁煮沸，啤酒的热杀菌等过程中，热化学反应产生的物质。

③由酵母发酵产生的物质。

④由污染微生物产生的物质。

⑤在产品贮存、运输中，受氧、日光等影响产生的物质。

（2）啤酒风味稳定期　当今的啤酒酿造技术，可使非生物、生物稳定性保持6～12个月，个别可达2年，但风味稳定期还远远达不到如此长。啤酒包装以后，随着时间的延长，一般在1个月左右就能品尝到风味的恶化，最优质的啤酒也只能保持3~4个月。研究认为，这种风味恶化，是由于啤酒风味物质不断氧化引起的，所以称“氧化味”，也称“老化味”。啤酒从包装至品尝能保持新鲜、完美、纯正、柔和风味，而没有因氧化而出现的老化味称“风味稳定期”。

（3）防止啤酒氧化的措施

①糖化过程减少氧的摄入。采用密封式糖化设备；醪液搅拌时低速进行；麦芽汁过滤密闭进行，并尽量缩短过滤时间；麦芽汁从底部进入回旋沉淀槽。

②进行低温发酵。

③实施二氧化碳备压。

④降低瓶颈空气含量。

⑤使用抗氧化剂。

【酒文化】

酒杯的样式

谈到喝啤酒时使用的酒杯，你大概会想到酒壶或平底无脚的酒杯，其实不然，比如比利时人除了喝白色爱尔啤酒之外。1 所有的啤酒，使用的都是葡萄酒的高脚无柄 l 酒杯（goblet）o 啤酒杯的使用习惯，果然是因地制宜的。

不同的啤酒，酒杯的形状也不同，图 4 – 25 所示为常见啤酒杯型。

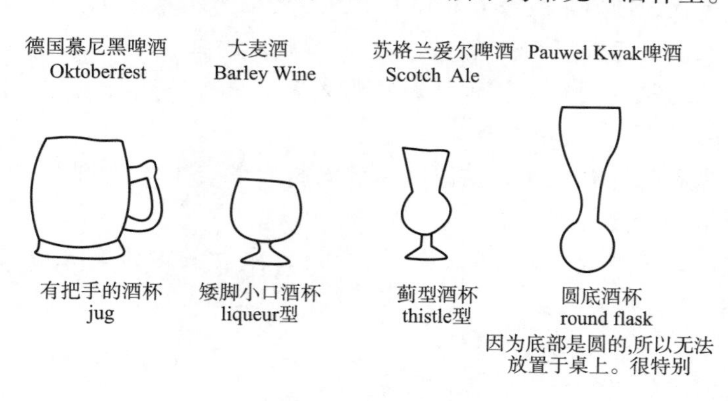

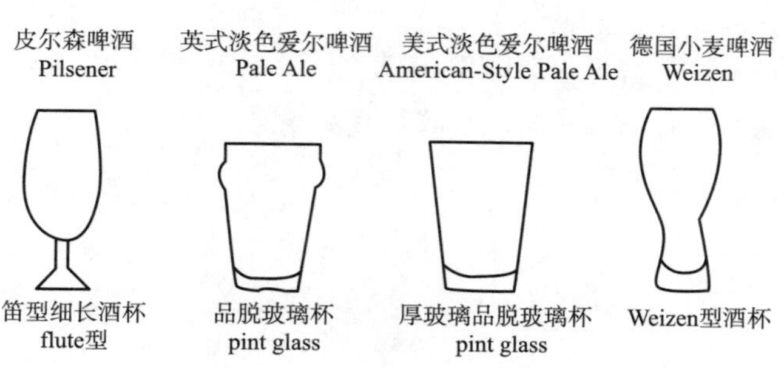

图 4 – 25　国际常见啤酒杯型

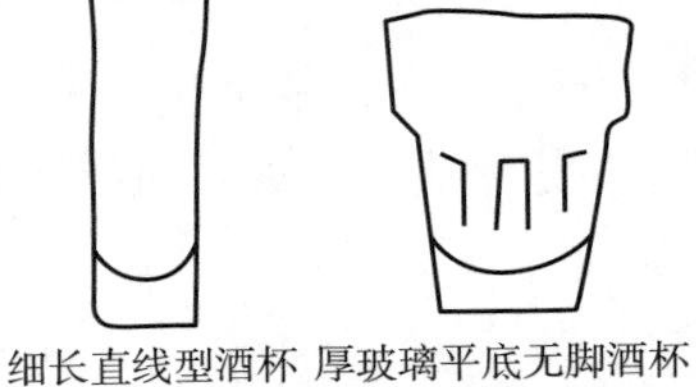

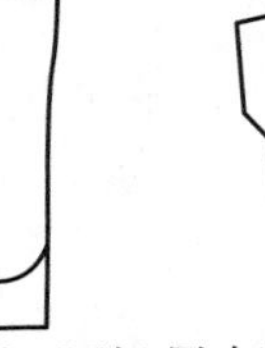

图 4－25　国际常见啤酒杯型（续）

思考题

一、填空题

1. 过滤时，硅藻土过滤混合液控制一定量加入待滤酒液中，是采用（　）均匀添加。
2. 纸板过滤机的过滤纸板依其孔径大小，一般分为粗滤板（　）、无菌滤板。
3. 啤酒的无菌过滤常用孔径为（　）μm 薄膜过滤机。
4. 硅藻土过滤机类型很多，根据滤板形式可分成如下几种：（　）、（　）、（　）。
5. 为降低啤酒溶解氧，开始过滤时，过滤机和管道系统必须用（　）充满，清酒罐用（　）背压。
6. 过滤时，出现酒液浑浊，应（　）硅藻土添加量，酒液澄清度好时，可（　）硅藻土添加量。

二、简答题

1. 啤酒过滤过程中的控制要点有哪些？
2. 啤酒过滤的目的和基本要求。
3. 无菌过滤的操作及灭菌方法。
4. 试述啤酒生物稳定性和非生物稳定性处理的手段。

子学习单元2 啤酒灌装

一、灌装的基本原则

啤酒包装时啤酒生产过程中比较繁琐的过程，是啤酒生产最后一个环节，包装质量的好坏对成品啤酒的质量和产品销售有较大影响。过滤好的啤酒从清酒罐分别装入瓶、罐或桶中，经过压盖、生物稳定处理、贴标、装箱成为成品啤酒或直接作为成品啤酒出售。一般把经过巴氏灭菌处理的啤酒称为熟啤酒，把未经巴氏灭菌的啤酒称为鲜啤酒。若不经过巴氏灭菌，但经过无菌过滤、无菌灌装等处理的啤酒则称为纯生啤酒（或生啤酒）。

1. 啤酒包装过程中必须遵守的几项基本原则

（1）包装过程中必须尽可能减少接触氧，啤酒吸入极少量的氧也会对啤酒质量带来很大影响，包装过程中吸氧量不要超过0.02~0.04mg/L。

（2）尽量减少酒中二氧化碳的损失，以保证啤酒较好的杀口力和泡沫性能。

（3）严格无菌操作，防止啤酒污染，确保啤酒符合卫生要求。

2. 对包装容器的质量要求

（1）能承受一定的压力。包装熟啤酒的容器应承受1.76MPa以上的压力，包装生啤酒的容器应承受0.294MPa以上的压力。

（2）便于密封。

（3）能耐一定的酸度，不能含有与啤酒发生反应的碱性物质。

（4）一般具有较强的遮光性，避免光对啤酒质量的影响。一般选择绿色、棕色玻璃瓶或塑料容器，或采用金属容器。若采用四氢异构化酒花浸膏代替全酒花或颗粒酒花，也可使用无色玻璃瓶包装。

二、啤酒灌装的形式与方法

啤酒灌装的形式有瓶装（玻璃、聚酯塑料）、罐（听）装、桶装等，其中国内瓶装熟啤酒所占比例最大，近年来瓶装纯生啤酒的生产量逐步增大，旺季桶装啤酒的销售形势也比较乐观。

啤酒灌装的方法分加压灌装法、抽真空充CO_2灌装法、二次抽真空灌装、CO_2抗压灌装法、热灌装法、无菌灌装法等。最常用的是一次或二次抽真空、充CO_2的灌装法，预抽真空充CO_2的灌装方法可以减少溶解氧的含量，对产品的质量影响较小。此外，由于纯生啤酒的兴起，无菌灌装受到重视。

三、 瓶装灌装系统的工艺要求及注意事项

1. 空瓶的洗涤

新旧瓶都必须洗涤，回收的旧瓶必须经过挑选，剔除油污瓶、缺口瓶、裂纹瓶等。新瓶只经75℃（±3℃）的高温高压热水冲洗或用1%碱液喷洗，除去油烟；回收瓶有不同程度的污染，应掌握好洗涤剂配方，加强清洗杀菌，常用洗涤剂配方如表5-2-1所示。洗涤剂要求无毒性。

（1）洗瓶工艺要求　总的要求为瓶内外无残存物，瓶内无菌，瓶内滴出的残水不得呈碱性反应。

①洗瓶机各槽中的碱水浓度及温度应严格按照工艺参数要求控制。

②喷嘴必须保持通畅，不要出现堵塞现象。高压喷洗的温度要求为：热碱水喷洗70℃，热水喷洗50℃，温水喷洗25~35℃，清水喷洗15~20℃。喷洗压力0.2MPa，淋洗压力≥0.15MPa。

③无菌压缩空气空气压力为0.4~0.6MPa，以吹出瓶内积水，再进行短时间控水。

④洗瓶期间喷洗后的碱液可以循环使用。

⑤洗净的瓶必须内外洁净，倒置2min不能超过3滴水，不能有残碱存在（0.5%酚酞不呈红色颜色反应）。

（2）洗瓶机类型

①按结构分：单端式：进出瓶均在机体的同一端；双端式：进瓶和出瓶分别在机体前后两端。

②按运行方式分：间歇式和连续式。

③按洗瓶方式分：喷冲式：使用一定温度的洗涤液对旧瓶进行浸泡、喷冲；刷洗式：用毛刷洗刷，已被淘汰。

④按瓶盒材质分：全塑型、半塑型和全铁型。

（3）洗瓶机主要结构

①机身：机身有长方形的外壳，通过不同隔板构成5~9个槽。机身内装有两个以上加热器，保证各浸泡槽及喷淋水不同温度的需要。管路系统有蒸汽管、冷水管、洗液管和若干台水泵组成，浸泡槽内碱液和温水的循环、喷管对瓶子的喷冲依靠泵的运行而实现。

②主传动系统：由电磁无级调速电机和变速箱驱动主传动轴，通过链条及万向联轴节同时驱动链盒装置、喷淋架、进瓶系统、出瓶系统等。主传动轴上装有过载保护安全装置，进出机构有故障自动停机的离合器和自动回程机构。

③进瓶系统：不同的机型进瓶方式不同。常见有：托瓶梁式、旋转式进瓶器、连杆机构指状进瓶器。在瓶子被推进瓶盒的同时，瓶子能和瓶盒同步向下运动，

保证有足够时间把瓶子整个推到瓶盒内。

④出瓶系统：常见有自由跌落式、旋转式接瓶器和往复式降瓶器。

⑤除标装置：除商标纸装置由一条环形钢带、链轮、链条和鼓风机等组成。碱液浸泡时所脱落的瓶标尽可能排除，以免瓶标纸张纤维堵塞喷嘴影响清洗效果。

⑥喷淋系统：喷淋系统由喷淋架驱动装置和喷管组成。喷淋架沿链盒进行方向做往复运动，其中2/3时间随链盒同行并进行喷淋，另1/3时间为回程。

⑦配套有电控仪表柜、操作箱等装置。

（4）主要工艺条件　洗瓶温度：20℃ → 50℃ → 70℃ → 50℃ → 30℃ → 15℃；洗瓶压力：喷洗压力0.25MPa，淋洗压力0.15MPa；无菌空气压力0.4～0.6MPa。

应根据气温不同调节浸瓶温，浸瓶的升降温度应平稳，液温与瓶温的温差不要超过35℃，防止瓶爆裂。碱性洗涤液的浸泡温度应控制在65～70℃，不要低于55℃，碱水喷洗的温度不超过75～85℃。每隔2h左右测碱液浓度1次，使洗涤液浓度保持稳定。

（5）空瓶检验　验瓶方法有光学检验仪和人工两种验瓶方式。

①光学检验仪方式：分瓶底检验技术和全瓶检验技术。全瓶检验包括一个或多个瓶底检验站，对碱液或残液两次检查，对瓶壁检查一次，瓶口主要是对密封面检查。采用光学检验装置自动把污瓶和破损瓶由传送带推出，还可以连一个辨认和剔除异样瓶的装置。

②人工验瓶方式：利用灯光照射，人工检验瓶口、瓶身和瓶底，一旦发现瓶子不符合要求，立即剔除，另行处理。检验员必须定时轮换，瓶子输送速度一般为80～100个/min，灌装速度快时可以采用双轨验瓶。

空瓶检验工艺要求瓶子内外洁净，无污垢、杂物和旧商标纸残留；瓶子不得有裂纹、崩口等现象；瓶子高低应一致。

（6）洗瓶机的维护保养

①要经常注意观察各部位动作是否同步，有无异常响声，各处紧固件是否松脱，液温和液位是否符合要求，水压、汽压是否正常，喷嘴及滤网有否堵塞及清洗，轴承温度是否正常，润滑是否良好。一旦发现不正常情况，应及时处理。

②按洗瓶机使用要求维护保养：对套筒滚子链、进瓶系统、出瓶系统、回程装置的轴承，每班加一次润滑脂；链盒驱动轴、万向联轴节等其他轴承每两班加一次润滑脂；各变速箱每季检查一次润滑情况，需要时应更换润滑油。

每次更换洗液、排放废水时，对机内要进行全面冲洗，去除污垢及碎玻璃，清刷疏通过滤筒。

每月刷洗喷管，疏通喷嘴，及时调整喷管对中情况。

每季应对加热器用高压水喷洗一次，对蒸汽管路上污物过滤器和液位探测器清洗一次。

每半年检查各种链条张紧器，需要时加以调整。

2. 装酒

装酒时必须做到严格无菌，尽量减少酒损失，防止二氧化碳损失，避免酒液与空气接触而氧化。灌装阀要洁净、具有良好的密封性，防止酒液产生涡流和涌酒现象。灌装机结构主要由机座、驱动装置、清酒暂贮槽、升降装置和灌装机构等组成。瓶装灌装机一般采用回转式结构，最多可装有200个灌装阀。空瓶由传送带送入灌装机，通过分瓶装置将瓶按一定间隔分开，并经输入星轮转到可升降的托盘上，最后在灌装机下方定位装酒，灌装后经托盘降下被送出机器。

（1）啤酒灌装机的使用性能

①灌装机每1h灌装啤酒的数量称为公称生产能力。一般灌装机标准系列有每台每小时24000瓶、36000瓶、48000瓶和60000瓶，国外可达150000瓶。每1h 60000瓶的灌装机其注酒阀数可达140～150个。

②装酒液位精度合格率：国内液位差≤12mm，2～3万瓶/h精度合格率为93%；国外液位差±3mm，精度合格率为80%；液位差±5mm，精度合格率为98%。

③灌装损失率≤0.8%。

④灌装CO_2损失率≤1.0g/L。增氧量0.02mg/L，必须保证瓶颈空气体积在2mL/瓶以下，要求控制在0.5～1mL/瓶。

⑤破瓶率应≤0.7%。

（2）主要工艺要求

①啤酒应在等压条件下灌装，酒温要低，一般-1～2℃下。尽量避免啤酒CO_2的散失和酒液溢流。

②酒阀密封性能要好，酒管畅通。瓶托风压要足，保持在0.25～0.32MPa，长管阀的酒管口距瓶底1.5～3.0cm。

③灌装后用0.2～0.4MPa的清酒或CO_2激泡，使瓶颈空气排出。

④装酒容量为640mL±10mL，355±5mL，保持液面高度一致，并保留4%～5%的运动空间。

⑤灌装过程中不能将灌不满的瓶酒用人工充满，严禁手接近瓶口。

此外要求，CO_2质量分数控制在0.45%～0.55%；溶解氧含量小于0.3mg/L；其他指标符合GB4927标准的要求。灌装机贮酒缸要用CO_2或氮气背压，压力控制在0.06～0.08MPa；采用两次抽真空充CO_2等压灌装；采用滴水引沫等措施排除瓶颈空气。要注意环境卫生和无菌操作。

过滤完的啤酒应在低温、背压0.06～0.08MPa，然后静置14～18h后再灌装。灌装必须在恒温、恒压、恒速下进行，尽量减少酒液中CO_2的损失。灌装时造成的次酒要经过除氧、除菌、富集CO_2后才能回收。

（3）装酒操作

①装酒前要首先对装酒机进行清洗和杀菌。如停机24h以上，应用60～65℃、2%的碱水清洗20～30min，然后用无菌砂滤水冲洗干净。同时，对贮酒缸（或槽）要预先用二氧化碳背压，然后缓慢平稳地将啤酒由清酒罐送至装酒机的酒缸内，保持缸内2/3高度的啤酒液位。

②装酒过程中要控制酒缸内液位、压力和装酒速度保持平稳运转。

③装酒后，可采用机械敲击、超声波起沫或利用高压喷射装置，通过向瓶内喷射少量的啤酒、无菌水或二氧化碳，引泡激沫而将瓶颈空气排除，然后压盖。

④装瓶故障及排除方法

a. 瓶内液面过高：原因是酒阀密封橡胶圈失效，卸压阀、真空阀泄漏，回气管太短或弯曲。

b. 瓶子灌不满：原因是气阀门打开调节不当，托瓶气压不足，瓶门破损，气阀、酒阀开度太小。

c. 灌装喷涌：原因是酒温过高、二氧化碳含量过高、背压与酒压不稳定、瓶托风压过大等。另外，酒阀漏气，酒阀气阀未关闭，卸压时间短或卸压凸轮磨损以及瓶子不干净。

d. 灌酒时不下酒：原因是等压弹簧失灵，回气管堵塞，酒阀粘黏。

3. 压盖

灌装好的啤酒应尽快压盖（压盖时瓶颈部分不能有空气）。玻璃瓶装啤酒一般用皇冠盖封瓶，皇冠盖具有21个尖角，这些尖角在压盖时经挤压靠拢而使瓶密封。瓶内盖中的PVC塑料膜起到密封垫作用。压盖机与灌装机都采用联体安装，并由同一驱动装置驱动以保证同步运行。压盖机也是回转式机器，由于压盖机元件比灌装机少的多，压盖的速度比灌装速度快。

（1）工艺要求

①瓶盖与啤酒瓶的尺寸必须符合要求，瓶盖四周不能有毛刺。瓶盖要通过无菌空气除尘处理。

②瓶盖落盖槽底部的水平面要比压盖头入口处高0.5mm，以利于入盖。

③应根据瓶盖性质调节弹簧压力大小，使其均匀一致。

④压盖后，盖应严密端正，不能有单边隆起现象。封盖后瓶盖不能通过ϕ28.6mm圆孔，可以通过ϕ29.1mm的圆孔。太紧会使瓶口破裂，太松则会在杀菌过程中因马口铁受内压和回弹力作用导致漏气。

（2）压盖操作

①测量好每个压盖元件间的行程控制间隔，通过适当调节，获得最佳的压盖效果。

②根据瓶盖性质，调节压盖模行程和弹簧压力大小。如瓶盖马口铁厚、瓶垫厚，压力则要大。

③控制瓶盖压盖后外径在28.6mm～29.1mm，如用瓶盖密封检测仪来检验瓶盖的耐压强度，双针式压力表可自动显示和记录瓶盖失效瞬时的最大压力(0.85MPa)。

4. 杀菌

为保证较长的啤酒保存期，常采用巴氏杀菌的方法进行灭菌以保证高的生物稳定性。

（1）热杀菌方式　热杀菌方式可分为装瓶前杀菌和装瓶后杀菌两种。装瓶前杀菌又称瞬间杀菌，常采用薄板热交换器进行。装瓶后杀菌是国内外绝大多数啤酒生产企业所采用的杀菌方式，采用的设备大都是隧道式喷淋杀菌机和步移式巴式杀菌机。

1860年法国科学家巴斯德（Pasteur）通过实验证明应用低温杀菌（经过60℃加热并维持一定时间）可以将微生物细胞杀死，后人把这种杀菌方法称为巴氏杀菌法。把60℃经过1min所引起的杀菌效果称为1个巴式杀菌单位，用Pu表示。根据Pu值表达式 $Pu = T \times 1.393$ $(t - 60)$ [式中 T 为时间（min），t 为温度（℃），可以计算出相应的Pu值。啤酒要达到有效的杀菌效果，实验室的Pu值为5～6，生产上一般控制Pu值为15～30。

近来也有采用啤酒瞬时巴氏杀菌以及超高温瞬时杀菌法（UHT，杀菌温度在115～137℃）的，可以延长桶装啤酒的保存期。

（2）杀菌操作　装瓶后啤酒的杀菌是待杀菌啤酒从杀菌机一端进入，在移动过程中瓶内温度逐步上升，达到62℃左右（最高杀菌温度）后，保持一定时间，然后瓶内温度又随着瓶的移动逐步下降至接近常温，从出口端进入相邻的贴标机贴标。整个杀菌过程需要1h左右。装瓶前啤酒的杀菌是首先泵送冷啤酒进入预热区进行预热，然后再进入加热区（升温区）与热水或蒸汽对流进行热交换，升温至71～79℃，维持15～60s（保温区）进行瞬时杀菌，之后与刚进入到热交换器的冷啤酒进行热交换，降温后再与制冷剂对流进行热交换，使温度降至灌酒要求的温度。

（3）主要工艺条件　装瓶后啤酒的杀菌温度变化为（瓶内）：15℃ → 30℃ → 45℃ → 62℃ → 54℃ → 45℃ → 35℃。喷淋水压0.2～0.3MPa。升温时水温与酒温差不能超过30℃，降温时不能低于酒温22℃，以降低瓶损和酒损。喷淋水中可适当添加适量的吸附剂、螯合剂和碱液，以保持其弱碱环境。装瓶前啤酒的杀菌工艺条件同其操作过程所述，通常控制在72～73℃，维持30s；也有采用68～72℃，保持50s。整个过程持续2min，几乎不损害啤酒质量。

（4）杀菌工艺要求

①杀菌后的啤酒不能发生酵母浑浊，熟啤酒的色香味与原酒不能有显著差别，不能有明显的微小颗粒或瓶颈黑色圈。

②在杀菌温度65℃以下、CO_2质量分数0.4%～0.5%的条件下，瓶装啤酒的瓶

颈部分体积应为瓶总容积的3%。杀菌温度在65℃以上时，瓶装啤酒的瓶颈部分体积应为瓶总容积的4%，以免造成杀菌时瓶内压力过高而造成爆瓶。

③喷淋水分布要均匀，主杀菌区杀菌温度为61~62℃，杀菌效果为15~30Pu。

（5）操作要点

①严格控制各区温度和时间。各区温差不得超过35℃，瓶子升（降）温速度控制在2~3℃/min为宜，以防温度骤升骤降引起瓶子破裂。

②经常观察各区的温度，控制温度变化在±1℃为宜，每班要测Pu值1~2次。

③每天下班要清洗机体和各喷管，保持喷嘴畅通，喷淋水压0.2~0.3MPa

④为了防止由于啤酒爆瓶所产生喷淋水偏酸而腐蚀设备，可用1%~2%的NaOH调节喷淋水的PH为7.6~8，必要时可加5~10mg/L的磷酸三钠，以防喷嘴阻塞以及瓶子干燥后覆盖一层盐。

5. 贴标

啤酒的商标直接影响到啤酒的外观质量，工艺要求使用的商标必须与产品一致，生产日期必须表示清楚。商标应整齐美观，不能歪斜，不脱落，无缺陷。黏合剂要求呈pH中性，初黏性好，瞬间黏度适宜，啤酒存放时不能掉标，遇水受潮不能脱标、发霉、变质，不能含有害物质及散发有害气体。贴标机有直通式真空转鼓贴标机和回转式贴标机等类型。贴标后经人工或机械包装（热收缩膜包装、塑料箱或纸箱包装），即可销售。

贴标机贴标过程包括：上胶、取标、夹标、贴标、转位刷标5个机械动作和瓶子定位、进瓶、压瓶、标盒前移、压标、出瓶6个辅助动作。

四、罐装啤酒系统的工艺要求及注意事项

1. 送罐

工艺要求：罐体不合格者必须清除；空罐要经紫外线灭菌，装酒前将空罐倒立，以0.35~0.4MPa的水喷洗，洗净后倒立排水，再以压缩空气吹干。

2. 罐装封口

工艺要求：灌装机缸顶温应在4℃以下，采用二氧化碳或压缩空气背压；酒阀不漏气，酒管畅通；灌装啤酒应清亮透明，酒液高度一致，酒容量355mL±8mL；封口后，易拉罐不变形，不允许泄漏，保持产品正常外观。装罐原理与玻璃瓶相同，采用等压装酒，应尽量减少泡沫的产生。

3. 杀菌

工艺要求：装罐封口后，罐倒置进入巴氏杀菌机。喷淋水要充足，保证达到灭菌效果所需15~30Pu；不得出现胖罐和罐底发黑。由于罐的热传导较玻璃好，杀菌所需的时间较短，杀菌温度一般为62~61℃，时间10min以上。杀菌后，经鼓风机吹除罐底及罐身的残水。

4. 液位检查

采用 γ－射线（放射源：镅 241）液位检测仪检测液位，当液位低于 347mL 时，接收机收集信息经计算机处理后，传到拒收系统，被橡胶棒弹出而剔除。

5. 打印日期

自动喷墨机在易拉罐底部喷上生产日期或批号。打印后，罐装啤酒倒正然后装箱。

6. 装箱及收缩包装

装箱用包装机或手工进行，将 24 个易拉罐正置于纸箱中；也可采用加热收缩薄膜密封捆装机，压缩空气工作压力为 0.6MPa，热收缩薄膜加热 140℃左右，捆装热收缩后，薄膜覆盖整洁，封口牢固。

五、 桶装啤酒系统的工艺要求

啤酒包装源于桶装，由于包装简便、成本低、口味新鲜，近年来受到企业的重视。桶装啤酒目前包装容器一般采用不锈钢桶或不锈钢内胆、带保温层的保鲜桶，桶的规格有 50L、30L、20L、10L、5L 等。包装前，啤酒一般要经瞬间杀菌处理或经无菌过滤处理。采用无菌过滤、无菌包装的纯生啤酒日益受到消费者的欢迎，纯生啤酒的市场份额逐步增加，发展形势十分乐观。

桶装生产线由桶清洗灌装机、供给装置、进出口输送机、瞬间巴氏杀菌机、CIP 系统、称重器、翻转机等组成。

1. 桶的清洗

桶外洗机是对啤酒桶的外部进行清洗。常用形式有热水多喷嘴喷洗设备和带有刷子的旋转高压喷淋设备。清洗步骤分为：预注入水、碱水清洗、热水洗、冷水洗和蒸汽杀菌。啤酒桶清洗后，30L 桶内残水低于 20mL，残水 pH7，无菌。

2. 桶的灌装

缓冲罐内啤酒浊度 <0.5EBC，1～4℃，0.25～0.3MPa，二氧化碳≤0.55%。桶装过程中用 0.3MPa 二氧化碳背压，输送啤酒时尽量避免与氧接触。用纯度 99.95% 的二氧化碳填充，桶内压力 0.1～0.2MPa，将啤酒装满，装酒量 30L + 0.3L 或 30L － 0.7L，合格率 90%。啤酒口味新鲜，含氧量 0.05mg/L。若用 0.2MPa 压缩空气背压，装酒后含氧量 0.20～0.40mg/L。

六、 灌装注意事项

1. 要保证洁净

（1）包装容器的洁净　所使用的包装容器必须经过清洗和严格检查，不能使包装后的啤酒污染。

（2）灌装设备的洁净　对灌装设备尤其是灌装机的酒阀、酒槽要进行刷洗和灭菌，灌酒结束后每班应走水，加入消毒液杀菌，每周要对酒阀、酒槽、酒管进行刷洗和灭菌，凡与啤酒接触的部分都不能有积垢、酒石和杂菌，灌酒设备最好与其他设备隔绝，灌装机的润滑部分与灌酒部分应防止交叉污染，输送带的润滑要用专用的肥皂水或润滑油。

（3）管道的洁净　一切管道尤其是与啤酒直接或间接接触的管道，都要保持洁净，每天要走水，每周要刷洗，每次要灭菌。

（4）压缩空气或CO_2的洁净　用于加压的压缩空气或CO_2都要进行净化，对无油空压机送出的压缩空气要进行脱臭、干燥或气水分离，要经常清理空气过滤器，及时更换脱臭过滤介质，排除气水分离器中的积水。对CO_2要经过净化、干燥处理，保证CO_2纯度达99.5%以上。

（5）环境的洁净　保持灌酒间环境的清洁卫生，每班进行清洁、灭菌。

2. 防止氧的进入

啤酒灌装过程中氧的进入对啤酒质量的危害很大，减少氧的进入和降低氧化作用具有重要意义。

（1）适当降低灌装压力或适当提高灌装温度，减少氧的溶解。要求采用净化的CO_2作抗压气源，或用抽真空充CO_2的方法进行灌装。

（2）加强对瓶颈空气的排除。啤酒灌装后，压盖之前采用对瓶敲击、喷射高压水或CO_2、滴入啤酒或超声波振荡等，使瓶内啤酒释放出CO_2形成细密的泡沫向上涌出瓶口，以排除瓶颈空气。该操作称为激沫或窜沫。

（3）灌装机尽可能靠近清酒罐，以降低酒输送中的空气压力，或采用泵送的办法，减少氧的溶解。

（4）灌装前要用水充满管道和灌装机酒槽，排除其中的空气，再以酒顶水，减少酒与空气的接触。

（5）清酒中添加抗氧化剂如维生素C（或其钠盐）、亚硫酸氢盐等。

3. 低温灌装

低温灌装是啤酒灌装的基本要求。啤酒温度低时CO_2不易散失，泡沫产生量少，利于啤酒的灌装。

（1）啤酒灌装温度在2℃左右，不要超过4℃，温度高应降温后再灌装。

（2）每次灌装前（尤其在气温高时），应使用1～2℃的水将输酒管道和灌装机酒槽温度降下来。

4. 灭菌

瓶装熟啤酒的灭菌是保证啤酒生物稳定性的手段，必须控制好灭菌温度和灭菌时间，保证灭菌效果。同时，要避免灭菌温度过高或灭菌时间过长，以减少啤酒的氧化。灭菌后的啤酒要尽快冷却到一定温度以下（要求35℃以下）。

【酒文化】

啤酒的典型性

一、色泽

啤酒的色泽按颜色分为淡色、浓色和黑色三种。淡色啤酒的色泽主要取决于原料麦芽和酿造工艺；浓色啤酒的色泽来源于麦芽，另外也需要添加部分着色麦芽或糖色；黑啤酒的色泽则主要依靠焦香麦芽、黑麦芽或糖色所形成。

淡色啤酒又称浅色啤酒，颜色为淡黄色、金黄色或琥珀色，若色泽呈黄棕色或黄褐色则说明啤酒质量差；浓色啤酒呈红棕色或红褐色；黑色啤酒呈红褐色至黑色，实际上是蓝黑色。

良好的啤酒色泽，不管深浅，均应光洁醒目。发暗的色泽，主要是原料不好或操作不当所致。至于光洁醒目，除去色泽本身的因素外，还要依靠啤酒透明度的配合，如果啤酒发生浑浊现象，其色泽的特点呈现不出来。

二、透明度

成品啤酒外观应清亮透明（含酵母啤酒除外），有光泽，不应该有浑浊甚至沉淀。理化分析是以浑浊度来检验的。

三、泡沫

泡沫是啤酒的典型性之一，是一项重要的质量指标，啤酒区别于其他饮料的最大特征是倒入杯中具有长久不消的、洁白细腻的泡沫。啤酒泡沫的好坏应从几个方面观察，即起泡性、泡沫形态、泡沫颜色、附着力和泡持性。

1. 起泡性

起泡性是指按照规定要求将啤酒倒入洁净杯中时，形成泡沫的能力和高度。起泡正常的啤酒，泡沫应是酒的1～2倍，通常在60～70mm以上。

2. 泡沫形态

要细腻，粗泡沫消失得快。

3. 泡沫颜色

要洁白，表面也可微带黄色。

4. 附着力

附着力通称啤酒挂杯情况，指泡沫附着于杯壁的能力。优良的啤酒，饮用完毕后，空酒杯的内壁应均匀布满残留的泡沫。残留越多，说明啤酒泡沫的附着力越好。

5. 泡持性

泡持性是指啤酒注入杯中，自泡沫形成到泡沫崩溃所能持续的时间。良好的泡沫，往往在饮用完后仍未消失。优质啤酒的泡持性大多控制在300s以上，国家规定在180s以上。

四、CO_2含量

啤酒中含有饱和溶解的二氧化碳，这些二氧化碳是在发酵的过程中产生的，或是通过人工充二氧化碳于酒中的。CO_2含量直接影响泡沫，足够的含量利于起泡，饮后有一种舒适的刺激感，习惯上称为“杀口”；啤酒中若缺乏CO_2，那就不能称之为啤酒，而是一杯乏味的苦水。现在，一般成品啤酒的CO_2质量分数为0.40%～0.65%。

五、风味与酒体

淡色啤酒应突出明显的酒花香味和细腻的酒花苦味。此种苦味，苦而不重。凡苦味粗重，长时间存喉间而不消失者，是不受欢迎的。淡色啤酒的酒体喝起来应爽而不淡，柔和适口。浓色啤酒和黑色啤酒一般苦味较轻，应具有突出的麦芽香味。浓色啤酒的酒体较醇厚，但应无黏甜的感觉，也不应空乏淡薄。

六、饮用温度

啤酒的饮用温度很有讲究，在适宜的温度下饮用，很多成分的作用可以互相协调平衡，给人一种舒适的感觉。啤酒适宜在较低的温度下饮用，在10～12℃左右比较合适。淡色啤酒适宜于温度低些饮用，浓色啤酒和黑啤酒适合于稍高些温度饮用。太高的饮用温度易使酒内二氧化碳不足，缺乏应有的杀口力，酒味就会显得苦重而平淡，一些细微的酒味缺点也容易暴露出来。当然，过低的饮用温度也是不适宜的，会使人们的感觉麻木，一些挥发性香味成分的作用也不容易显示出来。

思考题

一、填空题

1. 现代啤酒灌装机主要采用（　）灌装，酒液紊流进入啤酒瓶。
2. 给产品标注生产日期、班次的方法有锯口中、盖印戳、压刻、打孔、（　），目前啤酒厂多采用后一种。
3. 商标应贴得整齐美观，贴标签的要求是：

   双标：上下标的中心线和啤酒瓶中线对中度偏差小于（　）mm。

   单标：标签的中线和啤酒瓶中线对中度偏差小于（　）mm。

二、简答题

1. 啤酒包装过程的要求是什么？我国对啤酒瓶的理化性能有何要求？
2. 影响空瓶清洗效果的因素有哪些？
3. 单端式洗瓶机和双端式洗瓶机的区别是什么？
4. 桶装啤酒的灌装有哪些注意事项？

参考文献

[1]沈怡方主编. 白酒生产技术[M]. 北京:中国轻工业出版社,1999.
[2]肖冬光主编. 白酒生产技术[M]. 北京:化学工业出版社,2005.
[3]胡文浪编著. 黄酒工艺学[M]. 北京:中国轻工业出版社,2000.
[4]李艳主编. 新版配制酒方[M]. 北京:中国轻工业出版社,2002.
[5]康明官编著. 黄酒和清酒生产问答[M]. 北京:中国轻工业出版社,2003.
[6]刘心恕主编. 农产品加工工艺学[M]. 北京:中国农业出版社,2000.
[7]傅金泉编著. 黄酒生产技术[M]. 北京:化学工业出版社,2005.
[8]桂祖发主编. 酒类制造[M]. 北京:化学工业出版社,2001.
[9]顾国贤主编. 酿造酒工艺学[M]. 第2版. 北京:中国轻工业出版社,2005.
[10]管敦仪主编. 啤酒工业手册. 北京:中国轻工业出版社,2007.
[11]周广田主编. 啤酒生物化学. 北京:化学工业出版社,2008.
[12]逯家富主编. 啤酒生产技术. 北京:科学出版社,2004.
[13]黄亚东主编. 生物工程设备及操作技术. 北京:中国轻工业出版社,2008.
[14]顾国贤主编. 酿造酒工艺学. 北京:中国轻工业出版社,2006.
[15]康明官主编. 特种啤酒酿造技术. 北京:中国轻工业出版社,1999.
[16]中华人民共和国国家标准 GB/T 13662—2008《黄酒》.
[17]黄亚东主编. 化工原理. 北京:中国轻工业出版社,2006.
[18]徐同兴主编. 啤酒生产. 上海:上海科学普及出版社,1988.
[19]周广田主编. 现代啤酒工艺技术. 北京:化学工业出版社,2007.
[20]丁峰主编. 中国啤酒工业发展研究报告. 北京:中国轻工业出版社,2008.
[21]程殿林主编. 啤酒生产技术. 北京:化学工业出版社,2005.
[22]黄亚东主编. 食品工程原理. 北京:高等教育出版社,2003.
[23]梁世中主编. 生物工程设备. 北京:中国轻工业出版社,2002.
[24]黎润钟主编. 发酵工厂设备. 北京:中国轻工业出版社,1991.
[25]高孔荣主编. 发酵设备. 北京:中国轻工业出版社,1991.
[26]徐清华主编. 生物工程设备. 北京:科学出版社,2004.
[27]田洪涛主编. 啤酒生产问答. 北京:化学工业出版社,2007.
[28]徐斌主编. 啤酒生产问答. 北京:中国轻工业出版社,1989.
[29]王文甫主编. 啤酒生产工艺. 北京:中国轻工业出版社,1997.
[30]黄亚东主编. 固定化酵母在啤酒连续发酵中的应用研究. 广州食品工业科

技,2001.

[31]付攸安主编. 锥形罐啤酒发酵工艺设计要点. 食品科学,1995.

[32]王志坚主编. 锥形罐啤酒发酵温度的调节与控制. 酿酒科技,2002.

[33]谭国平. 纯生啤酒的无菌生产技术. 广州食品工业科技,2000.